L'ATMOSPHÈRE

LE SOL, LES ENGRAIS.

L'ATMOSPHÈRE

LE SOL, LES ENGRAIS

LEÇONS

Professées de 1850 à 1862 à la Chaire Municipale et à l'Ecole
préparatoire des Sciences de Nantes,

PAR

ADOLPHE BOBIERRE

Docteur ès-sciences,
Officier de l'Instruction publique, Professeur
de Chimie à l'Ecole préparatoire des Sciences de Nantes,
Chimiste vérificateur des engrais de la Loire-Inférieure, Membre de la
Chambre d'agriculture et du Conseil d'Hygiène de Nantes,
Correspondant de la Société Impériale et Centrale
d'agriculture , etc.

AVEC UNE INTRODUCTION

PAR

M. JULES RIEFFEL

Chevalier de la Légion-d'Honneur,
Directeur de l'Ecole Impériale d'agriculture de Grand-Jouan.

PARIS,

LIBRAIRIE AGRICOLE, RUE JACOB, 26.

A MONSIEUR

DE MONNY DE MORNAY

Directeur de l'Agriculture au Département de l'Agriculture,
du Commerce et des Travaux publics.

Témoignage de respect et de reconnaissance.

ADOLPHE BOBIERRE.

INTRODUCTION.

—

Toutes les statistiques donnaient à la Bretagne, il y a une trentaine d'années, le chiffre rond de 900,000 hectares de landes, terres incultes, vaines et vagues. Or, d'après le cadastre, les cinq départements qui composent la presqu'île Armoricaine, comptent une étendue territoriale totale de 3,400,554 hectares. Près du tiers du territoire était donc complètement inculte.

La statistique officielle estimait encore, en 1852, une existence de 800,000 hectares de landes. J'ignore quels chiffres aura donnés le recensement décennal de 1862, les travaux de ce recensement ne sont pas encore publiés. Mais, si j'en juge par quelques renseignements pris dans les localités qui me sont connues, les agriculteurs de la Bretagne n'auront pas défriché moins de 100,000 hectares de bruyères dans la période de 1852 à 1862. Ainsi, M. le Préfet du département d'Ille-et-Vilaine a constaté que, dans le seul arrondissement de Redon, plus de 20,000 ij

hectares ont été défrichés dans ces dix années. Dans le canton de Nozay, que j'habite, j'en ai compté 3,000 hectares autour de moi, et tous les cantons voisins travaillent avec la même énergie.

S'il est donc vrai que 100,000 hectares ont été défrichés et mis en valeur de 1830 à 1852, le mouvement a certainement doublé dans les dix dernières années; et nous aurons fait dans ce laps de temps autant d'ouvrage que dans les vingt années précédentes. En toute chose les commencements se dessinent avec lenteur. L'inconnu effraie au premier abord, jette de l'incertitude et fait hésiter longtemps, jusqu'au moment où l'impulsion gagne de proche en proche; les plus timides alors se mettent en marche. Cela est arrivé pour les landes de la Bretagne, et nous avons vu les mêmes phénomènes se reproduire pour les bateaux à vapeur et pour les chemins de fer. En plein Parlement d'Angleterre, on a commencé par nier la possibilité des chemins de fer.

On a nié aussi, pendant bien longtemps, la possibilité d'abord, et ensuite les avantages économiques de la mise en valeur des terres incultes. J'ai conservé le souvenir lucide des difficultés innombrables, que l'on m'opposait, lorsque je vins visiter pour la première fois, en 1829, les landes de Grand-Jouan. La génération actuelle ne se fait aucune idée de l'état des esprits à cette époque, en ce qui concerne les terres de bruyères. Les gens sensés d'alors n'auraient pas payé 100 fr. l'hectare de lande nue, lequel se vend aujourd'hui en beaucoup de nos communes, jusqu'à 500 fr., en adjudication publique, et ce prix est souvent dépassé dans des localités favorables.

Il faut bien que les habitants gagnent à ce mouvement, car autrement ils s'arrêteraient. Ce n'est pas ici l'élan spontané d'un homme isolé; mais le fait d'une population entière, population qui compte et travaille pour vivre et accroître son bien-être.

Sans doute les premiers pionniers ont eu à surmonter de grandes difficultés : on n'aborde pas l'inconnu, sans périls et sans payer de sa personne. N'en est-il pas ainsi dans toutes les carrières, dans l'industrie, le commerce, les armes, la marine. Il est innombrable le nombre des hommes qui ont fait le sacrifice de leur vie, ou de leur fortune, pour faire progresser l'humanité. En fait, cependant, il n'est aucune carrière qui offre plus de sécurité générale, que la carrière de l'agriculture, cela est évidemment prouvé par l'augmentation de la population et l'accroissement de la fortune territoriale. S'il n'en était pas ainsi, la population serait instantanément paralysée dans son développement, et une affreuse misère nous engloberait tous.

Les difficultés qui s'opposaient autrefois au défrichement des landes étaient de diverses sortes en Bretagne. On était arrêté, tout d'abord, par le sentiment unanime que les landes devaient rester landes, et que c'était perdre son temps et son argent que d'y toucher. Il y avait des légendes partout, propres à effrayer les imaginations.

Une difficulté plus sérieuse ensuite se présentait au sujet de la propriété des landes. Des procès interminables entraînaient des frais énormes, et souvent la restitution de domaines que l'on avait payés, et dont on se croyait le légitime possesseur. Grâce à l'initiative d'un ancien avoué de Nantes, M. Favreau, nommé représentant à l'Assemblée Nationale, cette question a été résolue par la loi du 6 décembre 1850, sur la procédure relative au partage des terres vaines et vagues, dans les cinq départements composant l'ancienne province de Bretagne.

Je n'ái pas encore abordé les difficultés techniques. A l'époque dont je parle, il fallait tout créer, tout inventer. La bibliographie agricole ne contient aucune théorie sur le défrichement des bruyères, antérieure à celle que j'ai publiée en 1840.

Le soc plat de nos charrues actuelles était totalement inconnu; tous les cultivateurs se servaient de l'antique charrue à soc rond, en fer de lance. Cette charrue était tout à fait impropre aux défrichements. Le reste du matériel agricole était absolument nul.

Il est facile de comprendre qu'une population, ainsi préparée, se trouvait dans une position peu favorable pour seconder des entreprises de défrichements auxquelles elle n'avait d'ailleurs aucune foi. Les ouvriers étaient à la fois inhabiles et dépourvus de spontanéité.

Mais, par dessus toutes choses, ce qui manquait essentiellement pour entreprendre la mise en valeur des terres incultes, c'était *l'engrais*. Les anciennes exploitations rurales existantes, et qui nourrissaient une population clair-semée en hommes et en bestiaux, ne pouvaient distraire aucune parcelle de leurs maigres fumiers pour la porter sur les bruyères. On ne pouvait songer non plus à tirer des villes de lourdes matières fertilisantes, pour les amener dans les campagnes, à travers les chemins impraticables de l'époque. On n'avait donc rien.

L'écobuage parut un moment devoir prêter le secours de son action énergique pour convertir les landes en terres arables. Mais, après quelques essais, ce procédé ne tarda pas à être abandonné. Il fut bien vite démontré qu'à la suite de l'écobuage la terre était plus stérile qu'auparavant.

On en était donc là, cherchant les voies nouvelles, lorsqu'une expérience d'horticulture vint révéler à M. Ferdinand Favre, maire de Nantes, les effets prodigieux du noir animal. Cependant plusieurs années se passèrent en tâtonnements, on ne se rendait pas compte de ces effets, d'abord exclusivement attribués à l'azote. L'azote régnait alors en maître souverain.

Les cultivateurs ne s'attachant qu'à l'effet produit, et peu soucieux d'en rechercher les causes, employèrent le noir animal en quantités de plus en plus considérables. Pour eux, le problème du défrichement des landes était résolu. On avait désormais sous la main une matière fertilisante qui, sous un faible volume, d'un transport facile, permettait d'étendre à l'infini le domaine de la culture.

De cette époque, à laquelle on peut assigner la date de 1830, une ère nouvelle s'ouvre pour les terres incultes. Les études sont poursuivies dans les laboratoires comme les travaux dans les champs, et les plantes nous apprennent bientôt, qu'indépendamment de l'azote, elles ont besoin du phosphate de chaux des os , qui forme partie intégrante du noir animal.

Cette action puissante du phosphate de chaux dans les terres de bruyères, longtemps inconnue ou niée, fut constatée enfin par une telle multitude de faits , qu'il fallut bien se rendre à l'évidence.

Un nouveau courant d'idées se forme ; en 1842 , apparaissent les premiers guanos naturels. Puis des usines nombreuses sont fondées pour la fabrication des guanos artificiels et le broyage de tous les débris d'os et de cornes. Viennent ensuite les phosphates fossiles, qui prennent des proportions immenses comme éléments d'une grande question de civilisation.

On voit combien les faits se sont promptement enchaînés les uns aux autres , dans une période d'une trentaine d'années, pour l'accomplissement d'une œuvre puissante d'économie agricole. Législation , voies de communication, instruments aratoires, matières fertilisantes , capitaux , confiance des populations, toutes ces forces vives sont venues successivement se mettre au service du défrichement des landes.

Ce sera la gloire de notre génération d'avoir, sans sortir de la patrie, entrepris cette belle conquête des bruyères stériles ; d'avoir cultivé, assaini, fécondé ces terrains ; de les avoir couverts de routes et de plantations, puis peuplés d'habitants, plus à l'aise que ne l'ont jamais été leurs ancêtres.

Au train dont vont les choses, la Bretagne, à la fin du XIXᵉ siècle, ne conservera pas une grande étendue des 900,000 hectares de landes qu'elle avait au commencement. Le dénombrement de la population, effectué en 1861, donne sur le dénombrement de 1856, une augmentation de 68,670 habitants. Dans cette dernière année, nous avions pour les cinq départements de la Bretagne un total de 2,838,951 habitants, et 1861 a donné le chiffre de 2,907,621.

Cependant beaucoup d'ouvriers bretons se sont dirigés sur Paris et autres centres de grands travaux publics; mais cette émigration a été contrebalancée par l'immigration d'ouvriers étrangers, attirés par les travaux de tous genres, que nécessitent les défrichements et l'amélioration matérielle de l'existence chez tous les habitants des campagnes. D'autre part, des familles de cultivateurs, trop pressées dans les environs des villes, les abandonnent pour venir sur les bruyères où se construisent de nombreuses habitations. Ce courant est si bien établi, que toute ferme, élevée dans les landes, trouve de suite plusieurs preneurs.

J'ai déjà cité les nombreux défrichements de bruyères effectués dans le canton que j'habite. Le chiffre de la population y a suivi une progression constante. Ainsi, en 1830, le canton de Nozay avait une population totale de 10,852 habitants. Le dénombrement de 1861 accuse un effectif de 15,312. C'est un canton essentiellement agricole, et les cultivateurs se plaignent, comme partout, du manque de bras et de la dépopulation, sans faire attention qu'il y a aujourd'hui 4,460 habitants de plus qu'en 1830. La superficie des terres du canton n'a cependant pas varié : il y a toujours le même nombre d'hectares; mais, sur ce nombre, 8,000 hectares de landes incultes sont devenues des terres arables, et ces terres demandent des bras. Les salaires ont doublé, le revenu des propriétés a quadruplé, l'aisance générale est incomparablement plus grande.

Il est facile de comprendre, par cet exposé, comment il s'est fait que M. Adolphe Bobierre, professeur de chimie à Nantes, ait mis toute l'activité de son esprit investigateur au service des engrais industriels, qui jouent un si grand rôle dans la fertilisation de la Bretagne. Placé devant ce grand laboratoire de bruyères, il voit souvent les effets, avant que la science soit parvenue à les expliquer; mais il les voit et reconnaît alors loyalement la nécessité de ne préjuger l'activité d'un engrais que sur des essais dans le sol.

Cette loyauté sera son plus beau titre à la reconnaissance des agriculteurs; car, ainsi comprise, la science est réellement utile à l'agriculture. Des mécomptes nombreux, des pertes considérables mêmes eussent été évités dans nos contrées, si la science avait toujours suivi cette voie. Elle est cependant la voie la plus sûre et la plus féconde : c'est elle encore qui a inspiré à M. Bobierre ses études nombreuses sur les phosphates fossiles. Dans le milieu où il travaille, M. Bobierre a compris de suite quelle immense ressource les défricheurs de bruyères allaient trouver dans la découverte des nombreux gisements de ces phosphates. On lira avec un vif intérêt dans cet ouvrage les travaux qu'il a entrepris à ce sujet.

Pour bien comprendre le service providentiel que sont appelés à rendre les phosphates fossiles, il est nécessaire de se faire une idée de l'activité croissante du commerce des engrais dans la Loire-Inférieure. Le port de Nantes reçoit les résidus de clarification des raffineries du monde entier, les résidus de la révivification et du blutage des sucreries indigènes, les noirs fins de la carbonisation des os après extraction de la gélatine, les produits de la calcination des déchets de boutonneries, toutes les sortes de guanos connus, des charrées, tourbes, poudrettes, etc., etc.

Toutes ces substances, d'après un rapport de M. Bobierre au Conseiller d'Etat, Préfet de la Loire-Inférieure, sont évaluées au chiffre énorme de 41,000,000 de fr. pour la période décennale de 1850 à 1860. Cela fait plus de 4,000,000 de fr. par an, et les prix augmentent toujours, et les cultivateurs demandent encore de nouvelles marchandises.

Tout cela ne constitue cependant qu'une des faces de la question de la mise en valeur des terres incultes. La lande défrichée, fécondée par l'engrais, n'est pas encore un lieu habitable. D'autres dépenses sont nécessaires en constructions, clôtures, assainissements, chemins, épierrements, nivellements, chaulages, etc., etc.

Il y a vingt-cinq ans environ, voulant porter la lumière sur ces détails alors peu connus, et faire comprendre l'importance des capitaux qui étaient nécessaires dans une entreprise de défrichements, j'ai établi, sur un hectare, des calculs de prix de revient basés sur mes propres travaux à Grand-Jouan. Je supposais l'hectare de bruyères, acheté au faible prix de 20 fr.; et, cependant, au bout d'un certain nombre d'années employées pour constituer une propriété, ce même hectare revenait à 544 fr. ; après l'accomplissement de tous les travaux nécessaires.

On se récria alors beaucoup sur ces chiffres, qui apportaient une désillusion, mais qui étaient l'expression de la vérité. Je me souviens même qu'il me fut demandé par un ancien général, si c'était donc une nécessité de dépenser autant d'argent, qui, sur une lande de 100 hectares, par exemple, vous entraînait à un déboursé de 54,400 fr., taux prodigieux à cette époque. Beaucoup de travaux ont été entrepris, depuis lors, sur les terres incultes, et chacun a pu s'assurer de la réalité des choses. Je croyais la lumière faite.

Mais voici la Revue des Deux-Mondes, qui m'apporte un article de M. Villermé sur la *propriété rurale en France,* et qui revient sur les désillusions d'il y a vingt-cinq ans. M. Villermé déplore que des landes, transformées en bonnes terres arables, finissent par coûter une somme égale à leur valeur marchande.

Que dirait-il des chiffres actuels ? Au moment où j'écris, des landes analogues à celles que j'estimais 20 fr., prix d'achat, se vendent couramment 500 fr. l'hectare. Pour mettre ces dernières en valeur, il faut autant de capitaux que pour les premières ; supposons qu'il faille, au taux actuel des choses, une somme de 600 fr.; l'entrepreneur aura une terre qui lui coûtera 1,100 fr. S'ensuit-il qu'il ait fait une mauvaise affaire ? Mais la concurrence qui se fait sur les terres de bruyères me semble bien prouver le contraire. Tout le monde y voit un avenir assuré de profits.

L'année dernière, j'ai perdu un de mes amis, défricheur de landes, qui avait commencé sa carrière avec un capital de 200,000 fr. A sa mort, j'ai demandé au notaire quelle fortune il laissait à ses enfants. Le notaire me répondit qu'il laissait environ 20,000 fr. de rente; soit au denier 30 un capital de 600,000 fr.

Si, maintenant, M. Villermé veut savoir ce que rapportent les terres, dont j'avais établi le prix de revient à 544 fr. par hectare, je lui dirai que leur revenu net est de 70 fr., en moyenne. En comptant, comme le notaire, au denier 30, cela donne à chaque hectare une valeur de 2,000 francs.

On voit, dans les deux cas que je viens de citer, le capital tripler dans l'espace de vingt-cinq à trente années. Il est sans doute possible d'aller plus vite à la bourse de Paris; mais les populations rurales se contentent de cette marche lente et assurée, qui d'ailleurs leur procure une augmentation constante d'aisance et de bien-être. Fort heureusement d'ailleurs tous les travailleurs ne meurent pas dans la misère.

En 1612, l'eau potable commençait à manquer à Londres. Les hommes les plus hardis reculaient devant les divers projets qui étaient présentés pour procurer la quantité d'eau nécessaire à une population croissante. Hugh Myddelton offrit d'amener la rivière neuve à Londres, à travers un parcours de 38 milles. A ce sujet, un auteur contemporain dit avec amertume: « Si ces ennemis-nés de toute noble entreprise, le danger, la difficulté, l'impossibilité, le dénigrement, le dédain, le mépris, la haine, l'eussent emporté dès le début, ou même dans le cours de l'exécution, ce travail, d'une si immense valeur, n'eût jamais été achevé. »

Hugh Myddelton a sa légende populaire. Elle fait mourir pauvre et obscur ce bienfaiteur de la cité de Londres. Mais, par bonheur, il n'en fut rien : il est mort chargé d'ans, de gloire et de richesses, laissant un bel héritage à sa veuve et à ses enfants.

Grand-Jouan, 25 mars 1863.

JULES RIEFFEL.

PRÉFACE.

———

Ce volume renferme la matière des leçons de chimie agricole que j'ai professées depuis 1850 à la Chaire Municipale et à l'École préparatoire des sciences de Nantes. Déjà plusieurs fragments de ces leçons avaient été publiés, et le bienveillant accueil des agriculteurs avait nécessité leur réimpression ; je suis donc excusable d'avoir cru qu'un recueil complet de mes conférences sur les engrais aurait quelques lecteurs.

Qu'on me permette toutefois d'exprimer ici le sentiment de pénible hésitation que j'ai éprouvé en cette circonstance. Autant j'avais confiance dans l'originalité de mon sujet lorsque je soumettais aux agriculteurs les *Considérations sur les engrais, Le noir animal, Le phosphate de chaux,* autant le travail d'ensemble que je livre aujourd'hui à l'impression me semblait exposé à paraître banal dans quelques-unes de ses parties. Ce sentiment sera compris par ceux dont la bibliothèque renferme les excellents ouvrages de MM. Boussingault, Liebig, Girardin,

Malaguti , I. Pierre, Rohart, etc. Il le sera par tous les esprits éclairés auxquels les recherches spéciales de MM. Dumas, Payen , Péligot , Elie de Beaumont, Gasparin , Hervé Mangon , Kulmann , Barral , Ville , Corenwinder, sont familières. Le moyen d'être neuf après tant de publications remarquables ?

Et cependant j'ai dû céder au désir qui m'était exprimé avec une affectueuse insistance par quelques-uns de mes auditeurs. Tout restreint qu'il fût, le cadre réservé à mes efforts était encore assez vaste, en effet, pour légitimer une tentative de vulgarisation. Une occasion m'était offerte d'ailleurs de revenir sur certaines questions que j'avais traitées d'une façon sommaire ; de rectifier quelques erreurs ; d'apporter enfin à l'œuvre de mon enseignement un cachet de méthode et de synthèse susceptible d'en accroître l'utilité.

En résumé, le lecteur voudra bien se souvenir qu'il ne s'agit pas ici de révéler des phénomènes chimiques ou agricoles ayant l'attrait de la nouveauté, mais purement et simplement de vulgariser des idées saines et des théories bien acquises.

La conviction d'avoir rendu quelques services sur ce terrain suffirait à mon ambition.

PREMIÈRE LEÇON.

Utilité de la chimie agricole. — Pratique et Théorie. — Ce qu'un agriculteur doit chercher à connaître. — Notions générales sur l'atmosphère terrestre. — Pression atmosphérique. — Baromètre. — Son application à la mesure des hauteurs. — Pronostics sur le temps. — Températures de l'air. — Thermomètre.

MESSIEURS,

Autant il serait téméraire de prétendre enseigner l'agriculture proprement dite, autant il me semble naturel et logique d'exposer dogmatiquement les faits relevés par la chimie agricole. On doit reconnaître que cette science domine les pratiques relatives à la fertilisation du sol, au même titre que la zootechnie domine la production du bétail. Enseigner les lois de la transformation de la matière brute, montrer comment elle s'élève dans la hiérarchie naturelle sous la triple influence de la physiologie, de la physique et de la chimie, c'est évidemment accomplir une œuvre utile. Du reste, Messieurs, l'agriculture proclame aujourd'hui par tous ses actes sa tendance à profiter des conquêtes scientifiques, et l'on ne saurait trop admirer les progrès immenses accomplis par elle depuis vingt ans, grâce aux ressources qu'elle a trouvées dans la chimie et la mécanique.

Pour moi, pour la plupart d'entre vous, Messieurs, ce sont là, je n'en doute pas, des axiômes, et cependant si je crois devoir les proclamer avec insistance, c'est que, trop souvent, au nom d'une prétendue pratique qu'il faut appeler par son vrai nom et qualifier de routine aveugle, des esprits prévenus se refusent obstinément à ouvrir les yeux à la lumière et à accepter le concours fécond de la science.

Si le chimiste avait la prétention de dicter de son laboratoire des lois inflexibles à l'agriculture, si les connaissances qu'il possède sur les affinités de l'atôme n'étaient pas complétées par des études de physique générale, s'il perdait un seul instant de vue que l'agriculture n'est pas une science soumise aux évolutions des x sur un tableau noir, mais bien un art en raison de la multiplicité et de la subtilité des influences auxquelles elle est subordonnée, oh ! je comprendrais qu'on pût dédaigner les enseignements de la chimie agricole ; mais, de bonne foi, est-ce qu'il en est ainsi ?

Il n'est pas rare de rencontrer des agriculteurs — je devrais dire des possesseurs de domaines cultivés — qui, au grand mépris de la logique et de la langue, s'intitulent *hommes pratiques,* par ce seul fait qu'ils rejettent systématiquement toute idée scientifique et positive, susceptible de modifier en quoi que ce soit un procédé ancien. Pour eux, il n'y a ni analyse, ni observation, ni espérance fondée sur l'étude qui ne soit dédaigneusement condamnée comme œuvre de la *théorie,* et l'on sait ce que, dans leur bouche, signifie ce dernier mot. Par eux, le proverbe breton: *lande tu as été, lande tu es, lande tu seras,* fut naguère créé et propagé. C'est malgré eux enfin que l'agriculture progressive s'impose, jetant de vigoureuses racines dans des contrées régénérées, et apportant à la société des richesses dont elle ne soupçonnait pas même la possibilité.

Examinons la carrière de deux agriculteurs : l'un, homme d'étude et d'observation, pénétré de l'importance de la chimie, de la zootechnie, de la mécanique : théoricien sans esprit d'aventure, praticien sans obscurantisme; l'autre, ennemi de toute nouveauté, indifférent par système au mouvement des sciences, et se disant *homme pratique* par cela seul qu'il ignore. Chez le premier, l'emploi d'engrais convenablement appropriés a facilité les défrichements et doublé la production, les assolements **ont été** substitués aux jachères, des terrains inondés ont **été** assainis par le drainage, un gisement calcaire voisin de la propriété a été étudié, analysé et appliqué avec profit à l'amendement du sol en même temps que les races d'animaux ont été améliorés par des croisements ingénieux. Des cultures inconnues dans la contrée ont été introduites; quelquefois une distillerie, une féculerie, une sucrerie même ont été annexées à l'exploitation. L'esprit industriel s'est éveillé; faut-il ajouter que l'aisance et souvent la fortune ont couronné de tels efforts.

Et maintenant pénétrons dans ce domaine important par l'étendue, médiocre par le revenu et où trône cette *pratique* si dédaigneuse de l'initiative moderne. Rarement le propriétaire y établit sa résidence, les cours sont obstruées par un fumier que lavent les eaux pluviales et les ruisseaux fangeux, sources d'insalubrité notoire qui portent aux ornières du chemin les éléments actifs du purin. Ici ne cherchez ni poudrette, ni phosphates, ni composts appropriés aux cultures. « Rien que du fumier » a dit le maître peu préoccupé d'ailleurs des moyens de se procurer ce fumier. En revanche, vous trouverez des terres *qui se reposent*, des animaux qui croupissent dans la vase, des joncs qui poussent à l'envi, et en fin de compte une situation financière dont le conservateur des hypothèques a trop souvent le secret.

Et si vous pensez, Messieurs, que j'aie exagéré le -tableau en faisant trop complaisamment apparaître le succès dans un cas, et la ruine dans l'autre, je vous répondrai : regardez autour de vous, comparez la culture du Nord et de la Seine, où les vigoureuses initiatives abondent avec celle des contrées vouées à un culte trop fervent des vieilles méthodes ou plutôt des vieilles apathies, et prononcez vous-mêmes.

Un bon agriculteur doit connaître assez de botanique pour apprécier les propriétés des végétaux, assez de physiologie pour interpréter un croisement, assez de mécanique pour choisir et modifier un instrument, asséz de chimie enfin pour comprendre le rôle d'un assolement, l'action d'un engrais, l'aptitude d'un sol à telle ou telle culture. J'en conclus que la science a quelque chose à faire en agriculture, et j'espère vous prouver dans ces leçons que la chimie en particulier abonde en révélations utiles.

Ce que l'agriculteur doit tout d'abord demander à la chimie et à la physique, ce sont des données exactes sur la constitution de l'atmosphère des eaux et du sol. Avoir des notions saines sur ces grandes divisions de la science, c'est posséder un instrument très efficace pour l'interprétation des phénomènes de la végétation. Cherchons donc tout d'abord à nous rendre compte du rôle de l'air, en nous bornant toutefois à des aperçus généraux, — les seuls que comporte le cadre de ces leçons.

On sait que les phénomènes de la végétation et de la vie ne s'accomplissent pas au-delà de 6,000 mètres d'altitude. La couche, explorée par les aéronautes, n'offre d'ailleurs qu'une épaisseur de 7,000 mètres, et c'est à cette zône que les lois de la physiologie peuvent être appliquées. Selon M. Barral, qui s'est élevé avec M. Bixio à la hauteur de 7,049 mètres, les vastes conceptions des.

esprits les plus éminents et des géomètres les plus profonds ont un caractère hypothétique dès qu'elles ont trait aux régions de l'air non explorées jusqu'ici (1). Les lois de la réfraction ont permis toutefois de calculer très approximativement que la couche d'air qui entoure notre planète a une épaisseur de 12 à 15 lieues de 4 kilomètres. Si la terre était représentée par une sphère de 10 mètres de diamètre, l'atmosphère serait représentée par une couche gazeuse de 38 millimètres d'épaisseur.

L'air est pesant. On le démontre facilement en faisant la tare d'une vessie à robinet qu'on a eu le soin de bien comprimer, et la pesant de nouveau après l'avoir gonflée. Si à la vessie on substitue un ballon de verre muni d'un robinet et dont la capacité est connue, on arrive à reconnaître que le litre d'air sec pèse à la température de zéro :

D'après Biot et Arago............	1ᵍ2991
D'après Dumas et Boussingault..	1.2995
D'après Regnault..............	1.2931
Soit en moyenne......	1ᵍ2972

Lorsqu'on dit, dans le langage ordinaire, que 10 litres d'air pèsent 13 grammes, vous voyez, Messieurs, qu'on exprime un résultat approximatif qui se confond presque avec la vérité rigoureuse.

Une conséquence directe de ce fait, c'est l'explication des sensations diverses que nous éprouvons selon que nous habitons une vallée ou la cime de montagnes élevées.

(1) Ascension de Humboldt et Bonpland, le 24 juin 1802.. 5,878 mètres.
    —   Lhoest et Robertson, le 18 juillet 1803. 6,831 —
    —   Gay Lussac, le 16 septembre 1804.... 7,016 —
    —   Boussingault et Hall, le 16 décembre 1831 6,004 —
    —   Barral et Bixio, le 27 juillet 1850..... 7,049 —
    —   Welsh et Nicklin, le 26 août 1852..... 6,096 —
    —   Welsh et Nicklin, le 10 novembre 1852. 6,989 —

Dans un cas, nos tissus supportent la pression d'une colonne d'air de 50 à 60 kilomètres ; dans l'autre, cette
pression est diminuée proportionnellement à la hauteur de
la montagne. On a calculé le poids de l'air supporté par
la surface totale du corps d'un homme de taille moyenne.
Cette pression atteint le chiffre énorme de 15,000 kilogr.,
et on s'explique parfaitement qu'elle n'attente ni à l'in-
tégrité des formes, ni à la liberté des fonctions de nos
organes. Il y a en effet de l'air dans notre corps ; il y en
a non-seulement dans ses cavités, mais encore dans ses
liquides et jusque dans ses parties solides ; de là, une
pression de dedans en dehors qui compense celle de
l'extérieur. C'est ainsi qu'une boule de verre soufflée,
extrêmement mince et fermée, n'est pourtant pas écrasée
par le poids de l'atmosphère, en raison de l'air qu'elle
renferme et qui contrebalance l'influence de la pression
extérieure.

L'instrument destiné à mesurer la pression de l'atmosphère est le baromètre. J'en dirai quelques mots.

Lorsqu'on remplit exactement de mercure un tube de
verre fermé à l'une de ses extrémités et dont la longueur
est de 80 centimètres environ, il suffit de boucher son
ouverture avec le doigt et de la plonger dans un verre
renfermant aussi du mercure, pour constater que la
colonne métallique descend rapidement et s'arrête vers
76 centimètres, point où elle reste enfin stationnaire.
L'espace compris entre la surface du mercure et l'extrémité supérieure du tube est la chambre du baromètre.
Cette chambre ne renferme pas d'air. On dit qu'elle est
vide, bien qu'elle contienne de la vapeur mercurielle ;
nous dirons qu'elle est complètement purgée d'air. Il en
résulte que l'air atmosphérique pesant sur la cuvette
inférieure avec plus ou moins de force, selon l'altitude à

laquelle se fait l'observation, le mercure s'élève plus ou moins dans le tube barométrique.

Vous voyez que l'atmosphère presse la surface du sol et celle de la mer, comme le ferait une colonne de mercure de 76 centimètres, qui reposerait sur chaque point de ces immenses surfaces. Le poids total de l'atmosphère est par conséquent le même que celui d'une couche de mercure de 76 centimètres d'épaisseur, qui recouvrirait le globe. On pourrait construire un baromètre avec de l'eau, mais sa colonne liquide aurait 10^{m}33 d'élévation, et chaque liquide offrirait sous ce rapport des chiffres inversement proportionnels à sa densité.

Le baromètre est employé pour la mesure des hauteurs. L'agriculteur peut également, à son aide, obtenir de précieux renseignements sur l'état probable de l'atmosphère. Il importe toutefois de préciser la limite dans laquelle ce genre spécial d'indications doit être renfermé.

La hauteur à laquelle on se trouve, l'heure, la température, les vents, influent sur la hauteur de la colonne de mercure du baromètre ; on a remarqué aussi que la pression de l'air augmente généralement par le beau temps et décroît par le mauvais temps, le temps variable ou incertain étant accusé par une hauteur intermédiaire du mercure. De là, les indications qui suivent :

Hauteur du mercure.	Etat de l'atmosphère.
785 $^m/_m$...............	très sec.
776	beau fixe.
767	beau.
758	variable.
749	pluie ou vent.
740	grande pluie.
731	tempête.

Saigey fait observer avec raison, dans sa *Petite Physique du globe,* que ces indications sont le résultat d'anciennes observations faites à Paris. Or, comme les constructeurs parisiens ont fait les mêmes instruments pour toutes les contrées indistinctement, plaçant toujours le *variable* à 760 millimètres, il en est résulté que, dans des villes situées bien au-dessus de Paris, les baromètres indiquaient constamment la pluie. Ce n'est pas le principe du baromètre qu'il faut accuser en pareil cas, mais bien l'ignorance des constructeurs. Il faut en effet que les annotations du baromètre soient modifiées selon les hauteurs des stations.

Ces réserves faites, établissons que, pour dix années d'observations formant 3,653 jours à midi, il y a eu à Paris :

> 300 jours de beau temps.
> 388 jours de pluie, neige, etc.
> 1.837 jours de ciel nuageux.
> 1.066 jours de ciel couvert.
> 62 jours d'épais brouillards.

Pour une année moyenne à Paris, ces chiffres donneraient 30 jours de beau temps, 38,8 de pluie, 183,7 de ciel nuageux, 106,6 de ciel couvert, et 6,2 de brouillards.

Des observations analogues poursuivies depuis trente-huit années à Nantes, par M. Huette, ont donné :

Jours de parfait beau temps et de temps variable. 264.13
Jours où le temps est constamment couvert... 101.16

365.29

Le nombre des jours de pluie est représenté par 146, et le nombre des jours de brume et brouillard par 173 ; enfin, il gèle , année moyenne à Nantes, pendant 43 jours 59 centièmes.

Pour chacun de ces états de l'atmosphère, le baromètre a donné une série de hauteurs ; si l'on prend le milieu ou mieux le centre de gravité du cylindre de mercure compris entre la plus grande et la plus petite ascension , on a la hauteur moyenne correspondant à un état déterminé du temps. Voici le résultat obtenu à Paris :

Milieux ou centres de gravité.	Baromètre.
Du beau temps	760,50
De la pluie	749,80
Du ciel couvert	755,70
Du ciel nuageux	756,00
Du brouillard	761,80
De toutes les hauteurs barométriques.	755,76

Ce qui veut dire, Messieurs, que les chances de beau temps sont les mêmes, au-dessus et au-dessous de la hauteur barométrique $760^{m/m},5$; que les chances de pluie sont les mêmes au-dessus et au-dessous de la hauteur barométrique $749^{m/m},8$, et ainsi du reste.

En d'autres termes, la région moyenne de la pluie est à 749,8 ; vient ensuite la région moyenne du ciel couvert, à 755,7 ; puis la région moyenne du ciel nuageux, à 756,0 ; puis la région moyenne du beau temps, à 760,5 ; enfin la région moyenne du brouillard, à 761,8.

A Nantes, et d'après M. Huette, la hauteur moyenne annuelle du baromètre observée à 7 heures du matin à 40 mètres d'altitude est de... $762^{m/m}$ 68

Id. à 3 heures du soir	762	02
Hauteur maxima	785	00
Hauteur minima	728	00

L'examen attentif des pressions barométriques a permis du reste de formuler d'une manière générale les lois suivantes, sur lesquelles j'appelle toute votre attention.

1° L'état moyen du ciel couvert correspond au centre de gravité de toutes les hauteurs barométriques ;

2° L'état moyen de pluie correspond au centre de gravité des colonnes accusant les pressions inférieures ;

3° L'état moyen du beau temps correspond au centre de gravité des colonnes accusant les pressions supérieures.

Jusqu'ici nous avons considéré les chances pour chaque état du ciel, indépendamment les unes des autres. Mais si l'on demandait les chances relatives, pour une certaine pression barométrique comprise entre 754 et 755, par exemple, on devrait recourir au tableau du chapitre précédent, où l'on trouverait, sur 215 jours :

3 jours de brouillard,
11 jours de beau,
22 jours de pluie,
66 jours de ciel couvert,
113 jours de ciel nuageux.

D'où il suit qu'il y aurait 3 à parier pour *brouillard*, 11 pour *beau*, 22 pour *pluie*, 66 pour *couvert*, et 113 pour *nuageux* ; ou, en nombres plus simples, 1 pour *beau*, 2 pour *pluie*, 6 pour *couvert*, et 10 pour *nuageux*. Il y aurait ainsi une seule chance sur 19 pour le beau, 2 sur 19 pour la pluie, 6 sur 19 pour le ciel couvert, et 10 sur 19 pour le ciel nuageux. Le baromètre n'indique rien autre chose, Messieurs, que des probabilités de ce genre, pour chacune de ses positions en particulier.

En résumé, les régions du beau et du mauvais temps se

pénètrent l'une ·l'autre, comme on le verra dans la figure
suivante :

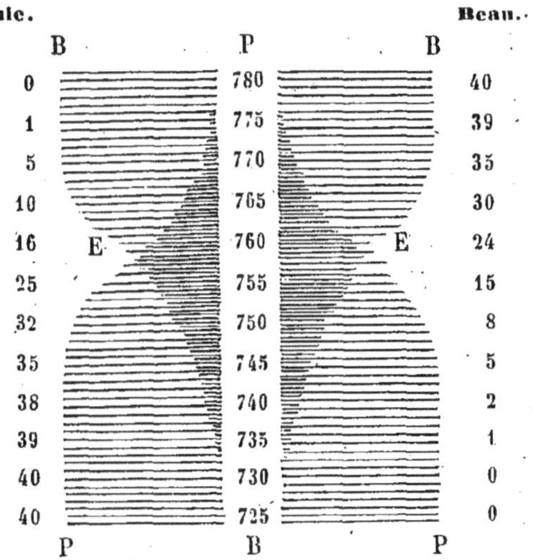

Dans cette figure, qui résume les observations faites
à Paris, les nombres 725, 730... jusqu'à 780, indiquent
en millimètres les longueurs de la colonne barométrique
à zéro de température ; les nombres à droite, les chances
de beau temps qui correspondent à ces pressions ; enfin les
nombres à gauche, les chances de mauvais temps ou de pluie.

Les nombres de ces deux dernières colonnes sont représentés par des lignes horizontales proportionnelles à ces
nombres, de part et d'autre de la colonne barométrique :
de telle manière que la région BBB est celle du beau,
et la région PPP celle de la pluie. La partie commune à
ces deux régions offre des lignes deux fois plus rappro-
chées les unes des autres.

Par exemple, si le baromètre se tient au-dessous de

730, toutes les chances seront pour la pluie ; et s'il se tient au-dessus de 775, toutes les chances seront pour le beau. Mais quand le baromètre marquera 750, on voit que la pluie aura 32 chances, et le beau seulement 8 ; de telle sorte qu'il y aura quatre fois plus de chances pour la pluie que pour le beau. Vers 757 ou 758, les chances sont égales, puisque les deux régions du beau et de la pluie ont alors la même largeur EE.

Ces faits disent assez, Messieurs, qu'un agriculteur prévoyant ne saurait entreprendre certains travaux extérieurs sans consulter préalablement le baromètre.

La température de l'air joue un rôle tellement important dans les phénomènes de la végétation, que je dois vous rappeler, en quelques mots, le principe et l'emploi du thermomètre.

Fondé sur la-dilatation, le thermomètre est ordinairement constitué par un petit réservoir sphérique ou cylindrique soufflé à l'extrémité d'un tube de verre de minime diamètre, et contenant de l'alcool ou du mercure. On gradue l'instrument à l'aide de la glace fondante et de l'eau en ébullition. Ces deux températures correspondent au zéro et au degré 100 du thermomètre centigrade. L'espace compris entre ces deux points zéro et 100 degrés est divisé en cent parties égales.

Dans le thermomètre Réaumur, généralement employé en Allemagne, le point de congélation de l'eau est à 0° et celui de l'ébullition à 80°.

Dans le thermomètre de Farenheit, usité en Angleterre et dans l'Amérique du Nord, le point de congélation de l'eau correspond à 32° et son ébullition à 212°.

Pour l'appréciation de très basses températures, on donne la préférence aux thermomètres à alcool, ce liquide ne se congelant pas à 40°, température à laquelle le mercure est solidifié. Pour les températures élevées , le mercure doit être préféré.

Quelques mots maintenant sur la manière d'apprécier une température à l'aide du thermomètre. L'agriculteur est souvent fort intéressé à faire cette petite opération d'une manière exacte.

Tout d'abord, on doit éviter de tenir le thermomètre à la main, la chaleur du corps pouvant l'impressionner sensiblement. L'instrument doit être suspendu à un corps inerte d'un petit volume (1). Il est nécessaire, enfin, de le placer, autant que possible, loin des lieux habités.

Une précaution fort importante dans l'examen de la température de l'air, consiste à isoler le thermomètre. Il ne faut pas, en effet, qu'il reçoive les rayons directement émanés du soleil où émis du sol par le rayonnement. Pour éviter ces causes d'erreur, on le placera à l'ombre , au Nord des habitations; et, comme la température varie rapidement, suivant la verticale, et très lentement, dans le sens horizontal , il sera utile de tenir l'instrument entre deux disques de bois de grand diamètre ; les influences du ciel et du sol seront ainsi neutralisées.

Relativement à la sensibilité du thermomètre , il y aurait aussi quelques règles à suivre. Quand on augmente la capacité de la boule , on agrandit dans le même rapport la longueur des divisions marquées sur le tube, et l'on peut lire les indications à une très petite fraction près, comme un centième de degré. Il faut alors beaucoup de temps pour que le liquide du thermomètre puisse prendre la température de l'air ; en sorte que cet instrument est

(1) Le thermomètre à mercure désigné sous le n° 74 dans le catalogue des *Instruments de météorologie* de M. Salleron, est très convenable pour les indications générales nécessaires à l'agriculteur.

toujours en retard dans ses indications. Si, au contraire, on diminue ses dimensions, son langage est plus correct; mais il est aussi moins précis à cause de la petitesse des divisions, qui ne permet pas de lire les faibles variations de température.

Un thermomètre qui marque les dixièmes de degré semblera le plus convenable dans les observations délicates. Sans doute, il n'indiquera pas sur le champ toutes les vicissitudes atmosphériques; il ne les indiquera même pas du tout, mais il donnera la moyenne, seule valeur que l'on se propose réellement de connaître.

Je terminerai ces considérations pratiques par l'énoncé de quelques résultats intéressants obtenus à l'aide des observations thermométriques.

M. Bouvard, astronome à l'Observatoire de Paris, a observé avec soin les températures de 1816 à 1831, à six époques de la journée, savoir : à 9 heures du matin, à midi, à 3 et à 9 heures du soir, enfin, aux instants du maximum et du minimum, et il est résulté des chiffres obtenus :

1° Que la température moyenne annuelle est, à Paris, de 10°,67 ;

2° Que le minimum tombe vers 4 heures du matin, et le maximum vers 2 heures après midi; d'où il suit que l'air s'échauffe pendant 10 heures consécutives, et se refroidit pendant 14 heures;

3° Que l'on commet une petite erreur en ajoutant le maximum 14°,47 avec le minimum 7°,13, et divisant la somme 21°,60 par 2 pour obtenir la moyenne, qui est alors 10°,80 au lieu de 10°,67 ;

4° Qu'on a la température moyenne à 8 heures 20 minutes du matin et à 8 heures 20 minutes du soir.

En conséquence, s'il ne s'agissait que de trouver la température moyenne de l'année, il suffirait d'observer le thermomètre, chaque jour, à 8 heures 20 minutes du matin, ou à 8 heures 20 minutes du soir, ou encore, et tout à la fois., à 4 heures du matin et à 2 heures après midi; et, si l'on prétendait mettre beaucoup de précision dans cette recherche, on ferait-les observations à ces quatre époques de la journée.

Mais si l'on avait pour but d'observer les températures de chaque mois de l'année, il faudrait changer les heures en question. Car, par exemple, l'époque de la moyenne du matin serait, pour janvier, 10 heures; pour juillet, 7 heures; et, pour tous les autres mois, des heures intermédiaires. Les époques de la moyenne du soir éprouvent de pareils changements qui les rapprochent ou les éloignent à la fois du maximum, lequel arrive toujours vers 2 heures après midi. Quant aux minimum mensuels, ils sont vers 3 heures du matin en été, et 6 heures en hiver.

M. Bouvard a également déterminé les variations mensuelles de 1816 à 1831, et il est arrivé aux chiffres suivants :

Mois.	TEMPÉRATURES		
	Maximum.	Minimum.	Moyenne.
Janvier............	4°.0	— 0°.1	2°.0
Février............	6.8	1.2	4.0
Mars.............	10.5	3.5	7.0
Avril.............	15.2	6.1	10.7
Mai.............	18.6	9.4	14.0
Juin.............	21.8	12.1	17.0
Juillet...........	23.4	13.9	18.7
Août............	23.0	13.7	18.2
Septembre........	20.1	11.4	15.8
Octobre..........	15.2	7.8	11.5
Novembre.........	9.4	4.5	7.0
Décembre.........	5.8	2.0	3.9
Moyenne du maximum et du minimum.			10.8

Il résulte de ce tableau qu'à Paris le mois le plus froid est janvier, et que les plus chauds sont juillet et août, qui ont à peu près la même température ; enfin, que les mois d'avril et d'octobre, le premier surtout, ont une température moyenne qui ne diffère pas sensiblement de celle de l'année.

Cette dernière conséquence simplifie beaucoup la recherche de la température moyenne de l'année, du moins dans nos climats ; car toutes les observations se réduiront à celles du mois d'avril. Sachant de plus que, durant ce mois, l'époque de la moyenne annuelle tombe quelques minutes après 8 heures du matin, il suffira d'*observer le thermomètre, tous les jours d'avril, à 8 heures 15 minutes du matin, ajouter entre elles ces observations et diviser leur somme par 30*, pour obtenir la température moyenne de l'année, avec une approximation remarquable.

Quant aux variations de la température d'une année à l'autre, on n'a aucune donnée certaine ni même probable pour les prévoir. Bien plus, on ne peut dire, après les avoir observées, quelles sont les causes qui les ont produites.

Non-seulement la température des lieux sert, dans nos climats, à donner une idée exacte des cultures qui y sont possibles, mais les observations de température rapportées aux temps accomplis pour le développement des végétaux, assignent pour chacun d'eux une donnée numérique de la somme de chaleur qu'il lui faut. Or, comme le fait observer avec raison M. Boussingault, ce résultat n'est pas seulement remarquable en ce qu'il semble indiquer que sous toutes les latitudes, à toutes les hauteurs, la même plante reçoit, dans tout le cours de son existence, une quantité égale de chaleur (1) ; il peut trouver aussi une application directe en permettant de prévoir la possibilité d'acclimater un végétal dans une contrée dont la température moyenne des mois est connue (2).

A Nantes, et d'après les observations de M. Huette, la température moyenne du jour déduite de trente-huit années d'observations a été de 13°,04.

Cette température, calculée d'après les moyennes des saisons, est de 13°,38.

La température moyenne des jours pour chaque saison, a été de :

Pour l'hiver............... + 5°,58
Pour le printemps...... 11.79
Pour l'été............... 21.90
Pour l'automne......... 13.47

La température la plus basse observée à Nantes depuis l'hiver de 1808 à 1809, a eu lieu le 2 février 1830; elle correspondait à 15°,60.

La température la plus élevée a été celle du 29 juillet 1827, soit + 40°,60 (3).

(1) Exemple :

Culture de la pomme de terre.	Produit du temps par la température.
Alsace 1836.	3039
Id. (moyenne)............	2944
Alais....................	3228
Lac de Valencia...........	3060
Santa-Fé................	2930
Merida..................	3060
Pusuqui................	3180
Cambugan...............	3192

(BOUSSINGAULT.)

(2) Boussingault. — *Economie rurale*, p. 692.

(3) On consultera avec profit, pour l'étude de ces questions, la *Petite Physique du globe* de Saigey. (HACHETTE, 1842.)

Parlons enfin de l'humidité atmosphérique. Il suffit de placer un corps sec et froid dans l'air relativement échauffé, pour constater qu'une couche de rosée se dépose sur ce corps. Ce phénomène est facilement observé toutes les fois qu'une bouteille prise dans une cave est apportée l'hiver dans un appartement. Immédiatement elle se recouvre d'eau condensée en petites gouttelettes. Si l'air était parfaitement sec, rien de semblable ne se produirait.

Les membranes animales, les cheveux sont très sensibles à l'influence de l'humidité ; un cheveu s'allonge ou se raccourcit, une feuille de parchemin, une corde à boyau, subissent des extensions ou des torsions telles, lorsqu'elles sont placées dans l'air humide, qu'à leur aide on peut construire des *hygroscopes* ou des *hygromètres*, selon qu'il s'agit de démontrer la présence ou de mesurer la tension de la vapeur atmosphérique. Les hygromètres basés sur l'emploi de matières animales sont appelés hygromètres à absorption. Il en est d'autres sur lesquels on condense à l'aide du froid la rosée atmosphérique ; on les appelle hygromètres de condensation. Saussure et Regnault ont donné leurs noms à des hygromètres basés sur ces deux principes. J'ajouterai que le sel marin, la chaux vive, éprouvent dans l'air humide des effets tellement marqués, que l'aspect de ces substances et l'observation de leur état peuvent être utilisés pour l'appréciation de l'humidité de l'air.

L'hygromètre de Saussure se compose d'un cheveu, préalablement dégraissé dans une eau légèrement alcaline ; il est fixé par son bout supérieur, et s'enroule par son bout inférieur sur une poulie très mobile. Un petit poids est destiné à tendre le cheveu et à faire tourner la poulie quand ce cheveu s'allonge. Enfin la poulie est munie d'une longue aiguille, dont l'extrémité libre parcourt les divisions d'un arc de cercle gradué.

Pour faire la graduation , on met l'appareil sous une cloche de verre qui contient un corps très avide d'eau. Celui-ci dessèche l'air de la cloche, et par suite le cheveu, -qui , en se raccourcissant , fait tourner la poulie et son aiguille. On marque le point de l'arc où l'aiguille s'arrête : c'est le point de sécheresse extrême. On met ensuite de l'eau sous la cloche , pour saturer son atmosphère de vapeur, et le cheveu s'allonge le plus possible ; alors la poulie tourne en sens contraire, et son aiguille vient s'arrêter en un second point, qui est celui de l'humidité extrême. Cela fait, on divise en cent parties égales l'arc compris entre le point de sécheresse extrême, que l'on marque 0, et le point d'humidité extrême , que l'on marque 100. Malheureusement, les degrés intermédiaires n'indiquent pas des degrés proportionnels d'humidité. Ainsi, ce n'est pas le $50°$ degré de l'hygromètre, mais bien le $72°$, qui correspond à la demi-saturation de l'air par la vapeur. Il a donc fallu trouver directement la valeur de chacune des divisions de l'hygromètre ; et de toutes ces valeurs on a formé un tableau, que nous ne donnerons ici que de 10 en 10 degrés ; car il sera facile d'intercaler les degrés inter-médiaires , en divisant les intervalles en 10 parties égales.

Degrés de l'hygromètre.	Quantité de vapeur.
10°	0,07
20	0,12
30	0,18
40	0,24
50	0,28
60	0,36
70	0,47
80	0,61
90	0,79
100	1,00

Celá signifie, par exemple, que lorsque l'hygromètre marque 60 degrés, il n'y a dans l'air que les 36 centièmes de la vapeur qu'il pourrait contenir à la température actuelle. Si cette température était de 20 degrés, la pression maxima de la vapeur, d'après le tableau ci-annexé (1), serait représentée par 17,3 millimètres de mercure. Il faudrait donc prendre les 36 centièmes de 17,3, et l'on aurait 6,2 millimètres pour la pression de la vapeur qui existe réellement dans l'air.

Vous voyez, Messieurs, que *l'état hygrométrique* de l'air peut être défini : *le rapport entre la force élastique de la vapeur d'eau qu'il contient et la force élastique de la vapeur qu'il contiendrait, à la même température, s'il était saturé.*

L'hygromètre de condensation de M. Regnault a été heureusement simplifié par M. Salleron (2) et disposé de

(1) Pour chaque température il y a une pression, force élastique ou densité maxima, laquelle croît ou décroît avec cette température. On la détermine par l'observation d'une colonne de mercure comme on mesure la pression de l'atmosphère à l'aide du baromètre. Voici des chiffres montrant cette force élastique exprimée sous forme de tableau :

Température.	Pression maxima.	Température.	Pression maxima.
— 20°	$1,3^{m/m}$	30°	$30,6^{m/m}$
— 10	2,6	40	53,0
0	5,1	50	88,7
5	6,9	60	144,7
10	9,5	70	229,1
15	12,8	80	352,1
20	17,3	90	525,3
25	23,1	100	760,0

(2) Art. 120 du catalogue d'*Instruments de météorologie* de ce constructeur.

telle sorte qu'on puisse opérer rapidement. Il se compose d'un tube de verre terminé par un dé d'argent poli. Ce tube renferme de l'éther dont un thermomètre permet d'apprécier la température. Un tube coudé plonge dans l'éther, et un autre tube coudé est destiné à conduire au dehors les vapeurs émanées de ce liquide.

Lorsqu'on souffle par le tube plongeur, on provoque la volatilisation rapide de l'éther, donc un refroidissement très grand. Le dé d'argent poli se refroidit également et bientôt la rosée atmosphérique apparaît à sa surface. On note la température de l'éther et celle de l'air, et l'expérience est terminée.

Supposons que l'air soit à 15 degrés, et qu'il ait fallu abaisser jusqu'à 10 degrés la température de l'argent sur lequel s'est fait le dépôt de rosée. On en conclura que la vapeur de l'air se refroidit de 15 à 10 degrés pour arriver à son point de saturation. A 15 degrés, sa pression maxima est de 12,8 millimètres de mercure ; à 10 degrés, elle n'est plus que de 9,5, d'après le tableau que j'ai cité. En divisant 9,5 par 12,8, on trouve que l'air ne possède que les 74 centièmes de la vapeur qu'il pourrait contenir.

C'est ainsi que l'on peut estimer, à tous les instants, le degré d'humidité de l'air, en un lieu quelconque de la surface du globe, et à une hauteur quelconque au-dessus de cette surface. En rapprochant les observations de ce genre que l'on a faites dans nos climats, voici, d'après Saigey, comment on peut représenter la quantité de vapeur qui se trouve habituellement dans l'air et au niveau du sol. Il faut diviser la température par 5 et ajouter 4 ou 5 au quotient pour avoir en millimètres la pression de la vapeur. Si, par exemple, on demandait quelle quantité de vapeur il y a dans l'atmosphère à 20 degrés de température et 760

millimètres de pression, on dirait : le cinquième de 20 est
de 4 ; ajoutant 4, on a 8 ; ajoutant 5, on a 9 ; donc la
pression de la vapeur est comprise entre 8 et 9 millimètres
de mercure. Prenons 8, et retranchons ce nombre de 760 ;
nous aurons 752 pour la pression de l'air sec. Par conséquent, nous pouvons regarder l'air humide comme formé de
752 litres d'air sec et de 8 litres de vapeur, l'un et l'autre
étant ramenés à la pression de 760 millimètres. C'est, comme
on voit, un litre de vapeur pour 94 litres d'air.

Si l'air était à une température plus basse que
zéro, par exemple à — 10 degrés, on diviserait encore —
10 par 5, et l'on aurait pour quotient — 2, que l'on retran-
cherait de 4 ou 5 ; et l'on saurait que la pression de la
vapeur est comprise entre 2 et 3 millimètres.

Nous verrons bientôt, en étudiant l'air au point de vue
chimique, que l'humidité atmosphérique peut être évaluée
par d'autres moyens ; nous aurons aussi à nous occuper des
pluies, des conditions dans lesquelles elles ont lieu, et de
l'influence chimique qu'elles exercent sur les plantes.

Je suis peut-être un peu sorti de mon cadre dans ce
premier entretien, mais il me semblait difficile d'aborder
les questions chimiques relatives à l'atmosphère et à son
action sur les plantes et les animaux, sans vous dire d'une
manière concise le parti qu'on peut tirer d'un baromètre,
d'un thermomètre et d'un hygromètre. A l'aide de ces
instruments, on apprécie en effet, le milieu où s'accomplissent les plus intéressants phénomènes de la végétation de la
vie.

DEUXIÈME LEÇON.

Composition chimique de l'atmosphère. — Rôle de l'oxygène, de l'azote , de l'acide carbonique et de l'eau dans la végétation. — Absorption de' l'azote libre ou combiné. — Miasmes , poussières atmosphériques. — Considérations hygiéniques.

MESSIEURS,

On a dit que les plantes étaient de l'air condensé. En effet, si les racines jouent un rôle important pour la nutrition végétale en aspirant les principes fixes du sol , les feuilles , ces véritables poumons des plantes, absorbent et fixent, de leur côté, les aliments atmosphériques. Le végétal est le trait d'union entre l'air et le sol. Il vit aux dépens de ces deux milieux, et à leur aide il prépare au règne animal les éléments de son existence. L'étude de l'atmosphère ne saurait donc être limitée à la connaissance des phénomènes physiques qui se manifestent dans sa masse. Il faut que nous pénétrions plus avant s'il se peut ; que nous arrivions ensemble à fouiller dans la constitution intime de l'air , et qu'au moyen des réactifs et de la balance , nous démontrions rigoureusement l'absorption des principes atmosphériques par les végétaux.

Je ne saurais avoir la prétention , Messieurs, de refaire ici l'étude didactique et complète de l'air. Les faits prin-

2

cipaux qui constituent cette belle synthèse ont été longuement examinés dans mon cours de chimie générale. Je dois, toutefois, rappeler brièvement la composition chimique de l'atmosphère et les réactions auxquelles ses gaz peuvent donner lieu.

Deux gaz mélangés en proportions sensiblement constantes, l'oxygène et l'azote, forment la partie essentielle de l'air. Si on purifie ce dernier de quelques éléments variables et des impuretés qu'il renferme, on trouve qu'il est invariablement composé pour mille parties en volume de 208 parties d'oxygène et de 792 parties d'azote.

Gaz éminemment vital et comburant, l'oxygène est, on peut le dire, le principe aérien par excellence: Sans lui, pas de végétation, pas de vie possible. Avec lui, les fonctions physiologiques s'accomplissent, les matériaux fixes se brûlent, se transforment ou se gazéifient, et il n'y a peut-être pas de réaction nécessaire à la vie qui soit réalisable sans l'intervention de l'oxygène. Lorsqu'on retourne à la bêche ou à la charrue le sol d'un champ épuisé par la culture, lorsqu'on draine un terrain compact ou qu'on divise sa masse en y incorporant des matières siliceuses grossières, il est évident que plusieurs phénomènes distincts ont lieu sous l'influence du contact de l'air ainsi provoqué ; mais parmi ces phénomènes, on peut affirmer que le plus important est sans contredit l'oxygénation du sol et de ses principes combustibles. Aérer le sol, c'est surtout gazéifier et rendre assimilables par les végétaux les aliments solides qu'il tenait en réserve, et telle est, d'ailleurs, l'aptitude de ces éléments organiques ou minéraux à s'approprier l'oxygène que dans l'eau provenant des tuyaux de drainage, ce gaz a presque entièrement disparu. Jethro Tull, il y a cent cinquante ans, et Samuel Smith, de nos jours, ont proposé un système de culture sans engrais, basé, d'une

manière exclusive , sur le retournement fréquent du sol.
Qu'il y ait une énorme exagération résumée dans un tel
système , c'est ce qui n'est pas douteux ; mais ce qui est
moins douteux encore, c'est qu'en supposant un seul instant
l'air dépouillé de son oxygène , l'idée de Jethro Tull et de
Samuel Smith manquerait complètement de base.

Dans son *Traité du Drainage*, M. Barral a résumé , de la
manière suivante , le rôle immense de l'oxygène atmosphérique sur le sol, et par suite sur la végétation.

« 1º Ainsi que M. Chevreul l'a démontré , il y a de
l'hydrogène sulfuré , ou, autrement dit , de l'acide sulfhydrique ou hydrosulfurique produit , lorsque des matières
organiques se putréfient en présence des sulfates. On sait
que l'acide sulfhydrique, corps qui a l'odeur des œufs
pourris , qui noircit l'argent, le plomb , le cuivre , est un
poison énergique pour les animaux et les végétaux. Cet
acide sulfhydrique, il est vrai, se combine avec les radicaux
des alcalis pour former des sulfures fixes ; mais en présence
des acides organiques que fournit aussi la putréfaction des
matières animales ou végétales contenues dans le sol,
l'acide sulfhydrique peut être mis en liberté et nuire énergiquement à la végétation. L'influence de l'air a pour effet
direct de fournir de l'oxygène aux sulfures , s'ils sont
formés, et de les empêcher de pouvoir donner naissance à de
l'acide sulfhydrique. Quand les sulfures ne sont pas encore
produits, l'oxygène de l'air brûle directement les matières
organiques, surtout en présence des alcalis, et alors il
ne se forme aucun corps nuisible à la végétation.

» 2º Quand un sol n'est pas aéré, et qu'il contient de
l'oxyde de fer, il arrive que cet oxyde de fer abandonne
de l'oxygène aux matières organiques en putréfaction, pour
les brûler lentement en se réduisant à un état d'oxydation
inférieur , jusqu'à ce qu'il ne puisse plus céder aucune

parcelle d'oxygène. Le sol devient bientôt improductif si l'air ne peut pas s'y renouveler. On aura beau y ajouter des engrais : en l'absence d'oxygène, les engrais ne fourniront que des produits nuisibles aux plantes. Supposons qu'au bout de quelque temps l'air puisse intervenir : son premier effet sera de réparer les désastres passés, c'est-à-dire de régénérer de l'oxyde de fer.

» 3° Il arrive que beaucoup de sols contiennent des pyrites ou sulfures de fer. Ces pyrites ne seront pas dangereuses si de l'air peut être donné au sol, car l'oxygène de cet air transformera leurs éléments : l'un, c'est-à-dire le soufre, en acide sulfurique ; l'autre, ou le fer, en oxyde de fer. C'est ce qui se produit dans la préparation des cendres pyriteuses que l'on fabrique pour l'agriculture au bord de certaines carrières, par la simple accumulation dans des tas où l'on permet à l'air d'intervenir. Mais supprimez l'introduction de l'air dans les terres pyriteuses, vous aurez beau les fumer, elles continueront à rester, sinon stériles, au moins peu fertiles. »

Faut-il ajouter, Messieurs, que les eaux non oxygénées et stagnantes sont impropres à la végétation, et que bientôt les plantes y pourrissent en donnant naissance à des produits bruns, à des gaz fétides et dangereux ? Faut-il vous citer enfin ce qui se passe lorsque les vases infectes des fossés, la tourbe acide de nos exploitations, sont fréquemment retournées et mises en contact avec l'air ? Peu à peu les propriétés de ces substances sont modifiées par l'oxygène, et l'agriculteur constate la possibilité de les employer avec succès pour l'amélioration du sol.

Je vous ai dit, Messieurs, que, débarrassé de ses éléments variables et ramené à sa constitution essentielle, l'air était formé d'oxygène et d'azote. Ce dernier gaz joue en quelque sorte un double rôle, selon qu'il est considéré dans les régions supérieures de l'atmosphère ou en présence des éléments du sol. Dans l'atmosphère, il semble, par la faiblesse de ses affinités, destiné à tempérer l'action énergiquement comburante de l'oxygène. En présence des substances poreuses du sol, des réactions de ses alcalis ou de ses principes organiques, cet azote est bientôt engagé dans des combinaisons précieuses pour les végétaux. Autant il est inerte et paraît dénué d'importance chimique dans le premier cas, autant il devient actif dans le second.

Je dois me hâter d'ajouter toutefois que si des étincelles électriques traversent l'atmosphère, l'azote peu actif de l'air entre en combinaison avec l'oxygène, et constitue de l'acide azotique ou nitrique, l'un des éléments du salpêtre. L'analyse décèle cet acide dans l'eau des pluies, et la végétation y trouvera bientôt une précieuse source d'azote ; mais nous reviendrons sur ce point.

Indépendamment de leurs principes minéraux, les organes, les tissus, les fluides, au moyen desquels se manifestent la végétation et la vie, contiennent ce qu'on appelle la matière organique. L'oxygène, l'hydrogène, l'azote et le carbone, constituent surtout cette matière. Plus important est le rôle de cette matière dans les fonctions, plus grande est sa richesse en azote. C'est ce que M. Payen a exprimé dans la loi suivante :

« Tous les jeunes organes foliacés, florifères ou fructi» fères, plus directement alimentés par la sève ascendante,
» lorsque les stomates et les parties vertes ne sont pas
» encore développées, contiennent en abondance des
» corps azotés, et généralement, dans ces parties
» aériennes encore, la quantité de ces substances orga-
» niques à composition quaternaire est en raison directe
» des facultés de développement, et en raison inverse de
» l'âge de chacun de ces organismes végétaux. »

Voici, d'ailleurs, quelques chiffres propres à démontrer la proportion dans laquelle l'azote existe au sein de certaines matières végétales.

	Poids du corps quaternaire azoté.	Azote p. 100 du végétal.
Choux-fleurs (bourgeons blancs).	71,820	11,970
Champignons de couches........	58,722	9,787
Sève de bouleau...............	47,460	7,910
Radicelles d'orge germé........	31,980	5,330
Limbe (feuilles d'acacia)........	29,760	4,961
Graines de lupin..............	27,000	4,500
Limbe (feuilles de mûrier)......	25,620	4,270
Feuilles de bruyère...........	11,940	1,991
Bois de chêne.................	4,362	0,727
Bois d'acacia.................	1,872	0,312
Bois de sapin.................	1,296	0,216

M. I. Pierre, qui a étudié avec beaucoup de soin la localisation de l'azote dans les végétaux, a trouvé que :

Dans le trèfle, dans la luzerne et dans le sainfoin, les *fleurs et les feuilles* sont beaucoup plus riches en matière azotée que la tige. La différence varie du simple au double. Enfin, la différence est plus grande encore si, au lieu de comparer les fleurs et les feuilles à la tige entière, on les compare à sa partie inférieure. Les moutons, en fourrageant la paille, choisissent de préférence les parties que l'expérience démontre être surtout riches en azote.

Dans les animaux, l'azote nous apparaît organisé dans les tissus en combinaison avec l'oxygène, l'hydrogène et le carbone. Les investigations de la chimie moderne prouvent, d'ailleurs, que la substance organisée animale a été formée dans le végétal aux dépens de l'atmosphère et du sol. La graine de froment nous offre tout élaborés ces principes quaternaires : fibrine, albumine ; caséine, c'est-à-dire , viande, blanc d'œuf, fromage , que les herbivores s'approprient pour en former leur propre substance. Dans le végétal , la matière azotée était peu abondante , elle est condensée dans l'animal. La présence de l'azote en forte proportion est donc un des caractères de l'animalisation. Mais tels sont les aspects divers de la matière animale ou quaternaire, qu'on a dû la désigner sous le nom générique de *protéine* ou de *substance protéique.*

Composition des principales substances protéiques.

	Fibrine des deux règnes.	Caséine des deux règnes.	Albumine des deux règnes.
Carbone......	52.75	53.56	53.47
Hydrogène ...	6.99	7.10	7.17
Azote........	**16.57**	**15.87**	**15.72**
Oxygène	23.69	23.47	23.64
	100.000	100.000	100.000

Ces chiffres et les considérations qui m'ont amené à vous les citer, démontrent suffisamment, Messieurs , le rôle important de l'azote dans la constitution des matières organisées. Certes, si l'azote atmosphérique pouvait subvenir directement et invariablement à la nutrition végétale, la production des fourrages, et par suite de la viande, deviendrait chose fort simple ; et les préoccupations relatives aux engrais seraient peu motivées. Mais il semble, Messieurs, que la Providence, en répandant à profusion l'azote dans l'air, et en mettant certaines conditions physiques à sa fixation dans l'organisme végétal, ait voulu symboliser d'une manière éclatante cette grande loi du travail, qui est tout à la fois l'une des peines et l'une des gloires de l'humanité. L'azote de l'air est comparable à ces minerais précieux ; mais sans utilité à l'état brut, qui tirent de l'énergie et de l'intelligence du métallurgiste la haute valeur que leur attribue la société.

Avant de rechercher et de préciser les conditions dans lesquelles les plantes peuvent assimiler l'azote, constatons, Messieurs, que l'eau renfermée dans l'air est une abondante source d'oxygène et d'hydrogène ; constatons surtout que l'acide carbonique expiré par les animaux, dégagé par les fermentations, les combustions rapides ou lentes, se trouve dans l'air atmosphérique à la dose de quatre à six dix millièmes. Formé de charbon et d'oxygène, décomposable sous l'influence de la lumière par les parties vertes des végétaux, cet acide carbonique fournit aux feuilles le carbone dont s'enrichit la plante.

La décomposition de l'acide carbonique par les végétaux est non-seulement remarquable par son influence sur le développement de la matière organique, elle l'est encore, parce qu'à son aide, l'atmosphère, sans cesse appauvrie d'oxygène par l'acte respiratoire des animaux, subit à tout instant une purification réelle.

M. Boussingault a confirmé les intéressantes remarques de Bonnet, Priestley, Scheele, Ingenhousz, Senebier, Perceval et Théodore de Saussure, en prouvant que des branches vertes placées dans un ballon exposé à la lumière absorbent, au passage, tout l'acide carbonique de l'air introduit dans ce ballon.

Il ne m'est pas permis d'entrer ici dans le détail des études auxquelles s'est récemment livré M. Boussingault sur le méca-

nisme intime de la décomposition de l'acide carbonique ;
mais je ne saurais omettre de vous citer les paroles si
poétiques et si vraies dans lesquelles Lavoisier résumait
le phénomène de la réduction de l'acide carbonique par les
plantes :

« L'organisation, le sentiment, le mouvement spontané,
» la vie, n'existent qu'à la surface de la terre et dans les
» lieux exposés à la lumière. On dirait que la fable du
» flambeau de Prométhée était l'expression d'une vérité
» philosophique qui n'avait point échappé aux anciens.
» Sans la lumière, la nature était sans vie, elle était
» morte et inanimée : un Dieu bienfaisant, en apportant
» la lumière, a répandu sur la surface de la terre, l'or-
» ganisation, le sentiment et la pensée (1). »

S'agit-il maintenant, Messieurs, de plantes aquatiques ?

____

(1) M. Corenwinder a constaté les faits qui suivent :

« 1° Les végétaux exposés à l'ombre exhalent, presque tous, dans leur
» jeunesse, une petite quantité d'acide carbonique ;

» 2° Le plus souvent, dans l'âge adulte, cette exhalation cesse d'avoir lieu ;

» 3° Un certain nombre de végétaux possèdent cependant la propriété d'expirer
» de l'acide carbonique à l'ombre pendant toutes les phases de leur existence ;

» 4° Au soleil, les plantes absorbent et décomposent avec activité de l'acide
» carbonique par leurs organes foliaires. Si l'on compare la quantité de carbone
» qu'elles assimilent ainsi avec celle qui rentre dans leur constitution, on est
» obligé de reconnaître que c'est dans l'atmosphère, sous l'influence des rayons
» du soleil, que les végétaux puisent une grande partie du carbone nécessaire
» à leur développement ;

» 5° La quantité d'acide carbonique décomposé pendant le jour au soleil
» par les feuilles des plantes, est beaucoup plus considérable que celle qui est
» exhalée par elle pendant toute la nuit. Le matin il leur suffit de trente minutes
» d'insolation pour se récupérer de ce qu'elles peuvent avoir perdu pendant
» l'obscurité. »

Les expériences de M. Corenwinder ont été très variées : elles ont porté sur
le thlaspi, les pois, les carottes, le colza, la féverole, le grand soleil, le lupin,
la laitue, etc.

MM. Cloez et Gratiolet ont établi qu'elles décomposent également l'acide carbonique dissous dans l'eau, en s'appropriant son carbone et dégageant abondamment de l'oxygène. Dans les eaux comme dans l'air, le règne végétal et le règne animal nous offrent donc la même solidarité de fonctions (1).

Les expériences de MM. Soubeiran, Malaguti, Verdeil et Risler confirment pleinement une opinion émise naguère par Théodore de Saussure et qui conduit à admettre une double source d'acide carbonique pour les plantes. L'air

(1) La décomposition de l'acide se fait sous l'influence de la lumière solaire et de la matière verte des plantes ; mais cette matière verte est-elle douée de cette propriété par elle-même, ou bien a-t-elle besoin du concours des organismes végétaux ? Des expériences faites par M. Morren permettent de décider complètement la question ; la matière verte agit toujours de la même manière au contact des rayons solaires, qu'elle appartienne ou non à un organisme végétal.

L'eau tient quelquefois en suspension une matière verte, formée par des animalcules verts. Si on fait l'analyse de cette eau dans des circonstances météorologiques diverses, on trouve que le rapport de l'oxygène peut varier de 16 à 60 pour cent dans le gaz qu'on en extrait par l'ébullition, ou bien dans le rapport de 1 à 4. Analyse-t-on l'air après quelque temps d'insolation, on y trouve l'oxygène dominant, et les animalcules présentent une vie active. Le ciel demeure-t-il couvert pendant quelque temps, les animalcules se montrent paresseux, et l'oxygène, disparaissant peu à peu dans l'air de l'eau, se trouve remplacé par de l'acide carbonique.

A l'aide de la lumière solaire, l'acide carbonique est donc décomposé par leur matière verte et l'oxygène est mis en liberté ; si la lumière manque, des phénomènes inverses ne tardent pas à se manifester.

Indépendamment des animalcules verts qui agissent à la manière des plantes vertes, M. Morren a découvert des animalcules de couleur rouge qui reproduisent les mêmes effets. Cette découverte est du plus grand intérêt, car on avait été jusqu'ici tenté de reléguer cette action remarquable dans la matière verte des plantes, quoique le feuillage de certains végétaux, de certains arbres, ait une teinte pourprée ou presque rouge, même dans leur état normal. D'après les expériences de M. Morren, il y aurait donc plusieurs matières colorées qui seraient capables de servir d'instrument à la décomposition de l'acide carbonique.

et le sol fournissent en effet le carbone au végétal par ses feuilles et ses racines. L'humus soluble des bonnes terres, c'est-à-dire la matière organique en cours de décomposition, joue donc ici un rôle remarquable et remarqué.

Je vous parlerai plus tard, Messieurs, des gaz dégagés du sol lorsque celui-ci est imprégné d'engrais actifs de telle ou telle nature; qu'il vous suffise de savoir aujourd'hui que si l'air normal renferme environ quatre décilitres d'acide carbonique par mètre cube, l'air interposé dans un sol non fumé depuis un an, en contient neuf litres. Une terre récemment fumée a fourni quatre-vingt-dix-huit litres de ce gaz fécondant à MM. Boussingault et Lewy.

La première terre contenait donc 22 à 23 fois autant

La deuxième terre............ 245 } d'acide carbonique

fois autant

bonique que l'air normal. Si j'ajoute, Messieurs, pour rendre plus frappant encore le rôle du carbone absorbé par les végétaux que douze molécules de ce corps associés physiologiquement à l'hydrogène et à l'oxygène de dix molécules d'eau peuvent produire, soit le tissu cellulaire de ces végétaux, soit la gomme, soit l'amidon ou la dextrine; si je termine enfin en vous disant que douze molécules de charbon et onze ou douze molécules d'eau forment le sucre de cannes ou le sucre de raisin, vous vous expliquerez facilement la haute importance de ces substances brunes en décomposition qui donnent aux terres riches une supériorité relative si nettement établie par la tradition agricole.

Si je ne m'abuse, Messieurs, j'ai rappelé à votre esprit les principales sources auxquelles la plante puise l'oxygène, l'hydrogène et le carbone que l'analyste retrouve dans ses tissus. En ce qui concerne l'azote, je me suis borné à vous le montrer dans l'atmosphère et dans la matière organique, mais je me suis abstenu de toute théorie relative au mécanisme chimique de sa fixation. Je vais combler cette lacune.

En étudiant comparativement six assolements sur son domaine de Bechelbroon, M. Boussingault a observé que les récoltes renfermaient une quantité d'azote plus forte que celle des engrais employés. D'où venait le gain qui ne s'élevait pas à moins de dix-neuf kilogrammes par hectare et par année?

Le résultat moyen de la jachère en France est représenté par une récolte de dix hectolitres de froment pour deux années, soit 19 kilog. d'azote. D'où vient cet azote?

A ces questions, il y a plusieurs réponses possibles; et il faut distinguer les circonstances dans lesquelles elles sont posées à la science.

Les plantes qui ont fixé l'azote ne sont pas en contact avec une atmosphère exclusivement formée d'oxygène et d'azote à l'état de simple *mélange*, et le moment est venu de poser en principe que dans l'air et par suite des influences électriques, il peut se former et il se forme une *combinaison* oxygénée de l'azote qu'on appelle acide azotique. Du sol, d'autre part, se dégage à tout instant une combinaison hydrogénée de l'azote connue sous le nom d'ammoniaque; de telle sorte que dans l'air il y a constamment, mais en proportion variable, de l'azotate d'ammoniaque; les eaux des pluies s'en chargent et l'amènent dans le sol. Voici donc un nouvel aliment pour les plantes. Si, en effet, l'azote simplement mélangé avec l'oxygène n'a sur la végétation que des effets contestables, on ne peut en dire autant de l'azote combiné à l'oxygène ou à l'hydrogène. Parfaitement assimilable en pareil cas, il peut jouer un grand rôle dans la nutrition de la plante, et l'étude des eaux de pluie vous le prouvera surabondamment.

On a établi de la manière la moins discutable que certaines plantes, telles que les légumineuses, absorbent une notable proportion d'azote atmosphérique tandis que le froment demande surtout aux engrais ce précieux agent organisateur. Mais cela ne prouve pas que l'azote fixé l'ait été à l'état élémentaire. Il est d'autant plus difficile de se mettre en garde contre les causes d'erreur en pareille matière que des influences multiples telles que la porosité du sol, l'électricité, la présence des oxydes, de certains principes organiques, déterminent la formation de combinaisons azotées sur le pouvoir fécondant desquelles tout le monde est d'accord. L'air renferme d'autre part des poussières organiques azotées, à la présence desquelles il faut également ment s'opposer dans les expériences de cette nature. Encore une fois, il est plus facile de dire, comme le fait M. le docteur Sacc : (1) « Pourquoi les végétaux n'absorberaient-ils » pas directement l'azote de l'air? » Que de démontrer expérimentalement cette proposition et pour moi, Messieurs, qui suis avant tout préoccupé des faits bien établis et de leurs applications possibles, je me bornerai à vous signaler les conclusions des expériences entreprises il y a vingt et un ans et tout récemment encore par M. Boussingault. Elles peuvent être ainsi résumées :

1° Quelques plantes cultivées dans un sol absolument privé d'engrais, mais dans l'atmosphère libre, ont acquis de très petites quantités d'azote, c'est-à-dire que dans la plante totale il y a eu un peu plus d'azote que dans la graine qui lui a donné naissance ;

2° Les plantes ne renferment beaucoup plus d'azote que

(1) *Précis élémentaire de Chimie agricole*, p. 155.

les graines d'où elles proviennent, qu'autant qu'elles se sont développées sur un sol riche en matières azotées facilement décomposables et réductibles soit en ammoniaque, soit en acide nitrique.

Et si maintenant, Messieurs, vous reportez vos regards en arrière et si vous me demandez compte de ces combinaisons oxygénées et hydrogénées de l'azote qui se forment dans l'atmosphère et que les pluies ou la vapeur d'eau apportent à la végétation, je vous répondrai que bientôt nous allons retrouver ces combinaisons en nous livrant à l'examen de l'eau atmosphérique et des gaz emprisonnés par le sol arable. Il est difficile, vous le voyez, pour ne pas dire impossible, de scinder l'étude générale de la végétation et de méconnaître la solidarité intime des différents milieux où la plante puise sa nourriture.

Les principes atmosphériques dont je vous ai parlé jusqu'à présent sont facilement tangibles et quantitativement appréciables. Il n'en sera pas de même de certains éléments mystérieux accidentellement répandus dans l'air et que l'on désigne sous le nom de miasmes, effluves, émanations miasmatiques, etc. Vous savez tous qu'il n'y a ni terrassement, ni dessèchement, ni, en un mot, de retournement de matières riches en détritus organiques qui soit possible sans que des affections intermittentes et quelquefois pernicieuses n'apparaissent aussitôt. Les rives du lac de Grand-Lieu, dont la végétation est alternativement immergée ou soumise à la pourriture humide, les terrains marécageux des environs de Machecoul ont, sous ce rapport, une réputation méritée. Toutes les fois, d'autre part, qu'on examine avec soin les produits exhalés par l'acte respiratoire des animaux (1), ou par la décomposi-

____

(1) Lorsqu'une atmosphère confinée renferme les produits de la respiration

tion de leurs tissus après la mort, on trouve que non-seulement ces produits renferment de l'acide carbonique et des molécules simples, analogues à celles que nos réactions de laboratoire nous permettent de produire, mais aussi des matières complexes, organisées ou *en cours de désorganisation*.

Qu'un rayon de soleil traverse l'atmosphère d'un lieu habité, et l'on constate que des myriades de corpuscules sont en suspension dans l'air. Débris de végétaux et d'animaux, fragments de roches, germes intacts, poussières, immondices de l'air : quel est le chimiste, quel est le physiologiste qui pourra les isoler, les reconnaître, les classer et assigner le rôle de celui-ci, l'importance de celui-là ? L'imagination reste confondue devant ces millions d'atômes, et la science se déclare impuissante à les saisir. Essayons toutefois de relater les tentatives faites pour éclairer un si intéressant sujet de méditations.

En 1809, Moscati établit que dans les salles d'hôpitaux comme dans les rizières de Toscane, on peut, en condensant la rosée sur un ballon rempli de glace, obtenir un liquide chargé de substances organiques putrescibles. Déjà Thénard et Dupuytren, en comparant l'hydrogène carboné des laboratoires avec celui qui s'exhale des matières animales en putréfaction, avaient reconnu que le dernier était accompagné de principes organiques putrides.

En 1812 et 1819, Rigaud de Lisle et Julia de Fontenelle, opérant sur la rosée des marais du Languedoc et de

---

d'un grand nombre d'individus, elle devient dangereuse, bien que l'acide carbonique ne s'y trouve qu'à la dose de 1 centième. Un air beaucoup plus riche en acide carbonique, mais préparé dans un laboratoire par le mélange de l'oxygène, de l'azote et de l'acide carbonique purs, serait respirable sans inconvénients bien marqués.

l'Aude, vérifièrent la présence des principes organiques dans l'air atmosphérique.

Enfin , M. Boussingault démontra non-seulement que dans les prés marécageux de l'amérique du Sud, la rosée renferme des principes organisés, mais encore que ces principes abondent lorsque l'air avoisine une mare où s'opère le rouissage du chanvre. Ce savant opérait en mélangeant l'eau de condensation avec de l'acide sulfurique, et évaporant le tout dans un verre de montre. Une coloration brune causée par la carbonisation de la matière organique décelait sa présence. M. Boussingault a constaté directement, d'autre part, la nature hydrogénée des principes organiques de l'air marécageux , à l'aide d'expériences que je ne puis relater ici.

Le choix du lieu d'habitation pour l'agriculteur , la disposition intérieure des maisons de fermiers , ont donc une grande importance. Tout ce qu'on pourra tenter pour empêcher la décomposition putride des végétaux et la stagnation de l'air près des cloaques ou des tas de fumier , tout ce qu'on pourra réaliser enfin pour l'aération satisfaisante des maisons, sera d'une haute importance. Les miasmes, en raison de leur nature , sont plus spécialement fixés dans les régions voisines du sol par la rosée, les obstacles physiques les arrêtent dans une certaine limite ; aussi s'explique-t-on que les sorties du matin dans l'état de diète soient quelquefois fatales, et que l'on puisse assainir une chambre au moyen d'un canevas humide disposé devant la fenêtre , ou un espace considérable par des rideaux d'arbres.

En tout état de cause, il importe d'éviter ces accumulations de meubles, de vêtements de laines, d'objets de literie qui, en temps d'épidémie , font de la demeure des cultivateurs de véritables foyers de contagion. Il résulte des recherches de M. le professeur Ramon de Luna , de Madrid, que la faculté d'absorption pour les gaz putrides est représentée par l'échelle suivante :

Gutta-percha	0
Paille de maïs.........................	1
Mélange de parties égales de paille ordinaire et de maïs...................	2
Paille de froment et d'orge , récente et grosse............................	3
Draps de fil...........................	4
— de coton........................	5
Coutil de fil..........................	6
— de coton........................	7
Couvertures..........................	8
Plumes...............................	9
Laine................................	10

Ces chiffres disent assez que moins il y aura d'encombrement dans une chambre, et moins les produits miasmatiques seront fixés.

On a souvent attribué à de l'hydrogène carboné ou sulfuré, à de l'oxyde de carbone, à l'ammoniaque, telle ou telle influence miasmatique. C'est une grande erreur.

C'est également par un oubli complet des phénomènes organiques qui régissent l'histoire des miasmes que l'on a attribué au gaz d'éclairage les épidémies typhoïques de Marseille (1), et aux acides prussiques et sébaciques les empoisonnements par les boudins gâtés souvent observés dans le Wurtemberg. On confond en ce cas la présence d'un produit accessoire avec la cause du phénomène.

____

(1) *De l'influence du gaz de l'éclairage sur le développement des épidémies typhoïques,* par le docteur Bertulus.

Du sang corrompu, de la substance cérébrale, du pus, du fiel en *putréfaction*, — je ne dis pas putréfié depuis quelque temps, — appliqués sur des plaies vives, causent des vomissements, la prostration et souvent la mort ; mais les gaz sulfhydriques ammoniacaux ou carbonés, *produits ultimes des transformations*, dépouillés, en un mot, de substance organisée ou en *cours de désorganisation*, ne réagissent plus à la manière de ces redoutables ferments, qui déterminent l'infection miasmatique.

De même que la force chimique tend à s'opposer aux manifestations de la force vitale et à simplifier progressivement l'état de la molécule organisée, de même aussi les émanations de gaz minéraux, malgré l'action délétère et violente qu'ils peuvent avoir sur les animaux, paralysent en général l'action des miasmes et leur imposent une véritable inertie.

Complexité de composition, aptitude à subir et à provoquer des métamorphoses organiques, voilà, selon moi, le miasme. Simplicité de composition, aptitude dans un nombre de cas à paralyser les métamorphoses organiques, voilà le poison minéral.

Remuez un sol riche en détritus végétaux, secouez un matelas d'hôpital, placez un cadavre dans un espace confiné, vous aurez le miasme ; ouvrez une fosse d'aisance, vous aurez le poison sulfhydrique. Il y a entre les effets pathologiques de ces deux agents toute la différence qui existe entre la diarrhée qu'occasionne une épidémie dyssentérique et celle qui n'est que la conséquence d'une indigestion.

Les vidangeurs sont généralement à l'abri des épidémies ; les personnes qui se livrent avec assiduité aux dissections éprouvent de fâcheux effets. C'est que le vidangeur opère dans des émanations où des molécules très simples prédo-

— 43 —

minent (1); tandis que l'anatomiste respire un air imprégné
de matières organiques- complexes *en cours de décomposition*. Comprenez-vous la différence ?

Un cadavre exhale des miasmes putrides redoutables :
on l'entoure de chaux vive, des torrents d'ammoniaque
se dégagent. A des produits organiques volatils on a
substitué un gaz simple — de l'azoture d'hydrogène, — la
salubrité est assurée. Comprenez-vous encore, et êtes-vous
bien persuadés que si certaines substances aériformes,
comme l'ammoniaque, l'hydrogène carboné, l'acide sulfhydrique, l'oxyde de carbone, *accompagnent* les effluves
miasmatiques, ils n'en constituent pas l'essence ?

Je terminerai ces considérations sur les miasmes en vous
citant un fait remarquable par son actualité. En 1828, les
travaux du canal de Bretagne dans la ville de Nantes
déterminèrent de nombreuses fièvres intermittentes. Dans
les deux années 1861 et 1862, des travaux analogues furent
exécutés sans inconvénient marqué. La vase était cependant
abondante, et tellement riche en détritus organiques, que
sur certains points elle constituait un véritable engrais ;
mais ce qu'il faut ajouter, c'est qu'elle était uniformément
imprégnée des produits ammoniacaux, sulfurés et goudron-
neux de l'usine à gaz. Le miasme fut neutralisé. Je
n'ajouterai rien à cet exemple caractéristique.

En opérant sur d'énormes cubes d'air, on trouverait
encore dans ce gaz, mais en proportion bien minime,
certains principes minéralisateurs de l'océan, et en particulier le soufre à l'état de combinaison gazeuse, tantôt
oxygénée, tantôt hydrogénée.

Rouelle disait : « Lorsqu'on trempe des linges bien propres
» dans une lessive de potasse exempte d'acide sulfurique,

---

(1) Gaz sulfurés et ammoniacaux.

» et qu'on les expose à l'air, dans un lieu abrité de la
» pluie et des poussières, ces linges s'humectent et se
» dessèchent alternativement un grand nombre de fois,
» et enfin se dessèchent pour ne plus s'humecter : la
» potasse dont ils étaient imprégnés est alors transformée
» en sulfate. »

« La mer contient des sulfates, dit à son tour M. Dumas;
» elle nourrit des mollusques. Les humeurs que ceux-ci
» sécrètent, avides d'oxygène, changent ces sulfates en
» sulfures. L'eau des mers dégage alors de l'hydrogène
» sulfuré ; l'air l'emporte bientôt au loin jusqu'à ce qu'il
» rencontre les débris de quelques plantes, dont les pores,
» par une propriété mystérieuse, obligent cet hydrogène
» sulfuré à se brûler et à produire ainsi de l'acide sulfu-
» rique. Les sulfates sont-dès-lors régénérés. »

Au surplus, Messieurs, je vous dirai du soufre de l'atmosphère ce que je vous ai dit tout à l'heure des produits
ammoniacaux; c'est surtout dans l'eau des pluies que nous
aurons occasion de les observer.

TROISIÈME LEÇON.

Etudier la pluie, c'est étudier l'air. — Emploi de l'udomètre. — Quantité d'eau pluviale annuellement recueillie sur divers points du globe. — Substances en dissolution dans l'eau de pluie. — Influence sur la végétation. — Eaux courantes et stagnantes. — Recherches de la qualité des eaux. — Vases déposées par les eaux.

MESSIEURS,

La pluie n'est autre chose que la vapeur d'eau atmosphérique condensée en gouttelettes. On s'explique facilement les causes de cette abondante vapeur, lorsqu'on réfléchit aux nombreux phénomènes qui mettent à tout instant le sol et les êtres qui s'y développent en rapport immédiat avec l'air. En voulez-vous quelques exemples ? Je les emprunterai aux trois règnes.

Un mètre carré d'une surface liquide laisse évaporer un décimètre cube ou un litre par vingt-quatre heures, d'où il résulte qu'un kilomètre carré de la surface de la mer, produit chaque jour 1,000,000 de litres ou 1,000 mètres cubes d'eau à l'état de vapeur. Une terre fraîchement labourée peut, d'après Curwen, exhaler par hectare et dans la première heure d'observation, près de douze hectolitres d'eau. Un homme perd environ un kilogramme d'eau par vingt-quatre heures ; un arbre de volume ordinaire 12 kilogrammes; enfin, les expériences de Hales (1) établissent qu'un hectare de choux peut, en douze heures, perdre par transpiration 20,000 kilogrammes d'eau ; un hectare de houblon en perd 2,440 kilogrammes dans le même temps.

Lorsque l'eau des pluies traverse l'atmosphère, non-seulement elle lui enlève, en les dissolvant, des substances gazeuses, telles que l'acide carbonique et l'ammoniaque, mais elle se charge encore de matières solides minérales ou organisées. Les brouillards ou la rosée jouent un rôle analogue, et l'on peut dire, avec M. Dumas, que l'ensemble des principes contenus dans l'eau pluviale d'un lieu donne la mesure de l'impureté relative de l'atmosphère de ce lieu. L'étude de la pluie intéresse vivement l'agronome. Parlons tout d'abord des moyens employés pour en connaître la quantité.

Sous le nom de *pluviomètre*, *pluvimètre* ou *udomètre*, on désigne des appareils fort simples, destinés à recevoir l'eau météorique sur un entonnoir d'une ouverture exactement déterminée, et à la conserver dans un réservoir inférieur. En réalité, un entonnoir de verre disposé sur un flacon et exposé à l'air, constitue un udomètre. Le résultat de l'expérience doit exprimer en centimètres l'épaisseur de la couche d'eau qui couvrirait le sol dans un temps déterminé, si cette eau n'avait été ni évaporée ni absorbée (2).

---

(1) *Statique des végétaux.*

(2) Soient D le nombre de centimètres qui exprime le diamètre intérieur de l'entonnoir à son bord supérieur;

P le nombre de grammes d'eau reçus dans le flacon, poids que l'on obtiendra en prenant la différence entre le poids du flacon vide et le poids de ce même flacon, lorsqu'il contient l'eau tombée ;

Je mets sous vos yeux un modèle d'udomètre, construit

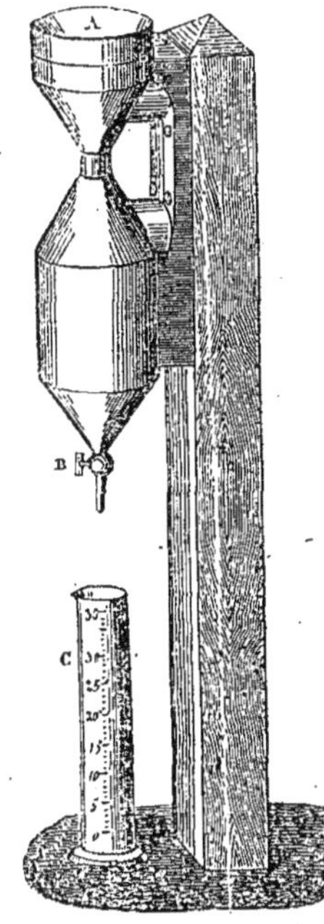

par M. Salleron. Il se compose d'un entonnoir de cuivre A, dont la base supérieure est exactement connue. Cet entonnoir est soudé sur un réservoir, destiné à recevoir l'eau de pluie tombée en un temps donné. La partie inférieure du réservoir est conique et terminée par un robinet B. Quand on veut mesurer la quantité de pluie tombée, on ouvre le robinet et on reçoit l'eau dans une éprouvette graduée C. Chaque division de cette éprouvette équivaut à un cinquième de millimètre de hauteur d'eau tombée sur la surface de la terre.

M. Huette a trouvé, à l'aide de l'udomètre, que la moyenne de la pluie annuelle recueillie, à

La hauteur H de la couche de pluie correspondante exprimée en centimètres, sera exprimée par la formule :

$$H = \frac{14 \cdot P}{11 \cdot D \cdot D}$$

c'est-à-dire qu'il faudra multiplier d'abord le poids de l'eau par 14 ; qu'il faudra multiplier ensuite le nombre de centimètres D par lui-même et le produit obtenu par 11, et qu'enfin le quotient que l'on obtiendra en divisant le premier produit par le second exprimera le nombre de centimètres d'eau tombée.

Prenons un exemple : L'entonnoir a 20 centimètres de diamètre, et il est entré dans le flacon 1,571 grammes 5 décigrammes d'eau ; en appliquant à ce cas particulier la formule précédente qui devient alors :

$$H = \frac{14 \cdot 1571,5}{11 \cdot 20 \cdot 20}$$

l'on trouve, tout calcul fait, H = 5 centimètres pour la hauteur de la couche d'eau correspondante.

Nantes, à quarante-sept mètres de hauteur , est représentée
par $0^m,612$, répartis de la manière suivante :

$$
\begin{array}{lr}
\text{Hiver} & 0^m,153 \\
\text{Printemps} & 0\ ,124 \\
\text{Eté} & 0\ ,123 \\
\text{Automne} & 0\ ,212 \\
\hline
& 0^m,612
\end{array}
$$

Le choix de la station udométrique a son importance.
On a constaté, en effet, que dans la cour de l'Observatoire
de Paris il tombe une quantité de pluie plus grande que sur la
terrasse de cet édifice, élevée à 28 mètres. Dans la cour, on
trouve 56 centimètres; sur la terrasse, on obtient le nombre
50. Il convient de remarquer que l'udomètre de la cour,
situé à l'Ouest du bâtiment, est placé à une distance de ce
dernier égale à sa hauteur. On peut donc admettre que
le vent d'Ouest, qui amène beaucoup de pluie, éprouvant
une réflexion à la rencontre du mur, rejette dans l'udomètre des gouttes qui n'étaient pas destinées à y tomber.
Voici , du reste, les chiffres exprimant la moyenne de la
pluie tombée à Paris pendant un grand nombre d'années :

$$
\begin{array}{lr}
\text{Hiver} & 0,107 \\
\text{Printemps} & 0,174 \\
\text{Eté} & 0,161 \\
\text{Automne} & 0,122 \\
\hline
& 0,564
\end{array}
$$

Si vous comparez, Messieurs , ces résultats avec ceux
de Nantes , vous voyez que, dans notre ville, le maximum

de la pluie est observé dans l'automne. Ce résultat est commun aux stations voisines de l'Océan ou de la Méditerranée.

.En général, la quantité de pluie varie avec la latitude. Elle est plus grande à l'équateur que dans les climats tempérés, et plus grande dans ceux-ci que près des pôles. Ces différences tiennent, vous le pressentez déjà, aux quantités variables de vapeur d'eau que l'air peut renfermer selon sa température. Plus un pays est chaud, plus la vapeur qui s'accumule dans l'air est considérable, plus il tombe de pluie. Il est bien entendu que certaines causes locales peuvent motiver des dérogations à cette loi, et que la quantité de pluie n'est pas toujours en rapport avec la latitude. Sous cette réserve, je place devant vos yeux un tableau qui représente les quantités de pluie ou neige, — c'est tout un — observées dans différentes stations udométriques (1).

(1) Parmi les exceptions remarquables que souffre le tableau précédent, et tous ceux du même genre que l'on pourrait former, il suffit d'en citer trois, celles de l'Egypte, de Cumana et de Lima en Amérique. Tout le monde sait, en effet, qu'il ne pleut presque jamais en Egypte ; mais comme on pourrait attribuer une pareille sécheresse à la nature sablonneuse de la contrée et au voisinage des déserts de la Libye, on cite Cumana, ville située sur les bords de la mer, et où, d'après M. de Humboldt, il ne tombe annuellement que 20 centimètres d'eau, c'est-à-dire quinze fois moins qu'en d'autres régions intertropicales ; ensuite la vallée qui s'étend au sud de Lima, et où il ne tombe presque jamais de pluie.

Dans les localités où il ne pleut presque jamais ainsi que dans certaines saisons sèches, la rosée remplace les pluies. Dans l'Arabie heureuse elle suffit à l'entretien des plantes aromatiques dont la terre est couverte. Le même phénomène se produit dans la saison d'été en Provence. En Algérie, la rosée est si abondante quelquefois, que nos soldats ne pouvaient, en 1840, incendier les récoltes des Arabes insoumis que vers huit heures du matin.

Dans les considérations météorologiques annexées à son *Economie rurale,* M. Boussingault donne un exemple remarquable de l'abondance des rosées sur certains points du globe.

« Je n'ai jamais eu l'occasion, dit-il, de voir une rosée aussi abondante que

Latitude.	Pluie annuelle.		Latitude.	Pluie annuelle.
0°	300cent.		50°	71cent.
10	285		60	54
20	241		70	41
30	132		80	32
40	90		90	25

Voici, du reste, Messieurs, un relevé fait par M. de Gasparin, et qui exprime les proportions relatives de pluie tombée pendant chaque saison dans les différentes parties de l'Europe. La quantité d'eau totale est exprimée par 100.

	Angleterre Occidentale.	France Occidentale.	France Orientale.	Allemagne.	Saint-Péters- bourg.
Hiver....	26	23	20	18	15
Printemps.	20	18	23	22	18
Eté......	23	25	**29**	**37**	**37**
Automne .	**31**	**34**	28	23	30

J'ai marqué en chiffres distincts le maximum de pluie, afin que son déplacement, selon les pays, vous parût sensible à première vue.

Enfin voici un résumé des observations effectuées dans différents pays :

celle qui se produit quelquefois dans les steppes de San-Martin, à l'est de la Cordilière orientale des Andes, à une très grande distance de la mer; son abondance était telle, que pendant plusieurs nuits il me fut impossible d'employer un horizon artificiel en verre noir, pour prendre des hauteurs méridiennes d'étoiles; à l'instant même où l'appareil était en présence du ciel, il se déposait une si grande quantité d'eau à la surface du verre qu'elle ruisselait de tous côtés; il fallut avoir recours au mercure pour recevoir l'image de l'étoile en observation. Durant les nuits pures et calmes, le gazon de ces plaines immenses reçoit, sous forme de rosée, une quantité considérable d'humidité qui tempère, par son évaporation, l'excessive chaleur du jour. Dans les climats

	Centimètres.
A Rome	54
A Marseille	58
A Leyde	60
A Toulouse	61
A Cambrai	64
A Metz	70
A Bruxelles	76
A Caen	74
A Zurich	82
A Abbeville	85
A Alger	86
A Pise	93
A Rouen	91
A Lyon	99
A Londres	100
A Padoue	101
A Milan	105
A Aurillac	110
A la Basse-Terre (Guadeloupe)	113
A Cherbourg	128
A la Havane	151
A la Baja (Nouvelle-Grenade), à 2,353^m au-dessus du niveau de la mer	136

tropicaux, les forêts contribuent à abaisser la température, à la naissance et à l'entretien des sources, en faisant passer la vapeur aqueuse de l'air à l'état de rosée. Dans les régions très chaudes, il est rare de bivouaquer dans une clairière, lorsque la nuit est favorable à la radiation, sans entendre l'eau dégoutter continuellement des arbres environnants. Je puis citer, entre bon nombre d'observations de ce genre, celle que je fis dans une forêt du Cauca. Au *contadero de las coles*, où je bivouaquai, la nuit était magnifique, et cependant dans la forêt dont les premiers arbres se trouvaient à quelques mètres, il pleuvait abondamment ; la lumière de la lune permettait de voir l'eau ruisseler de leurs branches supérieures. »

Centimètres.

A Sainte-Anne (même province), à 1,000^m
au-dessus du niveau moyen de la mer. 185

Dans le sud de la Chine.................. 189

A Mormato , à 1,426^m de hauteur.......... 211

A Sainte-Rose (Martinique)............... 216

Au Fort-de-France (Martinique).......... 220

A Cayenne (Hôpital).................... 300

Nous voici, Messieurs, en possession des moyens nécessaires pour déterminer la totalité de l'eau tombée dans un mois, une semaine, une journée ; mais cela ne répond pas à tous les besoins. Il faut pouvoir déterminer le nombre et la durée des ondées , le volume et la direction des gouttes de pluie : c'est ce que réalise l'ingénieux appareil récemment imaginé par M. Hervé Mangon , et auquel cet habile professeur a donné le nom de *pluvioscope*. Je vous en dirai quelques mots.

Pour résoudre ces divers problèmes, il a suffi à M. Hervé Mangon de chercher un papier chimique, pouvant conserver la trace des gouttes d'eau quand on l'expose à la pluie. Le savant professeur de l'école des ponts et chaussées a fait usage, dans ce but, d'une feuille de papier imprégnée de sulfate de fer, et frottée avec de la poudre de noix de galles, mélangée de sandaraque. On comprend ce qui doit arriver, lorsqu'un papier ainsi préparé vient à recevoir une goutte de pluie : l'eau , en contact avec le papier, dissout simultanément le sulfate de fer et l'acide gallique de la noix de galles ; dès que ces deux matières sont en présence , elles réagissent l'une sur l'autre et forment du gallate de fer , composé noir qui ne diffère que fort peu de notre encre noire ordinaire. Ainsi, une goutte d'eau claire, tombant sur une feuille de papier, y produit une tache d'encre.

Un disque de ce papier chimique tournant uniformément sur son centre, constitue le nouveau *pluvioscope* de M. Hervé Mangon. Un cadran de ce papier sensible faisant, grâce à un mouvement d'horlogerie, un tour en vingt-quatre heures, est placé horizontalement dans une caisse percée d'une ouverture à sa partie supérieure ; les gouttes d'eau tombant par cette ouverture, sur le papier sensible qui tourne dans l'intérieur de la caisse, y laissent des taches noires indiquant l'heure et la durée de chaque ondée.

Quand la pluie est un peu forte, les gouttes se confondent et laissent sur le cadran une tache unique. Pour les conserver séparées, l'auteur emploie un large ruban de fil préparé comme le papier sensible, c'est-à-dire contenant du sulfate de fer et de la noix de galles, et se déroulant, avec un degré de vitesse convenable, à l'aide du mouvement d'horlogerie, sous une ouverture exposée à la pluie.

Le *pluvioscope à cadran* permettra de corriger les indications du pluviomètre ordinaire ; il dénote des pluies très faibles et qui ne sont pas sensibles à ce dernier instrument. La comparaison des feuilles journalières d'un certain nombre de *pluvioscopes à cadran*, placés dans des stations plus ou moins éloignées, peut indiquer le temps qu'une même ondée met à se propager d'un point à un autre, et, par suite, la vitesse de cette ondée.

L'analyse chimique démontre que l'eau contient tout à la fois l'ammoniaque et l'acide carbonique que l'air lui a cédés, des matières organiques provenant du même milieu, enfin une notable quantité d'air proprement dit. Et telle est, Messieurs, la puissance dispersive des vents et de la vapeur aqueuse que des éléments minéraux enlevés au sol et à l'Océan se retrouvent dans l'eau des pluies en proportion appréciable. Nous allons examiner successivement ces divers matériaux constitutifs des eaux.

En soumettant l'eau à l'ébullition dans des appareils convenables, on en chasse les gaz, et si on les recueille, on peut doser l'oxygène, l'azote et l'acide carbonique dont ils sont formés. De récentes recherches de M. Peligot (1) ont démontré que l'acide carbonique en particulier est contenu dans les eaux à dose plus élevée qu'on ne l'avait admis jusqu'à ce jour. Il y a bien des points à éclaircir à cet égard , et comme l'a fait entrevoir ce savant, les eaux , par leur pouvoir absorbant pour l'acide carbonique, sont peut-être des agents purificateurs de l'air plus énergiques qu'on ne l'avait soupçonné.

L'eau de la Seine , analysée en janvier , a fourni à M. Peligot un mélange gazeux renfermant 41,7 % d'acide carbonique. Dépouillé d'acide carbonique, l'air dissous renfermait 68 d'azote et 32 d'oxygène. Voici quelles ont été les proportions d'acide carbonique pour 100 volumes de gaz extrait de l'eau de Seine à différentes époques de l'année :

28 janvier	53,6
16 février	54,6
20 février	42,8
24 mars	40,0
28 mars	30,0
11 avril	43,3
18 mai	40,0

L'acide carbonique entre donc pour moitié environ des gaz dissous dans l'eau de Seine. Mais ce qu'il ne faut pas

(1) *Annales de Chimie et de Physique*, 3ᵉ série , tome XLIV.

oublier, c'est que cette eau est riche en carbonate de chaux
et de magnésie (1).

L'eau de la Loire, Messieurs, est très pauvre en carbonate de chaux et de magnésie : elle est riche, au contraire, en silicates alcalins ; il n'est donc pas étonnant
qu'elle fournisse beaucoup moins d'acide carbonique ; voici
quelques déterminations faites par moi en 1856 (2) :

17 Juin, 3m47 au-dessus de l'étiage. Eau jaunâtre et trouble, moussant par l'agitation.	1er Juillet, 2m30 au-dessus de l'étiage. Eau trouble et jaunâtre.	10 Juillet, 1m05 au-dessus de l'étiage. Eau limpide.
Oxygène...... 20	Oxygène...... 22	Oxygène.... 31,6
Azote........ 68	Azote........ 67	Azote........ 63,6
Ac. carbonique. 12	Ac. carbonique. 11	Ac. carboniq. 4,8
100	100	100,0

Vous voyez, Messieurs, combien une forte crue peut
faire varier la composition des gaz dissous dans l'eau. Vous
voyez aussi que les gaz contenus dans une eau coulant sur

(1) « A défaut de l'expérience directe, le raisonnement conduisait à admettre
» que presque toutes les eaux des rivières contiennent, comme l'eau de la Seine,
» au moins 20 à 30 centimètres cubes d'acide carbonique par litre. Il suffit, en
» effet, de jeter les yeux sur les analyses si nombreuses qui ont été faites sur
» les eaux, pour voir que presque tous les résidus laissés par leur évaporation
» sont formés en très grande partie de carbonate de chaux et de magnésie. La
» plupart de ces résidus contiennent 50 à 80 pour 100 de ces sels ; or, la pré-
» sence de ces carbonates terreux suppose celle d'une quantité d'acide carboni-
» que au moins égale à la quantité de cet acide qu'ils contiennent déjà : l'eau
» de la Seine, par exemple, contient 0gr,100 à 0gr,150 de carbonate de chaux
» par litre. Cette quantité exige, par conséquent, pour rester en dissolution dans
» l'eau, 23 à 33 centimètres cubes d'acide carbonique, l'eau étant à la tempé-
» rature de 15 degrés. — PELIGOT. »

(2) *Thèse pour le Doctorat*, page 85.

des terrains siliceux sont pauvres en acide carbonique.
Ce fait avait déjà été remarqué pour la Loire, car M. Deville
en examinant les eaux de ce fleuve à Meung en 1846 ,
avait trouvé que les gaz dissous renfermaient 8,3 d'acide
carbonique après une forte crue , et M. A. Morren , dans
ses nombreuses expériences (1), était arrivé au chiffre de 2
à 3,22 %.

L'acide carbonique dissous dans les eaux augmente très
rapidement par la décomposition de détritus organiques.
L'eau de l'Erdre , qui est stagnante et dans laquelle les
égoûts déversent les résidus liquides de plusieurs quartiers
de Nantes, fournit un gaz qui, en 1856, m'a donné 18 %
d'acide carbonique.

L'azote à l'état de combinaison avec l'hydrogène ou
l'oxygène , c'est-à-dire l'ammoniaque ou l'acide azotique ,
existe généralement dans les eaux. Examinées dans l'eau
des pluies en particulier , ces combinaisons de l'azote méritent de fixer l'attention la plus sérieuse des agronomes.
Je vais tâcher de vous le démontrer en vous citant
des faits.

Je vous signalerai tout d'abord l'excellente méthode que
M. Boussingault a donnée pour doser l'ammoniaque dans
les eaux (2). Elle est tellement précise , qu'elle dépasse
toutes les espérances qu'on eût pu concevoir à *priori*. Il
suffit, du reste, pour la caractériser, de dire qu'elle décèle
des centièmes de milligramme d'ammoniaque.

M. Boussingault a remarqué que si l'on distille une eau
contenant une petite quantité d'ammoniaque , ce corps se

______

(1) *Annuaire des Eaux* , page 156.

(2) *Mémoire sur une nouvelle méthode pour doser l'ammoniaque des
Eaux.* — Comptes rendus de l'Académie des Sciences , 1853 , 1er semestre ,
page 814.

retrouve tout entier dans les premiers produits de la distillation. Un ballon de deux ou trois litres , communiquant
avec un serpentin en verre , voilà l'appareil. Il suffit de
vaporiser et de condenser les deux cinquièmes de l'eau pour
avoir l'ammoniaque à l'état de dissolution. Du reste, il existe
un rapport tellement rigoureux entre les richesses en ammoniaque du premier et du second cinquième distillés,
que, d'après l'examen de l'un, on connaît la nature de
l'autre.

Le dosage s'exécute en introduisant à l'aide d'une burette
graduée, une liqueur normale sulfurique dans le produit
distillé. La neutralisation de l'alcali est rendue évidente à
l'aide de , quelques gouttes de teinture de tournesol
qui, de bleue qu'elle était dans l'eau distillée légèrement

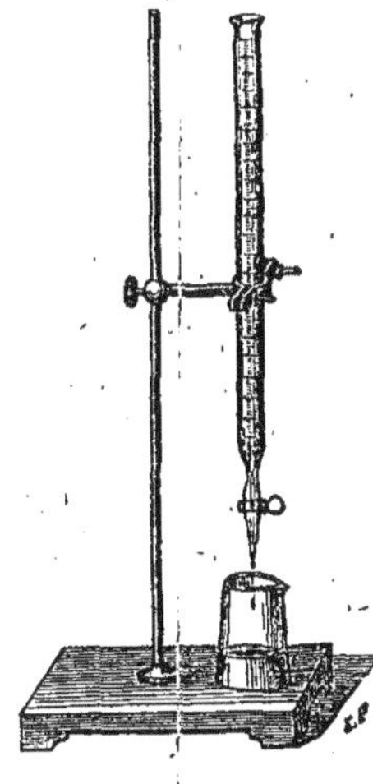

ammoniacale, devient rouge sous
l'influence du moindre excès
d'acide.

Voici un modèle commode de
burette pour les déterminations
de cette nature. Le robinet est
en verre et le corps du tube
est divisé en centimètres cubes
et dixièmes de centimètre cube.
On peut , à l'aide de cet instrument , introduire goutte à goutte
la liqueur sulfurique normale dans
l'eau ammoniacale légèrement
colorée en bleu.

On reconnaît par ce procédé que les pluies, les neiges,
les brouillards , la rosée , les eaux de source , de puits ou de
rivière , renferment des doses très variables d'ammoniaque.
Au surplus , les chiffres le démontrent :

Ammoniaque contenue dans les eaux de pluie.

DÉSIGNATION de L'EAU.	Ammoniaque par litre.	OBSERVATIONS.
	millig.	
Pluie recueillie le 26 août 1853...	1,47	La première prise d'échantillon a fourni 4^{millig},69 et la sixième prise 1,02.
Forte pluie du 28 août 1853.....	0,30	M. Boussingault.
Ondée violente, 6 septembre	0,17	id.
Pluie fournissant 20 à 31 millim. à l'udomètre	0,41	id.
Pluie de 10 à 15 millim.........	0,45	id.
Pluie de 1 à 5 millim............	0,70	id.
Pluie de 0 millim. 5 à 1 millim ..	1,21	id.
Pluie de 0 à 0 millim.,5........	3,11	id.
Moyenne de soixante-quinze pluies recueillies au Liebfrauenberg..	0,50	id.
Eau de pluie recueillie à Lyon pendant l'hiver de 1853	16,30	M. Bineau.
Eau de pluie du printemps......	12,10	id.
Eau de pluie de l'été	3,10	id.
Eau de pluie de l'automne.......	4,00	id.
Moyenne des pluies d'un an à Lyon.................	6,80	id.
Eau de pluie recueillie à l'Observatoire de Paris.............	5,45	M. Barral.
Eau de pluie recueillie à l'Observatoire de Paris en octobre...	1,08	id.
Eau de pluie recueillie au Conservatoire à Paris en avril.......	4,34	M. Boussingault.

Les chiffres contenus dans ce tableau prouvent, Messieurs, que l'air des villes est beaucoup plus chargé d'ammoniaque que celui des campagnes. Ils prouvent aussi que l'atmosphère est assez promptement appauvrie d'ammoniaque par les fortes pluies, puisque les dernières portions d'une ondée en renferment à peine. Je vous ferai remarquer enfin que très vraisemblablement les combinaisons ammoniacales de l'air sont localisées dans les zônes inférieures de l'atmosphère. Tout cela pouvait être prévu.

Je résumerai en quelques mots, Messieurs, ce qui est relatif à la richesse des rosées et des brouillards en ammoniaque. La rosée recueillie au Liebfrauenberg, par M. Boussingault, en 1853, renfermait de $3^{millig},1$ à $6^{millig},2$ d'ammoniaque par litre. Celle que cet observateur a obtenue sur une terrasse du Conservatoire des arts et métiers renfermait par litre $10^{millig},8$. Vous voyez encore ici l'influence très sensible d'une grande agglomération sur les principes azotés de l'atmosphère.

Les brouillards observés au Liebfrauenberg ont fourni un liquide dont la richesse en ammoniaque a varié de $2^{millig},56$ à $7^{millig},21$ par litre. Il convient de noter qu'un brouillard de novembre, remarquable par son étendue, son opacité, a fourni jusqu'à $49^{millig},71$. Cette proportion considérable d'ammoniaque représentait près de 2 décig. de carbonate d'ammoniaque par litre. C'était un engrais fort efficace.

J'arrive aux eaux courantes et aux eaux de source. Elles renferment très peu d'ammoniaque, et la proportion de cette substance varie rapidement selon le régime de l'eau ou son contact avec des matières animales. Le tableau que je vous soumets est très significatif.

ÉPOQUE de la prise d'échantillon.	DÉSIGNATION DE L'EAU.	Ammoniaque par litre.	Ammoniaque par mètre cube.	OBSERVATEURS.
Avril 1853........	Eau de la Seine, au pont d'Austerlitz....................	0^{g}00012	0^{g}12	Boussingault.
Id............	Eau de la Seine, au pont de la Concorde....................	1,00016	0,16	id.
"	Eau du puits artésien de Grenelle....................	0,00023	0,23	"
Janvier 1859......	Eau de la Loire, près du château....................	0,00007	0,07	Bobierre.
Id............	Eau de la Loire, en face Trentemoult....................	0,00020	0,20	id.
Avril 1853........	Eau de la Bièvre, prise au Pont-aux-Tripes....................	0,00261	2,61	Boussingault.
Novembre 1858 ...	Eau de l'Erdre, près l'égoût de l'Abattoir et à la surface......	0,00480	4,80	Bobierre.
Id............	Eau de l'Erdre, près l'égoût de l'Abattoir, puisée à 1^m,62 de profondeur....................	0,04900	49,00	id.
"	Puits d'un jardin de Clignancourt, près Paris....................	0,00032	0,32	Boussingault.
"	Puits d'une maison, près de l'Hôtel-de-Ville de Paris............	0,03435	34,35	id.

En consultant ces chiffres, il faut se souvenir que la Bièvre, près Paris, et l'Erdre, à Nantes, sont, à l'époque des basses eaux, de véritables cloaques. Si, parmi les analyses assez nombreuses que j'ai effectuées (1) sur l'eau de l'Erdre prise à la surface et à une certaine profondeur, j'ai choisi celle qui caractérise la plus grande richesse en ammoniaque, c'est que j'ai voulu vous faire saisir rapidement l'énorme influence des détritus organiques sur la composition des eaux. A l'époque où je trouvais cette énorme dose d'ammoniaque dans les eaux presque stagnantes du fond de l'Erdre, je constatais, par évaporation, qu'à la surface et dans les régions inférieures de ce cours d'eau, la quantité de matière solide abandonnée par un litre de liquide soumis à l'évaporation était ainsi représentée :

Eau prise à la surface.......... 0ᵍ347

Eau puisée à 1ᵐ62 de profondeur. 1,080

et ce dernier résidu avait la richesse, en azote, d'une poudrette de bonne qualité !...

Mais revenons, Messieurs, aux matières dissoutes par les pluies. Elles renferment, disons-nous, de l'ammoniaque, c'est un point bien établi ; mais les études de chimie générale nous conduisent à reconnaître que, selon qu'il a excès d'hydrogène ou d'oxygène, l'azote, une fois combiné, passe avec la plus grande facilité à l'état d'ammoniaque — hydrogène azoté — ou à l'état d'acide azotique — oxygène azoté. — Rien d'étonnant, dès-lors, si, dans les eaux mé-

____

(1) *Etudes chimiques sur la composition des eaux du canal de Bretagne, dans la traverse de Nantes.* — *Annales du Conseil d'Hygiène de la Loire-Inférieure*, 1859.

téoriques ou stagnantes à la surface du sol, on trouve tantôt de l'ammoniaque, tantôt de l'acide azotique, souvent de l'azotate d'ammoniaque. Nous arrivons, vous le pressentez déjà, à entrevoir sous quelle forme l'azote atmosphérique sera offert à la végétation.

Lorsqu'une étincelle électrique sillonne l'atmosphère, il y a *combinaison* chimique entre l'oxygène et l'azote dont le *mélange* constituait l'air respirable. La présence de l'acide azotique ou nitrique dans l'eau des pluies, s'explique donc facilement. Elle s'explique également dans l'eau des puits où pénètrent des substances animales. Celles-ci, en effet, produisent de l'ammoniaque en se décomposant, et les influences oxydantes, agissant sur l'azote combiné, font le reste. Ici encore, il faut spécifier l'intensité des phénomènes par le relevé numérique des analyses.

M. Barral a trouvé (1), à la suite de nombreuses expériences faites sur les eaux pluviales recueillies à l'Observatoire de Paris, qu'un hectare de terre a reçu, pendant un an, 31 kilog. 531 grammes d'azote, tant à l'état d'ammoniaque que d'acide azotique. Or, les faits établissent de la manière la plus nette, que ce sont là de précieux engrais ; et si vous réfléchissez, Messieurs, que l'air humide nous offre :

L'oxygène, sans lequel aucune fonction végétale n'est possible ;

L'azote, à l'état de *combinaison* avec l'hydrogène ou

____

(1) *Recherches analytiques sur les eaux pluviales.* — *Mémoires de l'Académie des Sciences,* tome XII.

l'oxygène , c'est-à-dire l'ammoniaque ou l'acide azotique , substances assimilables par les plantes ;

L'eau, source d'hydrogène et d'oxygène pour la végétation ;

Enfin, l'acide carbonique, que les parties vertes des plantes décomposent sous l'influence des rayons solaires, émettant de l'oxygène et de l'oxyde de carbone et absorbant le carbone ;

Vous voyez, qu'à la rigueur, l'atmosphère renferme les matériaux nécessaires à la formation de la plante et à son développement complet. A vrai dire, la récolte que l'on obtiendrait dans ces conditions strictes, serait peu satisfaisante, et nous allons le reconnaître en poursuivant l'étude des eaux.

Jusqu'à présent, je ne vous ai entretenu que des matériaux volatils de l'eau pluviale. Elle renferme cependant des substances fixes, enlevées à l'eau des mers , à la terre elle-même, et que les vents font tourbillonner dans l'espace ; en même temps que la vapeur aqueuse concourt à les soutenir. Si on évapore une grande quantité d'eau pluviale , non-seulement on reconnaît qu'elle fournit un dépôt salin très variable selon les lieux , les époques , la direction des vents , etc.; mais encore que ce dépôt est souillé par des substances organiques en partie décomposées. Un grand nombre de sels , et notamment des chlorures et des sulfates de soude; potasse , chaux et magnésie , ont été isolés par les procédés délicats de l'analyse chimique , et les chiffres suivants résument ces intéressantes recherches. Ils se rapportent à un litre d'eau recueillie dans l'udomètre.

L'eau recueillie à Paris a fourni..   0ᵍ004 de sel marin.

L'eau recueillie à Caen   0,006

L'eau recueillie à Marseille......   0,007

La proportion de sel marin est donc d'autant plus forte, que le lieu d'observation est moins éloigné de la mer. Tous les agronomes des localités maritimes savent, du reste, que les pluies violentes amenées par les vents de mer peuvent détruire les céréales, brûler les feuilles, et transporter au loin des quantités considérables de chlorures alcalins (1).

L'eau des pluies peut également apporter au sol, et par suite à la végétation, de l'acide phosphorique. La dose en est bien faible à la vérité, puisque M. Barral n'a pu en recueillir que 5 à 9 centièmes de milligramme par litre, ce qui ne fait pas un demi-kilogramme par hectare, à Paris.

Si nous cherchons, au surplus, Messieurs, à résumer les recherches entreprises en vue de déterminer l'apport des matières minérales au sol par les eaux de pluie, nous voyons que, par an et par hectare, la terre peut, selon M. Pierre, recevoir, en France (2), plus de 58 kilog. 38 de chlorures, dont 44 au moins de sel marin, plus 17

(1) A la suite d'une violente tempête, on remarqua, à New-Haven (Amérique), que toutes les vitres des maisons étaient couvertes de sel. A Hebron, ville éloignée de la côte d'environ quarante kilomètres, et même à Northampton, soit à quatre-vingts kilomètres, les feuilles des végétaux étaient salées. — *Annales de Chimie et de Physique*, 8ᵉ série, tome xx, page 101 (1822).

(2) En calculant une quantité de pluie de soixante centimètres, chiffre moyen pour la France.

kilog. d'acide sulfurique, soit environ 33 kilog. de sulfates divers, plus enfin 26 kilog. de chaux (1). M. Pierre admet que la somme totale des substances solides apportées au sol est de 147 kilog. En 1825, Brandes, opérant sur les pluies de Salzuffeln ; avait trouvé 156 kilog. (2). M. Barral a obtenu, de son côté, en analysant l'eau qui tombe à Paris :

Principales substances apportées au sol, par hectare et par année.

Ammoniaque....	15^k264	⎫
Acide azotique...	61,726	⎬ soit 31 kilog. d'azote.
Sel marin........	21,224	⎭
Chaux	28,698	
Magnésie	9,000	

Messieurs, je n'insiste pas. Aussi bien ces chiffres ont une haute signification. Ils démontrent le pourquoi de l'action fécondante des pluies, et il convient de ne pas oublier que l'analyse chimique ne peut isoler qu'une minime portion des substances nombreuses et diluées que renferment les eaux. La pluie contient en réalité tous les principes de l'Océan, et si l'on avait à sa disposition des kilogrammes de son résidu d'évaporation, quelles matières n'y rencontrerait-on pas ? Le soufre, l'iode, des matières organiques, du phosphore à divers états de combinaison, des oxydes

(1) *Annales agronomiques*, tome 1, page 471. (Mai 1851.).

(2) *Jarburk der Chimie und Physik von Schweiger*, tome xviii, page 153. (1826.)

nombreux seraient facilement dosés ; mais une telle recherche est inutile ; notre raisonnement en tient lieu , et nos méthodes analytiques, toutes grossières qu'elles soient, suffisent à démontrer que : « Les perles des poètes dépo- » sées sur le calice des fleurs et à la pointe des herbes , » contiennent tout ce qu'il faut pour faire du lait et de la » viande (1). » Du lait et de la viande, soit ; mais trouvez-vous, Messieurs, que la poésie en soit moins réelle ?

Après avoir lavé en quelque sorte l'air atmosphérique et lui avoir emprunté de nombreuses substances gazeuses et solides, l'eau se trouve en présence des matériaux plus ou moins solubles du sol. Je vous ferai tout d'abord remarquer, Messieurs, que lorsqu'il s'agit d'eau pluviale et de substances minérales quelque peu divisées, le mot insolubilité n'a plus de sens. L'eau pluviale n'agit pas seulement, du reste, comme eau, mais bien comme solution d'ammoniaque, d'acide azotique et de sels divers, tels que chlorures et sulfates. Il en résulte que son action sur les matières siliceuses ou calcaires devient complexe et que, de sa complexité même, dérive son efficacité. L'action altérante de la goutte d'eau sur la roche est tellement connue, qu'on commet presque une banalité en la citant. Cette action mérite d'être étudiée. Aussi bien cette étude sera simplifiée lorsque les actions combinées de l'atmosphère et des eaux ayant désagrégé la roche, ce sera uniquement de ses débris extrêmement divisés et mêlés de détritus organiques, du sol arable — en un mot — qu'il y aura lieu de s'occuper.

En 1852, MM. Verdeil et Risler voulurent se rendre

____

(1) De Humboldt. Lettre à M. Boussingault.

compte des matériaux solubles que le sol de l'institut agronomique de Versailles pouvait céder à l'eau distillée tiède (1). Dix échantillons de 20 kilogrammes furent prélevés dans le domaine et lessivés par l'eau. La dissolution évaporée fournit un extrait dont la composition moyenne est ainsi représentée :

Matières organiques............... 45,05

Cendres........................... 54,86

Dans ces cendres , on a trouvé qu'il y avait :

Sulfate de chaux.................. 31,06

Carbonate de chaux................ 26,90

Phosphate de chaux................ 6,69

Oxyde de fer...................... 1,61

Alumine 0,50

Magnésie.......................... 1,59

Chlorure de sodium et de potassium. 7,58

Silice............................ 18,65

Potasse (des silicates)........... 5,01

Ces chiffres expriment une moyenne , et il n'est pas sans intérêt de remarquer que, parmi les matières dissoutes,

Le phosphate de chaux variait de.. 0,92 à 18,50 %

____

(1) *Comptes rendus de l'Académie des Sciences*, 1852, 2me semestre, page 95.

Le sulfate de chaux, de.............. 17,21 à 48,92 %
Les chlorures alcalins, de......... 4,05 18,51
Et enfin, le silice, de............ 5,00 25,71

Un fait qui doit appeler notre attention en ce moment, c'est la solubilité considérable des substances minérales du sol dans l'eau. Que cette solubilité soit favorisée par l'intervention de matières organiques spéciales, c'est là une question secondaire que nous aurons occasion de discuter ultérieurement. Qu'il nous suffise de savoir que non-seulement les eaux terrestres sont loin d'être pures, mais encore qu'elles peuvent souvent être de véritables dissolutions de principes fertilisants, et transporter, d'un domaine sur un autre, des engrais fort assimilables en raison de leur extrême division.

Avant de vous signaler avec détails l'influence de tel ou tel principe contenu dans les eaux, je dois faire une réserve. Dans ce que je vais vous dire, il sera question de substances dissoutes, c'est-à-dire persistant le plus souvent après le dépôt ou la filtration, et non de ces corps en suspension: — vases, limons, débris organiques, — que certains fleuves transportent avec une si prodigieuse abondance, que les terrains immergés par eux sont exhaussés et fécondés. Ce point établi, je puis entrer en matière et vous indiquer tout d'abord un moyen bien simple d'essayer les eaux.

Prenez 10 grammes de savon de Marseille, 160 grammes d'esprit de vin à 90 degrés centésimaux, faites dissoudre à chaud et filtrez, ajoutez 100 grammes d'eau distillée, et conservez le tout dans une bouteille bien bouchée, vous aurez ainsi préparé un réactif qui se mélangera à l'eau de pluie sans y occasionner de dépôt bien sensible, tandis qu'il fournira dans les eaux de source un nuage et des grumeaux plus ou moins abondants. Le dépôt obtenu est-il considérable ? L'eau sera impropre au savonnage et à la cuisson des légumes ; dans certains cas même, elle pourra donner lieu à des indispositions si on l'emploie aux usages alimentaires. Mais il faut pousser cet examen plus avant.

Un moyen très simple d'effectuer cet examen, consiste dans l'évaporation de l'eau et l'appréciation de son résidu. Cette évaporation se pratique sur deux litres environ et dans une capsule de porcelaine que l'on chauffe de manière  à entretenir le liquide au point d'ébullition. On pousse l'évaporation jusqu'à ce que ce liquide ne représente plus qu'un demi décilitre. A cet instant, on transvase dans une petite capsule de 7 centimètres de diamètre environ, en ayant soin d'entraîner avec de l'eau distillée les moindres traces de résidu qui adhéreraient au premier vase. On chauffe alors la petite capsule à un feu très doux, et lorsque la matière devient pâteuse , on termine l'opération dans une étuve chauffée de 100 à 110 degrés. Lorsque le résidu est bien sec , on le pèse avec la capsule qui a été tarée à l'avance. On a donc la quantité de matière que les deux litres d'eau tenaient en dissolution.

Les chiffres inscrits sur le tableau représentent les dépôts obtenus par l'évaporation des eaux prises dans des conditions propres à constituer des types.

Eaux de Rivières.	QUANTITÉ de Résidu par litre.	Observateurs.
Seine.... Avant sa jonction à la Marne	0ᵍ1785	Divers.
— Dans Paris	0,1705	Id.
— Au sortir de Paris	0,1810	Id.
— Dans Rouen	0,1580 à 0,1700	Girardin.
— Au sortir de Rouen	0,1760	Id.
Maine.... A Angers	0,1470	Morren.
Rhône... A Lyon, en hiver	0,1898	H. Sᵗᵉ-Claire Deville.
— — en été	0,1073	Id
Garenne . A Toulouse	0,1337	Id
Loire.... A Meung	0,1346	Id.
— A Nantes (juillet 1846)	0,1000 à 0,1170	Bobierre et Moride.
— — (juillet 1856)	0,1000 (*)	Bobierre.
— — (janvier 1859)	0,1510 à 0,1550	Id.
Erdre ... Au déversoir de Nantes (1846)	1,4200	Bobierre et Moride
— A la Jonnelière (1846)	0,0810	Id.
— Au déversoir (1858)	0,3130	Bobierre.
— — (1859)	0,1620	Id.
— Près l'égoût de l'abattoir et à 1 mètre 62 centimètres de profondeur.	1,0800	Id.
Vilaine... A Redon	0,1000	Bobierre et Moride.
Eaux courantes d'Ille et Vilaine	0,1200 à 0,1500	Malaguti.

(*) Après une énorme crue.

Eaux de Puits.	QUANTITÉ de Résidu par litre.	Observateurs.
Puits de Besançon	5s340 à 8s616,4	H. Ste-Claire Deville.
— d'Alsace	7,990	Boussingault.
— de Londres	6,606	Id.
— artésien de Grenelle	1,430	Payen.
Puits de Nantes, côte Saint-Sébastien	0,245	Bobierre.
— Savonnerie de l'Entrepôt	0,600	Id.
— Hospice Saint-Jacques	0,740	Id.
— Ile Videment	0,920	Id.
— Rue Muquechien	0,980	Id.
— Quai des Tanneurs	1,005	Id.
— Rue Bourgneuf	1,150	Id.
— Idem	1,200	Id.
— Rue La Chalotais	1,400	Id.
Puits près de Châteaubriant	0,580	Id.

Eaux de Sources.		
Source de Dijon (Suzon)	0,260	H. Ste-Claire Deville.
— d'Arceuil	0,543	Id.
— de Roye, près Lyon	0,264	Boussingault.
— de Lyon	0,266	Dupasquier
— du Jardin des Plantes de Lyon	0,908	Id.
Sources des environs de Bordeaux	0,245 à 0,523	Lartigue.
— des environs de Reims	0,186 à 0,424	Maumené.

J'aurais pu, Messieurs, multiplier ces exemples en puisant dans les nombreux documents aujourd'hui publiés sur cet intéressant sujet, mais les chiffres que je viens de citer suffisent à démontrer :

1° Que les eaux courantes sont relativement peu chargées de principes minéraux fixes ;

2° Que les eaux de puits ou de sources sont quelquefois assez riches en principes incrustants pour qu'il y ait grand intérêt à en faire l'essai avant de les employer pour l'alimentation, l'entretien des chaudières à vapeur, le dédoublement des alcools, la panification, la fabrication de la bière, etc.

L'examen des grumeaux plus ou moins abondants que fournit une eau mélangée à la solution limpide de savon et l'appréciation du résidu fixe qu'elle donne à l'évaporation, constituent une méthode simple et à la portée de tout agriculteur intelligent. On peut, dans certains cas, la compléter en recherchant la quantité de matériaux solides en suspension dans le liquide examiné ; cela a quelquefois de l'importance. Arthur Young a établi que les affluents de l'Humber apportent 7 à 8 % en volume de vase appelée *warp,* et analogue par sa composition aux *tangues* de la basse Normandie. Le Rhône a fourni pendant l'année 1846, d'après M. Surrell, 21 millions de mètres cubes de limon ; et, dans certains cas, ce limon a une telle influence sur la végétation, que son dépôt sur le sol équivaut à une fumure énergique. La fécondité des terres de la vallée d'Egypte, inondées par le Nil, n'a pas d'autre origine.

Si vous voulez vous rendre facilement compte des matières limoneuses en suspension dans l'eau, il suffira de prendre une fiole ou un flacon de deux litres de capacité P, muni d'un bouchon donnant passage à deux tubes,

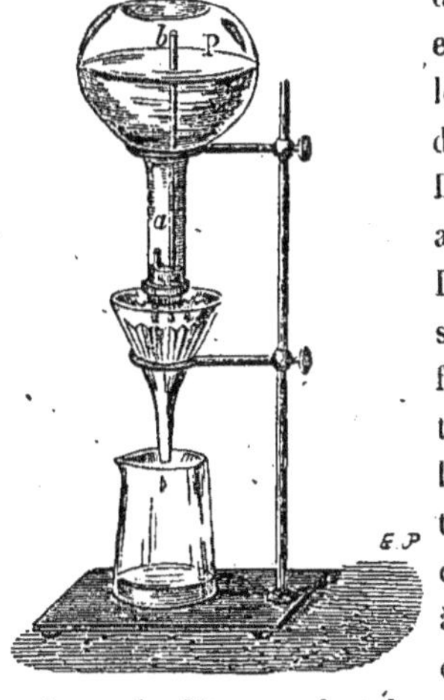

dont l'un b donne accès à l'air et le second a permet l'écoulement du liquide dans un filtre dont le poids est connu (1). L'orifice du tube a doit être amené à la surface du bouchon. Le flacon P étant renversé et soutenu au-dessus du filtre, on fait plonger les orifices des 2 tubes dans le liquide ; dès que le niveau de l'eau dans l'entonnoir s'est abaissé jusqu'à un certain point, l'air monte bulle à bulle par le tube b, et une quantité d'eau correspondante coule sur le filtre par le tube a. Le filtre est ensuite porté à l'étuve, et son poids brut, diminué de sa tare préalablement faite, exprime la quantité de substance en suspension dans l'eau.

On pourrait substituer aux deux tubes de cet appareil un simple tube de un centimètre de diamètre et de dix centimètres de longueur, entrant à frottement dans un bouchon bien sain. En brisant légèrement en biseau l'extrémité de ce tube, et faisant araser son autre extrémité avec la surface intense du bouchon, on aura un appareil d'écoulement intermittent. La bouteille pleine d'eau et bouchée sera renversée sur le filtre où s'écoulera son contenu. Toutes les fois que l'échancrure du tube sera à découvert par l'abaissement du niveau dans le filtre, l'air s'introduira dans la bouteille et l'écoulement recommencera.

(1) Ce poids doit être déterminé à l'aide d'une balance sensible, et après dessiccation du filtre, dans une petite étuve.

4

QUATRIÈME LEÇON.

Tel terrain, telle eau. — Importance de la pureté des eaux alimentaires. — Les mauvaises eaux et les épidémies. — Réactifs des eaux. — Composition des principales eaux. — Divers modes de conservation des eaux alimentaires. — Considérations générales sur l'emploi des eaux.

MESSIEURS,

Je ne vous apprendrai rien en vous disant que les eaux pluviales changent de nature par leur contact avec le sol. L'origine géologique des roches influe nécessairement sur la quantité ou la composition des matières abandonnées à l'eau. Pline exprimait cette proposition élémentaire lorsqu'il disait : *Tales sunt aquæ, quales sunt terræ per quas fluunt.*

Je vous ai parlé, Messieurs, dans notre dernière réunion, des matières que l'eau peut enlever au sol, et vous avez vu ce liquide devenir un véritable véhicule de principes fécondants par son contact avec les roches divisées, plus ou moins imprégnées de substances organiques. L'eau idéale, l'eau distillée ne serait donc pas un type désirable pour les irrigations ; je dirai plus, les fonctions animales sont facilitées par l'apport sous forme de solution, de principes calcaires et alcalins contenus dans les eaux alimentaires. Il ne faut pas, toutefois, pousser jusqu'au paradoxe l'adhésion à cette loi générale , et proclamer la supériorité des eaux fangeuses et impures , parce que les bestiaux semblent quelquefois les rechercher. Il est vrai que très souvent les bestiaux ne témoignent pas de répugnance pour des eaux croupies ; mais indépendamment de la dépravation du goût qui se manifeste chez les animaux comme chez l'homme lorsque les conditions où ils sont placés sont anormales , il faut reconnaître que les eaux fangeuses sont en même temps très chargées de substances salines ; or, on remarque dans plusieurs contrées et notamment dans les steppes de l'Amérique du Sud, que les eaux dans lesquelles il entre de faibles doses de sulfate de soude ou de sel marin sont particulièrement recherchées par le bétail. L'eau pourrait bien , vous le comprenez, être acceptée par les animaux, *quoique* fangeuse, et non *parce que* fangeuse. Ce qui me confirmerait dans cette opinion , c'est l'assertion de M. Pouriau , professeur de chimie à la Saulsaie, qui a remarqué la répugnance invincible inspirée par les eaux sales lorsqu'on tente d'y abreuver des bestiaux habitués à un liquide normal. Je ne crois pas, au reste, qu'il y ait un seul vétérinaire instruit dont les enseignements aient posé en principe qu'au mépris de toute loi physiologique, l'alimentation par l'eau croupie soit *le nec plus ultra* du régime hygiénique.

En 1854 , une mortalité qui prenait d'alarmantes proportions s'était déclarée dans les marais de Montoir. Ce fait, qui s'était déjà produit en 1853, appela l'attention de M. Abadie, vétérinaire de la Loire-Inférieure, qui reconnut bientôt la cause à laquelle il fallait l'attribuer. Les bestiaux, en effet , s'abreuvaient dans des douves remplies d'une eau basse et croupie mêlée de détritus de tourbe d'insectes et de poissons. L'analyse de cette eau, que j'exécutai sur la demande de M. Abadie, me fit reconnaître qu'elle renfermait par litre plus de 9 grammes de résidu solide composé de sels terreux et de substances organiques azotées.

Un bœuf consommant environ 40 litres d'eau par jour, introduisait donc 400 grammes de ce résidu dans ses organes digestifs. Vous ne serez pas étonnés lorsque j'ajouterai que la mortalité cessa dès que le troupeau fut retiré du pacage incriminé et conduit dans les prairies de Cordemais.

Souvent les puits des fermes sont altérés par des infiltrations de purin, d'eaux ménagères, et les principes albuminoïdes contenus dans leurs eaux exercent une fâcheuse action sur les hommes et les animaux ; le contact de végétaux en décomposition altère profondément aussi les eaux potables. Plusieurs moyens permettent de reconnaître l'impureté de ces liquides. Il suffit de mettre dans un petit ballon de verre l'eau suspecte avec quelques gouttes de chlorure d'or et de faire bouillir. Si l'eau est chargée de substances organiques, la belle teinte jaune que lui avait communiquée la solution de chlorure d'or devient verdâtre, puis rougeâtre, en même temps que la limpidité du liquide disparaît. Les substances organiques sont-elles de nature animale, comme le purin, les liquides des fosses d'aisance, les eaux de basse cour, on ajoutera quelques fragments de potasse dans l'eau examinée, on fera bouillir dans un ballon et on placera à l'orifice de ce ballon un papier imprégné de teinture de tournesol rougie. La matière animale donnera bientôt naissance à de l'ammoniaque qui ramènera au bleu la teinte rouge du papier réactif (1).

(1) M. le docteur Brame appelle *ammonoscope* un petit flacon rempli d'amiante humecté avec de l'acide acétique cristallisable, et dont les émanations donnent naissance à un épais nuage blanchâtre en présence d'un dégagement même très minime d'ammoniaque.

·Je vous rappellerai à cette occasion qu'en 1856, la Loire avait inondé de vastes prairies en pleine végétation, et y avait séjourné longtemps par une température de 15 à 20 degrés centigrades : les plantes étaient devenues sèches et friables; elles avaient subi un véritable rouissage. Or, l'eau moussait, réduisait le chlorure d'or, devenait impropre à la fabrication de la bière et renfermait un grand nombre d'êtres microscopiques.

Je vais maintenant, Messieurs, verser dans une eau de source notoirement chargée de matières minérales quelques réactifs spéciaux et je pourrai démontrer :

1° La présence des *sulfates* et des *carbonates*, si les sels solubles de Baryte donnent un précipité blanc. Ce précipité sera dû à un sulfate, s'il est insoluble dans l'acide azotique;

2° Les *chlorures*, si l'eau donne avec l'azotate d'argent un précipité insoluble dans l'acide azotique, soluble dans l'ammoniaque et susceptible de noircir rapidement à la lumière solaire ;

3° De la *chaux*, si elle est troublée par l'oxalate d'ammoniaque;

4° De la *magnésie*, si l'eau soumise à l'ébullition et filtrée, puis additionnée d'ammoniaque dans un flacon bien bouché fournit un précipité blanc floconneux;

5° Des *silicates alcalins*, si l'eau évaporée aux neuf dixièmes devient très alcaline et laisse déposer de la silice, ainsi que cela arrive pour toutes les eaux des terrains primitifs et de transition;

6° Des *azotates*, si le résidu fourni par l'évaporation de l'eau et traité par 5 ou 6 grammes d'eau distillée, donne une solution qui brunisse fortement un gros cristal de protosulfate de fer préalablement humecté d'acide sulfurique pur.

On peut encore constater la présence des azotates en introduisant le résidu dans un petit tube bouché, avec de la limaille de cuivre et de l'acide sulfurique. Si l'on chauffe et s'il y a des azotates dans le résidu examiné, il se dégage immédiatement des vapeurs jaunes ou rougeâtres dont la couleur et l'odeur sont caractéristiques.

En vous donnant ces détails, Messieurs, je n'ai pas la préfention de vous tracer une méthode d'analyse répondant à tous les besoins et à toutes les circonstances; mon but est plus humble. Je voudrais vous fournir les moyens d'obtenir par vous-mêmes ces résultats approximatifs et suffisant dans beaucoup de cas pour les besoins de la pratique. Cela posé en principe, je n'entretiendrai aucune illusion chez ceux d'entre vous qui rêveraient la possibilité de faire immédiatement des analyses délicates et précises. Toute l'habileté du chimiste exercé doit être consacrée à de telles opérations.

M. Deville a analysé successivement :

L'eau de la Garonne prise à Toulouse.
 — de la Seine — à Bercy.
 — du Rhin — à Strasbourg.
 — de la Loire — à Meung.
 — du Rhône — à Genève.
 — du Doubs — au port de Rivotte (1).

Et il a obtenu les résultats consignés dans le tableau suivant :

(1) *Annales de chimie et de physique,* tom. XXIII, 3ᵉ série.

	GARONNE.	SEINE.	RHIN.	LOIRE.	RHÔNE.	DOUBS.
	gr.	gr.	gr.	gr.	gr.	gr.
Silice	4,01	2,44	4,88	4,06	2,38	1,59
Alumine............	»	0,05	0,25	0,71	0,39	0,21
Oxyde de fer........	0,31	0,25	0,58	0,55	»	0,30
Carbonate de chaux ...	6,45	16,55	13,56	4,81	7,89	19,10
Carbonate de magnésie.	0,34	0,27	0,50	0,61	0,49	0,23
Sulfate de chaux......	»	2,69	1,47	»	4,66	»
Sulfate de magnésie...	»	»	»		0,63	»
Chlorure de magnésium.	»	»	»	»	»	0,05
Chlorure de sodium...	0,32	1,23	0,20	0,48	0,17	0,23
Carbonate de soude....	0,65	»	»	1,46	»	»
Sulfate de soude......	0,53	»	1,35	0,34	0,74	0,51
Sulfate de potasse....	0,76	0,50	»	»	»	»
Nitrate de potasse....	»	»	0,38	»	0,40	0,41
Nitrate de soude......	»	0,94	»	»	0,45	0,39
Nitrate de magnésie...	»	0,52	»	»	»	»
Silicate de potasse....	»	»	»	0,44	»	»
	13,67	25,44	23,17	13,46	18,20	23,02

C'est surtout en consultant les chiffres de ce tableau que le rapport des eaux avec les terrains devient évident. J'appelle surtout votre attention sur les chiffres comparatifs qui se rapportent à la Seine et à la Loire. Ils démontrent cette vérité que l'eau consommée à Nantes est la meilleure des eaux de fleuves analysées, non-seulement pour l'alimentation, mais encore pour la cuisson des légumes, le savonnage et l'alimentation des machines à vapeur.

Je vais maintenant, Messieurs, signaler à votre attention deux analyses d'eaux de puits. La première exprimera la composition d'une eau dure, crue, et, en un mot, impropre au savonnage comme à la cuisson des légumes ; la seconde donne la composition du puits artésien de Grenelle, le premier qui, après avoir traversé entièrement la formation crayeuse du bassin de Paris, ait amené les eaux du *grès vert* avec une température de 28 degrés.

Eaux de Belleville et de Menilmontant (1).
Composition pour 100 litres.

Bi-carbonate de chaux et de magnésie	40^g,00
Sulfate de chaux............................	110 ,00
Sulfates de soude et de magnésie...........	52 ,00
Sulfate de strontiane.......................	traces.
Chlorures de calcium, de sodium et de magnésium...............................	40 ,00
Azotates de chaux et de magnésie.........	traces.
Acide silicique, alumine, oxyde de fer et matière organique.........................	10 ,00
	252 ,00

Eau du puits artésien de Grenelle (2).
Composition pour 100 litres.

Carbonate de chaux......................	6^g,80
Carbonate de magnésie...................	1 ,42
Bi-carbonate de potasse..................	2 ,96
Sulfate de potasse.......................	1 ,20
Chlorure de potassium...................	1 ,09
Silice...................................	0 ,57
Matière jaune non définie................	0 ,02
Matière organique azotée................	0 ,24
	14 ,30

Le débit du puits de Grenelle étant de 1,100 mètres cubes par jour, ses eaux amènent donc, dans le même espace de temps, 27,375 kilog. de carbonate de chaux, 12,045 kilog. de carbonate de potasse, 4,745 kilog. de

(1) Analyse de MM. Boutron et Henry.
(2) Analyse de M. Payen.

sulfate de potasse, 3,285 kilog. de matières organiques (1).
Le rôle des eaux comme agents de répartition des principes
fécondants apparaît ici avec une remarquable évidence ?

En vous parlant, dans la dernière leçon, de l'emploi
d'une solution alcoolique de savon pour déceler les sels
calcaires et magnésiens, je vous ai dit que ce réactif
pouvait servir à donner une indication préalable de
la qualité d'une eau. J'aurais pu ajouter qu'entre des
mains habiles, il peut servir à doser avec une assez grande
précision, la chaux, la magnésie, l'acide carbonique libre,
l'acide sulfurique libre ou combiné. Je ne saurais, sans sortir
du cadre de ces leçons, vous décrire les diverses opérations
dont l'ensemble constitue la méthode *hydrotimétrique*, due à
MM. Boutron et F. Boudet (2); mais je mettrai sous vos
yeux le principe général de cette ingénieuse opération.

Les instruments nécessaires sont :

1° Une petite burette, graduée de telle sorte que 2
centimètres cubes 4 dixièmes représentent 23 divisions;

2° Un flacon de 60 centimètres cubes environ, jaugé à 10,
20, 30 et 40 centimètres cubes par des traits circulaires.

Si l'on prend 40 centimètres cubes de l'eau à essayer,
et qu'on y verse avec précaution la solution savonneuse
de la burette, en agitant chaque fois, on reconnaît bientôt
que la mousse n'est abondante et persistante qu'au moment
où les principes susceptibles de coaguler le savon ont agi

(1) Le débit du puits de Grenelle, évalué à 900 mètres cubes en 1861, a
subi une rapide diminution à partir du 24 septembre, date de l'apparition
des eaux du puits de Passy, qui fournit du premier coup 15,000, puis bientôt
20,000 mètres cubes par 24 heures. Le 25 septembre à minuit, le rendement du puits de Grenelle tomba à 806 mètres; le 26, il était arrivé à
777 mètres. (*Comptes rendus de l'Académie des Sciences*, 2ᵉ semestre
1861. Rapport de M. Dumas.)

(2) *Nouvelle méthode pour déterminer les matières en dissolution dans
les eaux*, par Boutron et F. Boudet.— V. Masson. Paris, 1856.

sur ce réactif. L'eau est-elle pure, la mousse apparaît immédiatement; est-elle riche en matières terreuses, le savon est engagé dans une combinaison insoluble, et la faible quantité de mousse produite ne persiste pas tout d'abord. On arrive ainsi aux chiffres suivants :

Echelle hydrotimétrique des eaux de sources et de rivières.

DÉSIGNATION DES EAUX.	ORIGINE ET DATE.		DEGRÉS hydroti-métriq^s.
Eau distillée..........	....		0°
— de neige.........	Recueillie à Paris.....	déc.. 1854	2°,5
— de pluie..........	— à Paris........	déc. 1854	3°,5
— de l'Allier.........	— à Moulins	5 mars 1855	3°,5
— de la Dordogne....	— à Libourne, près le pont du chemin de fer...	26 mars 1855	4°,5
— de la Garonne......	— à Toulouse.....	9 mai 1855	5°,0
— de la Loire........	— à Tours.......	5 mars 1855	5°,5
— Id	— à Nantes	Id.	5°,5
— du puits de Grenelle.	.... »	16 fév. 1855	9°,0
— de la Soude.......	.... »	25 déc. 1854	13°,50
— de la Somme-Soude.	.... »	Id.	13°,50
— de la Somme (départ de la Marne)	.... »	Id.	14°,0
— du Rhône........	.... »	17 avril 1855	15°,0
— de la Saône........	— à	Id.	15°,0
— de la Seine........	— au pont d'Ivry..	15 déc. 1854	15°
— Id...........	— Id	16 fév. 1855	17°
— Id...........	— à Chaillot......	Id.	23°
— de la Marne	— à Charenton....	13 fév. 1855	19°
— Id...........	— Id	23 fév. 1855	23°
— de l'Escaut	— à Valenciennes .	5 avril 1855	24°,5
— du canal de l'Ourcq..	.... »	23 fév. 1855	30°
— d'Arcueil.........	.... »	Id.	28°,0
— de Belleville	.... »	Id.	128°,0

C'est là , Messieurs , un procédé commode pour les besoins de l'agriculture et de l'industrie , et à ce titre il devait vous être signalé (1).

En résumé, les méthodes d'analyse des eaux sont basées sur la possibilité d'engager dans des combinaisons insolubles et faciles à séparer, les principes nuisibles à éliminer. Dans certains cas, assez rares à la vérité, il y aura avantage à appliquer en grand des moyens identiques, et à purifier des eaux trop chargées de sels en ayant recours à des réactions chimiques.

Des eaux chargées de bicarbonate de chaux et que l'on agite en les faisant tomber en cascade , abandonnent de l'acide carbonique qui se dégage et du carbonate de chaux qui se dépose à l'état insoluble. On obtient le même résultat en soumettant ces eaux à l'ébullition.

Le sulfate de chaux ou plâtre peut être séparé de l'eau par le carbonate de soude. Il se forme alors du carbonate de chaux qui se précipite, et il reste en dissolution un peu de sulfate de soude qui n'a pas d'inconvénient marqué.

Des eaux dures et calcaires peuvent être adoucies en prenant deux parties de sel de soude sec (carbonate semi-caustique du commerce) , une partie de bicarbonate de soude et deux parties d'une solution concentrée de verre soluble (silicate de soude), et mélangeant le tout (2). Au bout de 24 heures, la masse est solide, et on la pulvérise. Avec 1 kilog. 250 à 1 kilog. 500 de cette poudre, on rend douce et propre au lessivage une eau calcaire offrant le volume d'un mètre cube. Il se fait en ce cas un précipité de carbonate et de silicate de chaux.

(1) L'hydrotimètre est compris dans le *Catalogue des instruments* de M. Salleron sous le n° 179.

(2) Boettger. Polyt. Notizbl. 1862, t. xvii , p. 47.

L'eau de chaux peut également servir pour précipiter à l'état neutre et insoluble les bicarbonates de chaux et de magnésie. On a récemment proposé ce réactif pour purifier les eaux du canal de l'Ourcq.

Un procédé très employé pour engager dans des combinaisons insolubles la chaux, la magnésie et même l'argile en suspension dans les eaux, consiste dans l'emploi de l'alun. A Nantes, où l'eau de la Loire, pendant les crues, est extrêmement trouble, on pratique la purification par l'alun d'ammoniaque sur une très grande échelle. Pour cela, on fait arriver l'eau dans des cuviers de 300 hectolitres de capacité, et en même temps, on y introduit sous forme de petit filet, une solution du réactif telle que par hectolitre d'eau il y ait 10 grammes d'alun, soit 0^g,1 par litre ; cette dose descend à 0^g,05 par litre à l'époque des basses eaux. Le mélange est facilité par un mouvement rotatoire opéré dans les cuviers, et en quarante-huit heures on peut soutirer une eau parfaitement belle dans laquelle il y a par litre 3 centigrammes environ d'acide sulfurique combiné. Cette dose est insignifiante.

Enfin, si les eaux sont riches en matières organiques, elles deviennent putrides, et je ne sache pas de meilleur moyen de les améliorer que la filtration sur du poussier de charbon placé entre deux couches de sable. On pourrait, à la vérité, les modifier quelque peu, soit en les faisant bouillir, soit en y ajoutant quelques gouttes de café fort. Souvent, dans les terrains calcaires, l'infection des eaux est produite par la réaction des matières organiques sur le sulfate de chaux qu'elles renferment. En ce cas, l'emploi du carbonate de soude peut rendre des services (1).

---

(1) Les appareils de fermentation et de distillation à la vapeur sont désormais acquis à la pratique agricole. Il peut donc être utile de connaître qu'indépendamment de sa propriété incrustante, le sulfate de chaux des

J'ai dû, Messieurs, vous indiquer ces diverses méthodes de purification des eaux ; mais je dois aussi ajouter que, pour les usages alimentaires et agricoles, il ne faut, le plus souvent, considérer comme ayant un caractère véritablement pratique, que les systèmes basés sur l'exposition à l'air, le dépôt, la filtration et enfin l'emploi de l'alun. Les autres procédés peuvent avoir, au point de vue industriel ou encore dans des circonstances pressantes, une utilité réelle, mais ils ne suppléeront jamais à l'approvisionnement d'eau normale.

Il faut reconnaître, du reste, que la plus coupable insouciance caractérise nos populations lorsqu'il s'agit des eaux. Le système du puits, l'expédient éphémère des mares, semblent suffire à nos agriculteurs. Dans beaucoup de cas le puits donne une eau fort impure, et en été, bien des mares sont à sec. Souvent les infiltrations mettent le puits en communication avec les fumiers et les cloaques des cours de nos fermes. Il y a en quelque sorte appel exercé par lui sur toutes les matières organiques solubles du sol environnant ; ai-je besoin d'ajouter qu'à ce point de vue, les mares sont, par les grandes chaleurs, des réservoirs de matières putrides.

Pour améliorer leurs coutumes, les cultivateurs auraient besoin d'avoir sous les yeux de bons exemples, et souvent

---

eaux retarde les fermentations. Ce fait a été remarqué par les brasseurs anglais, et dans un manuel intitulé : *The art of brewing*, on indique le plâtrage à raison de 180 grammes de sulfate de chaux par 160 litres de bière, comme excellent pour produire l'*ale façon Burton*. La ville de Burton est située sur un terrain calcaire, et l'eau employée pour la brasserie contient par litre 0^g,114 de résidu, dont 0^g,774 de sulfate de chaux. J'ai constaté que la fermentation rapide était devenue impossible chez un brasseur de Nantes, dont le puits fournissait une eau renfermant 1^g,070 de plâtre.

la construction de citernes où seraient amassées les eaux pluviales serait un véritable bienfait.

Soit l'habitation d'un petit cultivateur exploitant 2 à 3 hectares de terre. Une pareille habitation a, en superficie de toit, d'ordinaire, au moins 10 mètres sur 9, ou 90 mètres carrés. La moyenne annuelle de l'eau du ciel étant 0,76 mètres cubes, la superficie de 90 mètres carrés donne dans l'année 68 mètres cubes d'eau. La question est de savoir si une pareille quantité suffit.

		m. c.
Une personne adulte a besoin, par jour, de 10 litres; par an.		3,60
Un cheval consomme...............	50 —	18,00
Une bête à cornes, bœuf ou vache.....	30 —	11,00
Un mouton.......................	2 —	0,73
Un porc.........................	3 —	1,10
Total....................		34,43

D'après cette base, supposez l'habitation dont il s'agit occupée par le père, la mère et deux enfants, on aura :

	m. c.
Quatre personnes	14,40
Une bête de somme.....................	18,00
Un porc.............................	1,10
Une vache...........................	11,00
Les besoins se réduisent donc à........	44,50

Une citerne qui aurait pour vide une pyramide représentée par 16 mètres de base et 4 de hauteur, suffirait et au-delà pour conserver cette provision qui n'arrive et ne part jamais toute à la fois.

Le simple cultivateur qui voudrait se ménager une source permanente d'eau pure, limpide et toujours fraîche, n'au-

rait donc qu'à isoler autour de son habitation une superficie de 16 mètres carrés pour y loger sa citerne. Une
fois la citerne construite, il lui suffirait de soigner son
toit, c'est-à-dire de maintenir en bon état la couverture
et les conduits qui la relient au réservoir.

Cet exemple, que j'emprunte à M. Grimaud de Caux (1),
auteur d'intéressantes recherches sur ce sujet, prouve que
lorsque nos bestiaux manquent d'eau pendant l'été, leurs
souffrances sont le résultat de notre incurie et non de circonstances de force majeure.

Quelques mots, maintenant, sur la conduite et la conservation des eaux. Les tuyaux de zinc et de plomb, et
à fortiori les réservoirs construits avec ces métaux, doivent
être évités avec soin. On sait à quoi s'en tenir aujourd'hui
sur la faculté dissolvante des bi-carbonates, des azotates,
des chlorures alcalins sur ces métaux. Cette faculté est
singulièrement augmentée, d'ailleurs, par l'oxygène dissous
dans l'eau.

M. Calvert a observé (2) que l'eau destinée à alimenter la ville de Manchester dissolvait le métal d'un tuyau
de plomb au point de devenir malfaisante. M. Faraday,
en constatant un fait analogue sur l'eau pluviale recueillie
sur un toit de plomb par les gardiens d'un phare, a fait
connaître que du carbonate neutre de chaux divisé et
mélangé à l'eau précipitait bientôt le plomb à l'état insoluble. Malgré cette remarque, il faut éviter pour les eaux
le contact des tuyaux et des réservoirs de plomb, *fussent-ils*

(1) *Comptes rendus de l'Académie des Sciences,* 1861, 1ᵉʳ semestre,
pag. 387.

Comptes rendus de l'Académie des Sciences, 1860, 24 septembre,
pag. 490.

(2) *Pharmaceutical Journal,* tóm. iii, page 283.

étamés (1); et si, dans certains cas spéciaux, les faits
semblent en contradiction avec cette règle, c'est que les
tuyaux employés sont ou toujours pleins d'eau ou recouverts
d'une couche de sulfate cohérent qui les préserve.

Les tuyaux et les réservoirs de bois ont également leurs
inconvénients. En présence des substances organiques,
l'oxygène de l'eau opère une combustion lente et disparaît
peu à peu. Si l'eau renferme des sulfates, ils sont bientôt
décomposés et l'eau devient sulfureuse. La pierre, le béton
Coignet, le ciment romain, la terre cuite, la fonte de fer,
voilà les matières auxquelles on peut avoir recours en
toute sécurité. Il importe de ne jamais l'oublier, car les
substances nuisibles des eaux sont le plus souvent diluées
de telle sorte, que l'empoisonnement affecte des caractères
peu propres à en faire découvrir la cause.

M. Eugène Marchand, de Fécamp, a étudié avec
beaucoup de soin l'action de la lumière et de l'air sur les
eaux stagnantes (2). Il a suivi la vivification de la matière
organique sous cette double influence. M. Coste (3) a
observé pendant dix années l'évolution des mêmes phénomènes; enfin, M. Bouchut (4) a publié un mémoire sur
cet intéressant sujet. Ces savants, et tous ceux qui ont
admiré les monuments des anciens, arrivent à cette con-

(1) M. Lefebvre, auteur de nombreuses observations sur les affections
saturnines, a reconnu que l'eau aérée coulant dans des tuyaux de plomb
étamés, dissout du plomb en proportion sensible. (_Annales d'hygiène et de
médecine légale._ 1862.)

(2) _Note sur les eaux stagnantes._ — Précis de l'Académie des Sciences
de Rouen, année 1853-54.

(3) _Approvisionnement des eaux de Paris._ — Comptes rendus de l'Académie des Sciences. 1861, 1er semestre, page 1056.

(4) _Emmagasinage et salubrité des eaux._ Même vol., pag. 1255.

clusion : que , pour empêcher le développement dans les eaux des *navicules , oscillaires , paramécies ; anguillules ,- daphnis,* etc., et les produits de décomposition de leurs débris, il est indispensable d'éviter l'action de la lumière et de la chaleur. Il faut donc des réservoirs souterrains et couverts, analogues à ceux que construisaient les Ro- mains, et dont les villas antiques offrent des spécimens parfaitement conservés (1).

Je vous disais, Messieurs, au commencement de cette leçon : tel terrain, telle eau. Ne pourrait-on pas poser également en principe que les eaux sont ce que les fait l'intelligence humaine ? Il vous appartient désormais de résoudre cette question, et j'ai fait tout mon possible pour vous fournir les éléments de la réponse.

(1) Il y a quelques années, en creusant à Alger les fondations du portail de la cathédrale, on a mis à découvert, à 4 mètres environ au-dessous du sol, une belle mosaïque romaine parfaitement conservée Elle recouvrait une citerne considérable contenant de l'eau à la hauteur d'un mètre et demi. Cette eau était probablement enfermée là depuis bien des siècles, et elle était excellente.

CINQUIÈME LEÇON.

Composition de la terre arable. — Examen physique du sol. — Eléments chimiques qui entrent dans sa constitution. — Caractères généraux des principales variétés de sols.

MESSIEURS,

Ce n'est pas par la composition chimique que se dessine l'individualité chez la plante ou l'animal, c'est surtout par l'agencement moléculaire, par la forme, par les fonctions inhérentes à cette forme ; et, en effet, l'on peut concevoir des milliers d'êtres différents, donnant à l'analyse élémentaire des résultats numériques d'une identité remarquable. La composition chimique acquiert une plus grande importance dans les roches ; mais il n'en est pas moins vrai que leur caractère générique ne se révèle que par ces formes géométriquement accusées dont la cristallographie détermine rigoureusement la nature. On peut dire, jusqu'à un certain point, que les pierres ont leur vie propre et que la désagrégation opérée en elles, sous l'action de l'air et des pluies, leur apporte tout à la fois et l'absence d'individualité et la mort.

Cristalline et douée des aspects qui en font un des

types du règne inorganique, la roche ne donnera pas asile aux végétaux. Viennent au contraire les actions lentes mais énergiquement destructives de l'acide carbonique, de l'oxygène, de l'ammoniaque, de l'humidité, aidées d'ailleurs par les gelées, et le schiste, le porphyre, les basaltes se réduisent en poudre, roulent entraînées par les eaux, se mélangent avec des détritus organiques et donnent bientôt naissance à des alluvions dont la végétation s'empare. De ce moment la terre arable est constituée.

Chaque jour, Messieurs, ce phénomène se passe sous vos yeux, et, dans la cendre des fourrages récoltés sur les rives de la Loire, se trouve la molécule minérale charriée des montagnes de l'Allier, roulée, divisée par notre fleuve, et déposée enfin par les crues sur les prairies qu'elles fertilisent. Grès, granit ou basalte, rien ne résiste aux influences des gelées, de l'acide carbonique et de l'humidité. Jetez sur un sol humide cet obélisque de la place Saint-Jean de Latran, taillé sous le règne d'un roi de Thèbes, treize cents ans avant l'ère chrétienne ; jetez-y également cet obélisque de Saint-Pierre de Rome, consacré au Soleil il y a plus de trois mille ans ; laissez agir la végétation parasite et les forces atmosphériques, et dans un temps plus ou moins long, ces masses, si remarquables par l'énergique cohésion qui les a conservées, se transformeront en poussière, dont les éléments chimiques passeront dans la circulation végétale.

Dans ses voyages en Amérique, M. Boussingault a vu de riches plantations de cannes ensevelies, sur une demi-lieue d'étendue, par l'éboulement d'une montagne porphyrique. Dix ans après, il revit les fragments de porphyre, mais ombragés par des mimosas arborescents. A l'heure actuelle, la charrue rend peut-être à la culture ces champs fertilisés par les matériaux divisés de la montagne.

Au pied des Alpes, et dans le voisinage de la vallée qui conduit d'Urseren aux Grisons, on voit, dit le docteur Sacc, de gros fragments de roc, qui se divisent de plus en plus à mesure qu'on descend dans la vallée, où ils se changent enfin en une terre abondante et fertile.

A Neufchâtel, il ne faut que deux ans pour que le calcaire jaune soit transformé en terre. Enfin, Messieurs, vous connaissez la facilité avec laquelle les pierres schisteuses de nos contrées se métamorphosent en cette substance friable que les maçons et les agriculteurs de l'Ouest appellent le schiste *pourri*.

Plus intense aura été l'action des agents atmosphériques, plus profonde l'altération de la roche et plus fécondant sera le terrain offert par la nature à l'activité humaine.

Au point de vue agricole, l'analyse physique aura donc une importance énorme, et s'il est nécessaire de rechercher dans quelles proportions le calcaire, la silice, l'alumine, l'humus sont associés pour former le sol arable, il n'en est pas moins vrai qu'il faut avant tout déterminer l'état physique de ce sol ; eût-il, en effet, une composition chimique irréprochable, renfermât-il toutes les substances nécessaires à la nutrition végétale, il pourrait être impropre à la culture, si ses conditions physiques étaient mauvaises. Je vais donc vous parler des moyens d'apprécier la nature physique de la terre arable.

L'examen préalable d'une terre permet de reconnaître qu'elle renferme des débris ligneux, des graviers grossiers, du sable et de l'argile. On doit s'attacher à connaître la proportion de ces principes divers. La meilleure méthode pour obtenir ce résultat a été donnée par M. Masure. Elle consiste dans un lavage de la terre, et voici comment on l'exécute :

L'appareil laveur se compose d'une allonge, reliée à un tube droit, par un tube en caoutchouc ; le tube et l'allonge forment un U allongé dont l'une des branches dépasse l'autre de deux décimètres environ. Un bouchon à siphon ferme l'allonge ; les extrémités des deux branches du tube siphon doivent être sur le même niveau, afin que ce siphon ne se vide pas de lui-même dans le récipient et qu'il ne fasse pas varier la vitesse d'écoulement.

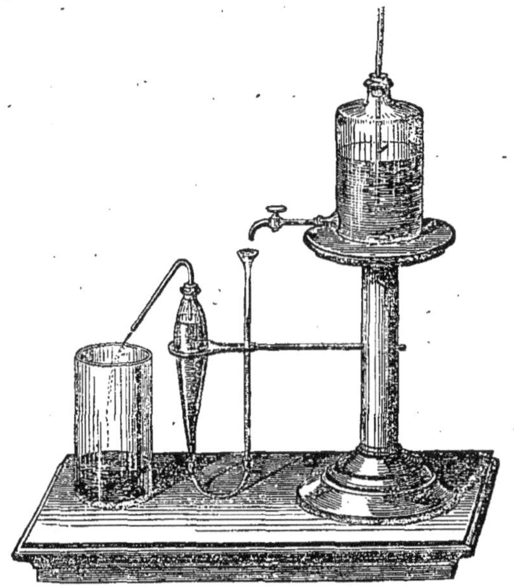

Un vase de Mariotte, à écoulement constant, posé sur un support d'une hauteur convenable, est destiné à fournir un courant d'eau continu.

Au support se rattache une mâchoire en bois ou une

tige de cuivre annulaire, chargée de maintenir l'appareil laveur en place.

Un récipient cylindrique en verre reçoit l'eau chargée d'argile, qui sort du siphon.

Lorsqu'on veut faire l'analyse physique d'un sol, au moyen de cet appareil, il est bon que la terre soit préalablement délayée dans l'eau, aussi parfaitement que possible.

La terre délayée est mise dans l'allonge. On produit, au moyen du vase de Mariotte, un courant d'eau continu et constant. L'eau s'écoule de haut en bas dans le tube à entonnoir et remonte de bas en haut dans l'allonge.

La lévigation est donc faite dans l'appareil par un *courant d'eau ascendant, continu et constant*.

Dans la partié inférieure, très étroite de l'allonge, la vitesse du courant d'eau est assez grande pour soulever le sable ; mais bientôt il tend à retomber en vertu de son poids. Il règne, dans cette partie de l'appareil, une agitation continuelle ; des grains de sable montent, pendant que d'autres grains redescendent ; le frottement qui en résulte a pour effet de désunir l'argile et le sable. C'est la partie de l'appareil dans laquelle *l'argile se détache du sable*.

Dans la partie renflée de l'allonge, le courant est nécessairement plus lent. Il est trop faible pour soulever le sable ; mais il est encore assez fort pour entraîner l'argile. C'est là que *l'argile se sépare du sable*.

Enfin, dans le siphon, d'un diamètre relativement très petit, le courant est très rapide et emporte l'argile qui a pu monter jusqu'au siphon. C'est là que s'effectue le *départ de l'argile* que le siphon entraîne dans le vase cylindrique annexé à l'appareil.

Voilà pour le principe de la méthode. J'arrive aux détails de son application en suivant les indications de M. Masure.

Soit un échantillon de terre à examiner : on ôte à la main toutes les pierres plus grosses qu'une noisette. On les pèse à 1 gramme près et on les examine dans le but d'en reconnaître la nature.

On prend 100 grammes de terre séchée à l'air, et on cherche à en retirer les graviers et les gros débris organiques. Cette opération se fait très commodément à l'aide d'un passe-bouillon, à fond de toile métallique. On met les 100 grammes de terre dans la passoire et on y verse un courant d'eau ; on délaie la terre avec une spatule, jusqu'à ce que la terre fine soit entièrement détachée des graviers et que ceux-ci paraissent très bien lavés.

Les graviers et les gros débris organiques restent ensemble sur le passe-bouillon. Pour les séparer, on renverse, sens dessus dessous, le passe-bouillon sur un bol ou sur une large capsule et on en détache les graviers et les débris en jetant un peu d'eau sur le fond de la passoire renversée.

En agitant l'eau du bol, les débris organiques surnagent, les pierres restent au fond. On enlève les débris organiques, et en répétant l'opération à plusieurs reprises, on parvient à les séparer assez complètement des graviers. On les fait sécher, on les pèse et on les examine ; c'est un excellent moyen d'y reconnaître la présence des mauvaises graines.

Les graviers sont également séchés et pesés. Nous verrons plus loin comment on peut s'assurer de leur nature calcaire ou siliceuse.

La terre fine, qui a traversé le passe-bouillon, est tombée avec l'eau de lavage dans un bocal disposé pour la recevoir. Lorsque cette terre est déposée, on décante l'eau et on transvase le dépôt dans une assiette. On le fait sécher au soleil ou dans un four, après la cuisson du pain, si on est pressé d'en faire l'analyse. L'aspect que présente la terre après ce séchage, les fentes plus ou moins larges et profondes qu'y fait naître le retrait de l'argile, trahissent déjà sa nature.

Je suppose maintenant la terre séchée à 100° centig., dans une petite étuve analogue à celle-ci. (1) Il faut maintenant la soumettre à l'action de l'eau dans l'appareil lévigateur.

On opère de la manière suivante :

On pèse 10 grammes de terre. On les délaie dans un verre à expérience rempli d'eau et on laisse détremper jusqu'au lendemain. Il est bon d'agiter de temps en temps avec une baguette de verre. Lorsque la terre est très argileuse, elle s'attache à la baguette; on ne saurait alors prendre trop de soin pour la délayer, en la frottant légèrement avec la baguette ou avec les doigts contre les parois du verre.

On enlève le siphon de l'allonge et on y verse l'eau et la terre, en ayant soin de ne rien perdre; on remet le siphon et on détermine l'écoulement.

L'écoulement doit d'abord être très lent; le liquide ne doit tomber que goutte à goutte du siphon dans le récipient, afin que l'eau épaissie en quelque sorte par l'argile très

____

(1) Cette étuve, dont la construction est due à M. Coulier, permet d'obtenir des températures élevées. On la règle très facilement à l'aide d'une lampe. Elle se trouve au n° 616 du *Catalogue* de M. Salleron.

abondante, qu'elle tient en suspension, n'entraîne aucune particule sableuse. Bientôt, l'eau qui coule du siphon devient plus claire, on peut alors augmenter la vitesse de manière à faire naître une petite veine liquide, mais elle ne doit jamais dépasser celle qui serait nécessaire pour remplir l'allonge en deux minutes. Par mesure de précaution, on fixe une fois pour toutes la profondeur à laquelle doit être enfoncé le tube du vase de Mariotte, afin que cette vitesse d'écoulement ne puisse être dépassée, même lorsque le robinet est entièrement ouvert.

La lévigation est terminée lorsqu'aucune parcelle de terre n'atteint plus le siphon, ce qu'on aperçoit aisément en suivant des yeux la marche de l'opération.

On enlève l'appareil de la mâchoire et on renverse le tube à entonnoir au-dessus d'un grand verre. Le caoutchouc est du reste tenu entre le pouce et l'index, prêt à être pincé si l'écoulement était trop rapide. Le dépôt sableux tombe dans le verre.

Le sable est jeté sur un filtre séché et pesé.

Le lendemain, l'argile est déposée entièrement ; on décante à l'aide d'un siphon l'eau claire qui est au-dessus du dépôt ; on verse l'argile sur un filtre ; on sèche et on pèse.

Les filtres séchés à l'étuve doivent, pour chaque dosage, être pesés encore chauds.

Lorsque l'opération a été bien faite et qu'on n'a rien perdu dans les décantations et dans les transvasements, la perte est de quelques centigrammes seulement. Elle porte sur des millièmes du poids analysé. L'analyse est donc faite à moins d'un centième près, approximation très suffisante pour les besoins de l'agriculture pratique.

On a dosé par ce moyen le gravier, les débris organiques, le sable et les particules très fines qui consistent le plus généralement en argile proprement dite.

A défaut de l'appareil de M. Masure, on pourrait prendre, selon le conseil du docteur Stöckhardt, un verre à champagne, dont le bord serait muni d'une ceinture de ferblanc de 2 centimètres de hauteur, portant un petit tuyau d'écoulement. On introduirait dans le verre la terre à examiner, et on ferait plonger verticalement jusqu'au fond de l'appareil un tube à entonnoir fixé par un support quelconque. Un flacon à robinet fournirait l'eau nécessaire au lavage. Je n'insiste pas sur l'emploi de cet appareil, je me contente de le faire fonctionner sous vos yeux.

L'examen préalable d'une terre par la lévigation a une importance très grande, et toute empirique qu'elle puisse vous paraître, elle rendra souvent plus de services qu'une analyse chimique effectuée par les procédés analytiques les plus délicats. M. Boussingault est d'avis que l'agriculture n'a tiré qu'un mince parti des analyses complètes des terres, tandis que l'appréciation pure et simple des doses de sable et d'argile contenues dans un sol, jettent une vive lumière sur ses propriétés. Le sable est-il abondant, la terre est essentiellement perméable ; l'argile domine-t-elle, le sol est compacte et souvent imperméable. Il est vrai que le sable sera calcaire ou siliceux, que l'argile sera plus ou moins riche en potasse, que la terre soumise à l'étude contiendra plus ou moins d'humus, et que, sur ces faits, l'agronome aura grand intérêt à être renseigné. La chimie devra donc intervenir par ses méthodes pour compléter l'appréciation du terrain. Mais avant de recourir à elle, demandons à la physique tout ce qu'elle peut nous fournir pour la connaissance du sol. Schübler (1) sera pour nous un excellent guide à adopter,

---

(1) *Annales de l'agriculture française,* t. xl, p. 122, deuxième série.

et les indications suivantes n'ont été publiées par ce savant qu'après des expériences nombreuses.

On obtient le *poids spécifique* de la terre, en prenant un flacon bouché à l'émeri qu'on pèse vide et plein d'eau distillée. On fait ensuite écouler le liquide et on introduit dans le flacon un poids connu de terre pulvérulente et desséchée. On ajoute alors de l'eau et l'on agite pour faciliter l'imbibition et le dégagement des bulles d'air ; on achève de remplir le flacon, on le bouche, et après l'avoir essuyé, on le porte sur le plateau de la balance.

La différence du poids du flacon plein d'eau, augmenté de celui de la matière, avec le poids du flacon contenant la matière et de l'eau, donne le poids de l'eau déplacée par cette matière ; ainsi :

Poids du flacon plein d'eau .... $60^g,0$

Poids de la matière .... $24, 0$

Le flacon devrait peser .... $84^g,0$

Le flacon renfermant l'eau et la terre pèse. $74, 4$

Différence ou eau déplacée .... $9^g,6$

C'est le poids d'un volume d'eau égal à celui de la matière introduite dans le flacon.

On a donc pour le poids spécifique de la terre — le poids de l'eau étant égal à l'unité — $\frac{24}{9,6}$ ou 2, 5.

Cela ne veut pas dire que la terre soumise à l'examen pèserait 2,500 kilog., comme le prouve le tableau suivant donné par Schübler.

Résultat des expériences sur la densité des terres

DÉSIGNATION DES TERRES.	Pesanteur spécifique, l'eau = 1.	POIDS DU LITRE de terre comprimée	
		sèche.	humide.
		kilog.	kilog.
Sable calcaire	2,822	2,085	2,605
Sable siliceux...............	2,753	2,044	2,494
Gypse ....·..............	2,358	1,676	2,350
Argile maigre..............	2,701	1,799	2,386
Argile grasse..............	2,652	1,621	2,194
Argile pure................	2,591	1,376	2,126
Terre calcaire fine , carbonate de chaux................·	2,468	1,006	1,758
Humus.....................	1,235	0,632	1,428
Terre de jardin............	2,332	1,499	1,744
Terre arable d'Hoffwyl......	2,401	1,537	2,180
Terre arable du Jura........	2,526	1,731	2,126

La faculté d'*imbibition* peut être déterminée facilement en prenant 20 grammes de terre desséchée , y versant de l'eau pour constituer une pâte liquide et jetant le tout sur un filtre. Lorsqu'il ne s'écoule plus de gouttes dans le vase placé sous le filtre, on pèse. Le poids obtenu représente le filtre, plus la terre, plus l'eau d'imbibition. Si, dans l'autre plateau de la balance, on a mis un filtre mouillé de même grandeur que celui destiné à l'essai , le poids réel est celui de la terre imbibée. Or, en déduisant le poids de la terre sèche , on a l'eau pour différence.

On peut encore prendre un tube effilé à l'une de ses extrémités , y introduire un petit tampon de coton, puis la terre sèche et pesée, et verser de l'eau jusqu'à parfaite imbibition. Lorsque la terre n'absorbe plus de liquide, et que l'écoulement a cessé, on pèse le tube, on défalque du poids trouvé celui du tube vide, et on a le résultat cherché. On arriverait au même résultat en prenant une quantité d'eau connue, la versant sur la terre jusqu'à refus d'absorption et évaluant l'eau écoulée dans le ballon. La différence de poids entre l'eau employée et l'eau du ballon, donne évidemment l'eau d'imbibition.

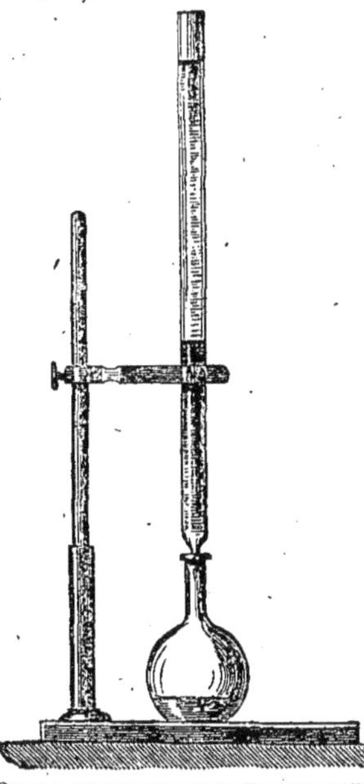

Schübler a obtenu les résultats suivants :

DÉSIGNATION DES TERRES.	EAU absorbée par 100 parties de terre.	Un litre de terre mouillée contient :	
		Eau.	Terre.
		kilog.	kilog.
Sable siliceux	25	0,499	1,995
Gypse (à l'état hydraté)	27	0,501	1,855
Sable calcaire	29	0,582	2,021
Argile maigre	40	0,682	1,654
Argile grasse	50	0,730	1,464
Argile pure	70	0,875	1,251
Terre calcaire fine	85	0,808	0,950
Humus	190	0,935	0,493
Terre de jardin	89	0,821	0,923
Terre arable d'Hoffwyl	52	0,745	1,435
Terre arable du Jura	48	0,689	1,437

Ces chiffres démontrent surtout, Messieurs, que l'humus agit en favorisant l'absorption de l'humidité par le sol.

Les questions relatives à l'imbibition du sol ont été étudiées dans ces dernières années par MM. Baudrimont (1) et Meister (2). Le savant professeur de la faculté de Bordeaux a établi que la couche corticale du sol a une *humidité propre*, variable selon sa contexture et sans laquelle certains phénomènes de fécondité seraient peu explicables, puisqu'ils ne sont pas toujours directement dépendants de la quantité d'eau apportée par les pluies. M. Meister a repris, lui, les expériences de Schübler en les appliquant comparativement à des sols sablonneux et chargés de détritus organiques. La densité de ces sols arables variait dans des limités très étendues, le plus riche en humus ne pesait que 600 grammes au litre; le plus lourd s'élevait jusqu'à 1,480 grammes, et même, lorsqu'il était saturé d'humidité, jusqu'à 1,780 grammes.

M. Meister a placé les différents échantillons de terre, sur lesquels ont porté ses recherches, dans des cylindres en plomb dont la partie inférieure était percée de trous; pour déterminer la quantité d'eau qu'ils étaient capables de condenser dans leur sein, il versait une quantité déterminée d'eau distillée, dont il recueillait l'excédant jusqu'à ce que la terre refusât de s'humecter. 1 kilog. de terre, extraite des marais, a retenu 1,051 grammes d'eau — plus que son propre poids — tandis qu'un échantillon de sol sablonneux de Nuremberg n'en a retenu que 303 grammes ou moins du tiers.

La force avec laquelle les différents sols emprisonnent l'eau ne varie pas moins que celle avec laquelle ils l'absorbent.

(1). *De l'existence des courants interstitiels dans le sol arable.* Bordeaux, 1852.

(2) *Travaux de l'école centrale d'agriculture de Weinestephan.* 1857-58.

Ainsi, pendant que la terre des marais, exposée à la lumière diffuse, perdait 34 pour 100 de son eau, la terre sablonneuse en perdait 73 pour 100. Là où un sol tourbeux court risque d'être inondé et a besoin d'être drainé, un sol sablonneux peut être trop complètement desséché. La nature donne des exemples de tous les degrés intermédiaires, et c'est entre ces deux extrêmes que l'agronome doit exercer sa perspicacité.

Un élément non moins important en agriculture est la puissance que possède la terre de soutirer l'eau du sous-sol par une sorte de succion capillaire. Cette puissance d'aspiration moléculaire peut être étudiée de deux manières différentes. En effet, on a le choix de mesurer l'accroissement de poids obtenu par un volume de terre absorbant l'humidité ou la hauteur à laquelle s'élève le liquide dans des tubes en verre d'égale dimension et d'égale hauteur dont l'extrémité inférieure plonge dans l'eau. La terre des marais ayant gagné 219 parties d'eau, le terrain sablonneux n'en a absorbé que 88. Les hauteurs atteintes en vingt et une heures et demie ont varié de $0^m,90$ pour une terre riche en humus, à $0^m,22$ seulement pour un sol crayeux.

Enfin, on peut exposer comparativement à l'air humide des terres renfermées dans des tubes.

En opérant de cette manière, M. Meister a trouvé que de la terre grasse contenant 36 parties de sable et 15 parties de matières organiques, absorbait 572 grains par pied carré en trois nuits de la fin de juin. Le terrain sablonneux de Nuremberg n'en absorbe que 69, et du sable quartzeux mélangé de mica, moins encore — 34 seulement.

572 grains par pied carré donnent environ 2 à 3 tonnes métriques par hectare, 34 grains donnent presque deux hectolitres. La quantité d'humidité soutirée chaque nuit de l'atmosphère par la surface d'un vaste pays dont la puissance absorbante varierait entre ces deux termes extrêmes

est donc prodigieuse. En novembre, .la fixation est encore plus abondante; une seule nuit a donné 392 grains par pied carré de sol gypseux, 314 pour la même surface de terre grasse ; 327 pour la terre des marais.

Et maintenant, Messieurs, vous vous expliquerez que Humphry Davy et Schübler aient posé en principe que la force absorbante pour l'eau décroît dans la même proportion que la fertilité du sol.

On a recherché avec un soin non moins grand les aptitudes distinctes des sols à absorber et à conduire la chaleur, et les résultats obtenus dans le cours de ces investigations ont nettement établi l'influence de certaines substances organiques et calcaires qui communiquent à la terre une fécondité exceptionnelle. Je vais aborder maintenant l'étude de ces substances au point de vue spécial de la chimie agricole.

Je vous expliquais, Messieurs, il y a quelques instants, comment les roches peu à peu désagrégées par les influences atmosphériques forment sur place ou abandonnent aux torrents les matériaux du sol arable. Connaître la composition de ces roches, c'est donc préjuger le sol lui-même. Les travaux des analystes nous rendent cette recherche facile.

Il y a en Bretagne une roche appelée gneiss qui renferme quelquefois en égale proportion du quartz, du feldspath et du mica. Cette roche composée contient :

Silice	70,06
Alumine	15,03
Magnésie	1,66
Chaux........................	0,37
Potasse......................	7,92
Oxyde de fer.................	2,97
Oxyde de manganèse..........	0,20
Eau, fluor, acide carbonique...	1,79

Cette composition étant adoptée comme type, nous allons y rattacher celle des principales roches dont les débris forment le sol arable.

Roches (*).	Silice.	Alumine	Potasse.	Soude.	Magné-sie.	Chaux.	Fluor.	Oxyde de fer.	Oxyde de man-ganèse.	Eau.
Gneiss (1).........	71,92	15,20	4,37	3,31	1,70	0,25	0,36	2,76	0,26	0,45
Micaschistes (2) ...	73,07	13,08	6,06	»	2,49	0,17	0,54	4,08	0,30	1,00
Schiste chloriteux(3)	65,71	8,95	0,78	»	7,28	0,65	»	15,31	»	0,50
Amphibolite (4) ...	54,86	15,56	6,83	»	9,39	7,29	0,75	4,03	0,11	»
Protogine (5)......	75,24	6,59	4,55	»	9,26	0,33	»	1,08	»	2,00

(*) T. Henri de Labèche.

(1) Gneiss, composé de parties égales d'albite, de quartz et de mica.
(2) Micaschiste, à parties égales de quartz et de mica.
(3) Schiste chloriteux, à parties égales de chlorite et de quartz.
(4) Amphibolite, à parties égales d'amphibole et de feldspath.
(5) Protogine, à parties égales de quartz, feldspath et stéatite.

Les autres roches répandues avec le plus d'abondance dans l'écorce du globe ont été analysées également ; voici leur composition :

Roches (*).	Silice.	Alumine	Potasse.	Soude.	Magnésie.	Chaux.	Oxydes de fer et de manganèse.	Eau, fluor, chlore, acide carbonique.
Granites	72.80	15,30	6,40	1,40	0,99	0,70	1,70	0,80
Diorites....................	53,20	16,00	1,30	2,20	6,00	6,30	14,00	1,00
Syénites et porphyres syénitiques.	62,50	15,50	2,90	3,20	3,50	3,00	8,40	1,00
Eurites et porphyres euritiques..	73,50	14,50	4,00	2,80	0,90	0,80	2,50	1,00
R. pyroxénique (comp. moyenne)..	50,20	16,50	1,10	3,50	5,30	8,80	12,50	2,10
Basaltes	48,00	13,80	1,50	3,00	6,50	10,20	13,80	3,20
Trachytes.	66,50	17,00	5,50	6,30	1,10	1,50	5,20	1,50
Laves trachytiques............	66,10	17,20	5,50	6,30	1,10	1,59	5,20	1,50

(*) *Bulletin de l'Académie des Sciences.*, tome XLIV, page 609.

Dans les terrains secondaires et tertiaires, nous trouvons des grès, des psammites, des grauvackes, des calcaires, des argiles, des marnes, et dans toutes ces substances la chimie décèle la silice, la chaux, la magnésie et la potasse, matières précieuses que nous allons bientôt retrouver comme éléments constitutifs des cendres végétales. J'ajouterai, bien que j'aie l'intention de revenir longuement sur ce sujet, que si, dans les analyses dont les chiffres sont sous vos yeux, l'acide phosphorique ne figure pas, il faut s'en prendre à l'imperfection de nos procédés opératoires. Les recherches des chimistes modernes établissent nettement, en effet, que le phosphore fait partie de nombreuses roches où pendant longtemps on ne soupçonnait pas même sa présence.

Les résultats de l'analyse chimique des couches corticales du globe, vous permettent de comprendre que l'humidité et l'acide carbonique aidant, les roches feldspathiques puissent abandonner de la potasse et de la silice, et que les eaux qui les baignent renferment du silicate basique de potasse. Vous comprenez facilement aussi que le terrain ainsi lavé soit riche en argile, c'est-à-dire en silicate d'alumine hydraté retenant des traces d'alcali. Au reste, parmi les causes qui facilitent ces curieuses transformations si bien observées par le regrettable Ebelmen (1), et en regard de la réaction énergique de l'acide carbonique, il faut signaler comme digne d'attention la végétation elle-même. Certaines plantes, en effet, douées d'une vitalité aussi énergique que remarquable, prennent possession de la roche envers et malgré tout, y implantent leurs racines, aspirent alors des matières minérales

____

(1) *Recherches sur les produits de la décomposition des espèces minérales de la famille des silicates.* Annales des mines. Quatrième série, t. XII.

bientôt réparties dans leur propre organisme , et par un double rôle elles font concourir le sol et l'air à la formation d'une nourriture efficace pour les animaux. Du débris de ces plantes se forment le terreau, l'humus, la matière organique du sol, en un mot, et les plantes qui l'ont accumulée sont particulièrement les lichens et les mousses.

« Chaque année, dit le docteur Mougeot (1), de nouveaux éboulements se produisent dans les montagnes, les cassures récentes des fragments de rocher, exemptes d'abord de toute végétation, se trouvent envahies l'année suivante par des croûtes de lichen auxquelles viennent s'unir des mousses. Une fois cette première végétation assez développée et capable d'avoir produit suffisamment de terre végétale pour recevoir quelques semences de graminées, de fougères, ces dernières plantes s'y multiplient à foison, et par leur destruction annuelle, réunie à celle des cryptogames, augmentent l'humus, berceau des graines des sapins, des hêtres et des sous-arbrisseaux. »

M. Puvis, faisant allusion à la végétation d'arbres résineux sur des rochers presque nus, rapporte (2) qu'il a vu sur les murs du vieux château de Bade des épicéas de plus d'un mètre de circonférence, venus spontanément et qui continuent de s'élever sur ces ruines encore liées par le ciment. Dans la belle vallée de Bade, ajoute le même auteur, les chênes se développent presque à nu sur la roche formée de grès des Vosges à gros grain en décomposition. Quelques-uns de ces chênes ont 3, 4 et

(1) *Considérations sur la végétation spontanée du département des Vosges,* par le docteur Mougeot.

(2) *Traité des amendements,* pag. 193.

5 mètres de circonférence. En admirant avec M. Puvis
l'énergie des forces végétatives, nous nous garderons bien
de conclure avec lui que les matières minérales trouvées
par l'analyste dans les cendres des arbres sont *un produit
de la végétation.* Un sol fournit-il des plantes à cendre
calcaire, c'est que le sol est lui-même calcaire. Si l'analyse
ne met pas la chaux en évidence, c'est que le réactif
est insuffisant, et le chimiste doit, ou l'employer mieux,
ou l'abandonner pour un meilleur. Voilà ce qu'a dit la
logique avant que la science l'ait démontré (1).

Je reviens, Messieurs, à la composition chimique du
sol.

Les considérations auxquelles je me suis livré ont eu
pour but de vous faire entrevoir que le dosage de la
matière organique et de la *chaux,* combiné avec l'examen
physique, sera suffisant dans le plus grand nombre des cas
pour fixer l'agriculteur. J'ajouterai, toutefois, que la
recherche de l'acide phosphorique du sol peut offrir un
très grand intérêt, mais c'est là une opération fort délicate
et que le chimiste habile peut seul effectuer. Quoi qu'il en
soit, voici la méthode générale d'essai que je crois pouvoir
vous recommander.

M. I. Pierre conseille de lever l'échantillon avec les
précautions suivantes :

On choisira dans le champ un certain nombre de places
à peu près régulièrement distribuées, au moins quatre ou
cinq par hectare ; à chacune de ces places on fera, avec une

---

(1) Que dire de la prétendue transformation du sucre en nitrate de potasse,
attestée par M. Puvis, pag. 200 de son *Traité des amendements,* si riche
d'ailleurs en documents pratiques sur l'emploi des calcaires.

bêche, un trou oblong ; d'une profondeur suffisante pour traverser :

1º Le sol actif (1) ;

2º Le sol vierge (2) ;

3º Le sous-sol jusqu'à la profondeur d'un bon fer de bêche au moins (3).

On dressera avec soin, en les inclinant vers le dehors, les faces du trou, qui devra avoir au moins 1 mètre de long, sur 50 à 60 centimètres de largeur.

Sur chacune des faces du trou on détachera d'un seul coup, avec la bêche, une petite tranche d'environ 1 kilogramme, de la hauteur de la couche qui forme le sol actif ; on répètera la même opération dans tous les trous, et on réunira ensemble tous ces échantillons partiels ; on les mêlera soigneusement, puis on en prendra environ 2 kilogrammes 1/2 ou 3 kilogrammes pour former l'*échantillon moyen* définitif, qui sera enfermé avec soin dans un bocal, dans une petite caisse ou dans un petit sac en toile serrée.

On procèdera identiquement pour le sol vierge, puis pour le sous-sol, en évitant de faire un mélange de terres provenant de couches différentes.

L'examen ultérieur de ces trois échantillons moyens se fera de la même manière, c'est-à-dire qu'ils seront l'objet d'une série d'opérations semblables.

Si les différentes parties d'un même champ présentaient,

____

(1) C'est le sol fouillé par la charrue et fécondé par la double action des engrais et de l'air atmosphérique.

(2) Couche qui ne diffère de la précédente, que parce qu'elle n'est pas soumise aux influences de la culture.

(3) Couche distincte des deux premières, par la contexture et la composition minérale.

au point de vue dé leur fertilité, ou dans l'aspect et l'épaisseur des couches, de trop grandes différences, il ne faudrait réunir, pour une même analyse, que les échantillons partiels provenant des parties du champ qui n'offriraient pas entre elles de trop grandes dissemblances, et les autres parties pourraient alors faire l'objet d'un nouvel examen spécial. En procédant différemment, on s'exposerait à obtenir des résultats qui ne représenteraient rien de conforme à la réalité.

La recherche du coefficient d'imbibition constituant une opération spéciale, je ne vois aucun intérêt à déterminer l'humidité d'une terre, puisque cette humidité varie à tout instant. Il faut, toutefois, analyser cette terre à l'état sec. Pour cela, on la placera dans une soucoupe, on introduira cette soucoupe dans l'étuve de Coulier que j'ai déjà mise sous vos yeux, et on élèvera la température jusqu'à 150 degrés, pendant deux heures environ. Il est vrai que cette température ne chasse pas l'eau de l'argile; mais comme il faudrait, pour y arriver, porter la terre au rouge et détruire la matière organique, il convient de renoncer à cette détermination absolue. L'important est d'opérer toujours à la même température, — soit 150 degrés, — pour tous les échantillons qu'on examine comparativement.

Veut-on déterminer la substance organique?

On pèse 10 grammes de terre tamisée et sèche, et on les introduit dans un petit creuset ou mieux dans une soucoupe en terre, appelée *tct*, et qu'on chauffe au rouge, en ayant soin d'éviter toute perte de substance. On facilite l'incinération en remuant avec un fil de fer; lorsque la terre a perdu la coloration noire que l'action de la chaleur lui avait tout d'abord communiquée, on la pèse de nouveau.

La diminution de poids constatée représente la matière organique brûlée.

Une terre contient des matières organiques lorsque, délayée dans l'eau chaude et mise en contact avec une solution de carbonate de soude — cristaux de soude du commerce, — elle brunit sensiblement. Si on filtre pour isoler la solution brune des matières insolubles, et si, dans la liqueur filtrée, on sature l'alcali par un acide, on précipite une partie de la substance organique. C'est là un caractère auquel il peut être utile d'avoir préalablement recours.

Cette méthode, combinée avec la séparation des racines et graines, opérée avant l'emploi de l'appareil Masure, permet de distinguer la substance organique en débris ligneux, racines, etc., et en détritus altérés et très divisés, formant humus ou terreau.

Lorsque les sols ne sont pas riches en calcaires, et c'est précisément ce qui arrive dans nos régions, on peut encore doser la matière organique en chauffant au rouge vif, dans un creuset, 10 grammes de terre avec 50 grammes de litharge tamisée. On laisse tomber le feu, on casse le creuset, et on trouve à sa partie inférieure un culot de plomb métallique dont le poids, divisé par 13,3, représente assez exactement la matière organique. L'emploi de cette méthode demande une certaine habitude des manipulations chimiques.

J'aborde la question relative au dosage du calcaire.

Le dosage du carbonate de chaux contenu dans une terre, peut être facilement effectué en faisant digérer un poids connu de cette terre dans l'acide chlorhydrique, filtrant, ajoutant de l'ammoniaque en léger excès, filtrant de nouveau et versant enfin de l'oxalate d'ammoniaque dans le liquide limpide. Le précipité blanc qu'on obtient décèle, par sa quantité plus ou moins grande, la richesse en chaux que l'on voulait déterminer. En général, toute terre faisant effervescence avec un acide contient du calcaire auquel peut être uni à la vérité du carbonate de magnésie (1).

Vous avez vu que, par la lévigation dans l'appareil Masure, on séparait l'argile du sable — ou plus exactement les parties très fines des parties grossières, car dans l'argile isolée se trouve aussi du sable siliceux très divisé. — Vous avez vu aussi que ces deux éléments constitutifs de la terre étaient recueillis sur deux filtres que l'on pesait après les avoir séchés. Or, il est facile de remettre ces filtres dans leurs entonnoirs respectifs, de les mouiller légèrement et de les laver avec de l'acide chlorhydrique étendu de quatre fois son poids d'eau. Le lavage

doit être fait avec soin et à l'aide d'un petit instrument qu'on appelle une pipette. Cette pipette est, comme vous le voyez, un petit réservoir cylindrique en verre, terminé à sa partie supérieure par un tube de 20 centimètres de longueur, et à sa partie inférieure par un tube court et effilé. On aspire l'eau acidulée avec la bouche et fermant l'orifice supérieur de la pipette avec l'index, on promène la pointe de l'appareil au-dessus des

(1) Les méthodes toujours délicates de l'analyse chimique ne sont guère accessibles à l'agriculteur qui n'aurait pas fait d'études spéciales. Il est donc entendu une fois pour toutes que je me bornerai à décrire des procédés simples et s'appliquant, non à tous les cas difficiles qui peuvent se présenter, mais aux circonstances ordinaires. Pour un examen chimique plus approfondi, je renverrai le lecteur aux *Notions élémentaires d'analyse chimique*, publiées par M. le professeur I. Pierre.

parties du filtre que l'on veut atteindre. En soulevant l'index, on détermine la chute d'un filet liquide, qui dissout parfaitement le calcaire. Lorsque le liquide acide ne détermine plus d'effervescence par son contact avec les substances des filtres, on se sert encore de la pipette pour laver ces substances avec de l'eau de pluie tiède. La diminution de poids des filtres indique la richesse en calcaire, et d'autre part, on a, par cette même opération, déterminé les proportions relatives du calcaire grossier et du calcaire très fin. Cette distinction a un intérêt qui ne saurait vous échapper.

Jetez maintenant, Messieurs, un regard en arrière, et tentez de résumer les indications que je vous ai données pour l'appréciation du sol arable, vous reconnaîtrez qu'elles permettent de connaître avec une suffisante exactitude pour les besoins agricoles :

1° Les propriétés physiques représentées par.....
- Le poids spécifique.
- La faculté d'imbibition.
- Les proportions relatives de l'argile et du sable, ou plus exactement des parties grossières et des parties tenues, puis enfin, des débris ligneux.

2° La composition chimique approximative représentée par...................
- La quantité d'humus.
- La quantité d'eau.
- La quantité de calcaire.

Il est évident que le traitement de la terre effectué par la méthode de MM. Verdeil et Risler, et qui consiste à enlever par l'eau distillée chaude toutes les matières solubles

de cette terre, à évaporer et à analyser le résidu d'évaporation, permettrait de doser la potasse, le sel marin,
l'acide phosphorique du sol arable; mais une opération de
cette nature ne saurait être mise en pratique que dans un
laboratoire et à l'aide des procédés les plus délicats de
la science. Je ne m'y arrête donc pas.

Avant de terminer cette leçon, je poserai en principe,
que d'après une longue expérience, on considère comme
excellente une terre dont l'examen fournit les données
suivantes :

Sable..............................	32
Argile.............................	32
Calcaire...........................	32
Substances organiques.............	4

J'ajouterai que l'on peut classer les terres à l'aide des
méthodes d'analyse grossière que j'ai soumises à votre
attention, et obtenir ce tableau, bien suffisant à coup sûr,
pour les besoins de la pratique :

1° Terrains contenant du calcaire............	Limoneux. Argilo-calcaires. Crayeux. Sablonneux.
2° Terrains ne contenant pas de calcaire......	Siliceux. Glaiseux.
3° Argiles proprement dites.	
4° Terreaux	Doux. Acides (bruyères, bois dé- frichés, landes, tourbes.)

Les méthodes de classification des sols sont très nombreuses, et, faut-il le dire, peu utiles. Du moment, en effet, que l'on sait qu'elle est le type chimique et la contexture physique du terrain, il importe médiocrement de subordonner à des chiffres très peu différents les uns des autres ou à des agrégats chimiques peu tranchés, un ensemble de sections, divisions et sous-divisions des sols arables. Lorsqu'on dit qu'un sol est calcaire, cela suffit pour exprimer que le calcaire y domine ; on exprime une pensée non moins nette en disant qu'un sol est argileux ou argilo-calcaire. Nous nous en tiendrons donc à ce langage élémentaire, et nous remettrons à une prochaine leçon l'étude des phénomènes de la végétation considérée dans ses rapports avec la nature du sol.

SIXIÈME LEÇON.

Composition chimique des sols. — Caractères botaniques comparés aux caractères chimiques. — Influence du climat. — Influence du sous-sol. — Influence des masses. — Propriétés absorbantes des terres pour les principes fécondants. — Opinion de Liebig sur l'action du sol. — Epuisement des terres déterminé par la nature des récoltes. — Conséquences sociales. — Nécessité des engrais.

MESSIEURS,

Vous connaissez les procédés à l'aide desquels on peut séparer les principaux éléments d'un sol. A leur aide, on a déterminé la composition des terrains les plus remarquables par leur fécondité, et on a pu résumer ainsi dans quelques types bien caractérisés des catégories de terres que rapprochait l'analogie de texture et d'origine minérale. Je vais vous signaler quelques-uns de ces types.

Terre de première classe de Cuba.

Sable..............................	15
Argile.............................	51
Calcaire...........................	8
Matières organiques et eau...........	26
	100

Ces terres produisent d'excellentes récoltes de café de cannes et de tabac.

Voici maintenant la composition d'une bonne terre à froment de Neufchâtel :

Sable calcaire......................	6
Argile rouge......................	14
Calcaire	78
Débris organiques..................	2
	100

- Bergmann a analysé une terre de première qualité qui lui a donné le résultat suivant :

Calcaire......................	30
Sable siliceux grossier..............	30
Argile composée de { Alumine.... 26 / Silice ...... 14 }	40
	100

M. Hurtaud , auteur d'un bon mémoire sur les *cendres de marais* (1) a donné la composition suivante de bonnes terres d'alluvion de la région vendéenne appelée le *Marais*. Ces terres, très voisines de la mer, n'ont jamais reçu d'engrais et sont d'une fertilité exceptionnelle.

(1) *Essai sur les cendres de marais.* — Thèse de pharmacie. — Paris, 1859.

	Marais doux:				Marais salés:			
	LA MOINERIE.		LE BOT—NEAU.		LES TENDES, N° 1		LES TENDES, N° 2	
	Terre végétale	Sous-sol.	Terre végétale	Sous-sol.	Terre végétale	Sous-sol.	Terre végétale	Sous-sol.
Sels et matières organiques solubles.........	0,60	0,70	0,60	0,75	0,70	0,85	0,75	0,85
Chlorure de sodium......................	0,17	0,24	0,15	0,22	0,35	0,38	0,42	0,50
Matières organiques et eau..............	12,25	10,50	10,25	8,25	9,50	7,50	7,60	5,75
Carbonate de chaux....................	6,45	6,20	11,00	11,80	7,65	7,70	6,35	6,75
Sulfates et phosphates terreux, oxyde de fer.	7,78	8,16	7,30	7,58	9,10	7,17	9,13	8,95
Sable et argile.........................	72,75	74,20	71,70	71,30	72,70	76,40	74,75	76,20
	100,00	100,00	100,00	100,00	100,00	100,00	100,00	100,00

Ces terres produisent 35 à 40 hectolitres de froment, 45 à 50 hectolitres de fèves, 65 à 70 hectolitres d'orge ou avoine. Cela dure depuis soixante années et sans que la jachère soit appliquée au sol (1).

Enfin, le sol dit *terre franche de Clamart*, recherché par les jardiniers de Paris pour faire la base de leurs diverses compositions, contient :

Argile sablonneuse	57,0
Argile fine	33,0
Gros sable siliceux	7,4
Graviers calcaires	1,0
Carbonate de chaux divisé	0,6
Débris de végétaux	0,5
Terreau	0,5
	100,0

Je n'insisterai pas, car déjà vous avez pu voir, Messieurs, que la faculté de produire de bonnes récoltes n'est pas rigoureusement attachée à une composition fixe du sol. Cette composition doit être, en effet, exprimée en fonction de plusieurs autres circonstances, telles que celles du climat, de l'exposition, de la nature du sous-sol et de la masse. C'est ce que je vous démontrerai bientôt.

Quoiqu'il n'y ait rien d'absolu dans les conclusions à tirer d'une analyse d'un sol, puisque sa nature peut être amendée par des influences naturelles et artificielles assez nombreuses, il n'en est pas moins vrai que dans le plus grand nombre des éventualités de la pratique, on peut arriver, toutes choses égales d'ailleurs, à classer les

____

(1) Il y aurait grand intérêt à rechercher les éléments distincts, et notamment la quantité d'acide phosphorique de l'ensemble des substances désignées dans ce tableau sous la dénomination générale de *sulfates et phosphates terreux, oxyde de fer.*

terres en raison de leur contexture et de leur composition. Le tableau suivant, dû à Thaer et Einoff, le démontre d'autant mieux qu'il exprime des observations consciencieuses et non des doctrines préconçues (1).

DÉSIGNATION DES TERRES.	DÉNOMINATION USUELLE.	ARGILE.	SABLE.	CALCAIRE	HUMUS.
Argile avec humus........	Riche terre à froment.	74	10	4	11,5
Id................	Id..............	81	6	4	8,5
Id................	Id..............	79	10	4	6,5
Terre marneuse.........	Id..............	40	22	36	4
Terre légère, avec humus.	Terrain de prairies	14	49	10	27
Terrain sablonneux, humus	Riche terre à orge	20	67	3	10
Terrain argileux.........	Bonne terre à froment.	58	36	2	4
Terrain marneux.........	Terre à froment.......	56	30	12	2
Terrain argileux	Id..............	60	38	»	2
Terrain glaiseux.........	Id..............	48	50	»	2
Glaise.............	Id.............	68	30	»	2
Terrain glaiseux	Terre à orge de 1re cl..	38	60	»	2
Id................	Id. de 2e classe	33	65	»	2
Glaise sablonneuse.......	Id. Id.....	28	70	»	2
Id................	Terre à avoine........	23,5	75	»	1,5
Sable argileux	Id..............	18,5	80	»	1,5
Id................	Terre à seigle	14	85	»	1
Terrain sablonneux.......	Id..............	9	90	»	1
Id................	Id..............	4	95	»	0,75
Id................	Id..............	2	97,5	»	0,5

(1) M. Boussingault pense que l'humus a été porté un peu haut dans ce tableau, en raison des difficultés inhérentes à ce dosage.

Ce tableau suffit pour vous faire bien comprendre, Messieurs, l'utilité des engrais calcaires dans les sols granitiques et schisteux de notre région.

Voulez-vous connaître maintenant les caractères botaniques des deux grandes variétés de sols, c'est-à-dire des terres calcaires et argileuses ? Les voici : les plantes parasites du calcaire sont le mélampyre, le coquelicot, l'ononis, le tussilage, le chardon, etc.; celles du sol silico-alumineux sont le chiendent, les agrostis, les rhinanthus, la petite matricaire et l'oseille ; ces plantes s'y rencontrent au milieu des végétaux cultivés, tandis que les terres en friche nous offrent avec abondance les bruyères, les genêts, les ajoncs et les fougères.

Mais revenons, Messieurs, à cette proposition que j'énonçais tout à l'heure devant vous, et qui avait pour but de vous démontrer que les compositions des sols ne doivent être interprétées qu'en fonction de certaines influences accessoires ; je citerai plus spécialement, pour vous en convaincre :

L'influence du climat ;

L'influence du sous-sol ;

L'influence des masses.

L'influence du climat est manifeste, et sous cette dénomination je comprends tout à la fois la température, l'humidité — que celle-ci provienne d'ailleurs des pluies ou des courants souterrains — l'exposition aux vents, etc. Les faits qui établissent cette influence sont nombreux.

On sait que, dans les terres riches en matière organique, l'humus est peu à peu brûlé par l'oxygène atmosphérique et fournit de l'acide carbonique bientôt absorbé par les végétaux; or, la combustion de cet humus s'accomplirait quelquefois trop rapidement si une terre fort échauffée était rendue trop poreuse à l'aide de labours profonds. L'excès de porosité pourrait agir d'autre part en desséchant le sol au-delà du nécessaire. L'inertie de la matière organique en serait la conséquence. Ce n'est donc pas sans raison que, dans les pays chauds, en Afrique, par exemple, on s'en tient aux labours superficiels.

L'humidité du sol modifie puissamment quelquéfois les effets qu'on pourrait attendre de sa nature physique et de sa composition chimique. Je me souviens qu'ayant fait, il y a plusieurs années, des essais de fertilisation à l'aide des phosphates fossiles, je remarquais qu'un terrain très régulier, labouré et fumé d'une manière uniforme, me fournissait cependant des résultats dissemblables dans ses diverses partiés. Après avoir recherché avec soin la cause de cette anomalie apparente, je vis qu'elle était due à l'eau souterraine qui, par capillarité, agissait sur une portion du champ, tandis que l'autre portion restait sèche. Des faits de cette nature peuvent, lorsqu'ils sont méconnus, donner lieu à des conclusions fort erronées sur le rôle comparatif des ongrais. M. Puvis exprime l'opinion (1) que les sables de la Pologne, si productifs en froment, pourraient bien être trop secs en Provence; des terres humides d'Angleterre seraient trop sèches en Italie ; sous des climats humides, des sables gras peuvent produire des fèves et du froment, tandis qu'ils ne produiraient que du seigle et du blé noir dans des contrées sèches.

« Il est reçu partout, dit le docteur Sacc (2), que le sainfoin ne vient que dans des terres très calcaires; aussi refuse-t-on d'emblée ce caractère aux terres dans lesquelles le sainfoin

____

(1) *Traité des amendements*, pag. 13.

(2) *Chimie agricole*, pag. 3.

ne prospère pas ; et cependant, nous avons vu un fort beau champ légèrement incliné du nord au sud, très calcaire dans toute son étendue, au haut duquel le sainfoin prospère ; il est misérable au milieu et périt vers le bas ; la terre y a partout identiquement la même composition ; mais elle est sèche en haut, humide en bas. A Mulhouse, le sainfoin ne vient pas, quoique le sol ait la même nature que celui de Neufchâtel, dont cette plante est le fourrage le plus précieux ; c'est que l'atmosphère de Mulhouse est humide et celle de Neufchâtel sèche. Le chimiste, en voyant prospérer le sainfoin sur une terre très calcaire, dit que cette plante caractérise les sols de cette nature ; mais l'observateur attentif ajoute : sous un ciel sec et dans une terre sèche. »

L'influence du sous-sol est également très grande, et sans m'arrêter aux questions de perméabilité ou d'imperméabilité dont les effets sautent aux yeux, je me bornerai à vous citer les recherches de M. Albert Leplay sur le sous-sol du Limousin (1).

Dans le domaine étudié par M. A. Leplay, le sol ne donne pas de chaux à l'analyse. Le sous-sol n'en fournit pas davantage. D'où provient donc la quantité assez forte de cette matière que, chaque année, le domaine exporte sous forme de matière osseuse du bétail et de squelette calcaire du froment ? La question ne laisse pas que d'être intéressante, vous le voyez.

M. Albert Leplay, se livrant à une étude minéralogique exacte de la composition des terrains sur lesquels repose le domaine de Ligoure, le trouve constitué par un massif

---

(1) *Recherches sur l'une des sources de la chaux que s'assimilent les produits agricoles du Limousin.* Comptes rendus de l'Académie des Sciences, 1861. 2ᵉ semestre, pag. 1057.

de gneiss, avec filons de granit, de pegmatite et d'anor-
those, recouvert d'un tuf gneissique épais de quelques
mètres, à la surface duquel se trouve la terre végétale elle-
même.

Des analyses chimiques nombreuses montrent que la
chaux contenue dans les plantes est empruntée au tuf
placé sous la terre arable. En effet, ce tuf contient quatorze
dix millièmes de chaux ; il peut en perdre la moitié assez
rapidement , en deux ans, par exemple , *par son exposition
à l'air et à la pluie ;* la terre arable placée au-dessus de
lui n'en renferme pas.

Le tuf gneissique contient donc du carbonate de chaux.
Pénétré par l'eau de pluie, celle-ci le dissout, à la faveur
de l'acide carbonique qu'elle renferme. L'eau ainsi chargée
de chaux vient alimenter les plantes, soit qu'elle atteigne
leurs racines par capillarité, soit qu'elle arrose par suin-
tement des terres situées plus bas.

Ainsi, Messieurs, se trouve résolu par des observations
simples et d'une vérification facile, un problème sur la
nature duquel j'ai déjà éveillé votre attention en vous montrant l'illogisme de ces théories qui assignent aux forces
végétatives la puissance *de créer des matières minérales*.

Le défonçage, les labours très profonds, le mélange des
matériaux inférieurs du sol avec sa surface, auront donc
quelquefois pour objet d'apporter à la couche arable des
substances précieuses dont l'enfouissement eût rendu certaines cultures impossibles.

Avant de poursuivre, permettez-moi, Messieurs, de vous
faire remarquer que là où échoue l'analyste aidé par les
moyens grossiers que lui fournissent les réactifs chimiques,
la végétation réussit admirablement. Dans le laboratoire,
on se prononce quelquefois avec légèreté sur l'insolubilité
d'une substance et les courants d'eau du sol viennent con-

tredire l'affirmation émanée d'une science trop prompte à décider. On ne trouve pas d'acide phosphorique ou de chaux dans un terrain, et les récoltes de ce terrain prouvent qu'on avait mal opéré. L'acide phosphorique en particulier dont on a souvent méconnu la présence dans les roches, en raison des difficultés de son dosage, est aujourd'hui décélé dans des substances très nombreuses, à l'aide de méthodes plus convenables. Il y a quelques années, j'éprouvais une

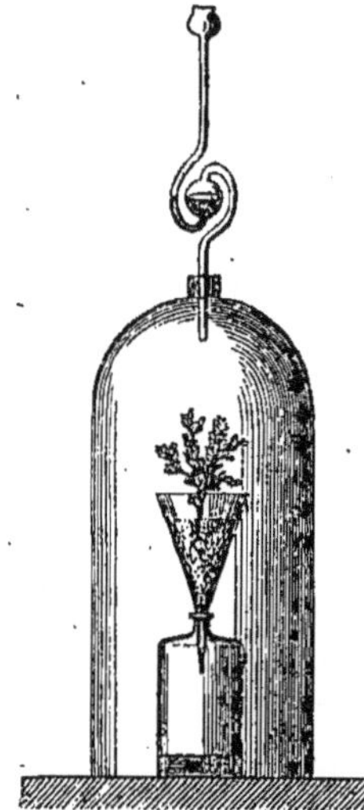

extrême difficulté à mettre en évidence l'acide phosphorique d'un terrain feldspathique. Pour séparer efficacement cet acide du terrain, je plaçai ma confiance dans les forces végétatives, et elle ne fut pas trompée. En semant, en effet, dans un entonnoir quelques grains de sarrasin et arrosant avec de l'eau distillée, je vis se développer sous une cloche des plantes dont l'incinération me fournit une cendre riche en phosphates. La plante avait été le véritable analyste.

Ce que font les plantes : les mollusques, les poissons, l'exécutent chaque jour dans l'immensité des mers. Les chimistes n'ont point encore trouvé l'acide phosphorique des eaux de mer (1), et cependant des

(1) Dans une recherche spéciale opérée sur le résidu de l'évaporation d'une assez forte quantité d'eau recueillie dans la mer du Nord, je n'ai obtenu que des résultats négatifs. J'ai examiné aussi dans le même but des croûtes de générateur d'un bateau naviguant dans la Manche, et je n'y ai pas trouvé non plus une quantité appréciable d'acide phosphorique.

CORENWINDER. — *De la migration du phosphore.*

myriades d'individus l'y soutirent et l'y condensent admirablement.

Lorsque M. Rieffel vint planter courageusement sur les landes de Grand-Jouan le drapeau de la science agricole, il reconnut de suite l'impérieuse nécessité d'attaquer le sous-sol et d'en mélanger les matériaux avec la couche arable. Cet habile agronome développait, dans les termes suivants (1), la nécessité de cette opération :

« La plupart des cultivateurs qui opèrent sur un sol semblable à celui de Grand-Jouan, craignent d'attaquer le sous-sol imperméable, parce qu'ils savent bien que , dans les premiers temps, il leur faudra une dose d'engrais plus forte pour fertiliser la terre de la couche inférieure. Cependant, toutes les fois que l'on voudra se livrer, en pareil cas, à des améliorations agricoles, on ne tardera pas à s'apercevoir que la profondeur des labours est destinée à devenir la base la plus solide de l'édifice , l'état le plus puissant de sa consolidation. Dès-lors, on ne craindra pas un sacrifice momentané d'engrais que la supériorité des récoltes à venir récompensera avec usure. Ce qui manque surtout au sol des landes , c'est l'aération ; il a besoin d'air , de chaleur , de lumière. Plus on l'expose aux influences atmosphériques, plus il se fertilise à leur contact, et plus cette fécondation a lieu profondément , plus on fournit de sucs nutritifs aux plantes. Dans le commencement de nos travaux , je craignais que des labours réitérés n'amenassent une trop grande porosité dans ces terres déjà légères de la surface, et dont le terreau de bruyère formait alors le volume le plus considérable ; mais cet inconvénient n'a plus lieu dès l'instant qu'on approfondit la couche arable, en attaquant le sous-sol imperméable. Alors , de nombreux

____

(1) *Agriculture de l'Ouest,* vol. I, pag. 83, 1840.

labours et de plus en plus profonds, en exposant au grand
jour et divisant à l'infini les molécules de ce sol vierge,
l'appellent à la participation de la vie universelle, et le
rendent propre à fournir des aliments aux plantes, qui,
à leur tour, l'enrichissent de tous leurs détritus. C'est un
spectacle admirable pour l'observateur que ce travail,
entre le ciel et la terre, dirigé par les mains de
l'homme, et d'où résulte une fécondité qui le nourrit à son
tour.

» Je ne saurais trop m'étendre sur les immenses avantages
des labours profonds et sur la nécessité d'attaquer le sous-sol
imperméable, causes d'infertilité et d'insuccès. On ne trouve,
dans ce sous-sol aride, aucun humus, aucun débris de végétation, mais en surabondance une argile alumineuse et
parfois magnésienne; de l'oxyde de fer et de l'eau. Dans
certaines parties, on rencontre quelquefois de légères
couches de cailloux de quartz, principalement dans les
vallées, puis, toujours l'argile et l'eau. On sait, aujourd'hui,
à quelle grande distance s'étendent presque invisibles les
extrémités des racines. On sait que ces organes délicats
recherchent sans cesse dans leur marche souterraine la
terre la plus meuble et la plus riche en principes nutritifs.
Un sous-sol infertile, imperméable, entièrement privé des
influences atmosphériques, offre, dans ce cas, la résistance
inerte d'un rocher. Dès que les spongioles arrivent à son
contact, elles s'arrêtent, et prennent une direction horizontale. J'ai suivi maintes fois cette expérience, soit sur les
plantes annuelles, soit sur les arbres. Les betteraves et les
rutabagas se contournent d'une manière vraiment extraor-
dinaire, et à la récolte on les trouve comme assis, ployés
en double sur le sous-sol. De semblables récoltes présentent
nécessairement une notable diminution de produits qu'il eût
été si facile d'éviter.

» Ces considérations diverses et le succès constant que j'ai trouvé dans l'approfondissement du sol, m'ont fait adopter à Grand-Jouan des labours de plus en plus profonds, et réitérés autant que possible. Pour opérer ce mélange du sous-sol argileux avec le terreau de bruyère de la surface, il semble qu'on ne peut assez faire manœuvrer la charrue. Plus elle marche, plus la couche arable s'échauffe et s'améliore. Mais c'est principalement sur les labours d'été qu'on arrive aux résultats les plus heureux. Il semble alors que les rayons du soleil versent à flots des principes de fécondité sur cette nature froide et inerte. Des champs d'une aridité désespérante, et qui, l'année précédente, s'étaient refusés à toute végétation, ont été amenés à donner les produits les plus satisfaisants après quatre et cinq labours énergiques, au moment des plus fortes chaleurs.

» Mais ces résultats ne sont pas les seuls à constater comme conséquences de fréquents labours d'été. Nul moyen n'égale ces labours pour la destruction des mauvaises herbes qui envahissent les terres quelques années après le défrichement des landes. Il semble alors que, nouveau Prométhée, le défricheur a ouvert une seconde fois la boîte de Pandore. Les herbes naturelles au sol repoussent de toutes parts, en compagnie de graines nouvelles introduites par la culture. »

Je n'ajouterai rien, Messieurs, à ces considérations et j'aborderai enfin la question relative à l'influence des masses.

L'influence des masses doit être surtout signalée au chimiste chargé d'interpréter les résultats d'une analyse. De ce que cent kilogrammes d'une terre analysée renferment, en effet, tant de calcaire, tant d'acide phosphorique, il n'en résulte pas que les réserves du sol soient connues. Deux cents kilogrammes de terre à un pour cent d'acide phosphorique, offrent, en effet, plus de phosphore que cent kilogrammes à un et demi pour cent. Cela revient à dire qu'en regard de l'analyse, il faut faire intervenir la connaissance de l'épaisseur des couches arables, les *masses disponibles*, en un mot.

M. Deherain, dans une récente analyse des terres noires de Russie connues sous le nom de Tchornoizem, a mis ce principe en évidence (1). Ce chimiste a, du reste, analysé tout à la fois et cette terre noire d'une remarquable fécondité et celle d'un domaine de Seine-et-Marne. Les résultats obtenus ont été les suivants :

	Terre noire de Russie, Tchornoizem.		Terre de la Brie, (Seine-et-Marne).
	N° 1.	N° 2.	
Sable...............	49,6	20,2	20,5
Argile	50,4	79,8	79,5
Densité............	1,266	1,186	1,226

L'analyse chimique a donné pour un kilogramme de terre sèche :

(1) *Comptes rendus de l'Académie des Sciences*, 1862, 1ᵉʳ semestre, pag. 122.

DÉSIGNATION DES MATIÈRES DOSÉES.	Terre de Russie. Moyenne de deux analyses.		Terre de la Brie. Moyenne de deux analyses.
	N° 1.	N° 2.	
Azote des matières organiques....	0^g,524	2^g,009	0^g,888
Carbone id...............	»	22,999	7,208
Acide phosphorique.............	0,570	1,420	0,900
Chaux..........................	5,273	7,513	4,374
Magnésie.......................	3,823	3,403	5,038
Oxyde de fer...................	»	19,100	17,300
Silice soluble.................	0,400	3,840	»
Azotate de potasse correspondant aux azotates divers...........	traces.	0,027	»

D'après cette analyse, l'une des terres de Russie serait au premier rang comme source d'acide phosphorique et d'azote, tandis que l'autre serait inférieure à la terre de Seine-et-Marne. Ainsi raisonnerait du moins l'observateur qui s'en tiendrait à la superficie des choses.

Du reste, une telle conclusion serait en contradiction formelle avec l'expérience, car on exporte impunément depuis de longues années les froments de Tchornoizem sans importation d'engrais, tandis que les terres de Seine-et-Marne doivent être nécessairement fumées.

Ce qu'il est indispensable de faire entrer en ligne de compte, c'est que la terre de Seine-et-Marne dont il est question, n'a que 0^m,30 d'épaisseur, tandis que la terre noire de Russie a une épaisseur de 3 mètres (1). Il en

____

(1) Murchison. *Description géologique de la Russie*, t. 1

résulte qu'en appliquant aux masses totales dont la végétation peut utiliser les éléments, les chiffres obtenus pour le kilogramme, on arrive à des résultats d'une signification très précise; les voici :

	Terre de Russie N° 1.	Terre de Russie N° 2.	Terre de la Brie.
Densité.....................	1,266	1,186	1,300
Profondeur.................	3ᵐ	3ᵐ	0ᵐ,30
Poids d'un hectare de terre arable.	37,900ᵏ	35,850ᵏ	3,900ᵏ

	POIDS DES MATIÈRES renfermées dans 1 hectare		
	kilog.	kilog.	kilog.
Azote.....................	19,901	71,480	3,521
Acide phosphorique...........	21,648	50,559	3,541
Chaux....................	189,912	267,312	19,722
Magnésie..................	145,297	25,012	22,713
Charbon...................	»	818,314	28,778
Azotate de potasse...........	»	960	»

Ce qui revient à dire qué la terre de Russie n° 2 renferme 23 fois plus d'azote et 17 fois plus d'acide phosphorique que la terre de Brie examinée. Il appartient à l'agronome d'utiliser ces richesses en ramenant à la surface ou au moins dans les couches supérieures du sol, les éléments précieux que la nature a répartis dans toute la masse utilisable.

Ce qu'on ne saurait trop admirer, c'est qu'à chaque effort mécanique de l'homme pour ameublir le sol s'ajoute un effort chimique de la nature pour lui faciliter sa tâche. *Aide-toi, le Ciel t'aidera.* Jamais proverbe ne fut mieux appliqué. Un coup de bêche divise les masses ; mais en même temps intervient l'oxygène qui les modifie chimiquement, l'acide carbonique qui prend naissance, l'ammoniaque atmosphérique qui se fixe. Je pourrai bientôt vous montrer l'acide phosphorique inerte devenant actif lui aussi par cette aération de la terre ameublie.

Voulez-vous des chiffres propres à spécifier l'influence de l'oxygénation du sol ? Je puis vous en citer, grâce aux recherches de MM. Boussingault et Léwy (1). Ils prouvent que la richesse en débris organiques combinée avec le retournement, c'est-à-dire la mise en contact des éléments solides avec l'air, donne naissance à des quantités énormes d'acide carbonique. Or, l'action de ce gaz sur les végétaux vous est connue.

Une couche de terre récemment fumée, de 35 centimètres d'épaisseur, contenait par hectare......... 18ᵐᶜ d'acide carbonique.
Une terre analogue................. 80.
Une terre de vigne................. 10
Un sol de forêt.................... 2
Un sous-sol de forêt.............. 2
Un sol riche en humus............. 54
Une prairie....................... 10

Le calcul prouve que l'air enfermé dans un hectare de terre arable, fumé depuis près d'un an, contient à peu près autant d'acide carbonique qu'il s'en trouve dans 18,000 mètres cubes d'air atmosphérique, et que, dans l'air d'un hectare de terre arable récemment fumée, l'acide

____

(1) *Annales de chimie et de physique*, 1853, t. 1.

carbonique peut représenter quelquefois celui qui est contenu dans 200,000 mètres cubes d'air normal. Donc, plus
nous avançons et plus nous reconnaissons que l'agriculture
est en grande partie résumée dans ces deux principes :
bien fumer, bien ameublir.

Non-seulement la terre condense avec une admirable
facilité les principes gazeux au sein desquels la végétation
s'accomplit de préférence, mais elle joue un rôle analogue
et non moins remarquable en accumulant dans ses pores
les substances fécondantes de toute nature, à la seule condition qu'elles soient préalablement dissoutes.

Il n'y a pas besoin d'être chimiste pour savoir que la
dissolution des engrais par l'eau des pluies active la végétation. Lorsqu'on emploie des matières calcaires en couverture sur une luzernière, à défaut de science, le bon
sens indique que la chaux ne pourra atteindre les racines
profondes de la luzerne que par voie de dissolution et
d'imbibition du sol. Lorsque, dans ses *Lettres sur l'agriculture moderne* (1), Liebig reproche avec une regrettable
aigreur aux agronomes de son temps, d'enseigner « que
les végétaux reçoivent leur nourriture en solution et que
la rapidité d'action de cette nourriture est en rapport
intime avec sa solubilité ; » lorsque cet éminent chimiste
essaie de jeter le ridicule sur ceux qui professent l'influence
des dissolvants comme trait d'union entre les racines et
certaines particules nutritives éloignées, il me semble qu'il
oublie et ce qu'il a professé lui-même et ce que la physiologie végétale bien interprétée nous révèle chaque jour.
Permettez-moi d'insister sur ce point : la question soulevée
par l'illustre professeur de Munich en vaut, certes, la
peine.

(1) Pages 26 et suivantes.

Les arguments de Liebig sont exprimés dans les lignes suivantes que je dois tout d'abord vous citer :

» Connaissant l'action que l'eau et l'acide carbonique exercent sur les roches, nous avons conclu qu'il en était de même pour les sols arables; mais cette conclusion est fausse.

» Il n'y a pas, en chimie, de phénomène plus merveilleux ni plus propre à confondre toute la science de l'homme, que celui que nous offre le sol arable des champs et des jardins.

» Chacun peut se convaincre, par les expériences les plus simples, que l'eau de pluie, en s'infiltrant dans la terre des campagnes ou des jardins, ne dissout que des traces de potasse, d'acide silicique, d'ammoniaque ou d'acide phosphorique ; que le sol ne lui cède que des quantités insignifiantes des principes nutritifs qu'il renferme, que l'eau enfin ne lui dérobe à peu près rien. La pluie, même la plus longue, ne peut ôter aux campagnes les conditions de fertilité, excepté par une action purement mécanique.

» Non-seulement le sol arable retient les principes nutritifs qu'il possède, mais la puissance qu'il a de conserver aux plantes ce dont celles-ci ont besoin, va bien plus loin encore. Lorsque l'eau provenant de la pluie ou d'une source quelconque, et tenant en dissolution de l'ammoniaque, de la potasse, de l'acide phosphorique et de l'acide silicique, est en contact avec le sol, les corps que nous venons de citer se séparent instantanément de cette solution: c'est que la terre-les enlève à l'eau. Or, ce sont seulement les substances nécessaires à la nourriture des plantes que le sol enlève à l'eau, les autres demeurent en totalité ou en grande partie dissoutes.

» Remplissez de terre arable un entonnoir et versez-y une

dissolution de silicate potassique ; l'eau filtrée ne contiendra plus aucune trace de potasse, et, dans certaines circonstances seulement, on pourra y retrouver de l'acide silicique.

» Dissolvez du phosphate calcaire ou magnésique, récemment précipité, dans de l'eau saturée d'acide carbonique, et faites filtrer de même cette dissolution à travers un peu de terre arable, l'eau qui en découlera ne renfermera aucune trace d'acide phosphorique. Une dissolution de phosphate calcaire dans l'acide sulfurique étendu , ou de phosphate ammoniaco-magnésique dans l'eau chargée d'acide carbonique, se comporte de la même manière. L'acide phosphorique des phosphates calcaires , l'acide phosphorique et l'ammoniaqne du sel magnésique restent également dans la terre.

» Des recherches spéciales ont montré qu'un litre ou 1000 centimètres cubes de terre de jardin (riche en chaux) absorbe la potasse contenue dans 2025 centimètres cubes de silicate potassique qui, sur 1000 centimètres cubes, renferme 2,78 grammes d'acide silicique et 1,166 grammes de potasse; on peut conclure de là qu'un hectare de terre de même composition, sur $0^m,25$ de profondeur, enlèverait à une solution identique 5,000 kilogrammes de potasse et les retiendrait fixes pour la végétation des plantes. Le même essai, fait avec une dissolution de phosphate ammoniaco-magnésique dans de l'eau chargée d'acide carbonique, fit voir qu'un hectare de terrain absorbait 2500 kilogrammes de ce sel dans une dissolution analogue. Une terre argileuse (pauvre en chaux) se comporta de la même manière.

» Ce que nous venons de voir nous donne une idée de l'action puissante du sol, de sa force d'absorption envers trois des principes nutritifs les plus nécessaires aux

plantes cultivées , principes qui, en raison de leur grande
solubilité dans l'eau pure ou chargée d'acide carbonique,
ne pourraient rester fixes dans le sol, si celui-ci ne possédait ces propriétés. »

Tels sont, Messieurs, les faits sur lesquels s'appuie
Liebig pour démontrer que la force dissolvante ne doit pas
être invoquée comme élément important de la fécondation.
J'éprouve un certain embarras, je l'avoue, en essayant de
réfuter l'opinion de cet illustre savant ; mais les agronomes
attaqués par lui ne me semblent pas mériter les reproches
et l'ironie dont il essaie de les accabler. Je mettrai donc
toute fausse modestie de côté, et je me souviendrai avant
tout du culte que je dois à ce qui est vrai, ou du moins
à ce que mon raisonnement me fait regarder comme
tel.

Moi aussi, j'ai souvent dit dans cette enceinte, que la
solubilité d'un engrais était l'une des causes de son action.
Non-seulement, en le disant, je me souvenais des faits que
j'avais observés , mais encore des enseignements consignés
dans les ouvrages de Liebig lui-même. N'est-ce pas ce
chimiste qui a proclamé (1) avec raison d'ailleurs :

« *Que les blés ne prospèrent pas si, dans le sol, il n'y a
pas d'acide silicique à l'état de dissolution ;*

» *Que, pendant la jachère, le sol s'enrichit de principes
solubles* (2) ;

» *Que si*, dans les landes de Lunebourg (Hanovre), on
parvient à conquérir sur la terre au bout de trente ou
quarante ans, une récolte de blé, en brûlant les bruyères
et répandant leurs cendres sur le sol, c'est que la potasse
et la soude de ces plantes *sont rendues solubles par la pluie,*

(1) *Lettres sur la Chimie,* pag. 285.
(2) *Lettres sur la Chimie ,* pag. 285.

et offrent à l'avoine, à l'orge et au seigle, les oxydes que ces plantes exigent pour leur développement (1) ;

Que les racines des plantes recueillent sans cesse les alcalis « *que la pluie et les eaux de sources amènent* (2) ; »

Enfin que, dans beaucoup de localités, la récolte des blés dépend d'une seule pluie, l'absorption de l'eau étant une absorption « *d'alcalis et de sels mis dans l'état convenable par les eaux pluviales* (3). »

N'est-ce pas Liebig qui a consigné ces faits parfaitement exacts, et lorsque les professeurs d'agriculture ont cru devoir les propager en les interprétant ont-ils donc été si coupables ? Recherchons-le en toute sincérité.

Il importe tout-d'abord, pour éclairer ce débat, de bien établir sur quel terrain et dans quelles limites il doit être circonscrit. Connaître l'état des matières fécondantes dans le sol, les transformations qu'elles y subissent, leurs aptitudes à produire la fertilité sous l'influence de ces transformations, tout est là, rien que là.

Voici un fragment de phosphate fossile récemment extrait du sol. En voici un autre extrait depuis cinq ans. Je les pulvérise tous les deux et je les confie à la terre ensemencée. Le phosphate récent est moins soluble dans l'eau que le phosphate ancien. La récolte obtenue est inversement proportionnelle dans ce cas à la solubilité. Je suis en droit de conclure que l'engrais à l'état de dissolution a joué un rôle évident.

Je sais bien que la terre est poreuse, je sais bien qu'elle agit d'une façon toute providentielle en fixant des principes utiles dans ses pores à la façon du noir animal ; mais pour

(1) *Chimie appliquée à la Physiologie végétale*, pag. 107.
(2) *Chimie appliquée à la Physiologie végétale*, pag. 115.
(3) *Chimie appliquée à la Physiologie végétale*, pag. 175.

que cette fixation s'effectue *ne faut-il pas que, préalablement,
la substance fécondante ait été dissoute ?*

Et d'ailleurs avons-nous jamais pénétré d'une manière
tellement intime dans les phénomènes qui se produisent à
l'extrémité des radicelles , que nous puissions être éclairés
sur la question de savoir *si c'est une solution qui pénètre
dans le tissu , ou une solution qui se décompose au contact
du tissu , s'il y a assimilation d'une molécule dissoute ou
d'une molécule isolée de son dissolvant ?* J'avoue que , tout
en penchant vers l'idée de la nourriture par voie de solution , je trouve que la solution du problème agronomique
ne réside pas à l'extrémité de cette pointe. d'aiguille. Ne
sortons pas du domaine des faits et ne régénérons pas les
subtilités scholastiques en matière agricole.

Ce qui, pour moi, est évident, vingt fois évident, c'est
que, pour féconder le sol , les matières minérales doivent
préalablement être divisées et solubles ;

C'est que leur solubilité leur permet de se répartir uniformément dans la terre arable où elles sont . ensuite
retenues par une action mécanique spéciale et par des
réactions chimiques ;

C'est que la répartition uniforme et favorable de l'engrais
n'est possible que sous l'influence d'une faculté de dissolution suffisamment énergique.

Voilà des faits que l'on ne saurait contester.

Et s'il semble extrêmement probable que dans ces
myriades de petites chambres du sol où arrive la solution
fécondante, l'extrémité des racines agit sur une solution —
comme les plantes aquatiques l'effectuent chaque jour sous
nos yeux — il n'en est pas moins vrai que cela m'importe,
peu ou point. Il me suffit de savoir, en effet, que la particule de l'engrais ne sera pas active si elle reste grossière,
il me suffit de savoir que, dissoute, cette particule péné-

trera uniformément le sol , se logera dans ses pores —
abandonnant une grande partie de son véhicule, je le veux
bien — et communiquera à la végétation une activité
réelle, pour que je me déclare édifié sur la vérité de ce
grand fait que *la dissolution est la cause , et la fertilité*
l'effet.

La meilleure agriculture est celle qui, sans ruiner le fonds,
procure les plus grands bénéfices. Eh bien, demandons à
ses traditions quelques faits significatifs, elle nous en offrira
des milliers.

Elle vous dira que le phosphate de chaux et l'humus,
fussent-ils très abondamment répartis dans une sole de
blé noir, ne donneront qu'une très maigre récolte sans
influences dissolvantes énergiques. Cela est tellement vrai,
que les plus belles récoltes de sarrasin sont souvent
obtenues dans l'Ouest, dans les années les plus humides.

Elle vous dira que les phosphates si riches de l'Estramadure,
quelque grande que soit leur division mécanique, agissent
peu, tandis que les phosphates fossiles sont absorbés plus
rapidement.

Elle vous dira enfin que les phosphates des os fécondent
avec une remarquable rapidité, et qu'en admettant l'emploi
comparatif de ces trois engrais dans un sol non acide,
leur action sera presque proportionnelle à leur solubilité
relative dans l'eau pluviale.

Elle vous dira qu'une prairie irriguée par le ruisseau
coulant sur un sol primitif où de transition, sera fertilisée
d'une manière remarquable par la solution étendue de
silicate de potasse qui constitue en pareil cas l'eau du
ruisseau.

Elle vous dira enfin que les eaux d'égoût — alors même
qu'on les a filtrées — que les solutions de principes fécondants en général sont d'excellents engrais, et qu'elle ne

comprend pas trop par quelle argutie scientifique on veut livrer au ridicule ceux qui ont professé l'importance de la dissolution comme agent physique, favorable à la végétation. Voilà, Messieurs, ce que vous dira l'agriculture , et son langage sera logique.

Mais je devance avec empressement l'objection qui pourrait m'être faite, et le reproche d'exagération que l'on ne manquerait pas de m'adresser si je ne formulais quelques réserves.

De ce que les faits observés jusqu'à ce jour *n'infirment en rien l'idée que la nourriture peut être apportée aux plantes sous forme de solution ,* de ce que les mêmes faits établissent, au contraire, que *malgré sa richesse en engrais uniformément répartis dans ses pores , un sol serait stérile s'il n'était humide,* il n'en résulte pas *qu'au delà d'une certaine limite* l'état de dissolution des engrais soit favorable à la végétation.

Bien au contraire.

Lorsque, dans un sol à réaction basique, on verse une solution de biphosphate de chaux, on peut en obtenir un excellent effet, parce que les bases du sol, s'unissant à l'acide , précipitent du phosphate hydraté et basique susceptible de se dissoudre ensuite lentement pour les besoins de la récolte. Si on avait opéré sur un sol de lande dépourvu de calcaire et à réaction très acide, il en eût été tout autrement. En général, les bons engrais doivent se dissoudre graduellement et d'une manière en quelque sorte proportionnelle aux besoins de la végétation. Les artilleurs ont remarqué que la meilleure poudre n'est pas celle qui brûle instantanément, mais celle qui, brûlant d'une manière complète dans le temps que le projectile met à parcourir l'âme de la pièce, lui imprime graduellement toute la force de projection qu'elle est susceptible de fournir. Il en est, Messieurs, de l'engrais comme de la poudre.

Et puisque cette discussion m'a amené à parler du pouvoir absorbant du sol, je vous citerai quelques faits bien propres à compléter ce que je vous ai déjà exposé à cet égard. Ils caractérisent, du reste, l'état de la science sur ce point.

On doit à MM. Huxtable et Tompson, à M. Way (1), à MM. Henneberg et F. Stohmann (2), à Liebig (3), et enfin à M. Brustlein (4) des travaux fort consciencieux sur le pouvoir absorbant des terres arables. M. Way, en particulier, opérait en introduisant une solution saline ou ammoniacale bien

connue dans un flacon bouché à l'émeri, où il plaçait également un poids déterminé de terre, objet de l'expérience. Après avoir bien agité le tout, il laissait déposer et analysait un volume fixe de la solution ; il put ainsi constater *que la terre absorbe et retient de préférence les matériaux utiles aux plantes.* Il reconnut de plus qu'une bonne terre peut retenir facilement soixante fois autant de principes fertilisants qu'on en introduit généralement sous forme d'engrais (5).

(1) *Journal de la Société d'agriculture de Londres*, tom. ix (1850).
(2) *Journal fur Landwirthshaft*, janvier 1859.
(3) *Annalen der Chemie und Pharmacie*, tom. cv, page 109.
(4) *Journal d'agriculture pratique*, octobre 1859, page 320.
(5) Ces faits expliquent la pureté relative des eaux provenant du drainage.
La quantité d'ammoniaque contenue dans l'eau de drainage analysée par Way, est extraordinairement minime ; on peut à peine se figurer qu'un demi-kilog. d'ammoniaque dissous dans 1,750,000 litres d'eau puisse exercer une influence marquée sur la végétation.
La quantité d'acide phosphorique des eaux de drainage est nulle : Krocker ne put en rencontrer ; Way n'en trouva que des traces dans trois cas différents ; dans trois autres analyses, sur sept millions de parties d'eau, il put découvrir deux fois 12 parties d'acide phosphorique, et, les autres fois, 6 et 8 parties.

Liebig , en opérant de son côté , a vu que le pouvoir absorbant des terres était également remarquable, qu'elles fussent d'ailleurs riches en carbonate de chaux ou en argile. Il a reconnu d'autre part qu'en filtrant du purin sur de la terre, celle-ci absorbait plus de potasse que de soude, c'est-à-dire que la condensation de l'alcali le plus précieux est surtout effectuée. Liebig a vu enfin que, malgré l'aptitude des terres à retenir les phosphates , les terres noires de Russie (Tchornoizem), que je vous ai déjà citées comme des types de fécondité, avaient une puissance d'absorption insignifiante.

Or, ces terres, Messieurs, étaient précisément saturées de phosphates , c'est-à-dire que leurs pores contenaient ce qu'ils pouvaient contenir. Que de faits expliqués par ces expériences de laboratoire !...

Liebig, constatant que des matériaux précieux sont éliminés des dissolutions salines par la terre arable et retenus énergiquement dans ses pores, en conclut que ces matériaux *sont devenus insolubles*. Nous dirons, nous, qu'ils sont purement et simplement *emmagasinés pour les besoins de la plante,* parce que, des expériences connues, il ne résulte pas qu'on puisse logiquement en tirer une autre conclusion. Nous ne saurions démontrer que, dans les pores de la terre, c'est une matière hydratée qui s'est provisoirement déposée pour se redissoudre lentement — cela semble vraisemblable toutefois — mais rien absolument ne prouve, encore une fois, qu'on soit fondé à attribuer aux organes délicats du végétal la propriété d'absorber des matières non dissoutes comme un animal dévore un fragment d'os.

Un mot encore à ce sujet. M. Ubaldini (1) a établi que

<hr>

(1) *Comptes rendus de l'Académie des Sciences,* 1861 , 2me semestre, pag. 333.

les matières isolées de leurs solutions par le sol, peuvent être cédées ensuite par celui-ci à certains dissolvants et devenir assimilables par l'organisme végétal. Le phosphate de soude, en particulier, a la propriété de rendre soluble la matière organique azotée du sol arable. Les azotates, les sels ammoniacaux et alcalins, ont la même faculté. *Aucune expérience,* dit M. Ubaldini, *ne montre que les substances faisant partie de là terre arable passent dans les végétaux sans le concours d'un dissolvant.*

M. Brustlein a exécuté des expériences intéressantes, ayant pour but la connaissance du pouvoir absorbant du sol pour certains principes fertilisants tels que l'ammoniaque et les sels ammoniacaux. En ce qui concerne l'eau ammoniacale, voici les résultats de ces expériences :

Un kilogramme de terre absorbe d'une dissolution donnée en quantité suffisante et contenant par litre : 3^g556 d'ammoniaque libre.

Terre de Bechelbronn	1.119^g
Terre de Liebfrauenberg	0.712
Terre de Mittelhausbergen	0.483
Terreau de chêne	12.591
Tourbe	7.082
Noir animal en grain	0.364
Noir animal lavé	3.720(1)
Noir animal lavé auquel on a incorporé du carbonate de chaux	»
Terre de Bechelbronn traitée par un acide	1.059
La même, à laquelle on a incorporé du carbonate de chaux	»

(1) La dissolution renfermait 4^g,730 d'ammoniaque par litre

On ne saurait, dit avec raison M. Brustlein, s'expliquer comment, se développant dans des milieux aussi peu chargés de substances directement assimilables — ammoniaque et acide nitrique — une plante pourrait en absorber assez pour subvenir à ses besoins, si elle ne les empruntait à des dissolutions, car l'action directe exercée par les racines sur le sol serait insuffisante.

Nous nous en tiendrons, Messieurs, à cette conclusion, la seule qui soit en harmonie avec les connaissances acquises et les faits généralement connus de la pratique.

J'aborde maintenant un autre ordre de considérations.

Si nous tentons, Messieurs, de résumer les données générales relatives à la constitution chimique du sol, nous reconnaissons que la chaux, la magnésie, les alcalis et l'acide phosphorique y jouent un rôle d'une extrême importance; mais ce que nous devons reconnaître aussi, c'est l'action remarquable de ces détritus organiques de couleur brune — *humus, acide humique, pourri* — solubles dans les solutions alcalines et pouvant, au fur et à mesure de leurs transformations, ou servir directement à la nourriture de la plante, comme l'ont démontré Saussure, et dans ces derniers temps MM. Soubeiran et Malaguti, ou encore intervenir utilement par l'énorme quantité d'acide carbonique à laquelle ils donnent naissance.

Le terreau a été analysé avec beaucoup de soin par M. Boussingault; ce savant observateur y a trouvé pour un kilogramme séché à l'air : .

	Terreau des maraichers.	Terreau neuf de Verrières.	Terre légère de Bischviller.	Terre légère du Liebfraunherg	Terre forte de Bechelbronn.
	Grammes.	Grammes.	Grammes.	Grammes.	Grammes.
Azote entrant dans la constitution de matières organiques..................	10,503	5,281	2,951	2,594	1,397
Ammoniaque toute formée..............	0,118	0,084	0,020	0,020	0,009
Nitrates équivalant à... nitrate de potasse.	1,071	0,940	1,526	0,175	0,015
Acide phosphorique....................	12,800	3,424	5,536	3,120	1,425
Chaux................................	63,006	11,280	32,030	5,516	20,914
Carbone appartenant à des matières organiques........................	99,400	66,422	28,770	24,300	11,590

Je vous ferai observer à cet égard, que l'azote du salpêtre ainsi que l'azote de l'ammoniaque sont immédiatement assimilables. Celui des matières organiques ne l'est pas. Il est emmagasiné pour servir peu à peu en se transformant. L'état sous lequel se trouve l'azote en pareil cas est une garantie contre sa déperdition. C'est la réserve de l'avenir.

M. Krocker a déterminé, il y a quelques années, l'azote total de quelques terres, et il a reconnu qu'un hectare considéré sous une épaisseur de 25 centimètres, renfermait l'azote de 7 à 10,000 kilogrammes d'ammoniaque. En opé-rant de son côté sur des terres d'Alsace, M. Boussingault a trouvé que l'hectare, sous une épaisseur de 33 centimètres, fournit 11,310 kilog. d'azote, soit 13,734 kilog. d'ammoniaque. A vrai dire — et M. Boussingault insiste sur ce point — les 11,310 kilog. d'azote sont en partie engagés dans une combinaison organique. On ne saurait les considérer dès-lors comme une nourriture toute préparée pour la plante. Ils n'agiront pas comme l'azote des nitrates ou de l'ammoniaque. Je crois, Messieurs, qu'il ne faudrait pas s'exagérer l'importance de ces différences d'état. Du moment que l'azote d'une combinaison organique se trouve soumis aux influences du sol arable, on ne saurait avoir de doute sur la puissance des affinités qui vont le rendre assimilable. En voulez-vous une preuve? Dans le sol du Liebfrauenberg, l'azote des combinaisons organiques représente les 96 centièmes de l'azote total, et cependant ce sol est extrêmement fertile. Ici comme dans bien des circonstances, on peut se reposer sur la nature, du soin d'approvisionner la plante ; par ses forces sans cesse agissantes, elle provoque et favorise la dissémination des molécules condensées, et réalise la loi de l'éternel mouvement.

Voilà bien des chiffres, Messieurs, et cependant je ne

saurais terminer cette leçon déjà longue, sans vous faire
entrevoir la haute portée des études dont la constitution du
sol a été l'objet : accordez-moi, en effet, que les diverses
récoltes obtenues sur un terrain lui empruntent des éléments
minéraux distincts, il en résultera, n'est-ce pas, que de
l'examen de ces principes, nous pourrons déduire l'appétit
spécial à telle ou telle plante, à telle ou telle famille de
plantes. Eh bien, supposons qu'au mépris de toute logique,
nous ayons, pendant des siècles, exporté d'un sol peu riche
en potasse, en chaux ou en acide phosphorique, des
récoltes ou des bestiaux qui, dans leur charpente minérale,
condensent abondamment la potasse, la chaux et les phosphates. Le sol sera appauvri, sa faculté productrice sera
profondément atténuée. Voilà un fait souvent constaté et
que l'économie politique a grand intérêt à faire entrer dans
le domaine de ses plus graves préoccupations. Une pratique,
qui n'en tient pas compte, peut recevoir ce nom énergique
d'agriculture vampire (1), que lui donnait il y a quelque

(1) « L'agriculture de vol, qui change des pays en déserts et les rend
inhabitables, peut être décrite en peu de mots.

» Dans les temps primitifs, ou lorsqu'il a à sa disposition un sol vierge, le
cultivateur ne demande à la terre que des récoltes de céréales qui se succè-
dent sans interruption. Lorsque ces récoltes diminuent, le cultivateur va plus
loin chercher d'autres terres que n'a pas encore ouvertes la charrue. L'augmentation de la population vient successivement mettre un terme à ces migrations;
alors le cultivateur est borné dans sa culture aux mêmes terres, mais il n'en
cultive chaque année que la moitié, et il laisse l'autre moitié en jachère
(culture biennale). Les récoltes continuent pourtant à diminuer, et le cultivateur,
pour les augmenter, a recours au fumier qu'il obtient au moyen des prés naturels;
c'est l'assolement triennal.

» Cette ressource est bientôt aussi reconnue insuffisante, et on est amené à
la production du fumier au moyen du fourrage que produisent les terres elles-
mêmes. C'est la culture alterne. On demande au sous-sol le fumier qu'on
demandait aux prés naturels, et on le demande d'abord sans interruption, puis
en intercalant des années de jachère. Le sous-sol finit par être aussi épuisé et

temps Liebig, et lorsque, dans cet ordre d'idées, on médite
sur la stérilité de contrées naguère fécondes, on se

les champs ne produisent plus de récoltes fourragères. C'est alors qu'apparaissent la maladie des pois, celle des pommes de terre, puis celle du trèfle,
des navets, et enfin toute culture cesse, la terre ne peut plus nourrir ses
habitants.

» Il est possible que des siècles, que un millier d'années soient nécessaires
pour accomplir cette révolution, jusqu'à ce que l'homme comprenne les déplorables conséquences de sa manière de cultiver, et il a alors recours
à des moyens d'amélioration dont chacun est une preuve de l'épuisement
du sol.

» L'agriculture anglaise peut nous servir d'exemple pour nous faire voir de
la part d'une nation parvenue à un haut point de civilisation, cette atteinte
destructive portée à la circulation de la vie.

» Dans les dernières vingt-cinq années du siècle passé a commencé l'importation des os en Angleterre et elle a continué sans interruption jusqu'à
présent. L'importation du guano a commencé en 1841 ; en 1859, elle s'est
élevée à 286,000 tonnes, ou environ 2,860,000 quintaux métriques. L'importation moyenne annuelle des os est de 60,000 à 70,000 tonnes. Un kilogr. d'os
produit en trois rotations 10 kil. de blé ; 1 kil. de guano produit dans une
rotation de cinq ans 8 kil. de blé.

» L'immense quantité de substances fertilisantes introduite chaque année
en Angleterre passe, pour la plus grande partie, dans les fleuves, de là à
la mer, et les produits qu'on en obtient ne suffisent pas pour nourrir les
hommes dont chaque année s'augmente la population. Le pis est que tous les
États de l'Europe travaillent de la même manière à leur propre ruine,
seulement sur une moins grande échelle que l'Angléterre. Dans les grandes
villes du continent, les autorités administratives dépensent chaque année de
grosses sommes pour mettre *hors de la portée des cultivateurs* les éléments
du renouvellement et du maintien de la fertilité des terres.

» Pour bien apprécier la situation vers laquelle marche l'agriculture de la
Bavière, il suffira de dire que la seule fabrique de Heufeld a expédié l'année
dernière 7,500 quintaux métriques d'os pulvérisés pour la Saxe, où on sait sans
doute mieux que chez nous en apprécier la valeur.

» Si l'on suppose qu'il se perd annuellement, en Bavière seulement, un quart
des éléments de production des grains nécessaires à la nourriture de ses habi-

demande avec M. Elie de Beaumont (1), si l'expression un peu vague de pays usés et de pays neufs est, en dernière analyse, aussi fantastique qu'elle le paraît tout d'abord.

———

tants, on trouve, pour cent ans, un équivalent de 430 millions de quintaux métriques de blé. Aucun pays n'est assez riche pour pouvoir, au bout d'un certain temps, racheter les principes de son existence qu'il a gaspillés, et fût-il assez riche pour les racheter, il n'y a au monde aucun marché qui pourrait les fournir. »   JUSTUS LIEBIG.

(1) *Etudes sur l'utilité agricole et les gisements du phosphore*, pag. 121.

SEPTIÈME LEÇON.

Les végétaux choisissent leurs aliments. — Remarquable rapport entre les
principes atmosphériques et terrestres fixés par la végétation. — Nécessité
des engrais. — Engrais dits artificiels. — Amendements, engrais, stimulants,
dénominations vicieuses. — Avantages des fortes fumures. — Insuffisance
des engrais. — Progrès en voie de réalisation. — L'agriculture de l'avenir.
— Classification des engrais.

MESSIEURS,

Si j'ai réussi à vous faire comprendre la nature des
milieux où s'accomplissent les phénomènes de la végétation,
je puis désormais aborder l'étude de la végétation elle-
même. Les plantes vivent de l'air et du sol, elles en
choisissent et absorbent les éléments. Voyons comment
elles accomplissent cette double fonction.

Vous savez, Messieurs, qu'en dehors de certaines circonstances exceptionnelles, les végétaux n'absorbent pas
directement l'azote de l'atmosphère, d'où cette conséquence
que ce principe essentiel de l'organisation doit être transformé, condensé par la culture de la prairie, condensé
encore par l'élevage de l'herbivore, et accumulé en
dernière analyse, dans les excréments et les détritus
animaux qui se métamorphoseront en plantureuses récoltes.
Voilà, Messieurs, l'histoire des migrations d'une bulle
d'air, et voilà surtout la démonstration de cette grande
loi du travail, pour la réalisation de laquelle l'activité
humaine est l'indispensable moteur.

Et maintenant, Messieurs, que nous sommes d'accord sur ces considérations générales qui dominent évidemment toute discussion relative aux engrais; maintenant que nous savons quel dualisme doit nous guider dans nos investigations ultérieures, abordons l'examen des nécessités les moins discutables de la culture.

Les cendres qu'on obtient lorsqu'on brûle une plante, nous donnent une irréfragable preuve de l'aptitude du végétal à emprunter au sol des éléments terreux et fixes. Ce qu'une observation très superficielle nous démontre également, c'est que telle famille végétale se distingue de telle autre, aussi bien par la quotité des cendres que par leur qualité. Depuis longtemps , et sans être précisément des chimistes , les marchands de charrée de nos localités ont fait à cet égard des remarques très judicieuses et que les recherches des savants n'ont fait que préciser en les coordonnant.

. Est-ce à dire qu'un végétal déterminé donnera toujours la même quantité de cendres, quelles que soient d'ailleurs les conditions de son développement? Sommes-nous en droit d'établir que cette cendre sera toujours identique, alors qu'elle proviendra d'une végétation opérée sur un sol argileux ou calcaire? Certainement non , Messieurs, et c'est à cause des variations de quotité et de qualité inhérentes à ces conditions variables, qu'il a été longtemps difficile d'établir des lois quelque peu rigoureuses exprimant la répartition des substances minérales dans les différentes familles des végétaux.

Les analyses des Théodore de Saussure, des Knop, des Berthier, des Boussingault, ont permis d'établir des faits importants et de démontrer que ce n'est pas dans des conditions indépendantes de toute loi que la matière minérale du sol est aspirée et fixée dans la récolte. Récemment encore, un remarquable mémoire de MM. Malaguti et Durocher, a permis de jeter une lumière plus vive sur cet intéressant sujet. Une nombreuse série de végétaux, croissant spontanément dans les terrains non calcaires, a été l'objet des analyses de ces savants. Je dois insister quelques instants sur certaines conséquences de ces analyses.

MM. Malaguti et Durocher ont tout d'abord constaté que, dans les individus, comme dans les familles, l'influence du sol calcaire se fait remarquer d'une manière saisissante : des chiffres permettent d'établir ce fait important. Voici, en effet, la richesse en chaux de la même plante croissant spontanément sur un sol calcaire ou sur un sol argileux :

PLANTES RECUEILLIES.	SUR LES SOLS	
	calcaires.	argileux.
Brassica oleracea (Crucifères)............	27,98	13,62
Brassica napus (Crucifères)	43,60	19,48
Trifolium pratense (Légumineuses).......	43,32	29,72
Trifolium incarnatum (Légumineuses).....	36,18	26,68
Scabiosa arvensis (Dipsacées)...........	28,60	17,16
Allium porum (Liliacées)................	22,61	11,41
Dactylis glomerata (Graminées)..........	6,24	4,62
Quercus pedunculata (Amentacées cupulifères)	70,14	54,00
Moyenne des proportions centésimales de chaux...............	34,83	22,09

De ces faits isolés à des faits généraux, la transition est

facile, lorsque nous considérons les chiffres suivants déterminés par les mêmes savants et qui ont trait aux grands caractères des familles :

PLANTES RECUEILLIES.	SUR LES SOLS	
	calcaires.	argileux.
1° Dans les Crucifères (six analyses).....	35,79	20,12
2° Dans les Légumineuses (six analyses)...	40,26	28,12
3° Dans les Dypsacées (cinq analyses)....	38,65	20,63
4° Dans les Salicinées du genre Populus (cinq analyses).....................	68,87	51,16
Moyenne des proportions centésimales de chaux..................	45,87	30,01

Si vous considérez, Messieurs, la dernière colonne des deux tableaux que je viens de mettre sous vos yeux, vous y remarquerez que, sur des sols argileux, il y a eu, en réalité, absorption de chaux par le végétal. C'est que, dans le sol arable, il suffit de proportions extrêmement petites — je dirai même inappréciables par nos réactifs cependant si sensibles — de matières utiles au végétal, pour que celui-ci se mette à leur recherche, les sépare, les aspire, les assimile et les amène ainsi des profondeurs de la terre où elles eussent été ignorées, dans les tiges, les feuilles, les fleurs et les fruits où leur localisation devient si aisément évidente qu'il suffit, pour l'établir, d'une simple combustion à l'air.

Nous reviendrons souvent sur ce sujet.

Gardez-vous toutefois d'oublier, Messieurs, qu'à côté de ces faits il en est de non moins intéressants pour vous,

agriculteurs Bretons, qui voulez avant tout être éclairés
sur la production la plus avantageuse, dans les conditions
déterminées par la nature argilo-schisteuse du sol que vous
exploitez.

Une loi sur laquelle sont d'accord tous les savants dont
je viens de vous citer les noms, une loi qui ressort, non-
seulement des expériences de laboratoire, mais encore de
la diminution de fécondité de quelques pays trop longtemps
producteurs des mêmes récoltes, c'est celle du *choix* des
végétaux pour tel principe minéral plutôt que pour tel
autre. Entendons-nous : ce choix pourra bien être con-
trarié par l'homme dans une limite restreinte ; la plante
pourra bien, à la rigueur, subir une modification de
régime, selon le terrain qu'on lui offrira ; mais rappelez-
vous toujours que si le froment, par exemple, fournit des
cendres généralement riches en acide phosphorique, il
faudra plutôt se préoccuper de lui en donner abondamment
soit par le choix du sol, soit par la composition des
engrais, que s'adonner à des recherches de détail sur les
modifications possibles des cendres du froment selon les
localités. Savoir de quels aliments minéraux les plantes
usuelles sont avides, c'est un grand point, puisque la
science des assolements et des engrais dérive immédiatement de cette connaissance.

Un chimiste dont je prononce souvent le nom dans
ces conférences, parce que ses travaux ont largement con-
tribué à fonder la chimie agricole moderne, M. Boussingault
a voulu — se plaçant sur le terrain de la pratique —
effectuer cette utile recherche des matériaux du sol
spécialement assimilables par telle ou telle plante. Vous
comprenez facilement, Messieurs, qu'en possession d'une
telle donnée, l'agronome intelligent puisse apprécier avec
une suffisante rigueur ce que telle récolte enlève à sa pro-

priété, et par suite ce qu'il faut qu'il lui restitue. D'autre part, s'il est établi que le végétal A enlève surtout un principe inorganique du sol qui n'est pas très nécessaire au végétal B, il sera possible d'admettre que les cultures de A et de B se succéderont sans danger; c'est là, n'est-ce pas, du simple et vulgaire bon sens.

Voici ce que 100 parties de cendres des plantes cultivées par M. Boussingault, dans son domaine de Bechelbronn, lui ont fourni en acide phosphorique (le phosphate de chaux des os contient 46 pour cent de cet acide), puis en potasse et en chaux. Je laisse de côté à dessein les autres substances constitutives de ces cendres, telles que silice, magnésie, soude, chlore, acide sulfurique, etc.

Mon but étant tout spécial, mon désir étant de vous conduire sur un terrain de culture que j'appellerai commercial, mes citations se bornent aux matières les plus chères, nécessaires aux végétaux. Or, les phosphates, les alcalis, la chaux, voilà pour vous, Messieurs, ce dont il importe d'être préoccupé. Mais revenons aux analyses de M. Boussingault; elles lui ont fourni ces chiffres :

Substances contenues dans 100 parties de cendres.

VÉGÉTAUX QUI ONT DONNÉ LES CENDRES.	Acide phosphorique.	CHAUX.	POTASSE.
Pommes de terre	11,3	1,8	51,5
Betteraves champêtres	6,0	7,0	39,0
Navets	6,1	10,9	33,7
Topinambours	10,8	2,3	44,5
Froment	47,0	2,9	29,5
Paille de froment	3,1	8,5	9,2
Avoine	14,9	3,7	12,9
Paille d'avoine	3,0	8,3	24,5
Trèfle	6,3	24,6	26,6
Pois	30,1	10,1	35,3
Haricots	26,8	5,8	49,1
Fèves	34,2	5,1	45,2

Le sarrasin ou blé noir, dont la culture vous est si familière, donne des cendres qui s'élèvent à 2,50 % ou à 3,20 % du végétal, selon qu'on brûle la graine ou la paille. La composition centésimale de la cendre, dans chacun de ces cas, est la suivante :

	Graine.	Paille.
Alcalis	21,84	15
Chaux	6,66	55,98
Magnésie	10,38	15,99
Fer, etc.	1,05	2,70
Acide phosphorique	50,22	0,67
Acide sulfurique	2,16	0,30
Acide silicique	0,69	7,72
Chlore		1,64
	100,00	100,00

Mais poursuivons cette étude et appliquons ces analyses à la culture d'un hectare, nous obtiendrons des chiffres dont il est facile de comprendre l'importance.

Substances minérales enlevées au sol sur un hectare.

NATURE DE LA RÉCOLTE.	Récolte sèche.	Cendres dans 100 parties de la récolte.	Quantité de cendres par hectare.	Acide phosphorique.	Chaux.	Potasse et soude.
	kil.	kil.	kil.	kil.	kil.	kil.
Pommes de terre	3085	4,0	123,4	13,9	2,2	63,5
Betteraves	3172	6,3	199,8	12,0	14,0	89,9
Navets dérobés, demi-récolte.	716	7,6	54,4	3,3	5,9	20,6
Topinambours	5500	6,0	330,0	35,6	7,6	146,8
Froment	1148	2,4	27,5	12,9	0,8	8,1
Paille de froment	2790	7,0	195,3	6,0	16,6	18,6
Avoine	1064	4,0	42,6	6,4	1,6	5,5
Paille d'avoine	1283	5,1	65,4	1,9	5,4	18,9
Trèfle	4029	7,7	310,2	19,5	76,3	84,1
Pois fumés	998	3,1	30,9	9,3	3,1	11,7
Haricots à l'état normal	1580	3,5	55,3	14,8	3,2	27,1
Fèves à l'état normal	2121	3,0	63,6	21,8	3,2	28,7

N'oublions pas le sarrasin, qui enlève en moyenne à chaque hectare de terrain :

	Alcalis.	Chaux.	Acide phosphorique.
Grain	6^{k}31	1^{k}46	11^{k}00
Paille	2 85	10 63	· 0 12
	9^{k}16	12^{k}09	11^{k}12

Ainsi, la récolte du blé faite sur un hectare de terrain correspond à l'enlèvement d'environ 19 kilogrammes d'acide phosphorique; une récolte de fèves enlève 22 kilogrammes du même acide. Or, supposez, Messieurs, que, dans un sol pauvre par lui-même, cela se répète longtemps; supposez que l'agriculteur, par l'accumulation dans ses fumures, des principes atmosphériques, carbone, azote, oxygène, hydrogène, ait poussé dans ses dernières limites l'extraction, par les plantes, de l'acide phosphorique, des alcalis et de la chaux que renfermait son terrain : que lui arrivera-t-il ? La maigreur des récoltes, conséquence d'un épuisement du sol, l'insuccès, la ruine, en un mot. C'est le sort de tout agronome imprévoyant qui compte trop sur les ressources de la terre, parce qu'il voit l'atmosphère éternellement prodigue. Je me hâte de dire que souvent et sur un sol riche en engrais minéraux, c'est également la destinée de ceux qui demandent l'azote à l'atmosphère, sans travailler eux-mêmes à la transformation, à l'appropriation de ce gaz à leurs besoins.

Ecoutons à cet égard le professeur Liebig.

« Les fermiers n'ont pas encore compris cette vérité. De même que leurs ancêtres ont regardé les terres comme inépuisables, ils supposent que l'emploi des engrais étrangers n'aura pas de terme.

» Il est beaucoup plus simple, disent-ils, d'acheter du

guano et des os, que d'aller recueillir les mêmes éléments dans les égoûts des villes, auxquels il sera
toujours temps de recourir si les autres engrais viennent à manquer. Mais de toutes les erreurs des cultivateurs, celle-ci est une des plus funestes.

» Si l'on reconnaît, en effet, qu'aucun pays ne peut en
alimenter perpétuellement un autre avec des grains, on
doit admettre, à beaucoup plus forte raison, que l'importation des engrais cessera plus tôt encore d'être possible,
puisque la contrée qui les fournit voit diminuer sa production de grains avec une telle rapidité, qu'elle devra
bientôt retenir pour elle tous ses engrais. Si l'on considère
que 1 kilog. d'os contient l'acide phosphorique nécessaire
pour la production de 60 kilog. de froment ; qu'en important 1,000 tonneaux métriques de cette matière, on a pu
rendre les terres anglaises capables de produire 60,000,000
de kilog. de plus de ce grain, et que cette importation
dans le Royaume-Uni s'effectue depuis un certain nombre
d'années, on peut juger de la perte immense qui en est
résultée pour les terres de l'Allemagne, d'où les os ont
été tirés. On conçoit que si ce commerce eût continué, ce
pays aurait pu devenir assez infertile pour se trouver hors
d'état de fournir le blé nécessaire à ses habitants. »

Lorsqu'on analyse les récoltes, on y constate une remarquable relation entre les produits azotés et l'acide phosphorique. M. Mayer (1) a analysé 10 échantillons d'avoine,
10 échantillons d'orge, 10 échantillons de froment et 10
échantillons de seigle, cultivés sur des terrains distincts ; il
a dosé avec soin l'azote et l'acide phosphorique de ces
produits agricoles; il a constaté une fois de plus :

____

(1) *Annalen der Chimie und Pharmacie.* — Tome CI, pag. 129. (nouvelle série, tome XXV), février 1857.

1° Que les oscillations qu'on remarque entre les proportions d'azote et d'acide phosphorique, sont comprises dans des limites très restreintes ;

2° Qu'il en est de même — au moins quant à ces semences — pour la quotité de cendres ;

3° Qu'il existe une relation remarquable entre les matières albuminoïdes et l'acide phosphorique que renferment les graines. A une augmentation dans la proportion de l'acide phosphorique correspond une augmentation dans la proportion des matières albuminoïdes. On peut donc admettre que la formation des matières albuminoïdes dans les graines est subordonnée à l'existence des phosphates ;

4° Ce rapport diffère pour chaque matière albuminoïde. Les graines des légumineuses qui renferment principalement de l'albumine soluble et de la légumine, contiennent, pour la même proportion d'acide phosphorique, une fois et demie à deux fois plus d'azote que les graines de céréales qui sont spécialement riches en gluten ;

5° Lorsque l'une des substances protéiques est remplacée par une autre, dans les semences de la même espèce et de la même variété, le rapport de l'acide phosphorique à l'azote se modifie par cela même.

Ce dernier fait, Messieurs, avait été déjà formulé par M. Milon. Récemment et d'une manière plus générale, M. Boussingault a prouvé surabondamment, par de nombreuses expériences, que, dans l'action combinée de l'azote *assimilable* et des phosphates, était résumé le grand problème de la végétation féconde. Azote et phosphates terreux, avait dit de son côté M. Dumas pour résumer les données de cette question ; et s'il m'était permis d'associer le nom d'un obscur pionnier de la science à ceux de ces maîtres illustres, je vous rappellerais ce que je vous

disais en 1856 (1) : « A côté des usines où la chimie
» extrait et condense les combinaisons ammoniacales,
» la génération qui s'élève verra construire d'autres usines
» où l'acide phosphorique, que la nature a déposé dans
» certaines régions géologiques, sera approprié aux besoins
» d'une agriculture perfectionnée. »

Ce qui me donne toute confiance en émettant ces propositions, c'est que je parle à un auditoire convaincu d'avance. Tous, Messieurs, vous avez été témoins des résultats admirables que, depuis tantôt quarante ans, l'emploi sagement compris du noir animal, c'est-à-dire de l'acide phosphorique uni à l'azote, peut réaliser dans l'agriculture des terrains granitiques et schisteux.

Nous arrivons, Messieurs, à comprendre l'utilité des engrais, c'est-à-dire la nécessité de rendre au sol, avec le plus grand soin, les matières qui en ont été extraites par la végétation et qui doivent y revenir. Non-seulement les engrais répartiront dans la terre arable les principes minéraux désormais très divisés et très assimilables, mais ils lui fourniront sous un petit volume les aliments atmosphériques solidifiés par l'organisation, et amenés par elle à l'état le plus favorable pour qu'une organisation nouvelle se manifeste. Détritus végétaux ou animaux, pailles ou chairs, feuilles ou excréments, cendres ou ossements, voilà des engrais dont une agriculture barbare peut seule méconnaître l'action.

Je comprends jusqu'à un certain point qu'on établisse une distinction entre les engrais qui sont les débris de l'organisme et ceux qui appartiennent encore à la nature minérale. Le phosphate de chaux des os a, par exemple, des propriétés physiques qui le différencient du phosphate chimiquement

____

(1) *Le noir animal*, pag. 78.

identique , dont certains terrains nous offrent le gisement.
Ici l'industrie des engrais intervient pour modifier l'état
d'agrégation de la substance minérale destinée aux besoins
agricoles et , soit par les moyens physiques , soit par les
affinités chimiques, la transforme profondément. Que la
chaux, les marnes, les sels ammoniacaux , les apatites soient
considérés comme des engrais d'une catégorie spéciale, je
le comprends à certains points de vue , mais je ne vais pas
jusqu'à admettre que du fumier de ferme ou des terreaux,
parce qu'ils sont en général obtenus par l'agriculteur et
sur la ferme , soient des engrais au profit desquels le mot
naturel soit monopolisé , tandis que les résidus de laine,
cornes , crins , sang, peaux et tendons , les poudrettes, les
déchets osseux et les résidus à base d'os et de sang sortis
des raffineries , seront classés sous l'empire d'une illégitime
méfiance parmi les engrais *artificiels*. Ce que je comprends
et ce que je ne saurais exprimer avec trop de netteté , c'est
qu'une population qui se bornerait à recueillir du fumier
tandis qu'elle laisserait exporter les excréments et tous les
débris dont je viens de parler, arriverait nécessairement à
épuiser son sol arable.

Je me permettrai , Messieurs, de rappeler à cette
occasion les paroles que j'avais naguère l'honneur de prononcer dans une séance solennelle du Comice agricole de
Nort, c'est-à-dire sur un terrain où les engrais prétendus
artificiels ont rendu de si grands services : « L'Association
bretonne, disais-je , a constaté, il y a quelques années, que
25,000 hectares ont été défrichés de 1822 à 1848 dans la
Loire-Inférieure, et qu'à cette dernière époque, 100,000
hectares attendaient encore la conquête du laboureur (1).

(1) Dans le département d'Ille-et-Vilaine, la superficie des terres incultes,
en 1852, était de 98,832 hectares. Il a été défriché , depuis cette époque,
plus de 20,000 hectares dans le seul arrondissement de Redon.

(*Rapport du Préfet d'Ille-et-Vilaine*, session de 1860.)

Or, si ces défrichements ont été possibles, si des cantons entiers ont changé d'aspèct comme par enchantement, si des terres en rapport ont remplacé des landes stériles, c'est surtout au noir animal qu'il faut l'attribuer. A l'heure où je parle, ce n'est plus seulement aux environs de Nantes, ce n'est plus seulement en Bretagne que le noir est recherché pour la fécondation du sol ; et, dans tous les départements de l'Ouest et du Centre où l'activité productrice a déclaré la guerre aux landes et aux bruyères, les demandes de noir sont telles que sa production devient insuffisante. Je jette les yeux autour de moi et je n'aperçois dans ce canton que des terres enrichies par le noir animal. Habiles à l'employer, beaucoup d'entre vous ont obtenu des récoltes que leurs aïeux n'eussent point osé espérer. Séduits par une fausse économie, d'autres ont eu des mécomptes, et cependant pas une voix ne s'élèverait parmi vous pour nier la précieuse action d'un engrais qui signifie : Récolte pour le sol et bien-être pour le laboureur....

» .... Attachez-vous, disait un célèbre agriculteur de l'antiquité, à faire un gros tas de fumier. Rien de mieux. Mais où prendre celui qui serait nécessaire aux 900,000 hectares de landes de notre Bretagne actuelle ? Est-ce aux vieilles terres, qui en ont à peine assez pour elles ? Et, d'ailleurs, on ne transporte pas à bas prix — vous le savez. — De ce côté donc, pas de solution satisfaisante au grave problème dela mise en rapport de la lande. Avec le noir animal, au contraire, ce qui paraissait impossible devient facile, et c'est ainsi qu'une grande partie de l'arrondissement de Château-briant serait méconnaissable pour celui qui, l'ayant parcouru il y a trente ans, admirerait aujourd'hui ses belles cultures.

» Les plantes, les animaux naissent sur le sol de la ferme, s'accroissent aux dépens de la terre et de l'air. Or, la Providence a voulu que ce qui vient de l'air y retourne, et que ce qui vient du sol y retourne également. Les os des animaux mis en poudre ou carbonisés par l'action du feu, doivent par conséquent revenir nécessairement au sol dont ils proviennent. Le noir animal n'est donc pas un engrais *artificiel,* mais *naturel* au premier chef : c'est un débris, un fumier animal, fertilisant et indispensable au même titre que le débris, que le fumier des plantes est fertilisant et indispensable lui-même.

» J'en dirai autant des poudrettes, du sang, des cornes, des chiffons de laine, des produits d'équarrissage et des mélanges de ces substances que l'industrie prépare aujourd'hui sur une si vaste échelle ; j'en dirai autant, enfin, de ce guano si recherché, malgré son prix élevé, et dont la France ne reçoit que le vingtième environ de la consommation de l'Angleterre.

» Sachez-le bien, disais-je alors, et dois-je répéter en ce moment : l'agriculture sérieuse — et je ne parle pas de celle qui expose à grands frais des animaux ou des produits exceptionnels, mais bien de celle qui compte et qui encaisse, — l'agriculture sérieuse n'est ni exclusive (elle a trop d'expérience), ni faiseuse de systèmes (elle n'en a pas le temps) ; elle apporte un égal soin *au traitement de ses fumiers, à la conservation de ses débris animaux et à l'achat des engrais industriels.* Ne craignez pas qu'elle ait jamais à s'en repentir. »

Vous m'aurez pardonné, Messieurs, cette digression ; elle était nécessaire, en effet, au moment où nous allons apprécier ensemble le rôle et la nature des engrais.

Avant d'entrer dans l'étude technique des engrais, j'ai à cœur, Messieurs, de faire table rase de certaines erreurs longtemps accréditées et de déblayer le terrain où vont s'effectuer nos investigations.

Un engrais est un aliment, une nourriture. Que cet aliment puisse et doive varier selon la végétation , la nature du sol ou le climat , chacun l'accordera; mais la science est-elle tellement instruite de son action — je_devrais dire de ses actions diverses sur la plante — qu'elle puisse spécifier hardiment et dire : ceci est un *amendement* , ceci un *stimulant* , ceci un *engrais* proprement dit ? Il me semble entendre un physiologiste déclarer que le vin de Bordeaux n'agit que par son tannin , le pain par sa matière azotée , le lait par son sucre , ou un médecin admettre que la quinine est l'expression matérielle et exacte dans laquelle se résume toute la vertu du quinquina. -

Méfions-nous, Messieurs, de ces témérités, qui sont une injure à l'esprit d'observation. Reconnaissons une fois pour toutes que là ou l'action est complexe , il faut se borner à des définitions générales. Appelons engrais ou nourriture tout ce qui , à des titres divers , engraisse ou nourrit la récolte, et reconnaissons que le même engrais qui, aujourd'hui , près de Nantes, agit surtout par son acide phosphorique , demain , dans les environs de Saumur , agira par ses principes azotés. Lorsque nous voudrons désigner des substances apportant au sol des modifications purement physiques , nous pourrons alors employer le mot *amendement*. Nous dirons ainsi que des cailloux amendent un sol trop compacte , que de l'argile amende un sol trop caillouteux. Toute notre nomenclature se bornera là.

Nous voici , Messieurs , bien d'accord sur les mots — c'est quelque chose — arrivons aux faits, et bien que cela semble en vérité superflu , laissez-moi consacrer quelques instants à vous parler de l'utilité des engrais.

Personne ne nie hautement cette utilité , mais beaucoup agissent comme s'ils avaient une confiance fort exagérée dans l'inépuisable fécondité du sol. Scientifiquement , j'ai déjà déduit les faits qui démontrent l'absurdité de cette confiance. En pratique , la tâche me sera plus facile encore. Les faits abondent , j'y puiserai.

Revenons à Grand-Jouan , où déjà je vous ai conduits pour vous faire apprécier l'importance des labours profonds , et laissons parler l'habile directeur de l'Ecole impériale d'agriculture de la région.

« Le sol des landes, nous dira M. Rieffel (1), est la véritable pierre de touche des engrais, et, sur ce sol, quelle que soit la saison, le sarrasin vient toujours, un peu plus , un peu moins, mais il vient, si l'engrais a quelque énergie. Si l'engrais est impuissant, il ne vient rien. Aucune autre récolte n'offre ici une pareille certitude devant les intempéries, et surtout en face d'une sécheresse semblable à celle qui nous a accablés pendant l'année 1842.

» Je prends donc une lande dépourvue de calcaire, qui n'a jamais porté de récolte, dans laquelle on n'a jamais déposé aucun engrais, j'y sème du sarrasin pour traverser l'été qui peut être sans pluie aucune. Je sème ensuite, en contre-épreuve, une céréale pour passer l'hiver, où il y a toujours des pluies. L'engrais se trouve ainsi soumis à deux épreuves, avec ou sans humidité, et la valeur réelle d'un engrais est constatée irrévocablement, et mieux qu'aucune analyse chimique ne pourrait le faire.

» La nature du sol des landes, dans la situation où je prends le champ d'expérience, est telle que si l'on y sème sans engrais une récolte quelconque d'été ou d'hiver, on n'obtient rien. Ainsi, je pars de zéro, et le produit est toujours en raison de la puissance de l'engrais et de la quantité appliquée. Cette propriété négative du sol des landes, à son origine, m'a servi à rectifier bien des analyses chimiques, des raisonnements erronés , que la terre arable

____

(1) *Agriculture de l'Ouest* , tome 3 , page 3. 1844.

ordinaire ne pouvait éclaircir. Toute terre arable depuis longtemps en culture, contient toujours de l'humus soluble, et plus ou moins de richesse accumulée. Rien de tout cela n'existe sur le sol des landes. On s'est souvent demandé alors d'où provenait l'infertilité du sol des landes ; mais la terre des landes n'est pas infertile, elle est inféconde, non fécondée. Elle renferme en abondance des matières organiques végétales ; mais ces matières ne sont pas solubles : des vues providentielles de conservation les maintiennent à l'état de fermentation acide, impropre à la végétation. Si nous voulons nous servir de ces matières, il faut les rendre solubles ; car point de production agricole possible, sans engrais solubles. »

Et plus loin :

« Les faits, des faits répétés et observés pendant quatorze années consécutives, me préteront ici toute la puissance de leur logique. En vain vous répandrez de la semence en grande quantité sur le sol non fécondé immédiatement par l'engrais, ou, à la longue, par les influences atmosphériques, la semence ne se reproduira point, même avec un travail perfectionné. Voici ce qui arrive sur la terre inféconde : la semence des végétaux agricoles, sous l'influence de l'air, de la chaleur et de l'humidité, germe ; la radicule s'enfonce, la plumule sort de terre, chétive, et peu de temps après tout a disparu. Si l'on approche quelque engrais pulvérulent, promptement soluble, auprès de quelques-uns de ces germes, ils verdissent, ils végètent, ils prennent leur essor, ils partent seuls, et tous les autres meurent. C'est une bande d'enfants en nourrice, dont on ne sauverait absolument que ceux auxquels on présenterait à boire. »

M. Rieffel, à l'appui des raisonnements que je viens de relater, cite les chiffres suivants, qui donnent une idée exacte du rôle de l'engrais dans les landes de Bretagne :

Engrais employé.	Grain nettoyé obtenu.		Rapp¹ de l'engrais au grain.		
	hect.	litr.	kil.	hect.	litr.
12 hectol. de guano par hectare ont fourni......................................	30	55	100	2	82
12 hectol. de noir de raffinerie (1), ont fourni......................................	25	»	100	2	31
20.000 kilog. fumier de ferme, ont fourni......................................	13	88	100	0	07
24 hectol. engrais animal composé, ont fourni......................................	1	38	100	0	28
Pas d'engrais (*aération énergique du sol*)......................................	Rien.		»	»	»

Ne cherchez pas, Messieurs, à trouver dans ces chiffrés une expression de la valeur comparative des engrais, car cette valeur ne peut être représentée que par les résultats de plusieurs récoltes consécutives ; remarquez seulement l'action énergique d'un sol fumé, comparativement à la stérilité d'une lande simplement fouillée par des moyens mécaniques. A quel prix la fertilité a-t-elle été obtenue dans ces essais ? Ce n'est pas encore le moment de nous en occuper. Mais poursuivons.

M. Rieffel, dont on ne saurait trop méditer les enseignements, a donné le compte suivant, où la culture avec engrais est bien caractérisée :

(1) Probablement à 60 °/₀ de phosphate de chaux et 15 millièmes d'azote.

Tableau des Récoltes proportionnelles.

N° 1. — *Sans engrais.*

Frais de culture.......	150ᶠ	Produit..............	»ᶠ
— généraux........	50	Perte...............	200
— de fumure.......	»		
Balance........	200	Balance.......	200

N° 2. — *Avec engrais.*

Frais de culture......	150ᶠ	Produit.............	300ᶠ
— généraux........	50		
— de fumure.......	50		
Bénéfice..............	50		
Balance........	300	Balance.......	300

N° 3. — *Augmentation d'engrais.*

Frais de culture......	150ᶠ	Produit.............	400ᶠ
— généraux........	50		
— de fumure.......	100		
Bénéfice..............	100		
Balance.......	400	Balance.......	400

L'enseignement à puiser dans ce tableau, c'est que tous les frais sont perdus si la terre n'est pas fumée. Sur une exploitation donnée, on peut dépenser 20,000 fr. en frais généraux et de culture, travailler beaucoup et n'avoir aucune récolte. Sur une autre exploitation, où l'on aura ajouté pour 5,000 fr. d'engrais aux 20,000 fr. des autres frais, on pourra obtenir des produits valant 30,000 fr. — Soit un bénéfice de 5,000 fr. — Augmenter les dépenses d'engrais, c'est donc accroître le revenu. Augmenter les dépenses générales et de culture sans engrais, c'est accroître les frais en pure perte.

La conclusion de M. Rieffel, la voici :

« En vain nous remuerons le sol de toutes les façons,

— dans nos terrains primitifs (1) — si nous négligeons les engrais, nous nous serons donné beaucoup de peine, de fatigues et de soucis, sans aucun profit immédiat. La question des engrais domine tout en agriculture. »

« S'il est vrai, dit enfin cet agronome avec une haute raison, qu'un système qui repose entièrement sur le travail des bras, sur la courbure pénible et incessante du dos de l'homme, ne lui laisse aucun repos physique ou moral, il est évident que son intelligence s'abrutit ; l'homme se fait machine. S'il est vrai, au contraire, que des systèmes peuvent être élaborés, où la nature, l'atmosphère, les abris et les animaux deviennent les premiers travailleurs matériels, ne serait-ce pas là un grand bienfait ? L'homme des champs, alors, jouissant de quelques loisirs, pourrait cultiver son intelligence, et, trouvant chaque jour dans le développement de ses facultés quelques ressources nouvelles pour dominer la matière, il demanderait sans fatigues à la nature les productions dont il a besoin. Alors aussi la carrière agricole serait abordée plus facilement par une foule d'hommes que repousse aujourd'hui notre travail abrutissant, travail que l'opinion générale s'imagine devoir être ainsi de toute nécessité. Les hommes qui pensent, les hommes studieux, deviendraient d'autant plus nombreux, que l'existence serait moins pénible ; et la culture deviendrait d'autant plus riche, que l'intelligence y prendrait plus de part. La profession agricole est, de nos jours, la seule où, pour apprécier un entrepreneur, on regarde ses mains, au lieu de consulter sa tête, son savoir : comme si les qualités morales n'avaient aucune valeur en agriculture, comme si le siége des facultés intellectuelles changeait de place sous la blouse. »

(1) Telle est du moins, selon nous, la pensée de M. Rieffel.

A. B.

Restreindre le travail et augmenter les engrais ; dimi-
-nuer le rôle des bras et augmenter celui du raisonnement :
telle est la thèse soutenue par M. Rieffel. Dieu merci,
l'époque actuelle et ses grands enseignements démontrent
avec évidence que l'agriculture de l'avenir est tout entière
dans l'application de ces vivifiants principes.

Un habile agriculteur, qui a beaucoup milité pour faire
prévaloir le système des cultures *intensives,* M. Lecouteux,
a démontré tout à la fois l'insuffisance ordinaire des engrais et les résultats commerciaux de leur emploi.

Les chiffres de M. Lecouteux sont éloquents :

**Prix de revient de l'hectolitre de blé sur des terres
inégalement fumées.**

Détail des frais par hectare	Doses des fumures absorbées.	
	12,000 kil. fr.	20,000 kil. fr.
Fumure.............................	96.	160
Semence (210 litres par hectare).........	42	42
Loyer et frais généraux.................	90	140
Travaux { Labours et hersages........... 36 / Échardonnage............... 3 / Fauchage, liage, endizelâge.... 20 / Rentrée.................... 7 / Mise en meules ou en granges.. 6 / Battage, soins au grenier..... 15 }	87	{ Labours et hersages 25 / Échardonnage 7 / Fauchage 11 / Rentrée 25 / Mise en meules 3 / Battage 45 } 116
Total des frais par hectare.....	315	458
Prix brut de revient de l'hectolitre.......	21 00	18 32
A chaque hectolitre se rattachent 180 kil. de paille valant 20 fr. le 1,000 ; soit à déduire	3 60	3 60
Prix de revient net de l'hectolitre........	17 40	14 72

. « Ainsi, premier fait à constater : la faible fumure produit le blé à raison de 17 fr. 40 l'hectol., tandis que la forte fumure le produit à raison de 14 fr. 72 seulement. Dès-lors, si le blé se vend 18 fr., chacun de nos deux hectares nous présentera les résultats financiers que voici :

Compte à l'hectare, l'un produisant 15 hectolitres et l'autre 25.	Doses des fumures absorbées.	
	12,000 kil.	20,000 kil.
Recettes { Grain...................... 270 } 324	450 } 540	
{ Paille...................... 54	90	
Dépenses...............................	315	458
Bénéfice par hectare...........	9	83
Intérêt réalisé sur les capitaux pour 100...	2 85	17 90

» Voilà, certes, deux agricultures bien distinctes : l'une qui, plaçant 313 fr. par hectare, réalise à peine 3 pour 100 de son capital engagé dans la production du blé ; l'autre qui, ne craignant pas de dépenser 458 fr. par hectare, parvient à obtenir près de 18 pour 100.

» En présence de ces deux résultats financiers, qui donc n'embrasserait pas d'un coup d'œil toute notre situation agricole ? qui donc ne comprendrait pas la détestable opération que font plusieurs cultivateurs, lorsque, possédés de l'ambition des grandeurs territoriales, ils prennent des fermes trop fortes pour leurs moyens d'action, et dispersent ainsi leurs travaux et leurs fumures, au lieu de les concentrer sur un plus petit nombre d'hectares bien fumés, bien labourés, bien cultivés enfin ?

» Ce qui se passe alors, le voici ; par comparaison avec ce qui devrait se passer sur une ferme où chaque hectare produirait 25 hectolitres de blé. Opérant de manière à n'obtenir, avec une dépense de 315 francs par hectare, qu'une récolte de 15 hectolitres, il est évident que, pour récolter 25 hectolitres, il faudrait emblaver en blé 166 ares. Soit, à raison de 315 fr. par hectare, une dépense de 522 fr.; ce qui mettrait à 20 fr. 88 le prix de revient de chacun des 25 hectolitres obtenus.

» Que prouve donc ce résultat, si ce n'est que l'agriculture qui opère avec parcimonie est celle qui, à produits égaux, *demande le plus de capital,* puisque, pour produire 25 hectolitres, elle a besoin de 522 fr., tandis que, pour obtenir cette même récolte, la culture *aux fortes avances* se contente de 458 fr.

» Quelle leçon dans ce rapprochement! et comme la puissance du capital apparaît ici dans toute sa supériorité! Brisons donc sur nos anciens préjugés et convenons, d'après tous ces chiffres, puisés à l'école des faits, que, dans les pays à débouchés et sur la plupart de nos fermes à grains, il n'y a qu'un bon système de culture; c'est celui qui fume le sol au maximum et qui lui consacre tous les travaux que comportent les fortes fumures. Ce système-là est, dans ces conditions, le seul qui soit vraiment productif; le seul qui obtienne, au meilleur marché, toute la somme de produits que puisse fournir le sol; le seul qui puisse nous préserver des crises alimentaires; le seul qui puisse améliorer la situation des ouvriers dans nos campagnes; le seul qui puisse faire regarder l'agriculture comme la base d'un placement lucratif pour les capitaux. »

Voulez-vous d'autres témoignages ?

Ils abondent. Voici tout d'abord celui de M. Bisson de la Brunerie (Indre). Cet agriculteur déclare que, toutes choses égales d'ailleurs, une fumure de 20,000 kilog. en six ans fait revenir l'hectolitre de froment à 20 fr. 23 c.; de

30,000 kilog., à 16 fr.; de 50,000 kilog., à 14 fr. 50 c. ;
de 60,000 kilog., à 13 fr. 50 c. (1).

Dans un livre plein de données utiles, M. Rohart,
envisageant au point de vue de l'économie politique l'influence des engrais sur l'agriculture, a résumé les documents propres à établir que cette agriculture française
supposée florissante ne produit que la moitié environ des
fumiers qui lui seraient nécessaires. L'industrie des engrais
dits artificiels a pour but de combler le déficit. Or, malgré
ses efforts et sa production, il y a encore un large vide
à combler, et les économistes établissent (2) que de 1836
à 1856, un milliard a été dépensé par la France pour
importer sur son territoire des grains, farineux et matières
alimentaires (3). Vous voyez, Messieurs, ce que l'industrie
des engrais est appelée à réaliser.

Cette vérité, du reste, est aujourd'hui comprise, les
efforts se multiplient, la science en féconde les résultats,
l'agriculture en profite.

En l'année 1700, la France, selon M. H. Passy (4),
produisait 92 millions d'hectolitres de grains avec 11 millions d'hectares. En 1840, 14 millions d'hectares donnaient
180 millions d'hectolitres. Si nous en défalquons les semences,
nous trouvons qu'il restait disponible, par tête, pour la
consommation, en 1700, 354 litres ; en 1840, 457 litres,
et cependant la population s'était accrue de 19 millions
500,000 à 35 millions. Voilà pour le passé ; voilà pour les
progrès réalisés par les bonnes méthodes d'assolement, de
labourage, d'ensemencement, etc. Ajoutons, avec Mathieu

---

(1) *Journal d'Agriculture pratique*, 1857, 2ᵉ semestre, pag. 314.
(2) *Guide de la fabrication économique des engrais* (1858), pag. 30.
(3) A vrai dire une portion de ces substances est réexportée.
(4) *Annuaire de l'Économie politique*. 1849.

de Dombasle, pour caractériser les améliorations possibles de l'avenir, que chaque kilogramme de pain représente en France 8 centimes d'engrais, et que si ce chiffre était réduit de moitié, la France ferait par année un bénéfice de près de 300 millions.

Il y a environ quarante ans, un chargement de noir animal résidu de raffinerie fut importé de Bordeaux à Nantes, et ne fut vendu qu'avec beaucoup de peine et en détail. Aujourd'hui, notre port reçoit les résidus de raffinerie et de sucrerie du monde entier, et l'agriculture les recherche avec un remarquable empressement, au prix de 10 à 20 fr. l'hectolitre. Le guano péruvien valait dans l'origine 22 fr.; on se l'arrache littéralement au prix de 35 fr. Les résidus osseux de la fabrication de la gélatine, les déchets de boutonnerie, les marcs de colles, les débris de corne et de laine, tout est aujourd'hui utilisé avec une remarquable intelligence. Les phosphates fossiles du *grès vert* sont laborieusement extraits, et les phosphorites de l'Estramadure n'attendent que l'achèvement des voies ferrées de la péninsule pour arriver sur nos marchés.

Parlerai-je de la question des vidanges ? Ici il y a bien à faire encore et nos fleuves emportent à la mer d'énormes quantités de matières fertilisantes au grand détriment de la richesse publique. A Nantes seulement 30 millions de kilog. de substance active sont ainsi perdus annuellement. Les idées toutefois sont dirigées vers ce grand problème et l'édilité parisienne qui, depuis quelques années surtout, a réalisé de si grandes choses, cherche une grande et radicale solution à la question des vidanges. La masse totale des matières produites à Paris était vendue 66,000 fr. dans l'origine, puis 165,000 fr. en 1842; en 1860, elle trouvait acheteur à 505,000 fr.; avant vingt ans, les conquêtes de la science permettront, je n'en doute pas, de rendre au sol tout ce qui doit y retourner. Je ne crois pas m'abuser, Messieurs, car en ce moment même, un ingénieur en chef des ponts et chaussées, M. Mille, après avoir étudié avec le plus grand soin, les magnifiques prairies de la Haute-Italie, qui fournissent huit coupes, soit 54,000 kilog. de ray-grass et de trèfle par hectare, à l'aide des irrigations par les eaux d'égoût, propose au Préfet de la Seine (1), l'application d'un système identique pour utiliser les eaux du grand égoût d'Asnières. La belle idée développée par M. Mille consiste à réaliser par le barrage de la Seine à Asnières, une force de 2,400 chevaux et à employer une partie de cette force, pour élever aux plateaux de la Beauce et de la Brie les eaux d'égoût et les produits liquides de toute la vidange de Paris. C'est l'œuvre créée dans le Milanais (2) par les Visconti et les Sforza, les Saint-Bernard et les Léonard de Vinci, qui recevrait en France une application nouvelle et mettrait fin au plus triste des gaspillages.

En agriculture, l'avenir est donc à ce grand système dont M. Rieffel et tous les esprits élevés ont prophétisé l'avénement : celui de l'intelligence. La chimie, la zootechnie et la mécanique en sont les points d'appui. Production d'engrais, amélioration des races, substitution

---

(1) Rapport à M. le Préfet de la Seine, sur les prairies à marcites, du Milanais. 1862.

(2) Les marcites italiennes sont des prairies irriguées de la manière la plus savante, à l'aide des eaux d'égoût convenablement diluées. Ces eaux représentent 20 millig. par litre, soit 1/50ᵉ de kilog. par mètre cube, en matière organique transportée ; tandis que les liquides d'Asnières renferment une moyenne d'au moins 500 millig., c'est-à-dire 1/2 kilog. par mètre cube de principes utiles. Ces liquides sont tellement chargés, qu'il faudrait, pour les amener au titre reconnu convenable à Milan, les amener à la vingt-cinquième dilution.

MILLE, *loc. cital.*

des engins mécaniques aux bras de l'homme ; voilà la grande trilogie du progrès moderne. Aveugles ceux qui la méconnaissent.

Puisque je vais désormais, Messieurs, vous parler spécialement des engrais, je résumerai en quelques mots la marche que je crois devoir suivre pour cette étude. Cette marche aura l'avantage de coordonner dans un même programme les nécessités révélées par la géologie agricole et les analogies de composition correspondant à des valeurs commerciales sensiblement proportionnelles.

1° ENGRAIS PHOSPHATÉS dont la richesse en phosphates assimilables représente surtout la valeur.

Os bruts et acidifiés. — Résidus osseux de l'extraction de la gélatine. — Phosphate de chaux précipité de ses dissolutions. — Noir animal. — Phosphates fossiles et coprolithes. — Apatite et phosphorite. — Phospho-guanos (1).

2° ENGRAIS AZOTÉS dont la richesse en azote assimilable représente surtout la valeur.

Chair. — Sang. — Débris de poissons. — Déchets d'abattoirs. — Déchets de cuirs. — Laines. — Cornes. — Crins. — Sels ammoniacaux. — Nitrates.

3° ENGRAIS MIXTES dont l'association des phosphates et de l'azote assimilables représente surtout la valeur.

Fumier. — Matières fécales. — Boues et liquides d'égoût. — Nitro-guanos. — Guanos artificiels.

4° ENGRAIS CALCAIRES dont la richesse en chaux représente surtout la valeur.

Chaux vive. — Marne. — Tangue. — Coquilles. — Sables calcaires. — Charrées.

(1) Je désignerai sous le nom de *phospho-guanos* les guanos riches en phosphates et j'appellerai *nitro-guanos* les guanos riches en azote ou nitrogène

Cette classification peut, certes, soulever des objections, et telle substance comme le noir animal fertilisera tout à la fois comme engrais phosphaté et comme engrais azoté. D'autre part, un noir de clarification contenant 60 % de phosphates terreux et 2 % d'azote, qui agira, par son acide phosphorique, sur un sol primitif, pourra bien agir par son azote sur un sol tertiaire; je le reconnais tout le premier. Il ne faut donc accepter ces grandes divisions, qu'en se plaçant au point de vue de la pratique agricole et de l'analyse chimique. L'action complexe des engrais rendrait au surplus toute classification impossible, si l'on voulait se placer sur le terrain de l'absolu. Permettez-moi d'ajouter que si j'ai essayé de vous mettre en garde contre ces vaines dénominations de *stimulants, amendements, engrais,* etc., dont la science a fait justice, je serais peu conséquent en vous proposant à mon tour une nomenclature ayant la prétention de condenser en quelques mots des phénomènes multiples et souvent obscurs. Vous ne donnerez donc, Messieurs, aux expressions *engrais azotés, engrais phosphatés,* etc., que le sens tout général que je leur attribue ici.

Un mot encore et j'ai fini. Vous pouvez facilement reconnaître, sur une carte géologique, les terrains où il y aura lieu d'employer de préférence les engrais de telle ou telle catégorie (1). Dans les sols granitiques et

(1) Les formations géologiques de la France correspondent aux surfaces suivantes :

Terrains d'alluvion	520.000 hectares.
Roches volcaniques	520.000
Terrains tertiaires	15.600.000
Terrains crétacés	6.240.000
Terrains jurassiques	10.400.000
Terrains triasiques et pennéens	2.600.000

schisteux, appartenant aux formations primitives et de transition, les *engrais phosphatés* sont particulièrement recherchés. Dans les terrains secondaires et tertiaires, ils n'agissent guère que sur les sols récemment défrichés. Le sol est-il calcaire et peu exploité, les *engrais azotés* donnent de bons résultats. La terre a-t-elle été épuisée par un grand nombre de récoltes, l'agriculteur a recours aux *engrais mixtes*.

Voilà, Messieurs, des faits peu contestables, dont les données géologiques, l'analyse chimique et les errements commerciaux s'accordent à fournir la démonstration.

Cette triple affirmation doit nous suffire.

Porphyres et terres carbonifères...	520.000
Terrains de transition...........	5.200.000
Terrains primitifs..............	10.400.000

Quinze millions d'hectares environ comportent l'emploi d'engrais riches en phosphates.

Chose assez remarquable, si on teintait sur une carte de France les régions où réussissent les engrais riches en phosphates et les engrais azotés, on aurait déterminé du même coup les grandes divisions géologiques. Avant que le réseau ferré n'eût ébauché sa grande œuvre de diffusion intellectuelle, on eût pu sur cette carte représenter du même coup le progrès des connaissances générales. Les lignes suivantes, empruntées à Cuvier (1), généralisent cette pensée :

« Dans les pays où les lois, le langage sont les mêmes, un voyageur exercé devine par les habitudes du peuple, par les apparences de ses demeures, de ses vêtements, la constitution du sol de chaque canton, comme d'après cette constitution, le minéralogiste philosophe devine les mœurs et le degré d'aisance et d'instruction. Nos départements granitiques produisent sur tous les usages de la vie humaine, d'autres effets que les calcaires. On ne se logera, on ne se nourrira, le peuple, on peut le dire, ne pensera jamais en Limousin ou en Basse-Bretagne comme en Champagne ou en Normandie. Il n'est pas jusqu'aux résultats de la conscription qui n'aient été différents et différents d'une manière fixe sur les différents sols. »

(1) Eloge de Werner.

HUITIÈME LEÇON.

Migration du phosphore. — Doses de phosphore contenues dans divers végétaux. — Localisation du phosphore. — Le phosphore dans les roches, dans
le sol arable. — Rôle physiologique du phosphore. — Variabilité dans la
valeur du phosphate des engrais. — Influence des régions. — Influence de
l'état physique du phosphate. — La lévigation ne donne pas l'indice de la
solubilité.— Véritable rôle de l'analyse chimique considérée comme propre à
éclairer l'agriculture sur la valeur des engrais.

MESSIEURS,

Avant d'examiner la composition et le rôle des principaux engrais riches en phosphates, j'essaierai de vous
donner une idée exacte des phénomènes naturels dans
lesquels intervient le phosphore sous ses divers états de
combinaison.

L'incinération des animaux ou des végétaux nous fournit
des résidus qui renferment toujours de l'acide phosphorique.
La présence invariable de ce principe dans les cendres
permet de dire que les idées d'organisation et de présence
du phosphore sont inséparables l'une de l'autre. Ce qu'il
faut toutefois constater, c'est que beaucoup d'analyses de
roches, de terrains de sédiment, de terres arables même
ne font pas mention des phosphates. C'est cependant à
la terre que les végétaux et par suite les animaux,
ont dû emprunter l'acide phosphorique : la terre doit
donc *à priori* nous apparaître comme un véritable réservoir de phosphore. Quelques mots sont nécessaires à cet
égard.

Un éminent géologue, auteur d'un remarquable

travail sur les *Gisements géologiques du Phosphore*
— M. Elie de Beaumont — a dit avec raison que ce corps
n'avait pas été créé pour l'agrément des chimistes. Cela,
Messieurs, est parfaitement vrai. Par sa facilité à échapper
à l'action des réactifs ou à s'engager dans des combinaisons
complexes qui masquent ses caractères, le phosphore, à
très petite dose surtout, a été longtemps négligé par les
savants. Je ne doute pas que la révision des nombreuses
analyses de sols qui ont été publiées depuis cinquante ans
n'en puisse donner la preuve. Depuis quelques années, la
chimie analytique a fait de grands progrès sous ce rapport,
et l'emploi de certains réactifs, tels que le molybdate
d'ammoniaque, l'azotate de bismuth, etc., permet de poursuivre et d'atteindre, dans les minerais, les argiles ou
les marnes, des traces extrêmement minimes d'acide phosphorique qu'on n'avait signalées jusqu'à ces derniers
temps qu'avec une grande difficulté.

Je vous parlais récemment, Messieurs, des migrations
d'une bulle d'air, et je vous retraçais ces curieux phénomènes de condensation, sous l'influence desquels la molécule d'azote s'appelle successivement ammoniaque ou acide
azotique, puis organisme végétal, puis enfin fibre musculaire. Les migrations de la molécule de phosphore ne
sont pas moins intéressantes pour le naturaliste ou
l'agriculteur. Essayons de les saisir et de les retracer en
partant des origines premières de l'acide phosphorique, c'est-
à-dire de l'existence de ce corps dans les roches primitives
et cristallisées.

L'analyse de ces roches, des gîtes métallifères qu'elles
recèlent, a récemment prouvé que, presque toujours,
l'acide phosphorique est un de leurs éléments constitutifs.
Associé à la chaux, aux oxydes de fer, de manganèse,
de plomb, de cuivre, etc., ce corps se révèle presque

constamment au chimiste exercé qui en fait une recherche spéciale. Ses proportions sont le plus souvent très minimes, mais qu'importe ; les végétaux n'ont-ils pas une merveilleuse faculté pour dégager du sol les principes nécessaires à leur développement ?

Et remarquez, Messieurs, comme tout va s'enchaîner pour nous expliquer la diffusion de l'acide phosphorique dans nos cultures. Reportons-nous par l'imagination à l'origine des choses, à ces grands phénomènes naturels, dont toutes les traditions, d'accord en cela avec la géologie, nous révèlent les gigantesques phases. Les roches ignées renferment de l'acide phosphorique. La désagrégation de ces roches, sous les influences combinées des eaux, de l'air, de la température et de l'acide carbonique, favorisent bientôt la division physique des masses. La végétation se développe, vivace, luxuriante, immense, accumulant tout à la fois en elle et le carbone de l'atmosphère qu'elle doit rendre sous forme de houille à de lointaines générations, et les phosphates que ses organes plongés dans un sol vierge s'assimilent, pour les abandonner un jour extrêmement divisés à la surface du sol. Et comme moyen énergique, actif, incessant de cette providentielle répartition, survient le règne animal et sa puissance de condensation des principes riches en azote et en phosphore. C'est alors la végétation qui subvient aux besoins alimentaires d'individus nouveaux : les phosphates revêtent de nouvelles formes. La molécule d'acide phosphorique n'est plus la portion inerte et cristalline de la roche ignée ; ce n'est plus la charpente minérale de la plante, c'est la substance osseuse de l'animal : que dis-je, c'est tout à la fois son squelette et sa chair, sa fibre nerveuse et son être tout entier. N'ai-je pas déjà avancé que les idées d'organisme et de phosphore sont inséparables l'une de l'autre ?

M. Corenwinder a consacré d'intéressantes recherches (1) à suivre le phosphore dans les plantes et à constater, le réactif à la main, sa localisation à telle ou telle époque de la végétation. Des faits intéressants ont été mis en lumière par ce chimiste, et j'en mentionnerai quelques-uns. Tout d'abord je vous citerai des chiffres.

GRAINES qui ont DONNÉ LES CENDRES.	PROPORTION d'acide phosphorique contenue dans les cendres (en centièmes.)	NOMS des OBSERVATEURS.
Maïs.................	50,1	Letellier.
Froment.............	47,0	Boussingault.
Froment.............	24,1	Erdmann.
Colza...............	46,0	Rammelsberg.
Pois................	40,6	Id.
Pois................	30,1	Boussingault.
Lin.................	40,1	Leucht-Weiss.
Orge................	38,5	Kœchlin.
Orge................	16,7	Erdmann.
Fèves...............	37,9	Bichon.
Fèves...............	34,2	Boussingault.
Pavot...............	37,8	Sacc.
Moutarde noire......	35,5	Leuch-Weiss.
Trèfle rouge........	33,9	Boussingault.
Cacao...............	29,6	Letellier.
Haricots............	26,8	Boussingault.
Cocottier (albumen)..	24,9	Corenwinder.
Millet..............	18,2	Poleck.
Abrus præcatorius...	16,9	Corenwinder.
Avoine..............	14,9	Boussingault.
Anacarde (cotylédons)	13,3	Corenwinder.
Anacarde (péricarpe).	11,4	Id.
Café................	12,3	Letellier.
Betteraves..........	11,9	Corenwinder.

(1) *Annales de Chimie et de Physique*, Septembre 1860

Si ce tableau nous apprend que les observateurs ne sont pas d'accord sur la proportion d'acide phosphorique trouvée dans la même espèce de graine , il n'est pas nécessaire de suspecter l'exactitude des analyses pour l'expliquer. D'après les recherches de M. Corenwinder, cette proportion peut varier selon les terrains et les engrais. Elle peut être influencée surtout par le degré de maturité des graines (1).

Et, en effet, Messieurs, l'analyse des racines, des tiges et des fruits, prouve que le phosphore , dont la destination est d'ordre supérieur, se trouve surtout dans les organes naissants , où il concourt à l'organisation. Il diminue proportionnellement dans la racine ; ainsi la racine de la betterave ne contient plus de phosphore après la maturité des graines. Saussure, et plus tard (en 1859), M. Garreau, professeur de botanique à Lille, avaient signalé déjà ce fait important que les feuilles d'un arbre donnent, au sortir du bouton, des cendres plus riches en phosphates qu'à toutes les autres époques de la végétation.

M. Corenwinder a démontré d'une manière générale que les tissus des plantes dont la végétation est accomplie ne renferment en matières minérales que des sels alcalins, des nitrates, des chlorures, du fer et surtout de la silice et de la chaux. L'élément phosphoré ne fait que traverser les tissus sans s'y fixer. C'est dans la graine qu'on le retrouvera. Ce chimiste a prouvé, d'autre part, que les matières excrétées par les végétaux — manne — gomme arabique — ne renferment pas de phosphore. Enfin , le même savant a établi que dans le pollen des fleurs il y a une quantité considérable de phosphore organisé, qu'on trouve à l'état d'acide phosphorique dans les cendres de

(1) *De la migration du Phosphore* , 1862.

ces petits organes. Sous ce rapport, le pollen est analogue à la liqueur séminale.

En résumé, le phosphore existait à l'origine des choses dans les *roches primitives ;* il est devenu plus assimilable en raison de sa répartition dans les *terrains de transition et de sédiment ;* les végétaux s'en sont emparés ; puis l'ont cédé aux animaux ; et ce tableau, Messieurs, vous l'avez chaque jour sous les yeux, lorsque vous suivez d'un œil attentif les pratiques agricoles de la Bretagne et de l'Auvergne. Il va prendre une couleur plus saisissante peut-être lorsque ses données seront nettement déterminées par des chiffres.

Après vous avoir démontré l'*existence* du phosphore dans le sol, les végétaux et les animaux, je dois vous parler de la *quantité* de l'acide phosphorique, eu égard à ces différents milieux.

La fertilité de certains terrains est désormais expliquée, grâce aux habiles et minutieuses investigations de la chimie analytique. Vous savez, Messieurs, que les noirs d'os et les phosphates de chaux d'origines diverses, qui font merveille sur les sols primitifs et de transition, sont relativement sans action sur les terrains calcaires, où réussissent, par contre, les engrais azotés. Or, tandis que les terrains primitifs et de transition contiennent peu de phosphates, *tandis que ces phosphates sont fortement agrégés,* au contraire, les marnes, les calcaires tertiaires nous les offrent en proportion assez forte et à un état très favorable à l'assimilation. Tout s'explique dès-lors pour l'observateur. Je puis vous soumettre, au surplus, quelques chiffres significatifs.

M. Elie de Beaumont, dans le remarquable mémoire que j'ai cité tout à l'heure, raconté ce qui suit :

Vers l'époque où des agronomes anglais faisaient explo-

rer les gisements de phosphates de chaux dans l'Estramadure par MM. Daubeny et Widdrington, on reconnut, dans
le Surrey, que l'emploi des os pulvérisés et d'autres matières riches en acide phosphorique né procurait aucun
avantage à l'agriculture lorsqu'on les répandait sur des
terres assez fertiles par elles-mêmés, dont le sous-sol
appartient à certaines assises de grès vert supérieur et inférieur. Cela devait faire soupçonner que le phosphate de
chaux, qui est l'un des éléments fertilisants dès os pulvérisés, se trouvait naturellement dans ces terres en proportion suffisante, idée à laquelle les remarques de M. le docteur
Fitton avaient déjà préparé les esprits.

Un chimiste exercé, M. J.-C. Nesbit, s'occupa immédiatement de recueillir des sols et des roches de ces cantons,
dans le but de faire des recherches chimiques sur l'origine
de leur fertilité. Il reçut entre autres de Farnham des
échantillons d'une marne fertile, située dans les propriétés
de M. J.-M. Paine. Un examen rapide lui révéla la présence, dans cette marne, d'une proportion inaccou-
tumée d'acide phosphorique, et, en novembre 1847, il
communiqua à M. Paine la découverte qu'il avait faite à
cet égard.

On retira de cette marne, par le moyen du lavage, des
substances contenant 28 % d'acide phosphorique, ce qui
correspond à 60,67 de phosphate de chaux. La masse générale de la marne contenait 2 à 3 % de cet acide,
représentant 4,33 à 6,50 % de phosphate. On comprend
qu'en présence d'une telle proportion d'acide phosphorique l'apport d'engrais phosphatés était parfaitement superflu.

Dans dix calcaires du Midi de l'Allemagne, M. Fehling
a reconnu également la présence de l'acide phosphorique.

Dans le sol des dunes de Brighton, M. Schweitzer a trouvé un millième de phosphate de chaux.

Il y a quelques années à peine , M. De la Noue , géologue , habitant le département du Nord , annonçait qu'il existe dans les carrières calcaires des environs de Lille, une substance appelée *tun* , dans laquelle il a trouvé , par l'analyse , une quantité considérable d'acide phosphorique , qui varie de 8 à 15 % , ce qui représente 19 à 32,50 de phosphate de chaux. Un échantillon de *tun* blanc , provenant d'une couche non homogène de 2 mètres d'épaisseur, lui a donné 14,93 % d'acide phosphorique, ce qui correspond à 32,34 % de phosphate de chaux. M. De la Noue a recueilli des échantillons de cette roche , qui forme une couche de $0^m,60$ à $1^m,20$ d'épaisseur , s'étendant à plusieurs lieues aux environs de Lille. Que de phénomènes deviennent explicables grâce à ces données, et que la possibilité de certaines cultures souvent renouvelées devient facile à interpréter lorsque de telles richesses sont tout à coup mises en lumière !

Un savant ingénieur des mines , auteur d'intéressantes recherches sur le terrain crétacé du Nord de la France , M. Meugy, a apporté , pour sa part , des faits nombreux à cette statistique.

M. Meugy a établi, en effet, la présence d'une assez forte proportion d'acide phosphorique dans la marne de Cysoing et dans divers échantillons de marnes et de calcaires marneux hydrauliques provenant des deux carrières de Bouvines , situées à droite et à gauche de la route de Lille à Saint-Amand , dans ceux de Singhin et dans la craie chloritée d'Annapes , exploitée comme pierre de construction.

« Un simple calcul suffira , dit M. Meugy , pour faire comprendre l'intérêt que le pays peut attacher à la découverte de l'acide phosphorique dans ces çalcaires. Le mètre cube de craie pesant 1,250 kilog., une couche de 1 mètre d'épaisseur sur 1 are de surface, pèsera 125,000 kilog. et renfermera, à raison de 3,70°/₀, 4,625 kilog. d'acide phosphorique. Maintenant, un are de terre fournit de 25 à 28 litres de blé, pesant 20 kilog., et une quantité de paille formant à peu près le double du poids de la graine, soit 40 kilog. Ces quantités, réduites en cendres, laissent environ 1 °/₀ de résidu pour la graine, et 5 °/₀ pour la paille : de sorte que la cendre de graine de blé, contenant moitié de son poids d'acide phosphorique, et la paille 4 °/₀, il entrera 0 kilog. 18 de cet acide dans le produit d'un are. Donc cette surface, en supposant qu'elle s'étende sur une craie de la nature de celle dont l'analyse a été rapportée plus haut, renfermerait, sur un millimètre d'épaisseur seulement, une quantité d'acide phosphorique (4,625) égale à celle qui correspondrait à 25 récoltes de blé $\left(\dfrac{4,625}{0,18} = 25 \right)$. »

M. Boussingault rapporte l'exemple d'un sol crayeux, à peu près stérile, sans engrais azoté, et qui, cependant, pour 100 parties sèches, représentait 11 dix millièmes de phosphate de chaux. C'est peu, direz-vous peut-être au premier abord. Cependant, comme un décimètre cube de ce terrain représentait un kilog., un hectare, considéré dans une épaisseur de 25 centimètres, offrait à la végétation 2 à 3,000 kilog. de phosphate calcaire. C'est plus qu'il n'en faut pour subvenir aux besoins que je vous ai numériquement spécifiés dans une précédente leçon.

Ai-je besoin, Messieurs, d'insister longuement sur les causes d'infertilité du sol riche en phosphates que cite M. Boussingault, et sur sa fécondité ultérieure en présence des matières azotées? Non, en vérité, car ce fait découle immédiatement des principes que j'ai eu l'occasion de développer devant vous. Vous savez tous, par l'observation de ce qui se passe sous vos yeux , que les matières azotées favorisent l'assimilation des phosphates, comme les phosphates favorisent l'assimilation des matières azotées. Depuis longtemps , M. Payen a constaté que les plantes renferment d'autant plus de substances minérales et de matières organiques azotées qu'elles sont plus jeunes et douées d'une plus grande énergie vitale ; que, de plus, entre les différents organismes d'une même plante, ceux qui sont plus jeunes ou plus récemment formés sont aussi les plus riches en matières minérales et azotées. Vos idées sont donc bien fixées sur ce point important de la science agricole.

Je puis désormais quitter l'examen du sol pour entreprendre celui des végétaux et des animaux qui en condensent les phosphates. Les eaux qui courent à la surface des roches, celles qui baignent les terrains de sédiment , renferment de l'acide phosphorique , bien qu'en très minime proportion. J'ai, pour ma part, constaté ce fait sur toutes les eaux de la Loire-Inférieure et de la Gironde. Je ne doute pas qu'il soit constant. Les eaux apportent donc, aux végétaux qu'elles arrosent, autre chose que des produits atmosphériques. A ce titre , elles font en quelque sorte partie du sol lui-même, et on calcule, d'après des expériences très positives, que cent têtes de bétail, par l'absorption des matières minérales dissoutes dans l'eau potable, peuvent fixer annuellement dans le fumier jusqu'à 7 à 800 kilog. de substances solides , dont l'acide phosphorique fait partie.

Et puisque j'ai parlé de fumier, j'appellerai spécialement votre attention sur l'acide phosphorique qu'il renferme.

Les analyses de M. Boussingault donnent les chiffres suivants :

100 parties de fumier sec de Bechelbronn contiennent.,............ 1 °/° d'acide phosphorique.
— fumier du Jardin des Plantes de Paris.. 1,25 —
— fumier de Grignon. 1,21 —
— fumier de la ménagerie de Paris..... 0,78 —
— fumier moyen ..... 1,45 —

M. Boussingault cite, dans son excellent ouvrage d'*Economie rurale*, une période d'assolement quinquennal qui comportait un poids total de 49,086 kilog. de fumier. Ce fumier renfermait 20,70 °/₀ d'eau. Desséché, il fournissait 32 °/₀ de cendres , lesquelles contenaient 30 millièmes d'acide phosphorique. Il en résulte que la fumure des cinq années représentait 3,272 kilog. de cendres , soit 98. kilog. d'acide phosphorique. Cela fait par année 19ᵏ600 d'acide phosphorique réparti dans 654ᵏ400 de matière minérale.

Et si nous nous élevons progressivement jusqu'à l'examen des animaux, nous reconnaîtrons, Messieurs, que leurs os , leurs muscles, leur substance nerveuse et cérébrale , que les fluides de leur organisme, sang, lait, urine, liqueur séminale, sont toujours et partout pénétrés de phosphore. Intimement associé à des substances organiques, le phosphore abonde dans la masse cérébrale et la substance nerveuse : on peut dire qu'il y est *organisé*, et j'espère l'établir nettement dans un mémoire auquel je travaille en ce moment. Uni à l'oxygène et à la chaux, il forme l'un des éléments importants du squelette. Dissous par les fluides animaux, il est sans cesse porté d'un point à l'autre de l'individu, et alors même que sa dose totale reste fixe pour un animal déterminé, sa molécule néanmoins, déplacée par des actions dissolvantes ou vitales, est excrétée, puis remplacée par une molécule nouvelle qu'apporte le système digestif. Enlever aux aliments l'acide phosphorique et la chaux, essayer de nourrir un animal avec des principes purement azotés, c'est attenter à son existence. L'animal est, sous ce rapport, complètement identique à la plante.

On a suivi pendant vingt-quatre heures l'alimentation d'un jeune veau, en tenant compte des produits consommés et des produits excrétés. Cet animal a fixé dans ce laps de temps, 6ᵍ,500 d'acide phosphorique et 7ᵍ,800 de chaux ; soit 14ᵍ,300 de ces deux principes nutritifs. Or, cela correspond à 3 °/₀ du poids vivant développé.

Une vache saillie, âgée de quatre ans, a été observée pendant quatre jours : elle a reçu, sous forme d'aliments, 200ᵍ,4 d'acide phosphorique ; 136ᵍ,4 du même acide ont été dosés dans ses excréments ; elle avait donc fixé 64ᵍ d'acide pendant l'expérience. Chez un animal adulte on constate que, dans les cas ordinaires, il y a égalité entre l'absorption et l'excrétion.

M. Mège Mouriès a démontré la nécessité d'introduire quelquefois le phosphate de chaux dans l'alimentation des enfants. Ultérieurement, M. Bella a employé ce phosphate dans la ration des vaches, selon le conseil de M. Champonnois, et il a reconnu que la sécrétion lactée est devenue plus abondante.

Quelques chiffres encore, Messieurs, et j'aurai terminé ce tableau général de l'importance du phosphore dans les phénomènes naturels. Lorsqu'on dessèche les excréments, l'urine, le sang, les os de l'homme, et que, dans la matière sèche, on dose l'acide phosphorique, on trouve que cette substance entre :

Dans 100 parties d'excrément de l'homme ,

	pour	0,82
— d'urine de l'homme. .	—	3,88
— de sang.	—	1,63
— d'os.	—	24,00

En présence de ces chiffres , en présence surtout des relations bien faciles à saisir entre les doses d'acide phosphorique que recèlent tout à la fois le sol , les plantes et les animaux, je n'ai pas besoin, Messieurs, de recourir à de nouveaux exemples pour démontrer la haute influence des phosphates en agriculture? J'emprunterai , toutefois, aux belles vues synthétiques de M. Elie de Beaumont, une idée bien remarquable sur le rôle du phosphore comme élément matériel des sociétés humaines.

« On peut estimer peut-être à environ un milliard le nombre des hommes qui, depuis les Celtes jusqu'à nous, sont nés et ont grandi sur le territoire de la France. Tout l'acide phosphorique contenu dans leurs os et dans leurs chairs provenait de notre sol, et soit qu'ils aient émigré , soit qu'ils soient morts en France et qu'ils aient été brûlés ou enterrés , tout cet acide phosphorique a été soustrait aux emplois agricoles (1). Si quelques-uns se sont noyés dans les fleuves, leurs cadavres ont été entraînés à la mer. Ceux-là seuls qui ont été dévorés par les loups et autres bêtes sauvages — et le nombre peut en être négligé — ont

(1) En admettant que la terre où reposaient leurs corps n'ait pas été bouleversée.   A. B.

rendu leur acide phosphorique à la terre végétale comme le font les animaux et les plantes sauvages.

» D'après les pesées que M. Jobert de Lamballe a bien voulu faire exécuter à ma prière, un squelette humain desséché pèse moyennement 4 kilogrammes 600 grammes, et en admettant, d'après l'analyse rapportée au commencement de cette étude, que les ossements humains contiennent 53,04 °/₀ de phosphate de chaux, un squelette doit en renfermer 2 kilog. 440 grammes. Mais un corps humain pèse moyennement environ 75 kilog.; et, déduisant le poids du squelette, il reste environ 70 kilog. de parties molles qui, par l'incinération, donneraient vraisemblablement, comme la chair de bœuf, 1 1/2 °/₀ de cendres presque entièrement composées de phosphates de potasse, de soude, de chaux et de chlorures alcalins. Nous ne serons probablement pas loin de la vérité en supposant que la quantité d'acide phosphorique qu'elles renferment correspond à une quantité de phosphate de chaux égale à 80 °/₀ du poids des cendres, ou à 1 1/2 centièmes du poids des parties molles multiplié par 0,80, soit $70,1 + + \frac{1}{2}$ 0,80 = 840 grammes. Ces 840 grammes ajoutés aux $2^k,440$ contenus dans les os, donnent un total de 3,280 de phosphate de chaux, par conséquent $1^k,439^{gr}$ d'acide phosphorique et 639 grammes de phosphore natif pur, pour les quantités de ces substances qui sont renfermées dans un corps humain.

» Mais il s'agit du corps d'un homme adulte de taille moyenne ; or, dans le milliard d'individus dont nous avons parlé, la moitié était des femmes, généralement plus petites que les hommes, et près de la moitié des individus des deux sexes sont morts avant l'âge adulte, à diverses époques de l'enfance et de l'adolescence. Cette double circonstance exigerait une double réduction à laquelle nous

9

aurons probablement égard d'une manière à peu près exacte, en supposant que chaque corps contenait en moyenne une quantité d'acide phosphorique correspondant à *deux kilogrammes* de phosphate de chaux.

. » D'après ces données, le milliard d'individus dont le sol de la France a fourni l'acide phosphorique en a emporté en mourant une quantité correspondant à *deux milliards de kilogrammes,* ou *deux millions de tonnes* de phosphate de chaux. ·

» On voit par là, dit M. Elie de Beaumont, qu'il faudrait exploiter de vastes et nombreuses carrières de chaux phosphatée terreuse pour rendre au sol de la France l'acide phosphorique dont le respect des sépultures l'a privé. Cette exploitation pourrait devenir l'objet d'une industrie fort importante, car si la matière qu'elle produirait se vendait comme il paraît que cela a lieu en Angleterre, au taux de 150 à 175 fr. la tonne, ou même seulement 100 fr., en raison de ce que nous la supposons contenir 18 et non 28 pour cent d'acide phosphorique, les 5,167,000 tonnes dont il a été question auraient une valeur de plus de 500 millions de francs ; et si l'on réfléchit à ce que pourrait devenir un jour le besoin du phosphate de chaux lorsque l'épuisement général des terres serait plus sensible et mieux apprécié, on comprendra que la découverte de cette substance dans l'intérieur de la terre serait non-seulement un service rendu aux vivants, mais encore l'accomplissement d'un devoir pieux envers les cendres des morts.

» Si l'on ajoute que, suivant toute apparence, le phosphate de chaux renfermé dans les sépulcres n'est qu'une fraction peu considérable de la quantité que le sol de la France en a perdu par les causes que nous avons indiquées, on verra que, pour pouvoir lui rendre la vigueur végétative qu'il possédait au temps des Celtes et des Gau-

lois , il faudrait que l'exploitation des couches qui contiennent du phosphate de chaux devînt une branche importante
de l'industrie minérale. »

J'ai tenu , Messieurs , à vous citer textuellement ces
paroles et les chiffres curieux auxquels elles empruntent
une grande autorité. Elles établissent une fois de plus,
d'ailleurs, que les diverses branches des connaissances
humaines ne sauraient s'isoler, et que , pour éclairer les
faces multiples des grands problèmes sociaux , la lumière
des sciences n'est jamais inutile.

Mais revenons à l'agriculture de nos contrées.

L'acide phosphorique est l'un des produits constants des
récoltes. Les végétaux, par des procédés aussi mystérieux
que sûrs, empruntent ce principe à la terre et aux liquides
qui la baignent : tels sont les points que j'ai établis et sur
lesquels je n'ai plus désormais à insister. Du domaine de la
théorie générale, il nous faut désormais passer sur celui
des faits industriels.

Parmi ces faits, il en est qui doivent vous intéresser
d'une manière spéciale. Les terrains argilo-schisteux
que vous cultivez demandent , en effet , des engrais
dont l'expérience vous a appris à caractériser les
propriétés. Aussi bien que moi , vous savez la supériorité
relative des engrais artificiels à base de principes osseux
dans la culture, en Bretagne, du froment et du sarrasin.
Lorsqu'il s'agit de défrichement de landes, vous voyez
chaque jour le progrès être en quelque sorte proportionnel
à l'approvisionnement des cultivateurs , en noir animal ou
en substances analogues. C'est déjà une grande leçon , elle
me rendra plus facile la tâche que je me suis imposée.

En agriculture , le phosphate de chaux — car c'est
surtout sous cette forme que l'acide phosphorique est
offert au sol, — le phosphate de chaux, dis-je, est

associé à des substances qui diffèrent, par la texture physique ou la composition chimique. Il est lui-même plus ou moins divisé, plus ou moins assimilable, et on peut dire avec raison que dans dix variétés d'engrais industriels ayant une composition chimique identique le phosphate de chaux peut être représenté par dix prix différents.

Je vais essayer de démontrer ces propositions.

S'il s'agissait purement et simplement de confier à la terre la somme de phosphates nécessaires à la culture d'un végétal déterminé, la question serait simple; mais vous savez maintenant, Messieurs, que l'acide phosphorique est plus ou moins assimilable, selon sa division physique, son état de combinaison avec les bases et son association à des matières organiques. Vous savez que si, dans un hectare de terre maigre et dépourvue d'humus, on fume à l'aide de trois hectolitres seulement de phosphate de chaux imprégné de sang, de chair musculaire, ou de toute autre matière azotée facilement décomposable, on obtiendra une récolte beaucoup plus abondante que si l'on avait introduit dans le même sol six hectolitres de cendres d'os très riches d'ailleurs en acide phosphorique, mais dont les conditions de solubilité seraient insuffisantes.

Il y a plus, des différences presque insignifiantes dans la cohésion du phosphate ou dans celle des matières organiques qui lui sont associées, produisent des phénomènes analogues. Or, il importe à l'agriculteur de laisser le moins possible dans le sol le capital-engrais qu'il lui a confié. Obtenir est quelque chose pour lui, obtenir vite est le principal. Vous voyez que cela nous conduit déjà à reconnaître que 900 kilog. de phosphate convenablement préparé peuvent valoir, en réalité, beaucoup plus que 1,000 kilog. de phosphate lentement assimilable.

Entendons-nous bien, toutefois. — Je pose le principe,

je le déclare presque évident ; — mais je n'oserais pas dire qu'il soit en notre pouvoir d'en tirer en pratique tout le parti que notre imagination nous fait entrevoir *à priori*, et de faire de l'agriculture comme on fait de l'arithmétique.

Pour qu'il fût possible de connaître la valeur réelle d'un engrais, il faudrait pouvoir soumettre au calcul, par des expériences de laboratoire, la solubilité, la faculté de transformation chimique propre à telle ou telle substance fertilisante ; or, les moyens de laboratoire étant sous ce rapport très insuffisants, il faut renoncer au *calcul* pour s'en tenir aux *approximations* et aux vraisemblances. Ce que j'ajouterai, c'est que les progrès de la chimie, en éclairant les modifications subies dans la terre par les engrais rendent chaque jour ces approximations plus satisfaisantes.

On a cru pouvoir appliquer à l'appréciation de la solubilité des phosphates, la méthode de lévigation en général et l'appareil de M. Masure en particulier. En traitant dans cet appareil des phosphates fossiles pulvérisés, on a vu que la matière se partageait en parties fines facilement entraînées par l'eau, et en parties grossières qui restaient dans le vase lévigateur, et on en a tiré cette conclusion : que les parties entraînées étaient assimilables, tandis que les autres ne sauraient l'être. Ces conclusions ne sont pas exactes et je le prouve par l'expérience ainsi que par le raisonnement.

Je le prouve par l'expérience, car si je place dans l'appareil de M. Masure un noir de Russie grossier avec un phosphate très dur et très fin de l'Estramadure, le phosphate sera entraîné de préférence, et tout le monde sait qu'il est relativement très peu soluble.

Je prends maintenant un phosphate fossile en poudre fine. Ce phosphate est de récente pulvérisation, c'est-à-dire peu assimilable. J'en prends un second qui, pendant deux ou trois années, a été exposé aux actions atmosphériques, et je le choisis à dessein en poudre assez grossière. La lévigation donnera encore ici un résultat inverse de celui que la pratique agricole nous fournit.

Enfin, je pourrais choisir un phosphate fossile en poudre tellement ténue, que la lévigation le séparerait sûrement d'un noir d'os de la variété dite *petit-grain*, et il n'en résulterait pas que le phosphate fossile fût plus soluble que le noir.

Le raisonnement conduit d'ailleurs à reconnaître que ce n'est pas la texture plus ou moins fine d'une substance qui détermine l'échelle de sa solubilité. Les actions chimiques sont certainement plus promptes quand les surfaces sont multipliées, mais c'est surtout en raison de la solubilité de la *molécule* que se manifeste la fertilité du sol. Prenez du verre bleu ; pulvérisez-le et soumettez-le à dix ou vingt lévigations ; vous obtiendrez une poudre tellement ténue que vous pourrez la diviser dans de la pâte à papier et azurer celui-ci. Croyez-vous que le verre bleu très fin sera bien différent de celui qui n'aura été soumis qu'à cinq ou six lévigations ? Il y aura, certes, une petite différence, mais vous aurez toujours un silicate vitreux et réfractaire à l'eau. Prenez maintenant du phosphate calcaire précipité de ses dissolutions et calciné, puis simplement divisé en gros fragments ; en présence de l'eau pluviale, il se dissoudra très sensiblement.

La méthode de lévigation peut donc nous donner la séparation de particules plus ou moins fines ; mais elle ne jette aucune lumière sur ces affinités chimiques du sol, que les essais de laboratoire eux-mêmes ne caractérisent que dans des circonstances spéciales.

Quelquefois les différences géologiques du sol expliquent les opinions contradictoires sur l'effet des engrais.

. Examinons l'influence du sol.

Les cultivateurs des terrains de la basse Bretagne, ceux qui défrichent des landes pourvues de détritus végétaux à réaction acide, recherchent d'une manière spéciale les produits osseux riches en acide phosphorique. Pour eux, la solubilité du phosphate, sa texture plus ou moins fine, la dose de matière organique azotée, tout cela les inquiète peu. Ils ont depuis longtemps fait l'expérience de la propriété énergiquement dissolvante de leur sol. Ils achètent du phosphate, et le phosphate grossier ou ténu, azoté ou non, leur donne généralement ce qu'ils lui avaient demandé. Ils en profitent, c'est au mieux ; quelques-uns veulent ériger en loi générale le fait qui s'est passé sous leurs yeux. C'est un tort.

. Vous préconisez l'influence exclusive de la dose de phosphate de chaux, peut leur répondre avec une haute raison le cultivateur des vieilles terres ou celui des départements avoisinant les calcaires : fort de mes expériences, je conteste, moi, vos théories. Plus j'avance vers les calcaires, et plus je reconnais l'inefficacité du phosphate non associé aux principes animaux. A vingt lieues, à trente lieues de mon domaine, j'entrevois même de magnifiques récoltes où l'abondance du grain le dispute à celle de la paille, et dont cependant les poudrettes et les fumiers font seuls les frais. J'ai essayé, peut-il ajouter, les noirs d'os résidus de gélatine dépourvus de matières organiques et presque exclusivement formés de phosphate calcaire ; j'ai tenté l'emploi des noirs de Russie, qui leur ressemblent beaucoup : je n'ai eu que des insuccès.

Ce que je ne saurais omettre de mentionner, c'est que la réussite complète des phosphates peut se manifester pendant une longue série d'années sur un terrain spécial, tandis que, sur un sol de nature différente, le succès tout d'abord obtenu cessera de se produire au bout de deux ou trois ans. J'ai essayé de caractériser cette différence d'action dans le rapport dont j'ai eu l'honneur d'être chargé à l'Exposition nationale d'agriculture de 1860. Je reproduis les lignes qui s'y rapportent : « Etant donné un sol dépourvu de calcaire, couvert de bruyères et offrant une réaction acide, on sait les brillants résultats qu'on peut obtenir en le défrichant à l'aide d'un bon labour et de 5 hectolitres de noir animal à l'hectare. Ce qu'il ne faut pas oublier, toutefois, c'est qu'au bout de quelques années, les faits observés sont bien distincts, selon que la culture aura eu lieu dans un terrain *primitif* ou de *transition*, ou bien dans un terrain *tertiaire*. S'agit-il de la zone primitive ou de transition que nous offre la Bretagne, presque toute la Vendée, le Limousin, l'Auvergne ? l'action des phosphates y sera durable à ce point que, dans la Loire-Inférieure et le Morbihan, certains domaines reçoivent depuis plus de vingt ans du noir animal, qui continue à produire d'excellents résultats. Opère-t-on, au contraire, sur des terrains *tertiaires moyens* comme. ceux de la Sologne, et l'on reconnaît au bout de quelques années la nécessité de revenir aux errements habituels de la culture ; errements, il faut le reconnaître, dont l'exécution eût été économiquement impossible au début et dans certaines landes éloignées des vieilles terres ou voisines d'exploitations peu prospères.

« Toutes choses égales d'ailleurs, on a reconnu également que si des sols riches en humus ont pour le noir animal une faculté dissolvante des plus énergiques, cette faculté devient faible dans un terrain où la matière organique fait défaut. De là, la nécessité bien comprise de modifier progressivement la composition de l'engrais : aussi d'un noir à 70 % de phosphate, ne renfermant quelquefois que 8 à 10 °/₀ de charbon, on arrive bientôt à une substance contenant 20 à 25 °/₀ de charbon et matière organique azotée, 60 °/₀ de phosphate, etc.

» Dans le premier cas, le noir d'os, même vierge, le noir de Russie, les phosphates des fabriques de gélatine, les phosphates fossiles, les guanos dépourvus d'azote, sont indiqués. Dans le second, les résidus de la clarification du sucre, les mélanges de noir vierge avec des substances animales diverses, les phosphates animalisés en un mot, ont une action beaucoup plus certaine. Les engrais mixtes réalisent cette action avec plus ou moins de bonheur, selon les doses relatives de l'acide phosphorique et de l'azote, rapportées d'ailleurs à la nature du sol et à l'ancienneté de son défrichement. En tout état de cause, on constate d'une manière constante l'incompatibilité des phosphates avec les engrais calcaires, ces derniers saturant les combinaisons humiques, s'opposant aux transformations du phosphate de chaux par les sels solubles de potasse, et enlevant en résumé au terrain la faculté dissolvante si favorable à la migration de la molécule de phosphore. »

Tels sont, Messieurs, les faits distincts mais également explicables qui se passent dans des terrains voisins, — ceux, je suppose, du Morbihan et de la Vendée. Or, s'il est exact de dire que l'étude attentive du sol doit précéder l'achat de l'engrais et guider dans son choix, on ne peut nier qu'en présence d'éléments si variables, l'engrais ne doive être apprécié qu'en tenant compte des circonstances particulières où la dépense sera faite.

Je pourrais ajouter — et ici je me place sur le terrain du commerce des engrais — que les prix des noirs d'os ne sont pas toujours proportionnels, soit à la quantité de phosphate, soit à la quantité d'azote qu'ils renferment, et

que les anomalies apparentes constatées à cet égard
résument, en réalité, bien des conditions fort sérieuses
de solubilité, de finesse, de rapport entre les éléments
inorganiques ou organiques, etc., etc. La pratique et la
science sont parfaitement d'accord sur ce point comme
sur tant d'autres; toutefois, si j'insiste, Messieurs, sur ces
faits, au moment d'aborder l'examen industriel des
phosphates de chaux, c'est que j'ai cru devoir vous montrer à
quelles erreurs on peut s'exposer lorsqu'on dresse des
tableaux exprimant par des chiffres précis la valeur de
l'acide phosphorique et de l'azote dans les différents engrais
connus. Je suis loin de contester l'utilité de ces tableaux,
si l'on m'accorde qu'ils représentent des *à peu près;* je les
repousse de toutes mes forces, s'ils me sont offerts comme
base rigoureuse et posée *à priori* pour une opération
agronomique. Et s'il en était autrement, Messieurs, si
l'agriculture, en un mot, était une *science* exacte, il y
aurait beaucoup moins de mérite à y réussir. C'est parce
que c'est un *art* dans toute l'acception du mot, c'est parce
qu'il faut un faisceau de connaissances spéciales et une
raison droite pour l'exercer, que l'agriculture est réellement
aujourd'hui comme au temps de Cicéron, la plus noble,
la plus élevée des professions.

J'insisterai, du reste, sur le sujet de la *valeur réelle* à
attribuer aux engrais pour éviter tout malentendu.

« La science agricole, a dit avec une haute raison M.
» Boussingault, repose *sur l'observation des faits recueillis*
» *dans la pratique;* elle les enregistre; les discute;
» cherche à les expliquer, à les prévoir. » Ces paroles
sont aussi vraies qu'elles sont nettes. Si nous nous pénétrons
de l'esprit qui les dicte, nous enregistrons un ensemble
de faits qui nous prouve, de la manière la plus catégorique,

la variété de valeur réelle de l'azote ou du phosphore, selon
l'état où les engrais nous les offrent. Je m'explique.

Ce n'est pas seulement par la *quantité* de ses éléments
constitutifs que le fumier de ferme est le meilleur engrais
connu, c'est aussi en raison de l'état d'heureuse association
physique et chimique où ces éléments s'y trouvent.

Tout le monde sait qu'un sol *normal* étant donné, l'importance des bonnes méthodes générales de culture dépasse
de beaucoup les procédés les plus parfaits de fabrication
d'engrais industriels, et cela en raison des moyens que la
nature emploie pour associer, pondérer et présenter enfin
au sol les détritus de l'organisation.

Les notions les plus élémentaires de la physiologie nous
démontrent que la question d'engrais, envisagée soit au point
de vue de la production végétale, soit à celui de la
production animale, ne consiste pas seulement à fournir
à la plante ou aux bestiaux de l'azote, du phosphore, etc.,
mais autant que possible, ces principes associés à l'hydrogène, au carbone, à l'oxygène, aux alcalis, et, en un
mot, à approcher, autant que faire se peut, des méthodes
admirables que nous offre la Providence, lorsque les détritus
de la végétation ou de la vie retournent dans le torrent
d'une végétation ou d'une vie nouvelle.

L'analyste qui méconnaît ces grandes et belles lois providentielles, et qui ne distingue pas, *en principe*, l'azote
de la substance organisée, de l'azote d'une combinaison
ammoniacale; le chimiste qui, *dans l'application*, se préoccupe
exclusivement de la richesse en acide phosphorique ou de la
richesse en azote, celui-là ne fait ni de la science, ni de
la logique, mais de l'empirisme bien propre à compromettre
la science auprès des masses dont il offense le gros bon
sens.

La mauvaise plaisanterie de l'alimentation à la gélatine

était basée sur l'interprétation vicieuse de l'analyse chimique. Que cet exemple ne soit pas perdu lorsqu'il s'agit de nourrir les végétaux.

L'analyse ne décide pas ; dit M. Boussingault (1) « *si* » *la totalité de l'azote d'un engrais appartient à une matière* » *susceptible de passer par la putréfaction à l'état ammoniacal.* » *L'azote dosé pourrait, à la rigueur, faire partie d'une* » *substance inerte, comme la houille, la tourbe, etc.* La » science a donc à rechercher une méthode propre à » révéler la nature plus ou moins modifiable des substances » azotées. »

Cela ne revient-il pas à dire qu'il est impossible, aujourd'hui, *d'exprimer par des chiffres et rien que par des chiffres* résultant d'une analyse chimique élémentaire, la valeur *absolue* d'un engrais ? J'avoue que, pour ma part, cela me semble évident.

Ainsi, étant donnée cette précieuse notion analytique, qu'une gerbe de blé pesant 100 kilog. et renfermant 32 kilog. de grain et 68 kilog. de paille, contient en réalité 1,000 grammes d'azote appartenant à la matière organique et 416 grammes d'acide phosphorique appartenant aux phosphates, il n'en résulte pas que, pour obtenir *en une saison*, dans un sol stérile, ces 100 kilog. de froment, il soit uniquement nécessaire de chercher dans un tableau analytique la proportion apparemment nécessaire d'un engrais quelconque, à la seule condition qu'il renferme 416 grammes d'acide phosphorique et 1,000 grammes d'azote. Agir ainsi serait faire fausse voie, car il se pourrait fort bien que la texture physique de la matière choisie fût un obstacle à l'assimilation *en une saison* de l'acide phosphorique ou de tel autre principe utile ; or, la valeur commerciale

(1) *Economie rurale*, tome II, p. 88.

d'un phosphate qui ne donnerait son effet utile qu'en deux, trois ou quatre années, serait quelque peu différente de celle d'une quantité égale de phosphate dont l'état moléculaire favoriserait la prompte absorption par l'organisme végétal.

Et voyez comme les faits sont d'accord avec cette prudente réserve de la science chimique bien comprise et bien appliquée. S'agit-il de l'acide phosphorique? Vous lui trouvez dix prix différents dans dix types de produits osseux, selon que vous considérez cet acide dans la cendre d'os, le noir de Russie, les poussières de révivification, les résidus carbonisés des fabriques de gélatine. — Vous voyez que je ne compare que des matières comparables, et dans lesquelles la présence de la matière azotée ne vient pas compliquer le problème. — D'où viennent ces différences de prix? De plusieurs causes, à vrai dire, mais surtout de l'état physique, de l'aptitude variable à l'assimilation. Ici donc, ce n'est pas l'analyse *seule* qui a déterminé des prix, sanctionnés d'ailleurs d'une manière générale par la consommation et le commerce local.

Parlerons-nous de l'azote? Vous savez que l'azote contenu dans un sel ammoniacal, un azotate alcalin, un combustible fossile, une substance organisée, etc., *n'est pas, au point de vue de la valeur agricole, une seule et même chose.*

Vous mentionnerai-je l'azote des os ou des cornes? D'où vient qu'il a moins de valeur que l'azote du sang sec ou de la chair musculaire sèche? La réponse est bien simple. Torréfiez légèrement l'os préalablement dégraissé, ou la corne, soumettez-les à l'action de la vapeur dans un autoclave — ainsi que cela se pratique depuis quelque temps à Nantes et à Paris avec succès, — vous aurez modifié l'organisation physique, détruit l'obstacle qui s'opposait à la solubilité ou aux transformations chimiques dans le sol, et cet azote, que l'organisme retenait avec énergie, va désormais se convertir si promptement en ammoniaque , que sa valeur agricole et commerciale aura soudain changé dans une considérable proportion.

Mais j'oublie que l'heure s'écoule; les exemples se présentent, toutefois, si nombreux pour étayer cette thèse de l'appréciation des engrais par les données réunies de *l'analyse élémentaire, de l'observation du groupement des principes-reconnus à l'analyse*, et enfin de la *texture phy-sique*, que, vraiment, je regrette de ne pouvoir consacrer à leur examen plus de temps et plus d'efforts. Je pourrais aller fort loin sur ce terrain, et démontrer que — faisant abstraction du point de vue agricole pour me confiner dans le domaine de la chimie pure — nous sommes obligés, nous qui vivons dans le laboratoire, de reconnaître à tout instant la haute influence de la constitution physique des corps sur les affinités de la matière. *A fortiori* devons-nous être pénétrés de cette vérité, lorsque nous nous trouvons en présence de la végétation. Ici surtout, les errements d'un grossier matérialisme, s'étayant purement et simplement de l'analyse élémentaire, ne sauraient conduire à la vérité.

Et qu'on ne vienne pas me citer maintenant, comme en opposition avec cette manière de voir, les tableaux fort utiles de la richesse relative des engrais en azote et en acide phosphorique, publiés par M. Boussingault, dans son excellent ouvrage d'*Economie rurale*. Plus que personne, j'en suis convaincu, cet esprit éminent a vingt fois déploré l'inintelligence, l'abus et les vicieuses applications que tel ou tel faisait de sa pensée. M. Boussingault a-t-il jamais dit : «Voici un chiffre exprimant une richesse en azote et en acide phosphorique, et le chiffre connu, vous n'avez plus qu'une pesée à faire d'un engrais déterminé pour obtenir une récolte abondante; et cela sera vrai, toujours vrai, quels que soient d'ailleurs l'état, le groupement, la manière d'être de l'azote.»

Jamais ce savant chimiste ne s'est exprimé ainsi. Il a, comme il l'exprime avec sa lucidité et sa proverbiale honnêteté scientifique, collectionné des analyses, parce qu'elles faisaient défaut à la science, et il a laissé au bon sens, à l'esprit d'observation, à la technologie agricole, enfin, la tâche d'utiliser avec circonspection les chiffres du laboratoire. Voilà, en ce qui me concerne, comment j'ai toujours compris les enseignements d'un maître dont les ouvrages ont été marqués au coin d'une rare sagacité pratique, parce qu'ils ont été écrits, — selon ses propres expressions, — auprès d'un tas de fumier.

Mais il faut conclure. Aussi bien, j'ai hâte de déclarer que l'esprit de dol et de charlatanisme ne saurait voir dans ces déclarations un encouragement à ses manœuvres. Parce que l'*analyse élémentaire* ne *dit pas tout*, en résulte-t-il qu'elle soit impuissante et inutile? Je ne pense pas qu'on ait jamais pu m'attribuer une telle manière de voir. Lorsque l'Académie de Bordeaux demandait, en 1853, dans quelles limites l'analyse chimique pouvait donner la mesure de l'action d'un engrais, je développais, dans un mémoire qu'elle daignait couronner, « *que cette analyse est, dans* » *l'état actuel de nos connaissances, le guide le plus certain* » *auquel l'agriculteur puisse avoir recours, à la condition,* » *toutefois, de tenir compte des circonstances physiques dans* » *lesquelles ce guide est utilisé* (1). »

Lorsque, sur ma proposition, l'Administration préfectorale de la Loire-Inférieure adoptait, en 1850, la méthode propagée aujourd'hui dans un grand nombre de départements, et qui consiste à prescrire la vente des engrais industriels sous garantie *d'écriteaux indicateurs de la composition chimique*, une circulaire explicative de l'arrêté du

____

(1) *Considérations théoriques et pratiques sur l'action des engrais.*

Préfet s'exprimait ainsi : « Au moyen de ces renseignements
» — les chiffres analytiques, — tout cultivateur pourra
» se rendre compte, *au moins approximativement,* de la valeur
» d'un engrais. Je dis approximativement, car la propriété
» fertilisante des engrais n'est pas toujours en rapport avec
» les chiffres donnés par l'analyse chimique. »

Donc l'analyse, alors surtout qu'elle est faite au point
de vue *élémentaire*, ne dit pas tout ce que le cultivateur
est intéressé à savoir ; je crois, avec de fort bons esprits,
que la chimie organique aurait beaucoup à gagner à
rentrer un peu dans la voie de cette analyse *immédiate* trop
délaissée aujourd'hui, et qui recherche, non-seulement
l'existence du principe simple, azote ou phosphore, mais
encore l'état d'association sous lequel ce principe existe.
Pour traduire cette idée d'une manière toute pratique et
toute agricole, je dirai : l'analyse élémentaire donne des
approximations lorsqu'elle est effectuée sur des engrais
d'origines diverses ; ces approximations se rapprochent beaucoup de l'exactitude rigoureuse, lorsque les origines des
engrais comparés sont les mêmes. Il est évident, par
exemple, que le dosage en azote de produits animaux,
tels que chairs, sang, issues, tourteaux d'abattoirs, sera
un guide sûr pour le consommateur. Il sera impossible à
un cultivateur intelligent d'employer des poudrettes ou des
matières fécales sans les comparer à l'aide du dosage
d'azote. Un défrichement qui s'opérerait en Bretagne, sans
que le cultivateur connût la richesse en acide phosphorique
du noir d'os qu'il emploie, serait une imprudente opération. Un consommateur de guanos qui négligerait de faire
comparer ses divers types au moyen du dosage de l'acide
phosphorique, de l'azote et des alcalis, courrait grand
risque de dépenser inutilement des sommes importantes.

Achète-t-on des nodules de phosphate appartenant à

divers gisements, on ne peut les comparer que par la connaissance de leurs richesses relatives en acide phosphorique, etc., etc.; mais il n'en résulte pas que l'état physique, c'est-à-dire la porosité, la densité, le groupement moléculaire enfin, doivent être. négligés; il n'en résulte pas, surtout, que 100 kilog. d'azote sous forme de chlorhydrate d'ammoniaque soient l'équivalent agricole de 100 kilog. d'azote sous forme de chair musculaire, ou encore que 100 kilog. de phosphate de chaux des os soient l'équivalent agricole de 100 kilog. de phosphate de chaux à l'état· d'apatite d'Espagne ou de Norwége.

Voilà, Messieurs, comment il faut, selon moi, comprendre l'analyse et sa portée, et je m'exprime avec d'autant plus d'assurance sur ce point que je puis revendiquer, — peut-être sans orgueil illégitime, — une large part dans cette vulgarisation des chiffres analytiques qui, depuis treize ans, éclaire le commerce des engrais industriels.

Et maintenant, je puis conclure:

Pour chaque engrais, pour chaque compost, le phosphate et l'azote ont des prix spécialement déterminés par un ensemble de circonstances physiques et chimiques qu'il est souvent difficile de caractériser numériquement.

Les chiffres, exprimant la valeur commerciale de l'acide phosphorique ou le prix de l'azote dans les engrais, donnent des approximations utilisables *dans une certaine mesure,* c'est-à-dire pour comparer des mélanges dont l'analogie est très grande au double point de vue de la composition chimique et de l'origine.

Ces chiffres deviennent fort inexacts si leur application par l'agronome n'implique pas la donnée très sérieuse de l'état physique.

Voilà, Messieurs, la vérité vraie, présentée avec tout

son absolutisme. Il faut bien la dire, comme réponse à des
prétentions qui auraient pour but de faire de l'appréciation des engrais une affaire purement mathématique ; mais
fort heureusement, la pratique ne demande pas de grands
efforts de l'esprit , et pour peu qu'on ait présentes à la
pensée les lois générales qui dominent l'action connexe des
matières organiques et de l'acide phosphorique; pourvu
surtout qu'on ait égard aux impérieuses nécessités des
alternances de culture, on peut prétendre à de beaux
résultats dans l'actualité, et à de notables améliorations
foncières dans l'avenir.

NEUVIÈME LEÇON.

Composition du phosphate de chaux. — Constitution des os. — Cendres d'os. —
Procédés divers de division des os. — Torréfaction, pulvérisation, concassage.
— Procédés chimiques. — Phosphate acide de chaux. — Emploi des super-
phosphates dans la culture des turneps et des céréales. — Phospho-Peruvian-
Guano. — Tous les sols comportent-ils l'emploi des superphosphates? —
Résidus osseux de la fabrication de la gélatine. — Noir animal. — Importance
de ses applications.

MESSIEURS,

Nous aurons bientôt à examiner les transformations possibles du phosphate de chaux dans le sol , car l'analyse des
végétaux nous prouve que cette substance n'est pas
absorbée et accumulée telle quelle dans l'organisme de
la plante.

Contentons-nous, pour le moment, d'établir les proportions d'acide phosphorique et de chaux que renferme
le phosphate généralement employé.

Bien que, dans le langage et les transactions commerciales, nous ayons, en France, l'habitude de sous-entendre
que *phosphate de chaux* signifie *phosphate de chaux des
os,* c'est-à-dire 46,16 d'acide phosphorique et 53,84 de
chaux, il importe cependant que vous compreniez le vague
d'une telle dénomination.

Les chimistes ont reconnu que l'acide phosphorique et
la chaux peuvent former trois combinaisons bien défi-

nies , contenant des proportions distinctes d'acide phosphorique.

Voici le tableau de ces combinaisons :

		Acide phospho- rique.	Chaux.	Eau.
Phosphate neutre de chaux..........	$(CaO)^2, HO, PhO^5 + 4$ aq	41,61	22,36	26,03
Phosphate basique de chaux ou phos- phate des os.....	$(CaO)^3, \quad PhO^5$	46,16	53,84	00,00
Phosphate acide de chaux....	$CaO, (HO)^2 PhO^5$	61,03	23,72	15,25

On pourrait , à la rigueur, signaler aussi un phosphate
complexe , résultant de l'union du phosphate neutre avec
le phosphate acide ; mais son examen rentrerait dans le
domaine purement chimique , et ce n'est pas le nôtre en
ce moment. Je me contenterai de vous faire remarquer
que le phosphate des os est insoluble dans l'eau pure ,
tandis que le phosphate acide s'y dissout facilement.
J'ajouterai que, sous l'influence de réactifs peu énergiques,
comme l'acide carbonique , le phosphate basique des os
est aisément entraîné à l'état de solution. Quelles sont les
transformations qui s'effectuent en pareil cas ? c'est ce
dont nous nous occuperons spécialement en parlant d'une
manière générale des engrais phosphatés et de leurs
coefficients respectifs de solubilité.

Vous voyez, Messieurs , que lorsqu'on entame une
transaction relative à des engrais industriels, il peut
arriver que les mots *phosphate de chaux* soient l'objet d'une
contestation en somme très fondée. L'acide phosphorique,
en effet, représente souvent le principe important de la
matière livrée , et selon que cet acide fait partie d'un
phosphate acide ou d'un phosphate basique , les conditions

de vente doivent être modifiées. En Angleterre, où la fabrication du phosphate acide de chaux a pris une grande
extension , on a l'habitude de spécifier l'état de combinaison , et de mentionner tout à la fois et la richesse de
l'engrais en *phosphate acide* soluble dans l'eau , et la
quantité de *phosphate basique* à laquelle correspond ce
principe. En France , où le phosphate basique est surtout
utilisé jusqu'à ce jour, il n'y a pas souvent lieu de tenir
compte de ces différences. Je devais , Messieurs, vous les
signaler au moment où l'introduction des phosphates minéraux de certains guanos terreux et de guanos acidifiés
venant d'Angleterre sur le marché pourrait bien donner
naissance à des nécessités nouvelles.

Sous forme d'os, le phosphate basique de chaux a
toujours été l'objet d'un emploi considérable en agriculture.
Les os de cuisine ou d'équarrissage , les débris des fabriques de boutons , les nombreux squelettes d'animaux qui ,
depuis si longtemps , blanchissent à l'air dans les pampas
de Buenos-Ayres ; enfin, assure-t-on , les détritus des
champs de batailles eux-mêmes ont été l'objet d'une exploitation industrielle, qui a eu pour effet la fertilisation
extrêmement remarquable de contrées entières (1). En
Angleterre, la culture des turneps, et, par suite, l'élevage
des bestiaux, en ont grandement profité. En France , d'excellents résultats ont pu être obtenus également , bien que
par des traitements différents de l'os employé. Avant
d'aller plus loin, établissons par quelques chiffres la composition des os , sur laquelle les travaux de M. Frémy
jettent une vive lumière.

---

(1) Le *Times* demandait très sérieusement compte, il y a quelque temps,
au commerce anglais, de l'origine d'un chargement de 230 tonneaux d'os
arrivant de Sébastopol.

Débarrassé du périoste, de la moëlle et de la graisse, un os *sec* a fourni à M. Marchand :

Cartilage	32,25
Vaisseaux	1,01
Phosphate de chaux basique	52,26
Phosphate de magnésie	1,05
Chlorure de calcium	1,00
Carbonate de chaux	10,21
Soude	0,92
Chlorure de sodium	0,25
Oxydes de fer et de manganèse, perte	1,05
	100,00

En résumé, l'os *sec* et dépourvu de graisse renferme 52 °/₀ de phosphate basique de chaux. Les analyses de MM. Payen et Boussingault lui assignent, d'autre part, 7 °/₀ d'azote.

Les os renferment donc du phosphate calcaire uni très intimement à des substances organiques azotées. A ce titre, leur décomposition dans le sol doit être caractérisée par une série d'actions qui ont pour effet de rendre l'azote et l'acide phosphorique qu'ils contiennent assimilables par les plantes. C'est ce qu'on observe, en effet, alors surtout qu'on opère avec des os suffisamment divisés et débarrassés des substances grasses qui les préserveraient du contact si utile des principes dissolvants du sol (1).

L'assimilation, toutefois, n'a lieu que lentement, en raison de la cohésion du tissu mixte de l'os.

Tels qu'on les rencontre dans le commerce, les os renfermeraient, d'après M. Anderson :

(1) On peut consulter, au sujet de l'utilisation des os en agriculture, la *Notice sur les animaux morts*, de M. Payen, et le *Guide de la fabrication économique des engrais*, de M. Rohart.

	OS		
	entiers.	concassés	en poudre.
Eau..........................	14,98	10,00	10,39
Matière organique	37,05	41,88	42,60
Phosphate de chaux............	48,07	48,12	47,01
	100,00	100,00	100,00

Nous reviendrons tout à l'heure sur ces chiffres.

Je crois devoir appeler également votre attention sur les richesses en principes minéraux des os des diverses classes d'animaux. Les chiffres suivants en sont l'expression :

NOMS DES OS.	Cendres pour cent.	Matières dosées dans la cendre.		
		Phosphate de chaux.	Phosphate de magnésie	Carbonate de chaux.
Chienne.........fémur.	62,1	59,0	1,2	6,1
Veau mort-né..... —	61,5	60,5	1,2	»
Vache adulte...... —	70,7	»	»	»
Vieille vache ..... —	71,3	62,5	2,7	7,9
Bœuf.........humérus.	70,4	61,4	1,7	8,6
Mouton..........fémur.	70,0	62,9	1,3	7,7
Cachalot	62,9	51,9	0,5	10,6
Aigle	70,5	60,6	1,7	8,4
Dindon...............	67,7	63,8	1,2	5,6
Morue	61,3	55,1	1,3	7,0
Carpe	61,4	58,1	1,1	4,7

Il résulte de ce tableau donné par M. Frémy , et des études générales de ce chimiste, que 100 parties d'os secs et dégraissés contiennent 30 et quelques pour cent d'osseine — matière organique renfermant 17 °/₀ d'azote. — Six analyses d'un fémur de bœuf sec et dégraissé ont fourni à ce savant 70 de cendres et 30 d'osseine, ce qui représente *5 °/₀ d'azote pour l'os sec et dégraissé.*

M. Payen estime que le dégraissage des os opéré en vue de leur enlever les 9 centièmes de graisse qu'ils renferment, leur en enlève en réalité 8 centièmes (1). Dans la matière organique des os dégraissés du commerce, il y a donc un peu de substance étrangère à l'osseine et non azotée. Cette matière est de la graisse.

Les nombreux types d'os secs que j'ai examinés , soit après les avoir râpés moi-même , soit en prélevant des échantillons de poudre d'os vendue comme engrais, m'ont fourni, pour 100 parties de matière sèche, de 32 à 40 °/₀ de substance organique, et le dosage direct de l'azote m'a donné de 4,5 à 5,5 °/₀ *d'azote.*

M. Payen a constaté, d'autre part, que les os de boucherie et d'équarrissage de Paris contenaient 10 °/₀ d'eau, 32 °/₀ de matière azotée et 9 °/₀ de graisse. Toutes ces données me portent à considérer les chiffres de M. Anderson

---

(1) A Nantes, les os de boucherie ne rendent en moyenne que 4,5 à 5 °/₀ de graisse aux fabricants de noir d'os.

A Lyon, dans l'usine de MM. Coignet, l'observation faite chaque année sur des millions de kilogrammes, a fourni les résultats suivants :

On obtient industriellement 14 à 15 °/₀ de gélatine ;

On recueille 5 °/₀ de matière grasse et on en laisse échapper 5 °/° dans les eaux de lavage ;

On calcule que l'os total renferme 35 à 37 °/₀ de matière organique.

(Communication de M. F. Coignet.)

comme évaluant trop haut la proportion de matière organique azotée des os livrés au commerce. En adoptant, en
effet, les conclusions de ce chimiste, on trouverait que les
os en poudre mentionnés dans son tableau et ramenés à
l'état sec contiendraient près de 48 °/₀ de matière organique,
soit 52 seulement de matière minérale, ce qui est en contradiction avec les faits acquis. Nous plaçant sur le terrain des
faits, nous dirons donc *que les os dégraissés offerts à l'agriculture renferment de 4,5 à 5,5 °/₀ d'azote.*

L'influence fâcheuse des matières grasses, considérées
comme obstacle à la décomposition des os, a été démontrée
à diverses reprises. Des os secs, qui avaient été
exposés à l'influence de l'air pendant plusieurs mois, présentaient une masse peu active comme engrais, et dans les
pores de laquelle la graisse avait intimement pénétré le
tissu et enveloppé les sels calcaires. Ces os, mis en terre,
n'avaient perdu, au bout de quatre années, que 8 centièmes
de leur poids, tandis que des os récents, privés par l'eau
bouillante de la plus grande quantité de leur graisse, perdaient 20 à 30 centièmes. Ces chiffres démontrent la différence d'action des deux engrais. La perte signifie solubilité,
et solubilité veut dire ici fécondité.

Les vastes pampas de l'Amérique du sud contiennent,
Messieurs, des masses énormes d'os de ruminants qui,
depuis des temps considérables, sont abandonnés sur le sol.
Ces os doivent nous offrir et nous offrent, en effet, tous
les degrés d'altération de la matière organique grasse ou
azotée. Depuis qu'il en arrive des chargements dans les
ports anglais, à Bordeaux et à Nantes (1), on a pu recon-

____

(1) Le *Courrier de Nantes* mentionnait, en juillet 1858, que 600 tonneaux d'os et cendres d'os avaient été importés de Montevideo depuis le commencement de l'année.

naître que souvent leur matière organique a été en partie brûlée par l'oxygène atmosphérique. Il y a enfin des cas où la matière organique détruite a été remplacée par des substances minérales siliceuses , de telle sorte que l'os renferme jusqu'à 15 °/₀ de résidu insoluble dans les acides. Ces os , source précieuse de phosphate de chaux , sont généralement carbonisés ou divisés à l'aide de moulins appropriés , et traités enfin par des réactifs qui les désagrégent. Ils constituent , en tout cas , une source précieuse d'acide phosphorique que l'industrie moderne ne pouvait négliger.

Je dois mentionner aussi , Messieurs , l'introduction en France de *cendres d'os* provenant des mêmes localités , et dans lesquelles il faut nécessairement s'attendre à rencontrer des substances siliceuses en assez forte proportion. Un chargement de ces cendres , expédié de Montevideo , m'a fourni les chiffres suivants :

Charbon et matière organique...............	3
Résidu siliceux............................	21
Phosphate de chaux et de magnésie............	66
Carbonate de chaux , etc....................	10
	100

Le navire *Spéculant* a apporté à Nantes , pour le porter ensuite à Liverpool , un chargement de cendres de Montevideo , dans lequel j'ai trouvé , pour 100 parties de matière sèche :

Charbon , matière organique................	3,5
Sable siliceux............................	8,5
Phosphate de chaux......................	
Phosphate de magnésie...................	78,2
Carbonate de chaux et perte...............	9,8
	100,0

Il est presque superflu de vous faire remarquer que, dans des produits de cette sorte, la valeur commerciale *pour le fabricant d'engrais* est presque déterminée par la dose de phosphate. *Pour l'agriculteur, il en serait autrement.* Cette cendre d'os serait, par exemple, moins apte à la condensation des gaz dissolvants ou nutritifs du sol, que du charbon d'os dont les cellules calcaires seraient uniformément tapissées de carbone, divisé, amorphe, et possédant un pouvoir énorme d'absorption.

Sur les points où les mammifères marins donnent lieu à des opérations de pêche importantes, il y aurait lieu de faire des recherches d'ossements. M. Eudes Deslongchamps écrivait, en effet, à M. Elie de Beaumont, qu'on lui avait rapporté, du détroit de Magellan, de gros fragments très compactes d'os roulés, dont toute la plage était couverte. Le timonnier d'un navire ancré en cet endroit descendit à terre et fut très surpris de trouver le rivage parsemé de véritables galets osseux. Ces os provenaient de carnassiers amphibies, phoques, morses, etc. Dans beaucoup de contrées lointaines, il doit exister des dépôts de phosphates analogues, évidemment destinés à entrer tôt ou tard dans les cultures de la vieille Europe.

L'importance des engrais osseux ne saurait donc nous échapper, et pour qu'on en introduise 50 millions de kilogrammes par année en Angleterre, il faut évidemment que leur action sur les plantes soit énergique. En Allemagne, on n'a pas méconnu leurs avantages. Le rapport de M. Barral au jury mixte de l'Exposition Universelle de Paris, nous apprend que dans l'usine de MM. Fitcher et fils, à Atzgersdorf, près Vienne, les os d'abattoir sont soumis à l'action de la vapeur sous l'influence d'une haute pression. Cette méthode, brevetée en Allemagne, rend la friabilité de l'os assez grande. Avant l'emploi de ce moyen, la pulvérisation de l'os demandait des machines très coûteuses, composées de cylindres broyeurs aciérés ; maintenant des meules , semblables à celles des moulins d'huileries , suffisent pour opérer la division des os. Les liquides des chaudières sont employés pour la fabrication d'engrais azotés.

Les moulins à pulvériser les os sont très nombreux en Angleterre. A Hull (comté d'York) et dans les environs de Londres , on en compte un grand nombre qui peuvent broyer jusqu'à 20,000 kilog. de matière par jour.

. Dans un rapport adressé à M. Dumas , sur quelques industries agricoles de l'Angleterre , M. Payen a donné , en 1850 , quelques détails intéressants sur les modifications qu'éprouvent les os dans cette contrée , où il n'est pas rare de voir un fermier en consommer pour 15 ou 20,000 fr. par an.

Les os peuvent être broyés : 1º par des *bocards*, espèces de pilons munis inférieurement de marteaux en fonte; 2º par des meules verticales en fonte ou en granit, du poids de 2 à 3,000 kilog. ; 3º enfin par des machines à cylindres en fonte dure , armés de dents , qui tournent en sens contraire avec des vitesses différentes. La machine écossaise d'Anderson, construite sur ce principe , peut broyer par heure environ 1,500 kilog. d'os bruts.

Voici comment on opère dans la fabrique de M. Hunter; j'emprunte le récit de cette opération au rapport de M. Payen :

« Les os sont apportés dans une trémie, au fond de laquelle se trouvent deux cylindres dont l'un est formé de sept grands disques de vingt-cinq centimètres de diamètre , épais , dentelés, séparés les uns des autres par des disques de quinze centimètres de diamètre.

» L'autre cylindre présente six grands disques séparés de

même par des disques d'un diamètre plus petit , de telle
manière que les grands disques de l'un des cylindres pénètrent dans les intervalles compris entre les grands disques
de l'autre.

» Les os engagés ainsi dans des *porte-à-faux* se brisent
assez facilement. Si les os sont frais , on les jette dans
une chaudière chauffée par la vapeur et à demi-pleine d'eau
à + 100°.

» La matière grasse , liquéfiée , s'échappe des cellules qui
la renferment et vient surnager , tandis que les os tombent
au fond.

» On peut en retirer ainsi environ 5 % (1) de graisse
que l'on emploie dans l'usine même à la fabrication du
savon.

» Les fragments d'os obtenus sont mêlés avec d'autres os
secs, brisés de la même manière, et on les réduit en plus
petits fragments en les faisant passer entre des cylindres plus
rapprochés. On sépare ensuite, à l'aide d'un blutoir cylindrique en tôle de fer percée, les plus gros morceaux,
pour les broyer de nouveau.

» Chez M. Hunter , une machine de huit chevaux
suffit au broyage de 7,500 kilog. d'os par jour , et une
partie de la force de cette machine est utilisée pour d'autres
opérations. »

Comme vous le voyez , Messieurs, ces machines sont
dispendieuses et la modification des os, sous l'influence de
la vapeur à haute pression , permettrait , ainsi que je l'ai
mentionné tout-à-l'heure , d'en simplifier généralement les
dispositions.

M. Rohart, qui vulgarise avec un zèle remarquable dans

---

(1) Ce rendement est celui auquel j'ai fait allusion page 216.

A. B.

l'*Annuaire des engrais*, tous les problèmes pratiques relatifs à la production et à l'emploi des matières fertilisantes , a proposé l'emploi d'un petit appareil très simple qu'il appelle *casse-os* et dont voici la description.

C'est une mailloche soulevée par deux poignées et retombant sur un billot métallique, qu'on peut à la rigueur remplacer par une pierre dure.

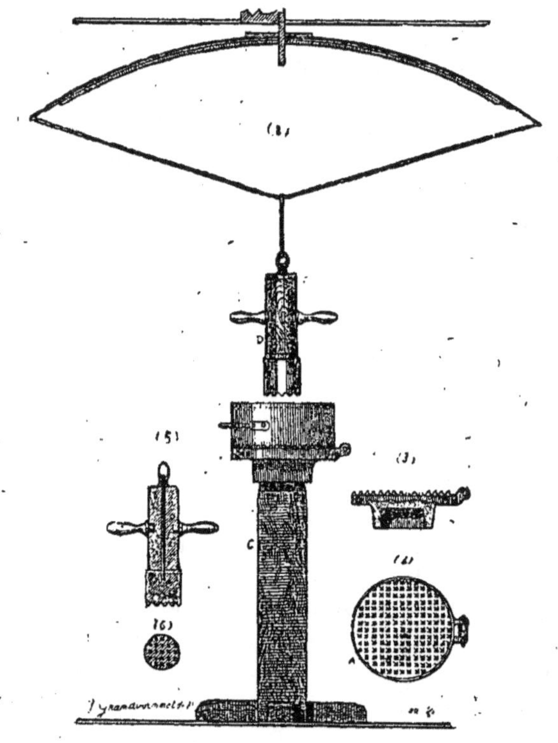

Les figures 5 et 6 donnent la coupe et le plan inférieur de la mailloche. La figure 3 donne le détail du billot qu'entoure une cuvette d'un facile déplacement. L'élasticité de l'arc qui surmonte l'appareil indique suffisamment son jeu. Le *casse-os* dont le prix est de 55 fr. et qui permet de concasser par jour 300 kilog. d'os, *préalablement roussis au four*, est destiné à prendre place dans les fermes où il permettra de diviser facilement des débris trop souvent négligés (1).

La torréfaction des os d'une manière spéciale est appliquée à Nantes par M. Leroux, qui traite tout à la fois les cornes et les os, pour les rendre friables et d'une décomposition facile. M. Leroux a organisé sur une échelle industrielle la modification de ces matières à température peu élevée. Sous cette influence, l'os devient d'un jaune assez riche, perd toute sa matière grasse et n'offre plus à la pulvérisation la résistance qui d'ordinaire rend cette opération difficile. Dans cette torréfaction

(1) Un cultivateur de Bretagne s'exprime ainsi dans une lettre adressée à M. Rohart :

« Les os séchés à l'air me coûtent en ce moment (novembre 1861) 9 fr. les 100 kilog. Le broyage au moyen du brise-os, après torréfaction au four, me coûte, y compris cette dernière opération, 2 fr. Les os perdent au four de 15 à 25 °/₀ ; mais, en réalité, ce n'est pas là une perte de richesse, puisque c'est tout simplement de la vapeur d'eau qui s'envole, et que la richesse agricole de mes os ne fait que se concentrer dans un poids moindre.

» Ils me reviennent, tout prêts à mettre en terre ou sur mes fumiers, à 11 fr. Les 5 kilog. d'azote qu'ils renferment, au minimum, valent au moins 7 fr. 50 c. ; j'ai donc, pour 3 fr. 50 c., 55 kilog. de phosphates parfaitement assimilables, puisque déjà ils ont été assimilés deux fois : par les végétaux, qui les ont pris au sol, et par les animaux, qui les ont extraits de ces mêmes végétaux pour les fixer dans leur organisme. C'est, vous le voyez, du phosphate de chaux qui, grâce à votre précieux ouvrage et à vos bons conseils, me revient à 6 fr. 40 c. les 100 kilog.

» Depuis deux ans que j'emploie ce moyen, j'ai pu opérer sur près de 200,000 kilog. d'os. »

Annuaire des engrais. Avril 1862.

qui s'opère d'une manière ingénieuse, à l'aide d'un vaste cylindre de tôle mobile autour de son axe, l'os abandonne une très faible dose d'azote. Je me suis assuré que des os contenant 4,56 d'azote avant d'être introduits dans l'appareil, en contenaient 4,20 à leur sortie; or, si l'on tient compte de l'état de friabilité et d'isolement presque absolu des principes gras où se trouve désormais l'osséine modifiée et pénétrée de sels calcaires, on comprend l'avantage obtenu.

Les os torréfiés dans l'usine de M. Leroux renferment en moyenne :

Matière organique azotée..................	35
Résidu siliceux..........................	traces.
Phosphate de chaux et phosphate de magnésie.	60
Carbonate de chaux, sels solubles et perte..	5
	100

Constatons aussi qu'en France — à Thiers — et dans plusieurs localités du Puy-de-Dôme où l'agriculture utilise avec beaucoup d'à-propos les débris de la fabrication des manches de couteaux, on emploie, pour diviser cet engrais, une petite machine bien simple. C'est une espèce de râpe tournante contre laquelle on presse les os dans une trémie doublée en forte tôle ou en plaques de fonte. La pression s'exerce au moyen de leviers. On obtient ainsi une pulpe comparable à de la sciure de bois grossière.

Quel que soit au surplus le procédé physique employé pour rendre plus rapidement assimilables les os bruts ou modifiés par la chaleur, il ne peut qu'atténuer, sans les détruire, certaines conditions de résistance aux affinités chimiques du sol, qui sont propres à la molécule même du phosphate osseux.

On a demandé à la chimie des moyens plus efficaces, et, comme toujours, la chimie est intervenue fort utilement.

On a dû, tout d'abord, faire appel à des observations depuis longtemps acquises à la science et constater que, soit sous l'influence des eaux atmosphériques chargées d'acide carbonique ou de sels divers, soit pendant la fabrication de la gélatine au moyen de l'acide chlorhydrique, le phosphate de chaux peut être enlevé au tissu organique, abandonner la substance azotée à laquelle il est uni dans l'os, et entrer dès-lors en dissolution. Il ne s'agissait plus que de réaliser en grand le même phénomène de dissolution, et c'est précisément ce qu'on a fait, mais en substituant l'acide sulfurique à l'acide chlorhydrique des fabricants de gélatine.

En 1843, le duc de Richemond (1) fit des essais de transformation du phosphate osseux au moyen de l'acide sulfurique. Modifiées et répétées sur une très grande échelle, ces tentatives prouvèrent que, sur certains sols où les os n'agissent que lentement, le *superphosphate donne d'excellentes récoltes*. Que se passe-t-il sous l'influence de l'acide sulfurique ? Nous allons l'examiner.

---

(1) M. Nesbit s'exprime ainsi au sujet des premières tentatives de fabrication des superphosphates : « Longtemps on a dû, pour obtenir un effet très sensible,
» employer par acre une grande quantité d'os; lorsque la récolte était
» enlevée, on en trouvait dans le sol ou à la surface une grande partie complè-
» tement intacte et n'ayant par conséquent exercé aucune action sur ce sol.
» Ce fut le célèbre Liebig, qui découvrit que si les os étaient rendus plus
» facilement solubles, ils produiraient sur le sol un effet plus actif et néces-
» siteraient moins de dépense. Il conseilla de les rendre solubles par un
» procédé déjà connu des chimistes. Les os peuvent être dissous d'une
» multitude de manières; l'une d'elles, l'emploi de l'acide sulfurique connu
» depuis soixante ans, fut celle que Liebig recommanda. Il conseilla donc
» d'attaquer les os par l'acide sulfurique, de telle façon qu'une partie de la
» chaux fût dissoute et que l'acide phosphorique fût rendu libre. »

NESBIT. — (*Conférences sur la chimie agricole*, pag. 33).

L'acide attaque tout d'abord le carbonate de chaux de l'os, met l'acide carbonique en liberté et forme du plâtre (sulfate de chaux), qui se précipite. Mais le phosphate des os est également attaqué; l'acide sulfurique se combine avec une portion de sa chaux. De là, formation nouvelle de plâtre. D'autre part, l'acide phosphorique, séparé ainsi de la chaux à laquelle il était uni, concourt à la formation d'un groupe nouveau. C'est le *phosphate acide* de chaux dont je vous parlais dans notre dernière conférence, et que l'on appelle très improprement *perphosphate* ou *superphosphate* de chaux, pour exprimer qu'il contient une dose maxima d'acide phosphorique. Or, à cette dose maxima sont intimement liées des conditions très importantes de solubilité.

M. Lawes de Rothamsted qui fabrique le *superphosphate* sur une grande échelle, déclarait, il y a peu de temps, que l'emploi de cet engrais avait été, pour l'Angleterre, le commencement d'une ère agricole nouvelle. La culture des turneps y a puisé des éléments énormes de fécondité.

Cet industriel ajoute *que l'acidification permet de rendre utiles dans certains sols, où les os n'agissaient que très peu, des phosphates désormais transformés.* Rappelez-vous, Messieurs, que je vous ai signalé la réaction acide de certaines landes comme cause de transformation de phosphates inertes dans des terrains calcaires. Il y a, dans ces faits, une frappante et significative analogie.

Il est un autre fait, Messieurs, sur lequel tous les bons esprits sont d'accord. Lorsqu'on confie au sol du biphosphaste de chaux, on n'a pas pour but de mettre à la disposition de la plante une dissolution propre à l'assimilation immédiate. Par son acidité, cette dissolution serait corrosive et mortelle aux organes délicats du végétal. Il est évident, au contraire, qu'elle subit promptement dans la

terre d'importantes modifications chimiques. L'acide phosphorique en excés s'unit aux bases terreuses ou alcalines ,
et le *phosphate des os* régénéré se précipite sous forme
gélatineuse. Or, sous cette forme, il se répartit très facilement. *L'acide carbonique, les sels ammoniacaux, les
combinaisons salines diverses le dissolvent.* Que dis-je ? *Non
seulement elles le dissolvent, mais elles le transforment.
Des échanges de bases s'effectuent, des réactions multiples
et mystérieuses interviennent,* et bientôt les phosphates de
potasse, de magnésie et de chaux, nous apparaissent
comme partie intégrante du végétal. Ce végétal *n'a donc
pas absorbé de biphosphate de chaux ,* mais le biphosphate
obtenu sous l'influence d'un procédé industriel a été l'une
des combinaisons les plus favorables à la migration de la
molécule d'acide phosphorique , qui, pour la plupart des
cultures, doit nécessairement abandonner sa base pour en
saturer de nouvelles.

Est-ce à dire que ce soit nécessairement sous forme de
phosphates que le végétal contienne *tout* son phosphore ?
Non, bien certainement. Dans les matières organisées ,
animales ou végétales, il y a une certaine quantité de cet
élément, à un état d'association mal défini jusqu'à ce jour,
mais analogue à celui de l'azote et du soufre. Lorsque le
chimiste analyse les cendres de la matière morte, il trouve
à la vérité de l'acide phosphorique libre ou combiné, mais
rien ne prouve que *tout* cet acide préexistât dans la
matière vivante (1). Bien au contraire.

(1) L'acide oléophosphorique des chimistes est probablement le cadavre de
la combinaison phosphorée graisseuse de l'économie. Des expériences que je
poursuis depuis plusieurs mois, ne me laissent aucun doute sur les inconvénients
des méthodes jusqu'à ce jour employées par la science pour éclairer l'histoire
du phosphore physiologique. Des réactions de laboratoire effectuées sur des substances en partie décomposées ne peuvent conduire qu'à des résultats erronés.

Pour le défrichement de nos landes de Bretagne, et, en général, Messieurs, pour la mise en culture de nos terrains granito-schisteux à réaction acide, et dont les propriétés dissolvantes pour les phosphates vous sont bien connues, les superphosphates ne sont pas nécessaires; ils n'auraient donc pour nous qu'une médiocre importance, si, à la théorie de leur fabrication et de leur emploi, ne se rattachait étroitement l'explication de faits généraux observés dans l'emploi de tous les engrais à base de phosphates.

Dans un sol peu fertile et où il voulait comparer l'action des os acidifiés et des os à l'état de poudre, M. Augustin Wœlcker, professeur au Collége agricole de Cirencester, a fait quelques expériences sur la culture du navet. Voici les chiffres obtenus par cet expérimentateur :

Engrais.	Produit par hectare.
Pas d'engrais.............	13,000 kilog.
Poudre d'os..............	22,000
Poudrette...............	23,000
Superphosphate..........	34,021

Les expériences faites par M. Lawes lui ont fourni quelques résultats que je veux aussi vous soumettre.

En fumant à l'aide du superphosphate uni à des matières azotées, M. Lawes a obtenu huit récoltes de turneps représentant 78 tonnes de produit, tandis que la même terre, non imprégnée d'engrais, n'en avait rendu que 24 tonnes.

Le turneps ayant été introduit tous les quatre ans dans un assolement, M. Lawes a également obtenu :

Terre sans engrais........ 1848 — 9 tonnes.
Id................... 1852 — 1.
Superphosphate de chaux.. 1848 — 18
Id................ 1852 — 13

Voici maintenant l'influence du superphosphate de chaux dans la culture de l'orge, pendant une période de quatre années :

	Terre sans engrais.	Superphosphate seul.	Superphosphate et sels ammoniacaux.
	Boisseaux par acre.	Boisseaux par acre.	Boisseaux par acre.
1852....	27,1 —	28,1 —	38,2
1853....	25,3 —	33,3 —	40,0
1854....	35,0 —	40,2 —	60,2
1855....	31,0 --	36,0 —	47,3

L'influence de l'acide phosphorique et de l'azote est ici tellement manifeste, que les chiffres par lesquels elle est exprimée dispensent de tout commentaire.

C'est en vue d'arriver à une utile association de l'azote et de l'acide phosphorique; c'est aussi pour obtenir la précipitation du phosphate basique à l'état gélatineux, que les fabricants anglais, après avoir fait agir l'acide sulfurique sur les os, ajoutent à la masse, des sels ammoniacaux, des matières animales, puis des cendres, et de la sciure de bois, du poussier de charbon, de la terre sèche, ou même du noir animal:

M. Thompson, professeur de chimie à l'Ecole de médecine de Bristol; M. Way, conseiller chimiste de la Société royale de Londres; M. Nesbit et quelques autres praticiens très exercés, aux avis desquels l'agriculture de nos voisins doit des améliorations nombreuses, ont écrit d'excellents articles sur les modifications dont le phosphate de chaux basique est l'objet. Pour nous, Messieurs, qui avons lieu de nous fier à la nature toute spéciale de nos sols siliceux et de leur couche végétale primitive lorsqu'il s'agit de l'assimilation des phosphates, ces documents n'ont qu'une importance relative. Je me bornerai, en ce qui concerne les *superphosphates*, à mettre sous vos yeux quelques analyses de types commerciaux exécutées par M. Way :

Superphosphate de chaux. — Qualité supérieure.

	1.	2.	3.
Humidité	14,71	9,66	3,75
Matière organique et sels ammoniacaux	10,18	14,50	21,35
Biphosphate de chaux (soluble)	18,50	14,34	15,45
Phosphate basique de chaux (insoluble)	6,35	15,72	1,12
Sable	9,98	2,83	9,72
Sulfate de chaux hydraté	36,63	36,12	40,04
Sels alcalins	3,65	6,83	8,57
	100,00	100,00	100,00

Superphosphate de chaux. — Qualité inférieure.

	1.	2.	3.
Humidité	11,58	11,83	9,18
Matière organique et sels ammoniacaux	8,33	5,21	8,60
Biphosphate de chaux (soluble)	1,61	2,58	2,90
Phosphate basique de chaux (insoluble)	23,45	0,06	18,79
Sable	6,41	5,07	7,41
Sulfate de chaux hydraté	26,64	74,98	50,08
Sels alcalins	21,98	0,27	3,04
	100,00	100,00	100,00

Et s'il vous semble étrange, Messieurs, que de tels engrais puissent être le résultat du traitement des os par l'acide sulfurique, j'ajouterai que les os d'équarrissage et de boucherie ne sont pas les seuls éléments de cette industrie des superphosphates, dont l'importance s'accroît chaque jour en Angleterre. Les os fossiles, des débris nombreux de races éteintes, des phosphates cristallins, provenant de la Norwége, sont chaque jour acidifiés, puis mélangés à des sels ammoniacaux, à des cendres, etc. ; de telle sorte que les différences de composition peuvent naturellement s'expliquer en pareil cas. A la vérité, la fraude y est souvent pour quelque chose.

Vous devez facilement comprendre, Messieurs, que le développement immense de l'industrie du *superphosphate* en Angleterre ait été une prime offerte à l'importation dans ce pays du phosphate de chaux. Cela explique comment les prairies de l'Amérique du Sud, où chaque année l'on abat cinq millions de bœufs ou de vaches pour en avoir la peau, ont tout d'abord fourni leur apport de phosphates à nos voisins. Puis sont venus les os fossiles, les curieux excréments d'animaux antédiluviens, désignés sous le nom de *coprolithes,* les concrétions analogues dites *pseudo-coprolithes,* puis encore les *apatites* de Norwége, utilisées sur une grande échelle par M. Lawes, et enfin la phosphorite d'Espagne, dont on s'est borné jusqu'à ce jour à expérimenter les propriétés.

Ainsi, au moment où l'on semblait manquer d'acide phosphorique, et où l'on profanait, dit-on, les champs de bataille pour en disputer les ossements aux influences dissolvantes de l'air et du sol, la géologie, aidée de la chimie, démontrait qu'il s'agit bien plutôt de transporter et de modifier des phosphates que de commenter leur utilité. Telle contrée recèle assez de phosphate de chaux pour construire des villes entières; telle autre possède un sous-sol dont il ne s'agit que de fouiller les profondeurs pour en retirer les débris phosphatés de races animales éteintes.

Le procédé employé pour mélanger l'acide sulfurique aux phosphates minéraux est bien simple. Il consiste généralement à réduire ces phosphates en poudre fine au moyen de meules en pierre, et ensuite à agiter cette poudre dans des cylindres de fer avec de l'acide sulfurique d'une densité de 1,7; on ajoute souvent un peu d'eau. Les proportions habituelles sont de 30 à 40 parties d'acide pour 60 de la matière sèche. Si la fabrication est habilement dirigée, le produit forme une masse solide qu'il est facile de triturer. Souvent le plâtre ou des matières analogues sont ajoutés au mélange pour le rendre plus sec et d'une prompte pulvérisation.

Le superphosphate de chaux est emballé en sacs contenant environ deux quintaux anglais (soit 224 livres anglaises, qui représentent à peu près 100 kilogrammes); il s'en fait des expéditions pour toutes les parties de l'Angleterre. La plus grande partie est employée par les fermiers pour la culture des turneps à la dose de 280 livres anglaises par acre, soit 314 kilogrammes par hectare. On a trouvé utile de mélanger l'engrais avec de la terre calcinée ou avec des cendres de houille pour pouvoir le répandre facilement. On le sème généralement en lignes avec les semoirs en même temps que la semence. Quelquefois aussi on le délaye dans de l'eau pour le répandre à l'aide des semoirs à engrais liquide. L'époque à laquelle on fait l'épandage de cet engrais est mai, juin et juillet. Il accélère la croissance de la plante pendant les premiers âges de la végétation et la fait échapper aux ravages des insectes *turnips fly*. Il augmente aussi beaucoup la proportion des racines par rapport aux feuilles. Il produit des avantages analogues pour les betteraves, et, pendant ces dernières années, il a été aussi employé en quantité considérable pour la culture de l'orge ; alors on en met une dose moins forte par hectare. Il convient, dans ce cas, de le mélanger par partie égale avec du guano du Pérou et de semer à la volée ; on donne un léger labour, puis un coup de herse avant de semer le grain.

Certains guanos spéciaux ne renfermant que peu ou point d'azote constituent de véritables carrières de phosphate de chaux basique. Les fabricants anglais ont employé ces guanos pour la fabrication des superphosphates. L'un des produits ainsi fabriqué a été introduit sur le marché de Nantes depuis un an environ sous le nom de *Phospho-peruvian-guano*. Ce nom était mauvais, il prêtait à l'équivoque et pouvait faire supposer au consommateur que le superphosphate ainsi désigné était un engrais analogue au guano du Pérou. Or, cela n'est pas. Sur mon insistance, les fabricants anglais ont dû reconnaître qu'il était indispensable de changer le nom de leur engrais et ils se sont exécutés.

Le phospho-guano introduit à Nantes m'a donné à l'analyse les résultats suivants :

		Somme des phosphates.
Humidité	10,60	
Matières organiques et sels ammoniacaux	13,68	
Sable	2,50	
Matières solubles composées de sels alcalins, acide sulfurique en excès et phosphate acide de chaux	27, "	
(L'acide phosphorique de ces matières solubles équivaut en phosphate de chaux des os, à		31,73)
Phosphate de chaux des os	8,94	8,94
Sulfate de chaux	37,28	40,67
	100, "	

Azote, 2,68 °/₀.

En résumé, cet engrais renferme 2,68 d'azote, et une quantité d'acide phosphorique correspondant à 40,67 de phosphate des os, dont 31,73 sont à l'état soluble dans l'eau (1).

Ces chiffres, vous démontrent, Messieurs, que ce superphosphate agira non-seulement par son acide phosphorique, mais aussi par ses matières azotées. Nous aurons donc occasion de revenir sur sa composition en parlant des engrais mixtes.

A ces détails pratiques sur la fabrication des superphosphates, j'ajouterai quelques mots dans le but de bien fixer vos idées sur l'emploi de ces engrais.

Ainsi que je vous l'ai déjà dit, ce n'est pas à l'état de solution acide et corrosive que les plantes absorbent l'acide phosphorique. Il faut donc considérer la solubilité communiquée aux phosphates par l'acide sulfurique comme un moyen de les répartir tout d'abord, puis de les précipiter ensuite à l'état de grande division sous l'influence des bases neutralisantes du sol. En 1861, M. Voelcker, chimiste consultant de la Société royale d'agriculture d'Angleterre, a publié un mémoire (2) sur l'action des superphosphates dans le domaine de l'école d'agriculture de Cirencester. On sema des navets de Suède (*Skirving's-Swedes*) et on employa divers engrais. Or, la récolte fut exprimée par les chiffres suivants :

(1) J'ai trouvé dans cet engrais de notables quantités d'arsenic. La présence de ce corps s'explique facilement en raison de l'emploi des pyrites pour la fabrication de l'acide sulfurique.

(2) *Journal de la Société d'agriculture d'Angleterre*, t. xxii, p., 69, 1861.

N.os des expériences.	NATURE ET QUANTITÉ D'ENGRAIS PAR HECTARE.	PRODUITS par hectare.	ACCROISSE-MENT par hectare par rapport à la parcelle sans engrais
		kil.	kil.
1	38,085 kilog. de fumier de ferme	47,062	9,702
2	38,085 — de fumier de ferme et 254 kilog. de superphosphate	44,025	6.665
3	380 — de superphosphate	44,645	7,285
4	127 — de superphosphate	44,025	6,665
5	304 — 8 de superphosphate	53,692	14,332
6	380 — de gypse (sulfate de chaux hydraté)	42,440	5,080
7	254 — de superphosphate et 127 kilog. de guano du Pérou	47,155	9,795
8	380 — de guano du Pérou	47,947	10,587
9	127 — de sulfate d'ammoniaque	40,352	2,992
10	Pas d'engrais	37,360	»
11	380 kilog. de poudre d'os fine	46,925	9,565
12	254 — de sulfate d'ammoniaque	42,892	5,532
13	380 — d'engrais pour turneps (2,87 d'azote et 25 de phosphate, dont 8 à l'état soluble)	50,962	13,602
14	127 — de nitrate de soude	47,130	9.770
15	762 — d'engrais pour turneps. (Même observation que ci-dessus)	51,687	14,327
16	380 — de sel ordinaire	40,150	2,790
17	380 — de cendres d'os dissoutes	52.775	15,415
18	380 — de cendres d'os dissoutes et 127 kilog. de sulfate d'ammoniaque	51,665	14,305
19	380 — de sulfate de potasse	43,230	5,870
20	380 — de cendres d'os dissoutes et 127 kilog. de nitrate de soude	53,387	16,027
21	38,085 — de fumier de ferme et 380 kilog. de superphosphate	43,982	6,622
22	38,085 — de fumier de ferme et 380 kilog. de superphosphate	45,475	8,115

L'action favorable du superphosphate est ici évidente ; mais ce qu'il ne faut pas oublier, c'est que le sol de Cirencester renfermait 4 % de carbonate de chaux, 1,24 % de potasse et d'autres bases bien susceptibles de neutraliser l'acide en excès et de décomposer le phosphate acide en précipitant du phosphate basique de chaux à l'état gélatineux. Ce ne sont pas là, Messieurs, les conditions où se trouvent nos terres de landes dépourvues de chaux et dont l'acidité est tellement manifeste que leur décoction aqueuse entraîne rapidement le phosphate de chaux ainsi que je vous le démontre en ce moment par l'expérience. Nos terres dissolvent parfaitement les phosphates basiques ; ne faisons donc point intervenir l'acide sulfurique dans la fabrication des engrais que nous leur destinons.

Au surplus, les phosphates acides réunissent plus particulièrement dans la production des racines : « Ce sont, dit M. Nesbit, les engrais les plus propres à la culture des turneps ; » mais, ajoute ce chimiste agronome : « Les engrais les plus favorables à la culture du froment sont ceux qui renferment de l'azote avec une certaine quantité de phosphates. »

Je crois, Messieurs, que vous ferez bien de tenter dés essais à l'aide des superphosphates, mais avec prudence, dans des circonstances spéciales, et en calculant avec soin le prix de revient de l'engrais. Toutefois, je crois pouvoir affirmer que dans le plus grand nombre des cas, ce ne sera pas l'engrais qui conviendra à vos cultures.

Malgré le proverbe : *les os font le bon bouillon,* dont M. Girardin attribue l'origine et la conservation à une touchante sollicitude des bouchers pour les intérêts de nos ménages, il faut reconnaître, Messieurs, que l'eau bouillante n'enlève guère aux os que de la graisse et des traces de matière animale (1). Si, toutefois, on les attaque dans des chaudières autoclaves à une température de 121 à 135 degrés, sous la pression de 2 à 3 atmosphères, ils se dépouillent de leur osséine qui se transforme en gélatine. Le bouillon peut alors se prendre en gelée et servir à la fabrication de la colle forte. Lorsque cette opération est bien conduite, le résidu renferme :

Matière organique	18,8
Silice	0,8
Phosphate de chaux et de magnésie	76,4
Sels solubles dans l'eau	0,8
Carbonate de chaux, etc	3,2
	100,0

Azote, 14 millièmes.

Telle est la composition des résidus que l'importante fabrique de MM. Coignet produit sur une vaste échelle et

(1) Le tissu cellulaire extrait des os, c'est-à-dire l'osséine ou la *gélatine brute* du commerce, peut, étant désséché, se conserver fort longtemps sans altération, et beaucoup mieux que lorsqu'il a été converti en gélatine soluble. Les faits suivants démontrent combien la matière animale des os est susceptible d'une longue conservation. Les os d'hommes et d'animaux qu'on tire des catacombes d'Egypte renferment encore, après 3,000 ans, tout le tissu cellulaire qui leur est propre. M. de Gimbernat ayant traité par l'acide chlorhydrique faible des fragments d'os fossiles du *mammouth de l'Ohio* et de *l'éléphant de Sibérie*, animaux qui, selon Cuvier, sont morts depuis plus de 4,000 ans, parvint à en extraire la substance animale dont il put former de la gélatine. Celle-ci, de même nature que celle obtenue des os frais de boucherie, fut mangée à la table du préfet de Strasbourg, où, pour la première fois sans doute dans notre siècle, on se nourrit d'une matière animale qui existait avant le déluge. Ceci se passait en 1814.

GIRARDIN. — (*Leçons de chimie élémentaire*, vol. II, pag. 740).

carbonise ensuite pour les expédier à Nantes où ils sont employés comme engrais. J'ai eu occasion d'analyser récemment des matières analogues renfermant 57 °/₀ seulement de phosphate de chaux , mais l'azote représentait 2,5 °/₀ de l'engrais. Selon que le travail du fabricant de colle est plus ou moins convenable, vous vous expliquez que le résidu des autoclaves soit plus ou moins dépouillé de tissu animal.

Souvent c'est à l'aide de l'acide chlorhydrique que l'on isole l'osséine ou — pour employer le mot industriel — la *gélatine brute* de l'os. La liqueur acide se charge en ce cas de phosphate acide de chaux et de chlorure de calcium ; à l'aide d'un lait de chaux ou de liquides ammoniacaux, on peut précipiter le phosphate basique, on le lave alors et on le livre au commerce qui le fait entrer dans les composts.

En opérant sur plusieurs centaines de milliers de kilogrammes , M. Rohart a obtenu de ces eaux acides — qui marquent 14 à 18 degrés — une moyenne de 10 kilogrammes 650 de phosphate de chaux basique par hectolitre ; soit une valeur qui approche de deux francs. Pendant de longues années, cependant, ces matières précieuses ont été complètement négligées, considérées même comme un résidu fort embarrassant et jetées dans les rivières toutes les fois qu'on a pu le faire sans éveiller l'attention des conseils de salubrité !

Le produit de la carbonisation des os mérite surtout de fixer notre attention. Parler du noir animal dans cette enceinte, c'est rappeler une radicale transformation dans l'agriculture locale ; je traiterai donc ce sujet avec tous les développements qu'il comporte.

Depuis 1820 environ, M. Ferdinand Favre, maire de Nantes, d'un côté, et M. Payen, de l'Institut, de l'autre ,

ont signalé le parti que l'on pouvait tirer du noir animal.
Il a fallu toutefois que le temps, cet auxiliaire puissant du
progrès, intervînt comme élément du problème pour en
amener la solution. Ce n'est point chose facile que de
modifier une routine agricole. Un numéro de l'*Ami de la
Charte*, écrit à la date du 3 mai 1829 et qui me tombe
sous la main, contient les lignes suivantes qui le prouvent :
« Un petit chargement de noir, arrivé de Bordeaux, fut
» mis en chantier où il resta invendu. Transporté plus tard
» à Pont-Rousseau, il fut lentement détaillé à bas prix à
» quelques cultivateurs de la Vendée, qui ne tardèrent
» pas à reconnaître la vertu active de ce nouvel engrais. »
Les avis réitérés de la *Société Académique* de Nantes,
les expériences nombreuses faites aux environs de cette
ville, en Vendée et en Bretagne, ne tardèrent pas à
montrer l'immense part que pouvait tirer l'agriculture des
landes et des terrains argilo-schisteux de l'emploi du noir
animal comme engrais.

Dans l'origine, les essais faits à Paris par M. Payen et
les raffineurs Santerre et Mallet, les expériences en grand
tentées à Nantes par MM. Rissel et Jollin, étaient basés sur
l'utilisation d'une seule substance. On ne pensait alors
qu'au résidu fin très azoté, dans lequel le blanc d'œuf ou
le sang, une minime proportion de chaux, quelques traces
de sucre et du noir d'os proprement dit constituaient une
masse essentiellement propre à devenir le siége d'une fermentation active. On reconnut plus tard que si certains
terrains demandent impérieusement un tel engrais, il en
est où l'action favorable du noir en grains des filtres
Dumont est très avantageuse. On reconnut enfin que tous
les résidus osseux azotés ou non azotés, fins où grenus,
rapidement assimilables ou réfractaires aux dissolvants,
devaient être pour l'agriculture une précieuse ressource,

soit qu'on appliquât spécialement aux défrichements l'action des noirs en grains, *ou même des produits vierges fins,* soit qu'on associât ces engrais difficilement assimilables à des substances susceptibles d'une active fermentation.

Bientôt ce résidu, employé dans les environs de toutes les raffineries à remblayer les terrains, fut déterré avec un empressement remarquable ; la pratique agricole avait consacré cette loi proclamée *à priori* par la science, et qui prescrit de rendre au sol tout ce que la culture et l'élevage en ont enlevé. Les résidus de raffinerie, vendus bientôt à raison de 2 fr. l'hectolitre, atteignirent rapidement les prix de 5, 10, 12 et 14 fr.

Dans la période décennale qui finit en 1850, la valeur du noir animal a progressé en raison des demandes nombreuses que devaient provoquer les immenses défrichements accomplis. Je constatais par exemple (1) dans mon rapport sur l'exercice 1855-56 que le prix du noir d'Amsterdam pour le consommateur qui l'achetait à Nantes, s'élevait à 14 fr. 50 c. l'hectolitre, et que les noirs de Bordeaux, de Nantes et de Marseille, trouvaient facilement acheteur à 17, 18 et 17 fr. 50 c. A cette époque, j'évaluais à 23 %, l'élévation du prix de cet engrais comparé à sa valeur de 1853.

En septembre 1861, les résidus de raffinerie étaient vendus aux prix qui suivent :

Résidu de clarification de Nantes.. (64 % de phosphate de chaux et 15 millièmes d'azote). — 18 fr. l'hectolitre.

Résidu de clarification de Nantes.. (55 % de phosphate de chaux et 19 millièmes d'azote). — 11 fr. 50 c. l'hectolitre.

(1) Rapport à Son Exc. le Ministre de l'agriculture sur le commerce des engrais à Nantes, pendant l'exercice 1856-57.

Résidu de clàrification de Marseille. (68 % de phosphate de chaux et 12 millièmes d'azote). — 15 fr. 50 c. l'hectolitre.

Résidu de clarification de Bordeaux. (65 % de phosphate de chaux et 14 millièmes d'azote). — 17 fr. 25 c. l'hectolitre.

Noir animal du nord de la France mélange de grain et de poudre, provenant du noir épuisé des filtres et des poussières de blutage. 60 % de phosphate de chaux et 15 % de carbonate de chaux, traces d'azote). 15 fr. l'hectolitre.

Noir petit grain de Russie...... (80 % de phosphate de chaux.) — 15 fr. l'hectolitre.

Noir gros grain, même provenance (70 % de phosphate de chaux.) — 14 fr. 50 c. l'hectolitre.

Les poids de ces engrais variaient de 90 à 115 kil.

La quantité d'eau des résidus de clarification était en moyenne de 25 %. Celle des noirs de filtres variait de 10 à 15 % (1).

Il est difficile de se faire une idée de l'activité et de l'importance des transactions effectuées à Nantes chaque année, notamment de mars à septembre, à l'occasion des ventes de noir animal. Dans ce port arrivent à la fois les résidus de clarification de Paris, de Bordeaux, de Marseille, du Havre, d'Orléans, de Lisbonne, de Londres, de Hambourg, d'Amsterdam, de Rotterdam, de Stettin, de Venise, de Kœnigsberg, de Gottembourg, etc., les noirs en grains de Saint-Pétersbourg, de Riga et de New-York, les résidus de la

____

(1) *Rapport à M. le conseiller d'Etat, préfet de la Loire-Inférieure, sur l'emploi des engrais de 1850 à 1860.*

11

revivification et du blutage des sucreries indigènes, les noirs fins provenant de carbonisation des os après extraction de la gélatine, puis les produits de la calcination des déchets de boutonnerie, etc., etc. Au surplus, je ne saurais mieux caractériser cet énorme mouvement de substances fertilisantes qu'en vous soumettant des chiffres officiels.

J'établissais en 1851 que la quantité de noir animal livrée sur le marché de Nantes représentait une valeur de 18,872,120 francs et que 2,500,000 hectolitres environ de tourbe divisée avaient été mélangés à ce noir. Dans la période de 1850 à 1860, la consommation agricole a donné lieu à une vente de 29,222,466 fr. correspondant à un volume de 2,086,942 hectolitres, ainsi que l'établit le tableau que je place sous vos yeux :

Relevé des quantités de noir animal introduites sur le marché de Nantes, de 1850 à 1860.

ANNÉES.	Introduction du noir animal parcabotage et long-cours exprimée en kilog.	Production des Raffineries locales exprimée en kilog.	Introduction par le chemin de fer d'Orléans exprimée en kilog.	QUANTITÉ totale.	Quantité totale exprimée en hectolitres.	PRIX de l'hect.	PRIX approximatif de la vente au consommateur à Nantes.	OBSERVATIONS.
1851..	17,096,818	1,900,000	Mémoire.	18,996,818	199,966	14	2,799,524	Les introductions par chemin de fer ont été confondues jusqu'en 1857 avec la production locale.
1852..	16,899,662	2,000,000	Id.	18,899,662	198,837	14	2,783,718	
1853..	16,893,561	2,000,000	Id.	18,893,561	198,879	12	2,386,654	
1854..	16,416,551	2,000,000	Id.	18,416,551	193,858	13	2,520,154	
1855..	12,252,755	2,000,000	Id.	14,252,755	150,028	15	2,250,420	
1856..	16,179,181	2,000,000	Id.	18,179,181	191,359	15	2,870,385	
1857..	15,867,000	2,500,000	Id.	18,367,000	193,336	14	2,706,704	
1858..	14,576,176	2,500,000	6,196,000	23,372,176	246,022	14	3,444,308	
1859..	16,258,827	2,500,000	5,870,500	24,629,327	259,256	14	3,629,584	
1860..	13,685,145	2,500,000	8,078,000	24,263,145	255,401	15	3,831,015	
Totaux	156,225,676	21,900,000	20,144,500	198,270,176	2,086,942	14	29,222,466	

Si nous voulons nous rendre un compte très exact de la composition du noir animal, il nous faut prendre pour base l'analyse de l'os de bœuf par Berzélius ; elle est ainsi représentée :

Cartilage soluble dans l'eau bouillante... 33,6

Phosphate de chaux.................... 56,4

Carbonate de chaux................... 3,8

Phosphate de magnésie.............. 2,7

Sels alcalins........................ 3,5

100,0

On s'explique facilement quelles modifications la carbonisation et le blutage doivent apporter à la composition de l'os. Voici deux types que l'on peut considérer comme de bonnes moyennes commerciales :

DÉSIGNATION.	Azote pour mille.	Charbon et matière organique.	Sels solubles dans l'eau.	Résidu siliceux.	Alumine et oxyde de fer.	Phosphate de chaux et de magnésie.	Carbonate de chaux.	Perte.
Noir en grain.	9,5	10,8	0,8	2,8	0,7	81;7	3,0	0,2
Noir fin (1)..	11,2	12;6	1,0	2,7	0,7	73,1	8,0	1,9

(1) Si le noir fin était fabriqué avec la totalité de l'os, il aurait la même composition que le noir en grains.

Tels sont les noirs vierges. Examinons maintenant les changements qu'ils éprouvent lorsqu'ils ont été soumis pendant l'opération du raffinage ou de l'extraction du sucre indigène aux différentes opérations auxquelles ils étaient destinés.

Je ne m'occuperai tout d'abord que de la clarification.

La clarification s'opère en mélangeant à la solution de sucre brut une petite proportion de lait de chaux, puis du sang défibriné qu'on pourrait remplacer par du blanc d'œuf, ainsi que cela a lieu dans certaines raffineries de l'étranger. On élève la température. L'albumine est coagulée. Le caillot, divisé par le noir et la chaux, forme une masse fendillée qui, lavée et pressée, constitue le *noir fin*, dont les raffineries de Paris, Marseille, Bordeaux, Nantes, etc., approvisionnent l'agriculture.

Les noirs purs de raffinerie sont de plusieurs qualités : aussi leur prix est-il lui-même très variable. Cela tient à la manière de travailler des raffineurs. Il y a des raffineurs, en effet, qui clarifient le sucre dans des chaudières où, pour 100 kilogr. de sucre, ils jettent deux litres de sang de bœuf et deux ou trois kilogr. de noir d'os en poudre. D'autres augmentent la quantité de noir d'os jusqu'à six, sept, huit kilogrammes : cela se faisait surtout il y a une vingtaine d'années. Il en résulte que le noir d'os résidu de raffinerie contient plus ou moins de sang, de sucre, etc., selon les fabriques où on le produit. En ce moment, la raffinerie Cézard de notre ville emploie une quantité de sang considérable, de telle sorte que le phosphate de chaux est relativement peu abondant dans ses résidus, tandis que l'azote y dépasse la dose de 3 %.

Quelquefois dans le traitement des qualités inférieures de sucre, les raffineurs reprennent le noir ayant déjà servi à une clarification, et le mettent de nouveau en contact avec

du sirop mélangé de sang et de chaux. La richesse
en matière azotée augmente alors beaucoup , et le
phosphate de chaux diminue proportionnellement. En tout
état de cause, le noir ne saurait être employé plus de
deux fois, car il perd rapidement sa propriété décolorante;
en outre , il devient spongieux, élastique , difficile à
laver et à presser. Du reste, les produits sucrés inférieurs
étant numériquement moins importants que les autres , un
tel résidu de raffinerie n'entre que peu dans la masse du
noir animal livré pour l'amélioration du sol. A défaut
d'analyse, le cultivateur doit donc, en achetant un noir,
tenir compte du procédé qui a servi à l'obtenir, car, selon
ce procédé, l'azote ou l'acide phosphorique sont en quantité
plus ou moins considérable dans l'engrais. Mais, ce qu'il
doit se bien garder de faire, lui agriculteur, c'est de
suivre l'exemple des marchands qui , en vue des mélanges
auxquels ils se livrent, accordent un prix de convention
à la finesse, au velouté de la teinte et en général à des
caractères extérieurs, sans aucune utilité réelle pour le
consommateur. En un mot, les engrais susceptibles de
noircir de grandes quantités de tourbe ont un excédant
de valeur commerciale dont l'agriculteur n'a pas à tenir
compte.

Vous le voyez, Messieurs, autant de procédés, autant
de noirs à composition distincte. Aussi les raffineries de
Nantes n'opérant pas dans des conditions identiques,
livrent-elles des résidus de clarification très différents les
uns des autres. Voici des chiffres que j'ai relevés sur mon
registre d'analyse et que je crois utile de vous soumettre
pour bien fixer vos idées sur ce point :

Composition des résidus de clarification de Nantes.

DÉSIGNATION du RÉSIDU.	AZOTE pour MILLE.	CENT PARTIES RENFERMENT					
		CHARBON et matière organique.	SELS solubles.	RÉSIDU siliceux.	PHOSPHATE de chaux et de magnésie.	CARBONATE de chaux.	ALUMINE oxyde de fer et perte.
Noir vierge.............	11,2	12,60	1,00	2,70	73,1	8,00	2,60
Résidu de la raffin. Massion-Rozier..	19,5	21,00	1,60	5,00	64,5	7,00	0,90
Id. Étienne...	20,1	29,50	1,90	5,50	55,0	8,10	1,00
Id. N. Cézard.	36,0	45,02	2,00	5,00	44,00	2,80	1,00

Il résulte de ce tableau que l'on devra, avant de fixer son choix sur le résidu de clarification d'un établissement, réfléchir mûrement à la nature du terrain que l'on veut fertiliser ainsi qu'aux besoins spéciaux des cultures à entreprendre.

Les noirs de Bordeaux, très appréciés des marchands d'engrais en raison de leur finesse, de leur homogénéité et de leur belle couleur noire (1) bleuâtre, exhalent une odeur franche de fermentation acide, et ont, en général, une composition analogue à celle que je vous ai signalée tout à l'heure comme propre aux noirs de la raffinerie Massion-Rozier de Nantes.

Depuis plusieurs années on expédie de Bordeaux, aux environs de Nantes, un noir factice produit avec une déplorable habileté. Il est en mottes, offre la cassure, la couleur et même l'odeur du noir de Bordeaux. Je fais passer sous vos yeux un échantillon de cette matière. Un chargement débarqué à Lavau, près de Nantes, m'a fourni les chiffres analytiques que voici :

Charbon et matière organique	23,50
Sels alcalins	1,80
Sable fin ferrugineux	17, »
Phosphate de chaux et de magnésie	48,50
Carbonate de chaux et perte	9,20
	100,00

(1) Ces caractères rendent leur incorporation dans les mélanges très facile; la richesse de leur teinte permet en outre de noircir à leur aide d'assez fortes quantités de tourbe.

Ce noir étant présenté au consommateur comme noir pur de Bordeaux, je demande, Messieurs, par quel moyen l'agriculture peut être mise en garde contre la fraude, si des écriteaux indicateurs de la composition ne l'éclairent pas et ne paralysent pas une industrie coupable au premier chef ?

Ces résidus sont extrêmement favorables à la culture du sarrazin. Ils fournissent rapidement de l'azote et des phosphates très assimilables.

Il arrive de Stettin, de Gottembourg, de Kœnigsberg, de Magdebourg, de Cologne, de Copenhague, de Londres, des résidus de raffineries riches en azote et en phosphates assimilables, et au sujet desquels je crois inutile de fournir des chiffres analytiques.

Les noirs de Trieste et de Venise sont de belle qualité. Une moyenne, calculée sur neuf chargements que j'ai analysés depuis cinq années, a fourni 66 centièmes de phosphate de chaux. Ces engrais sont homogènes, assez fins et justement recherchés.

Jusqu'à présent, je ne vous ai parlé, Messieurs, que des noirs provenant de la clarification. Mais il arrive sur le marché de Nantes des quantités considérables de noir animal ayant une origine toute autre. Ces noirs ont servi purement et simplement à la filtration ; après de nombreuses revivifications, ils ont été mélangés aux *sons* provenant du blutage à des *écumes de défécation,* puis enfin expédiés dans nos localités pour les besoins de l'agriculture. Ces noirs sont secs, grisâtres, de texture variable. Ils ne fermentent pas et sont très chargés de carbonate de chaux. Leur composition est donc complètement distincte de celle qui caractérise les *résidus de clarification.* Vous pouvez en juger.

DÉSIGNATION des Noirs.	Azote pour mille.	100 Parties renferment				
		charbon et matière organique.	sels solubles.	résidu siliceux	phosphate de chaux et magnésie.	carbonate de chaux.
Valenciennes........	7,5	10,7	0,3	7,5	66,0	15,5
Provenance inconnue	10,2	11,0	0,1	8,7	56,0	24,2
Lille	10,1	11,2	0,1	10,0	55,0	23,7
Id.............	9,7	19,1	0,1	8,0	57,0	15,8
Id.............	8,2	25,7	0,2	7,0	49,0	18,1
Id.............	10,3	16,8	0,1	5,0	58,0	20,1

Vous voyez, Messieurs, que dans le travail des jus de betterave, le noir sert tout autant en *absorbant* l'alcali du saccharate de chaux qu'en réagissant par sa porosité sur la matière colorante. On s'explique parfaitement dès-lors qu'un ingénieux expérimentateur, M. Corenwinder, ait proposé d'essayer commercialement le noir animal en examinant, au moyen de solutions sulfuriques titrées, ce qu'un volume fixe de saccharate de chaux liquide cède d'alcali à une quantité pondérale également fixe de noir animal.

Sous le nom de noirs de Russie, on désigne des noirs qui ne sont pas toujours d'origine commune. Quoi qu'il en soit, on entend spécifier par ces mots des résidus dont la teinte est grisâtre ou mate, l'odeur nulle, la quantité de carbone très minime, et le grain variable de 1 millimètre à 3 et 4 millimètres de diamètre moyen. Ils sont particulièrement recherchés par l'agriculture de la Sarthe, de la Mayenne, et, en général, des localités où les landes chargées de détritus organiques constituent le sol arable. Voici la composition chimique de quelques-uns d'entre eux :

DÉSIGNATION des Noirs.	Azote pour mille.	100 Parties renferment				
		char-bon et matière organi-que.	résidu siliceux	sels solu-bles.	phos-phate de chaux.	carbo-nate de chaux.
Saint-Pétersbourg .	14	14,9	2,0	1,1	65,2	16,8
Id...............	15	17,3	6,7	0,9	65,0	10,1
Riga.............	6	6,2	6,0	0,8	72,0	15,0
Id...............	7	8,6	11,0	2,0	71,6	6,8
Id...............	5	7,0	2,0	1,0	85,3	4,7

Les noirs de Marseille contenaient , il y a une dizaine d'années, 65 à 70 °/₀ de phosphate de chaux; ce principe n'y est guère contenu aujourd'hui qu'à la dose de 65 °/₀. Cela résulte des modifications apportées dans le travail du raffinage. Voici la composition moyenne des noirs de Marseille analysés dans mon laboratoire en 1862 :

Charbon et matière organique......... 20,00

Résidu siliceux..................... 6,00

Sels solubles...................... 1,10

Phosphate de chaux et de magnésie.... 64,00

Carbonate de chaux et perte.......... 8,90

100,00

Azote, 18 pour mille.

Il y a quinze ans environ, ces noirs étaient quelquefois fraudés à l'aide de lignites pulvérisés. Cette falsification n'a plus lieu aujourd'hui.

Les noirs de Hambourg sont fortement odorants, riches en matière organique végétale, très chargés de silice, et se recouvrent rapidement de moisissures. Ils sont fort souvent mélangés au sortir des raffineries avec des résidus de distillerie ou des substances végétales analogues. Il y a à Hambourg des industriels qui s'occupent spécialement de ce mélange, et qui, après avoir traité avec les raffineurs, livrent ultérieurement les noirs aux négociants de Nantes. Toutefois, ces parasites sont de plus en plus gênés dans leur rôle intermédiaire par la préférence très naturelle des acheteurs pour la transaction directe avec les raffineries.

Les noirs de Hambourg contiennent de 45 à 55 pour 100 de phosphate de chaux, de 22 à 26 pour 100 de matière organique. Le sable y varie de 8 à 22 pour 100, et cette haute dose de matière inerte tient d'une part à la nature des sucres bruts, eu égard à la petite dose de noir employée, de l'autre à la falsification fréquente de l'engrais par des substances étrangères à l'industrie du raffinage.

Les noirs d'Amsterdam et de Rotterdam sont caractérisés par une forte odeur putride et une teinte grise qui ne peut être dissimulée que sous l'influence du mouillage.

Ici encore nous retrouvons l'action intense et persévérante de la fraude qui constitue l'industrie de ce que les négociants de Nantes appellent les *repasseurs*. Un repasseur est un habitant d'Amsterdam ou de Rotterdam qui achète le noir en raffinerie, le lave de manière à en retirer quelques traces de sucre (à l'état d'alcool probablement), puis le livre au marchand d'engrais après y avoir incorporé adroitement et à chaud des substances étrangères, telles que résidus

.de fromageries (1), de distilleries, tourteaux, etc. Ces *repasseurs* offrent quelquefois au raffineur de lui rendre poids
pour poids de la substance en lui payant une prime qui
s'élève jusqu'à 1 fr. les 100 kilogr. On comprend facilement
que de telles conditions ne seraient point compensées par
la simple extraction du sucre laissé dans le noir. Ce *repas-
sage* n'eût-il que l'inconvénient d'enlever au résidu des
matières fermentescibles, devrait déjà être évité. Au surplus,
certains importateurs de Nantes prennent aujourd'hui leurs
précautions pour échapper à ses conséquences, et l'un d'eux,
négociant honorable, s'il en fût, me communiquait une
lettre d'un vendeur d'Amsterdam où se trouvait le passage
suivant : « Lorsqu'on achète *de deuxième main*, il faut s'attendre
à ce qu'il y ait addition d'argile et d'autres substances dans
le noir » et plus loin « nous ne faisons pour notre part aucun
mélange avec d'autres matières *comme le font généralement
ici les marchands qui s'occupent spécialement de cet engrais.* »

Si je vous cite ces lignes, Messieurs, c'est pour démontrer que souvent la proportion de résidu siliceux provenant
naturellement de certains sucres ne peut être invoquée
comme source unique des matières inertes contenues
à haute dose dans les résidus expédiés d'Amsterdam et
de Rotterdam. Toutefois, comme le fait inverse peut se
présenter, il en résulte une véritable confusion qui nuit à
l'élévation de prix des engrais de cette provenance. Ici
surtout l'origine ne dit absolument rien, et l'analyse seule
est significative pour l'agriculteur.

(1) Le capitaine M...., de la rivière la Vilaine, me fut adressé par un courtier
de commerce de Nantes en mai 1851. Il venait de Rotterdam, dont il avait dû
quitter précipitamment le port pour affaires de famille. Pour ne pas perdre son
voyage, il avait demandé un chargement de *résidu pur de raffinerie*, et on
lui avait livré un mélange à odeur de fromage sur lequel il dut perdre 3,000 fr.
environ.

Et pour vous prouver , Messieurs , que certains sucres sont de nature à apporter des quantités considérables de sable dans les noirs , je vous signalerai un fait que j'ai pu constater moi-même ; le voici :

J'ai prié une personne digne de toute confiance de relever à Amsterdam les données d'une clarification. Cette opération comportait les chiffres suivants :

2,000 à 2,500 k. de sucre dissous.

50 à 100 k. de noir animal provenant du blutage de la revivification.

2^k,500 à 3 k. de sang de bœuf.

30 œufs.

Analysé à Nantes, le résidu de cette opération m'a fourni 29 pour 100 de matière organique (représentant 24 millièmes d'azote), 36,7 pour 100 de phosphate de chaux , et 27,5 de résidu siliceux. Le sucre raffiné provenait de Bahia.

Un sucre de la Havane , soumis à la clarification par le même procédé, a fourni un résidu contenant 13 pour 100 de sable , et 50 pour 100 de phosphate.

Pour épuiser ce sujet , je vous citerai l'analyse exécutée en 1852 dans mon laboratoire : sur deux échantillons parfaitement authentiques , l'un de noir vierge d'Amsterdam , — ce noir était un *son* de revivification , — l'autre du même noir après la clarification.

DÉSIGNATION de la Substance.	Charbon et matière organique.	Résidu siliceux.	Phosphate de chaux et de magnésie.	Carbonate de chaux sels solubles, etc.
Noir vierge.......	11,1	4,7	75,2	9,0
Le même ayant servi une fois	23,5	17,2	51,7	7,6

En général, les noirs d'Amsterdam et de Rotterdam exhalent une odeur vineuse extrêmement prononcée et qui n'a rien de désagréable au moment de l'arrivée. La fermentation qui se développe dans la masse rend celle-ci brûlante. Après quelque temps d'emmagasinage, les noirs d'Amsterdam se couvrent d'une moisissure très abondante.

J'extrais de mon registre quelques analyses de noirs d'Amsterdam et de Rotterdam exécutées au point de vue commercial.

DÉSIGNATION des Substances.	Azote pour mille.	Charbon et matière organique.	Résidu siliceux	Sels solubles.	Phosphate de chaux et de magnésie.	Carbonate de chaux, etc.
Résidu authentique d'Amsterdam....	21,0	31,0	17,5	2,8	44,5	4,2
Id...............	19,5	28,0	14,8	2,0	51,0	4,2
Id...............	18,0	28,5	14,5	2,2	53,0	2,8
Noir de Rotterdam.	17,0	25,5	21,2	2,0	47,0	4,3
Id...............	13,0	17,4	12,2	0,6	60,0	7,8

Vous connaissez, Messieurs, les résidus osséux de la fabrication de la gélatine. Je vous ai signalé les circonstances de leur production et leur composition chimique. Si on les soumet à la carbonisation en vase clos et au blutage, on obtient un noir animal fin d'une couleur noire mate et qui contient pour cent de matière sèche :

Charbon.............................	6,5
Sable...............................	1,4
Phosphate de chaux et de magnésie........	83,4
Carbonate de chaux , etc...............	8,7
	100,0

Cette substance est aujourd'hui fort estimée à Nantes où elle entre dans les composts à dose assez importante.

Je vous signalerai enfin les noirs vierges livrés directement à l'agriculture au sortir de l'usine où s'opère la carbonisation des os. Les défrichements ont souvent reçu de ces noirs que leur nature fait plus spécialement rechercher du reste pour la fabrication d'engrais composés. Je me hâte d'ajouter que beaucoup de cultivateurs intelligents carbonisent eux-mêmes les os qu'ils recueillent avec soin , les mélangent ensuite avec des substances organiques azotées et en obtiennent ainsi des résultats excellents. Cela ne doit pas vous surprendre.

Les noirs que l'on trouve dans le commerce nous offrent donc une série de types dans laquelle la substance organique s'élève progressivement et le phosphate de chaux décroît d'une manière inverse. L'agriculteur doit apprécier si, en raison du terrain et de la culture , il doit acheter de préférence un noir très chargé de matières fermentescibles ou un noir analogue à ceux de Russie, du nord de la France, etc. Vous savez, Messieurs , que les marchands appellent les premiers des noirs *chauds*. Ils font allusion à la fermentation et à la température élevée qui s'y développe. Nul doute que, dans un sol maigre et pour la culture rapide du sarrazin, un tel engrais ne donne de très bons effets. S'agit-il d'un sol riche en détritus organiques à réaction acide ? s'agit-il d'une culture qui comporte un long séjour de l'engrais dans le sol, on comprend alors que le noir vierge, que les résidus carbonisés de la gélatine , que les noirs de Russie soient préférés. Il est difficile, en résumé, de donner sur ce point autre chose que des règles générales.

Les chiffres que je vous ai soumis et qui expriment la nature des différents noirs offerts à la consommation

agricole , permettent de classer les noirs en deux catégories :
1° *le noir résidu de raffinerie proprement dit* , matière riche
en azote et en phosphate calcaire et contenant dans une
heureuse proportion les principes les plus utiles aux
végétaux ; 2° *le noir animal* , substance le plus souvent
grenue , ayant subi un grand nombre de revivifications ,
et dont l'emploi réussit spécialement dans le défrichement
des landes.

Les effets du noir riche en azote et en phosphate , sur
les sols argilo-siliceux de la Bretagne et d'une partie de la
Vendée , sont parfaitement connus. Il existe des domaines
dans lesquels , depuis trente années, cette substance réussit
à merveille. Mais ce qu'il faut remarquer , c'est que si ,
dans les terres épuisées par une longue culture , les *noirs
résidus de raffinerie* sont les engrais surtout convenables ,
en revanche les terres des landes riches en matière organique végétale , et propres dès-lors à favoriser la solubilité
des phosphates par leur acide carbonique , sont fertilisées
avec un grand avantage par le *noir animal* , alors même
que ce dernier est grenu et qu'il ne contient point de
matière azotée en notable proportion.

Ainsi, encore une fois, deux faits bien tranchés qu'on
peut résumer ainsi :

Pour les terres pauvres en matières organiques, — emploi
de noir azoté ayant servi à la clarification.

Pour les landes chargées de substances organiques, source
incessante d'acide carbonique, — emploi du noir animal le
plus souvent grenu.

Cela est tellement vrai que l'observateur qui parcourrait
la Mayenne, la Bretagne et la Vendée, pourrait en quelque
sorte déterminer *à priori* les terrains où tel des noirs que je
viens de citer serait employé avec le plus de succès : il lui
suffirait pour cela d'examiner les espaces , de moins en

moins vastes , où existent des landes et ceux qui sont
en culture depuis longtemps. C'est ce que M. le
vicomte de Romanet , auteur d'un travail communiqué à
l'Académie des sciences , en mars 1852, a pu vérifier il y a
quelques années, pendant l'excursion agronomique qu'il fit
dans l'Ouest.

L'action favorable du noir animal réside-t-elle dans le
phosphate de chaux ou dans l'azote assimilable qu'il renferme ? J'avoue, Messieurs, que je regrette de voir poser
des questions complexes sous une telle forme. Il faudrait
tout d'abord savoir de quel noir on veut parler. S'il s'agit
d'un noir très pauvre en matière fermentescible, on ne peut
nier que le phosphate de chaux ne soit son élément d'action principal ; mais si l'on fait allusion à certains résidus
de clarification riches en matière azotée, il faut reconnaître
que des phénomènes multiples caractérisent leur rôle dans
le sol arable. On peut représenter la valeur d'un noir de
Russie ou d'un noir vierge en exprimant sa richesse en
phosphate , cela est évident; mais on ne saurait se dispenser,
pour spécifier un noir des raffineries de Nantes, Amsterdam ou Hambourg, de donner son analyse complète.

Dans les résidus de clarification, la propriété fertilisante,
disais-je tout à l'heure, est due à des causes multiples. Sang
coagulé , charbon poreux, sirop en fermentation, acides
qui en dérivent, phosphates terreux, tout concourt à
donner à l'engrais une action des plus favorables ; voilà la
vérité.

Si on prend un noir fin, provenant de la clarification, et
qui ait séjourné une quinzaine de jours dans la cour de
l'usine où il a été produit, on remarque qu'il est couvert
de moisissures et que sa température est élevée. Soumis à
l'ébullition avec de l'eau distillée, ce noir donne lieu, après
la filtration, à une solution jaune clair franchement acide,

dans laquelle l'ammoniaque détermine, au bout de quelques instants, un assez volumineux précipité de phosphate de chaux. Les acides carbonique, acétique, butyrique, produits par la fermentation, la matière organique, le saccharate de chaux, les sels ammoniacaux, tout concourait donc à dissoudre le phosphate de cháux.

J'ai voulu me rendre compte de la dose de phosphate de chaux qui pouvait être rendue soluble sous les influences que je viens de développer. J'ai trouvé une occasion favorable pour effectuer, avec précision, cette expérience dans les circonstances que je vais décrire.

Une raffinerie d'Amsterdam opérait, en 1852, la clarification en employant les proportions suivantes de substance :

2,000 à 2,500 kilogr. de sucre.

50 à 100 kilogr. de noir.

$2^k,500$ à 3 kilogr. de sang de bœuf.

30 œufs.

Le noir provenait du blutage des gros noirs revivifiés. Le résidu de la clarification contenait, d'après mon analyse :

29 pour 100 de matière organique.

36,7 pour 100 de phosphate de chaux.

L'azote de la substance s'élevait à 24 pour 1000.

A son arrivée à Nantes, le chargement avait subi une fermentation extrêmement énergique : la température variait dans la masse, de 30 à 45°. Une odeur extrêmement piquante et une forte vapeur acétique se dégageaient par les panneaux du navire.

Un dosage effectué avec soin me permit de reconnaître que ce résidu de la raffinerie d'Amsterdam contenait déjà 3 millièmes de *phosphate des os* solubles dans l'eau.

Réfléchissez maintenant, Messieurs, à toutes les influences qui, dans le sol, viennent s'ajouter à de telles réactions et vous vous expliquerez que l'acide phosphorique puisse être rapidement enlevé du sol par les plantes.

Donc la matière azotée du noir de raffinerie joue, *tant par son action directe que par son action intermédiaire relativement aux phosphates*, un rôle des plus importants dans l'utilisation agricole de cet engrais.

Une série de comparaisons nombreuses, effectuées sur les engrais riches en acide phosphorique employés dans les terrains de l'Ouest, m'a également permis d'établir que si le noir animal résidu de raffinerie est un corps essentiellement précieux pour l'agriculture, ce n'est pas seulement parce que contenant de fortes proportions de phosphate de chaux, il peut, dans des sols argilo-siliceux, donner la matière minérale nécessaire au développement d'une grande quantité de céréales; ce n'est pas uniquement non plus parce qu'offrant sous un petit volume une foule de principes très disséminés dans les fumiers, il peut, relativement à ces derniers corps, jouer le rôle d'un alcaloïde eu égard au végétal dont il est extrait; mais plutôt encore parce que, dans l'ensemble des éléments qu'il renferme au sortir de la chaudière à clarification, réside une solidarité de réactions extrêmement remarquable à tous égards. La meilleure preuve de la justesse de cette opinion se trouve dans la dissemblance assez notable d'un noir animalisé par les procédés du raffineur, et *au sein de la matière sucrée*, avec un noir artificiellement animalisé dans la chaudière improvisée d'un marchand d'engrais, ainsi que cela s'est, du reste, pratiqué à différentes reprises.

Je ne prétends certes pas qu'on ne puisse ainsi faire d'excellents engrais, je me borne à signaler une différence appréciable.

En résumé, pour une rotation de dix années, il est certain que, *dans nos contrées,* deux noirs de raffinerie également riches en phosphate. de chaux donneront , à peu de chose près , le même résultat final ; mais en bonne économie agricole, où l'intérêt des capitaux affectés à la culture doit être strictement considéré, il faut produire vite, et diminuer autant que possible le fonds dormant d'une exploitation ; de telle sorte qu'un grand avantage agronomique résultera toujours — à dose égale, et je dirai même quelque peu inférieure — de l'emploi d'un noir animal notablement azoté. L'activité inprimée à la végétation, tant par le rôle propre de la matière animale que par la solubilité qu'elle communique indirectement au phosphate, compense largement l'intérêt du capital que l'inactivité d'un noir peu assimilable forcerait à enfouir dans le sol cultivé.

Là où existent des conditions bien tranchées d'acidité du sol , là où des substances organiques abondent, les phosphates sont soumis aux influences dissolvantes très énergiques et leur effet est immédiat. Au contraire, si le calcaire prédomine, ou encore si le sol arable est suffisamment riche en phosphates assimilables , il est convenable de délaisser le noir animal pour adopter les engrais azotés. C'est un fait sur lequel je n'insisterai pas parce qu'il est devenu banal ; mais j'appellerai votre attention sur les causes premières auxquelles il faut l'attribuer.

Les cultivateurs bretons et vendéens savent parfaitement que le marnage , le chaulage , l'écobuage lui-même sont défavorables à l'action du noir. La chaux, disent-ils, *brûle le noir.* Dans les noirs de sucrerie du Nord où le carbonate de chaux s'élève quelquefois à 24 % , l'action du phosphate de chaux est souvent paralysée pendant quelque temps ; aussi les emploie-t-on de préférence pour les associer à des composts riches en substance organique, tels

que la tourbe animalisée, et où, par conséquent, les principes
dissolvants sont accumulés.

M. Moll a expérimenté sur une lande d'excellente
qualité qui était récemment défrichée ; il a employé lé noir
de sucrerie riche en carbonate de chaux ; les acides du
sol saturés par le carbonate ont été sans action marquée
sur le phosphate et les résultats ont été très médiocres.

Pour étudier l'influence du chaulage sur les terres
fumées à l'aide du noir animal, M. Moll a également
fait à diverses reprises l'expérience suivante dont les
résultats ont été constants. Une pièce de lande, récemment
défrichée, fut divisée en trois parties : la première reçut
4 hectolitres de noir à l'hectare ; dans la deuxième, on
mit une quantité de chaux variant de 30 à 100 hectolitres
à l'hectare, plus 4 hectolitres de noir répandu comme
d'habitude, en même temps que la semence sur le terrain
chaulé ; la troisième enfin, ne reçut que de la chaux aux
mêmes doses que dans la seconde partie.

Cette troisième partie, lorsque le chaulage dépassait 50
hectolitres, a donné généralement d'assez beaux produits
en blé et avoine, quoique inférieurs à ceux de la partie
purement fumée au noir ; mais il n'y a jamais eu qu'une
végétation languissante dans la deuxième partie qui avait
reçu du noir et de la chaux. Des dommages occasionnés
par les bestiaux et les oiseaux ont empêché de constater le
chiffre exact du produit de ces trois parties ; mais l'aspect
de la végétation suffisait pour faire apprécier les différences
qu'aurait présentées leur rendement (1).

M. le vicomte de Romanet a souvent observé l'action
presque insignifiante du noir animal employé à la dose de

(1) *Rapport de MM. Barral et Moll à la Société d'encouragement*, 23
janvier 1856.

4 hectolitres 1/2 par hectare , dans des terres de bruyère préalablement marnées (1). Les mêmes effets se sont produits chez M. Chambardel. « Un tombereau de marne, » dit cet agriculteur, qui était tombé par mégarde sur ma » lande , a rendu stériles toutes les parties qui avaient » subi le contact de la matière calcaire , tandis qu'au » contraire la récolte était magnifique tout autour. » Tous ces faits ont une origine commune : *la faculté dissolvante primitive du sol paralysée par la neutralisation de ses acides.*

« Dans le Centre-Ouest, au dire de M. Moll, l'écobuage a toujours été défavorable à l'action du noir, » et cela se comprend, puisque les matières organiques si propres à dissoudre les phosphates sont éliminées par l'action de la chaleur. Si ce fait est moins marqué en Bretagne , cela tient probablement aux fortes proportions de potasse qui interviennent alors en l'absence de matière organique pour favoriser la solubilité et la transformation du phosphate de chaux.

Remarquez enfin, Messieurs, que l'eau des landes, bien connue par ses effets nuisibles sur les prés, perd ses inconvénients lorsque le noir a agi sur le défrichement. Ici le principe humique acide de ces eaux a été utilisé par la nature et la dissolution du phosphate de chaux en a été la conséquence.

Je ne développerai pas, Messieurs , les prodigieuses transformations accomplies dans l'Orléanais, la Sologne, etc., sous l'influence du noir animal.

« Un de mes fermiers, disait il y a dix ans M. le vicomte de Romanet (2), n'a employé, l'année dernière, sur une étendue de 10 hectares semée en seigle, que 2 1/2 à 3

(1) *Du noir animal ,* par M. le vicomte de Romanet , 1852.
(2) *Loco citat.*

hectolitres par hectare , et je dois dire que sa récolte m'a paru très satisfaisante ; mais. le terrain sur lequel il a opéré était une bruyère versée depuis près de deux ans , qui avait été hersée un grand nombre de fois, et se trouvait ainsi, quant à l'action de l'air atmosphérique , dans les meilleures conditions possibles. »

Le même agriculteur donnait les détails suivants sur l'action du noir animal en Sologne :

« L'action si énergique du noir de raffinerie ne suffit pas pour faire obtenir des terres neuves, même riches en de tristes végétaux, toutes les plantes alimentaires indistinctement. Si dans ces sortes de terres,, le seigle , semé avec du noir, donne presque toujours, dès la première année, une récolte satisfaisante, le froment semé dans les mêmes conditions, ne réussit , en général , que la, seconde ou la troisième année. Le trèfle commun ne prospère que plus tard; et quant au sainfoin , cette plante qui vient dans les terrains les plus arides, dans les fissures de roches même, pourvu que ces roches soient calcaires , je n'ai jamais pu , en employant cependant une quantité très considérable de noir, lui faire atteindre 10 centimètres de hauteur dans les terrains complètement dépourvus de calcaire que je cultive; la plupart des graines ne lèvent même pas ; le trèfle incarnat se montre presque aussi rebelle ; mais il n'en est pas ainsi de la vesce qui, semée avec du noir, fournit, dès la seconde année, d'abondantes récoltes. Le trèfle blanc et la luzerne viennent bien mieux que le trèfle commun ; seulement la luzerne dure peu, parce que sa racine pivotante rencontre presque toujours dans ces sortes de terrains un sous-sol impénétrable , en sorte qu'il faut la traiter comme du trèfle, c'est-à-dire comme plante bisannuelle.

» Je prends pour exemple, dit M. de Romanet, une

ferme, comme il y en a tant dans les départements du centre, composée de 7 à 8 hectares de prés naturels qui, de mémoire d'homme, n'ont pas été fumés ; et rapportent une très petite quantité de foin plus ou moins mélangé de jonc ; de 80 à 100 hectares de terres labourables, et d'environ 80 à 100 hectares de bruyères ou landes qui servent au pâturage des bestiaux en général, mais plus spécialement des bêtes à laine. Il faut d'abord faire remarquer que ces bruyères ne sont pas stériles pour le cultivateur, comme on l'a si souvent répété ; elles produisent de la laine ; elles produisent des élèves dans les races bovine, chevaline, et surtout ovine ; elles produisent aussi de l'engrais pour les terres labourables : et, en effet, à l'aide de ces landes ou bruyères, le cultivateur qui occupe la ferme dont j'ai parlé entretient, toute l'année, un troupeau de brebis mères qui couchent seulement à l'étable, sans y prendre de nourriture (si ce n'est pendant les fortes neiges, cinq à six jours par an tout au plus) , et dont le fumier , ajouté à celui de ses bêtes d'attelage et de ses vaches, lui permet d'engraisser tant bien que mal ses terres labourables.

» Je suppose maintenant qu'il défriche, en peu d'années, le tiers de ses bruyères, soit 30 hectares : il sera obligé de réduire son troupeau d'un tiers , car il n'aura pas la ressource d'abandonner au pâturage, par compensation , une étendue équivalente de ses vieilles terres, puisque, pendant les trois premières années environ , les bruyères défrichées sans le concours du noir animal ne donnent pas de récoltes. Il diminuera donc d'un tiers la somme des engrais que lui produisait son troupeau, et en même temps il augmentera, dans une égale proportion, l'étendue de ses terres labourables qu'il lui faut nécessairement fumer pour en tirer parti. Il marche donc rapidement à une ruine inévitable. S'il pouvait, à la place de ses bruyères, obtenir des prairies artificielles, le résultat serait bien différent : il remplacerait le pâturage par la nourriture à l'étable; il aurait moins de frais de garde et plus de fumier.

» Mais il n'en est pas ainsi : dans les terrains maigres et dépourvus de calcaire où se trouvent le plus ordinairement les bruyères, aucune plante de celles qu'on cultive pour former des prairies artificielles ne peut réussir sans le marnage. Or, le marnage est souvent impossible, à cause de la distance où se trouve la marne, qui manque même totalement dans la plupart de ces contrées ; il faut donc qu'il subisse la peine de ses imprudents défrichements. Telle est l'exacte vérité sur les défrichements de bruyères opérés dans les circonstances ordinaires; vérité qui, malheureusement, n'a jamais été dite, et c'est là ce qui ruine successivement tous ces cultivateurs qui viennent des départements du Nord et de l'Est apporter quelques économies dans un pays dont ils ne connaissent ni les avantages ni les dangers.

» Prenons maintenant une ferme semblable, et plaçons-y un cultivateur, étranger ou régnicole, peu importe, mais intelligent et connaissant les ressources que lui offre le noir de raffinerie. Je suppose qu'il défriche d'abord 5 hectares de bruyères, pour continuer de même chaque année, tant qu'il y trouvera de l'avantage: il les ensemence immédiatement, en employant pour engrais du noir animal; et, si nous admettons qu'il soit assez sage pour ne pas chercher à augmenter considérablement, dès la première année, sa récolte en grains, il laissera pour la pâture une superficie égale, soit 5 hectares environ de vieilles terres, en sorte qu'il ne changera rien à son troupeau. Dès-lors, il lui restera une quantité de fumier d'étable proportionnée à

l'étendue des terres neuves auxquelles il aura appliqué pour
engrais du noir de raffinerie.

» Que fera-t-il de ce fumier? C'est là que je vois , pour
la Sologne et pour toutes les provinces qui possèdent beaucoup de landes ou bruyères, un moyen d'amélioration
certain et immédiat ; non plus par des semis de bois résineux
que la grande propriété opère dans ses provinces depuis
bien des années et dont les proportions dépassent déjà les
limites des besoins locaux ; non plus par des semis de chêne
et autres bois non résineux, lesquels, bien qu'ils réussissent généralement, ne produisent de revenu réel qu'après
un long espace de temps et sont, par cela même, hors de
la portée des petits propriétaires, semis qui , d'ailleurs ,
tendent encore , les uns comme les autres , à dépeupler
des contrées où la population se trouve déjà trop clairsemée ;
mais par une production nouvelle de bestiaux et de céréales
pouvant , avec les bois qui existent déjà en abondance ,
répondre à tous les besoins d'une population croissante, en
même temps qu'elle assainira la contrée elle-même. Ce fumier,
dis-je , qui reste disponible, il le mettra sur ses prés naturels, qui ne lui rapportent qu'une petite quantité de foin
très médiocre , parce qu'ils n'ont jamais été engraissés, et
qui , dès l'année même où aura eu lieu une application
suffisante et raisonnée de fumier d'étable, lui donneront
une quantité de bon foin double de celle qu'il en retirait
précédemment.

» Il obtiendra encore un autre résultat précieux : ce sera
de pouvoir, sans inconvénient , arroser ses prés , opération
qu'il ne peut tenter aujourd'hui sans voir remplacer par du
jonc l'herbe qui y croît naturellement. En effet , une circonstance singulière, mais bien connue des cultivateurs de
la Sologne et des autres parties de la France que j'ai citées
plus haut, c'est que l'irrigation , dans ces contrées , amène

immédiatement la naissance du jonc , qui se substitue aux graminées et envahit , dans l'espace d'une seule année, les prés même les plus élevés , et ceux dont le sol a le plus de pente. Cela tient à deux causes : d'une part les sources et les ruisseaux se chargent , en traversant le sol , en parcourant les landes et les bois , de ces principes acides qui sont, comme on l'a vu plus haut , essentiellement favorables à la végétation des joncs comme à celles des bruyères; ces principes s'infiltrent , par l'irrigation , dans la couche de terre végétale, et le jonc, dont les semences sont répandues dans toute la contrée, s'y développe immédiatement, à moins que les prés ne se trouvent déjà imprégnés de substances alcalines propres à neutraliser ces principes. D'autre part , le sol des prairies est tellement saturé de ces mêmes principes acides ou amers, que, pour amener à produire exclusivement du jonc un pré qui en produisait peu , parce qu'il était très sec , il suffit de lui donner, par voie d'irrigation , l'eau qui lui manquait. Il importe peu de savoir dans quelle proportion chacune de ces deux causes concourt au résultat, mais ce résultat est certain , et il n'est pas , dans ces contrées ; un seul cultivateur expérimenté qui ne sache bien que le seul moyen , pour lui, d'avoir du foin passable et à peu près exempt de jonc , est d'éloigner l'eau des prés *en toute saison,* à moins que ces prés ne soient couverts de fumier, ou que cette eau ne soit chargée de marne comme celle de la rivière de Sauldre.

» Je reviens au cultivateur dont j'ai parlé. Combien aura-t-il dépensé, la première année , pour arriver à ce résultat, comparativement à ce qu'il dépense, en réalité, pour la main-d'œuvre seule qu'entraîne le transport de son fumier d'étable? Sur 5 hectares de terre, il met, à raison de 40 mètres cubes par hectare en moyenne, une quantité de 200 mètres de fumier, qui lui coûtent, pour le piochage du tas, le chargeage

dans les tombereaux, lé transport sur des champs plus ou
moins éloignés, l'épandage sur ces mêmes champs et le
labour destiné à enterrer le fumier avec la semence, 75
centimes à 1 franc par mètre cube, soit, en moyenne, 175
fr. Telle est rééllement sa dépense actuelle. Il évitera tous
ces frais pour les 5 hectares dont il est question, mais il
aura à acheter 22 1/2 hectolitres de noir de raffinerie,
lesquels, pris à Paris au prix actuel de 7 fr. 50 c., lui
reviendront, rendus sur son champ, à 10 fr. l'hectolitre
à peu près, en supposant qu'il se trouve à une distance
moyenne de 50 lieues ; soit une dépense totale d'environ
225 fr. Il retrouvera donc, en grande partie, sá mise de
fonds rien que dans l'économie faite par lui de ce que lui
coûteraient le transport dans le champ et les autres frais
occasionnés par l'emploi du fumier d'étable. »

Il y aurait quelques modifications à apporter, aujourd'hui
aux chiffres de M. de Romanet, mais la thèse discutée et
soutenue par cet agronome n'en est pas ébranlée dans ses
bases et les pratiques actuelles de la Sologne l'établissent
surabondamment.

« Si l'on demande, dit à son tour M. de Sesmaisons,
quels services le noir résidu de raffinerie a rendus à l'agriculture dans le département de la Loire-Inférieure, il n'y a
qu'à jeter les yeux sur deux cartes du département : l'une
dressée en 1818 et l'autre en 1855. Les deux arrondissements
de Savenay et de Châteaubriant et une partie de celui
d'Ancenis étaient à la première époque des pays perdus,
dépourvus de routes et couverts d'immenses étendues de
landes dont le défrichement eût semblé une véritable chi-
mère : ajoutons que ceux qui traitaient de semblables
projets d'extravagances avaient parfaitement raison. On
pouvait concevoir quelques défrichements partiels comme
possibles et exécutables ; mais supposer des populations

entières attachées à cette œuvre laborieuse avec ardeur et
persévérance ; mais supposer le défrichement devenu opération courante et s'étendant à des milliers d'hectares,
encore une fois c'était extravaguer. Et pourtant tout cela
s'est fait! Et pourtant si nous jetons les yeux sur la carte
du département dressée en 1853 par les soins de M. l'agent-
voyer en chef de Nantes, ces mêmes arrondissements se
présentent à nous percés de routes nombreuses, traversés
par le canal de Bretagne ; les bourgs et les villes ont pris
un nouvel aspect ; cet ancien sol de landes, livré jadis à
l'abandon, est maintenant coupé de nombreux fossés qui
assurent et délimitent la propriété. Ajoutons d'ailleurs que
toute lande enclose est une lande défrichée, si ce n'est
aujourd'hui, au moins demain ou après. Or, quel est l'auteur
de ce changement à vue ? Le noir de raffinerie. Ces
impossibilités, qui les a vaincues ? Le noir de raffinerie.
Voici comment :

« Essayez de défricher une lande à la charrue, et confiez
à cette terre, si bien préparée qu'elle puisse être, une
semence de céréales, pour produit vous n'aurez pas même
la semence ; témoin les expériences faites à Grand-Jouan, par
M. Rieffel, et consignées dans l'*Agriculture de l'Ouest.*

» Au lieu de défricher à la charrue, employez le procédé
de l'écobuage, vous pourrez récolter un bon seigle, peut-
être encore une avoine à la suite, et puis ce sera tout.

» Cela signifie que ce sol a besoin d'un engrais spécial.
Mais cet engrais dont le défrichement a besoin dès la première année, où le prendre ?

» Où le prendre ? car déjà les vieilles terres n'en ont pas
assez, et il faudrait plutôt leur en ajouter que leur en
dérober. Et si on n'a qu'une faible proportion ou point du
tout de vieilles terres, c'est-à-dire de fourrages, où donc
chercher l'engrais ? Au loin dans les villes. — Mais alors

surgit la question des transports , et il n'y a pas besoin de réfléchir bien longtemps pour voir quelles impossibilités se dressent devant le défricheur. La chaux , les cendres et les charrées sont d'un plus facile transport , sans doute; mais leur action est bien incomplète. — C'est alors qu'une découverte heureuse fait naître un nouvel ordre de choses. Le noir de raffinerie , essayé sur le sol des landes, a en effet une action spéciale , et , chose merveilleuse ! une dose de 5 ou 6 hectolitres, c'est-à-dire de 450 à 550 kilogrammes suffit. Une charrette à deux bœufs porte donc d'un seul coup l'engrais de deux à trois hectares, et tout devient possible en fait de défrichement.

» Si on joint à ce résultat le bienfait de la loi de 1836 sur les routes départementales et vicinales ; puis , par suite de l'établissement de ces voies de communication , l'effet des entrepôts de noir de raffinerie s'établissant partout , pour ainsi dire à pied d'œuvre et sollicitant le cultivateur ; on comprendra l'ardeur avec laquelle on a procédé au partage et aux défrichements des landes en Bretagne. Grâce encore à la nouvelle loi de procédure en fait de partage des landes, votée pour une durée de vingt ans par la dernière Assemblée législative , ces partages se sont multipliés; mais , sans le noir de raffinerie, qui oserait dire qu'on eût vu se produire une pareille émulation ?

» La fraude du noir elle-même est un argument en faveur de cette substance fertilisante, argument d'une immense portée , car il est suggéré par une expérience de plus de vingt-cinq ans, à laquelle tous les cultivateurs de la Loire-Inférieure ont pris part.

» Est-ce à dire que le noir animal suffise seul au défrichement des landes ? Est-ce à dire qu'il suffise d'entrer sur un sol de landes avec les capitaux suffisants à l'acquisition des cinq hectolitres de noir par hectare et par an pour obtenir un succès assuré? Dieu nous garde d'énoncer une pareille erreur! L'action du noir de raffinerie s'épuise nécessairement, et le cultivateur prudent ne comptera sur son effet que pour commencer l'opération. Il lui faudra simultanément un soutien de vieilles terres que l'on consacrera à la production des fourrages. Les landes donneront un surcroît de froment, grâce au noir ; les cultures fourragères permettront l'augmentation du bétail, à l'aide duquel on soutiendra par du fumier la vigueur des sols exploités.

» Le sol des landes dans les pays granitiques et schisteux est particulièrement propre à la production des crucifères et des graminées, toujours grâce au noir de raffinerie ; il faut donc se tourner vers les crucifères pour leur demander le fourrage nécessaire à l'entretien du bétail qu'il est important d'établir au plus tôt sur le sol défriché. Plus tard on arrive au ray-grass et au trèfle. En un mot, il faut éviter de faire sur le noir de raffinerie plus de fonds qu'il n'est juste. A lui d'entrer en matière, à lui d'exciter la terre de landes, mais au fumier et au bétail de maintenir la productivité de ce sol. Voilà ce que l'expérience générale nous a enseigné ; voilà ce que nous avons appris sur le sol même des landes en parcourant à plusieurs reprises des exploitations diverses dans les arrondissements situés entre Loire et Vilaine, surtout entre Erdre, Isle et Don. Certes, ce qui en résulte en faveur du noir de raffinerie lui donne une haute valeur. N'est-ce donc rien que deux récoltes de froment et autant de sarrasin, suscitées sur un sol couvert auparavant de bruyères et d'ajoncs nains, ou d'autres plantes plus mauvaises encore ? N'est-ce rien que vingt mille hectares rendus à la production des céréales et du bétail ? »

Je n'ai que peu de mots à ajouter à cette opinion essentiellement claire et pratique de l'un des hommes que l'agriculture de la Bretagne compte parmi ses représentants les plus dévoués. Certes, le noir ne saurait être considéré comme le seul agent de fertilisation à utiliser dans les sols granitiques et schisteux de l'Ouest ; mais il est bon à constater que son activité se fait sentir en Bretagne, *même sur les vieilles terres,* tandis que dans les terrains de la Sologne , de la Dombe, etc. , son action cesse une fois le défrichement opéré.

Il faudrait donc être aveugle pour méconnaître la signification des expériences nombreuses faites dans les défrichements et pour nier l'utilité et la haute valeur agricole des engrais à base de phosphates. Mais cette valeur a motivé des fraudes dont je vais maintenant vous entretenir. Toute médaille a son revers et tout rayon son ombre.

DIXIÈME LEÇON.

Double origine de la fraude des engrais. — Statistique des analyses d'engrais à Nantes. — Rôle de la tourbe dans les mélanges à base de noir animal. — La vente au volume. — Véritable prix de vente du phosphate de chaux. — Tactique du commerce résumée dans l'augmentation de volume d'un poids déterminé d'engrais. — La législation actuelle laisse l'agriculteur sans défense. — Nécessité d'une loi protectrice.

MESSIEURS,

La fraude des engrais industriels pouvant offrir de gros bénéfices a dû nécessairement se développer sur une large échelle dans l'ouest; mais il faut attribuer une partie de sa fatale influence à cet amour du bon marché qui caractérise le petit cultivateur et dont les enseignements les plus autorisés ont tant de peine à le guérir. Au désordre des sentiments chez certains vendeurs s'est joint le désordre des idées chez la majorité des acheteurs pour amener l'effrayant gaspillage de forces vives dont l'agriculture bretonne et vendéenne a été victime. La tourbe divisée ou carbonisée, les schistes, les charbons de schiste, la chaux noircie, les argiles calcinées, tout a été mis en œuvre pour simuler les aspects extérieurs du noir animal. Le crédit illimité, l'échange contre les produits du sol ont complété le système, et maint fermier qui croyait faire acte d'économie en payant son noir 5 fr. l'hectolitre, recevait en réalité un engrais qu'il eût acheté à 60 °/₀ moins cher chez le raffineur de

Nantes. Je mentionnais en 1852 (1), dans un petit livre destiné aux métayers, qu'il est facile de leur prouver le mal fondé de leurs prétentions économiques. « Un marchand, disais-je, mélange :

1 hectolitre de noir ayant une valeur de.........,...... 12^f
avec 3 hect. de tourbe ayant une valeur à peu près nulle. 00

Valeur totale....... 12^f

Si vous achetez un hectolitre du mélange au prix de 8 francs, croyant faire une économie, vous n'aurez, en réalité, dans votre hectolitre à 8 francs , qu'un quart d'hectolitre de noir, soit une valeur de 3 francs.

Vous avez cru faire une économie et vous avez perdu 5 fr. par hectolitre, de telle sorte que si vous en employez 8 à l'hectare, c'est une somme de 40 francs que vous avez jetée à l'eau. — Et je ne calcule pas les frais inutiles du charroi nécessité par l'augmentation de volume donné à votre engrais mélangé.

On peut modifier les chiffres selon les années ; mais le principe subsiste évidemment.

J'ai écrit tant de pages depuis quinze ans sur cette énorme question de la fraude des engrais que j'éprouve toujours une certaine hésitation à la traiter de nouveau. Cette hésitation cesse cependant lorsque je suppute le nombre des aveugles et lorsque j'entrevois les réformes possibles sous la double influence de l'instruction agricole et de la tutelle bienfaisante d'une législation spéciale. Je vous entretiendrai donc, Messieurs, de la fraude du noir animal.

Sur 4,111 essais d'engrais effectués dans mon laboratoire

(1) *Conseils aux Cultivateurs sur le choix, l'achat et l'emploi des engrais ,* 2e édition.

de 1850 à 1860, 1,084 ont porté sur des noirs non mélangés
et 2,498 sur des mélanges de noir animal avec la tourbe
tantôt animalisée, tantôt simplement divisée et criblée. Les
chiffres que je vais mettre sous vos yeux expriment les
richesses reconnues dans ces deux catégories d'engrais.

ANNÉES	Nombre d'analyses.	NOIR ANIMAL.		MÉLANGES de noir animal et de tourbe animalisée.	
		Moyenne du phosphate de chaux °/₀	Moyenne de l'azote °/₀.	Moyenne du phosphate de chaux °/₀	Moyenne de l'azote °/₀.
1851............	666	65,0	1,5	42,0	1,9
1852............	628	65,4	1,4	42,6	1,8
1853............	540	65,0	1,4	40,0*	1,9
1854............	401	65,0	1,5	43,5	1,7
1855............	331	67,5	1,2	37,0	1,8
1856............	297	65,1	1,3	40,0	1,6
1857............	271	66,4	1,4	38,5	1,9
1858............	230	65,0	1,5	38,7	1,7
1859............	361	65,0	1,3	41,8	1,6
1860............	386	63,0	1,4	42,0	1,5
Totaux.....	4,111	652,4	13,9	406,1	17,4
Moyenne pour la période décennale..........	411	65,24	1,39	40,61	1,74

Observations. — Pendant l'exercice 1850, on a constaté, à l'aide
d'analyses effectuées sur 238 échantillons d'engrais à base de noir animal
et de tourbe animalisée, que la richesse moyenne de ces mélanges, en phosphate de chaux, s'élevait à 27 pour cent.

(*) Une hausse très notable a eu lieu dans les prix du noir animal au
printemps de cette année.

L'importance du commerce de la tourbe et de ses mélanges avec le noir animal ressort de ce tableau. De 1840 à 1850, ce commerce était tel que je pouvais signaler (1) l'addition de 2,500,000 hectolitres de tourbe dans une quantité de noir animal représentant 18,872,120 fr. Il y a eu depuis une grande amélioration; mais avant de l'apprécier, examinons la question du mélange des tourbes à son point de vue le plus général.

Cette question est complexe. Si l'on se place, en effet, à un point de vue scientifique ou agronomique, on ne peut nier qu'il y ait avantage à utiliser les débris de l'exploitation des tourbes, en les divisant, les soumettant à l'action prolongée des gaz atmosphériques, puis les mélangeant enfin à des matières animales, telles que sang, eaux vannes, bouillons gélatineux de l'équarrissage, pour en constituer de véritables engrais. Lorsque les tourbes se sont échauffées sous de telles influences, et que les actions combinées de la fermentation ont augmenté le volume de la masse, on peut diviser celle-ci de nouveau, y incorporer du noir animal, de la poudre d'os, des phosphates fossiles, et à l'aide du compost ainsi obtenu, fournir au sol de l'humus fécondant en même temps qu'on associe les phosphates calcaires à des adjuvants précieux. Cela n'est pas douteux.

Toutefois, lorsque les hommes honorables qui ont le devoir d'être préoccupés des intérêts agricoles en Bretagne ont élevé la parole dans le sein des Conseils généraux et des Comices ; lorsque les professeurs ont, dans les chaires agronomiques, fulminé contre des abus criants et stygmatisé des fraudes déplorables, le bon sens dit qu'ils ne méconnaissaient pas l'opportunité d'apporter au sol des

(1) *Annales agronomiques publiées par le ministère de l'Agriculture.* — Avril 1851.

substances tourbeuses que leur bas prix rend si propres au
rôle d'excipient pour des principes fertilisants actifs. Ce
serait donc en vain que l'on chercherait, pour les besoins
d'une cause plus que compromise et d'une spéculation qui
craint le grand jour, à invoquer les autorités scientifiques
qui ont établi l'utilité de la tourbe dans les limites de la
raison et de la probité. Tout le premier nous donnerions
en mainte occasion le conseil d'employer la tourbe associée
à des matières animales, soit pour diviser un sol maigre et
lui restituer les substances organiques qui lui font défaut,
soit pour augmenter le volume d'engrais riche en phosphates
et leur fournir un milieu favorable aux réactions multiples des
matériaux du sol arable. Ce n'est donc pas la tourbe animalisée livrée au prix de 95 c. à 1 fr. 25 c. l'hectolitre que l'on a
signalée comme élément de honteuses fraudes, mais bien la
tourbe, substance peu dense et surtout employée en vue d'augmenter le volume en conservant l'aspect du noir résidu
de raffinerie, la tourbe dissimulée par tous les moyens
possibles, la tourbe destinée à exagérer la différence entre
le titre analytique déterminé en poids et la réalité commerciale exprimée par des volumes, la tourbe enfin livrée à
4 fr. l'hectolitre au consommateur ignorant et candide
admirateur d'un apparent et dérisoire bon marché. Telle
est la tourbe dont l'opinion a justement flétri l'emploi et
dont l'immixtion dans le noir animal est, à Nantes, l'objet
incessant de la surveillance administrative, dans les limites
tracées par les règles de la liberté commerciale la plus
large.

On peut affirmer que, de 1850 à 1860, 2 millions d'hectolitre de tourbe animalisée ou simplement criblée ont été
vendus sur le marché de Nantes, à 1 fr. 25 l'hectolitre
environ, cela constitue une valeur de 2,500,000 francs.
Remarquez bien, Messieurs, que ce prix de 1 fr. 25 est un

prix de marchand et non de cultivateur. Or, pour ce qui concerne le cultivateur, voilà le tableau un peu sombre sur lequel il faut que j'attire vos regards.

Malgré le contrôle organisé dans la Loire-Inférieure et qui a fait monter de 27 à 42 °/₀ la dose de phosphate de chaux dans les mélanges de tourbe et de noir animal, ces mélanges s'opèrent toutefois sur une échelle encore très grande. J'ai dit tout à l'heure que l'addition du noir d'os à des tourbes bien divisées, modifiées par une longue exposition à l'air, et enfin fortement animalisées, avait des avantages, à la condition, toutefois, que leur prix de vente fût proportionné à leur composition ; or, il faut bien reconnaître qu'il n'en est pas ainsi dans un grand nombre de circonstances.

La plaie véritable du commerce accompli dans la Loire-Inférieure sur les substances fertilisantes, c'est l'ignorance du cultivateur, c'est sa déplorable tendance à accueillir de préférence les offres des marchands qui lui font entrevoir des engrais à bas prix et un crédit presque indéfini. Lorsqu'on propose à un consommateur quelque peu éclairé un engrais à 7 fr. l'hectolitre, tandis que le noir de raffinerie vaut 16 à 18 fr., lorsque, d'autre part, cet engrais renferme 30 °/₀ d'eau et pèse 70 kilog. l'hectolitre, ce consommateur reconnaît promptement que la substance offerte ne contient en réalité que bien peu de principes fertilisants ; mais le paysan ne raisonne pas ainsi : ce qui le frappe, c'est que, pendant un an, quinze mois, deux ans peut-être, il n'aura pas d'argent à débourser ; *c'est que l'hectolitre de l'engrais lui est livré à bas prix*, et bien que l'éducation se fasse peu à peu sous ce rapport, les exemples de la plus triste ignorance abondent encore aujourd'hui. En voici la preuve.

Les noirs de raffinerie de Bordeaux, de Marseille et

Nantes renferment en moyenne 30 °/₀ d'eau et pèsent 100 kilog. l'hectolitre. Ils représentent donc 70 °/₀ de matière réelle. Leur richesse en phosphate de chaux est de 64 °/₀. Pour 70 kilog., ou pour un hectolitre de noir normal, le consommateur achète donc 44^{k}80 de phosphate de chaux. Ces 44^{k}80 valant, prix moyen, 17 fr. 50 c., *le kilog. de phosphate de chaux est vendu 39 centimes.*

Voilà pour les noirs de belle apparence.

Dans les noirs en grain, ainsi que dans les noirs en poudre grossière et terne, le prix est moins élevé; un noir de Lille, par exemple, est coté 15 fr., pèse 100 kilog., et se réduit par la dessiccation à 88 kilog. Les 100 parties de matière sèche donnant, à l'analyse, 60 °/₀ de phosphate de chaux, l'hectolitre en contient 52^{k}80, et ici le *kilog. de phosphate de chaux est vendu 28 centimes.*

Voilà pour des noirs ordinaires.

Si l'on trouve du phosphate des os à plus bas prix, c'est dans certains noirs d'aspect terreux, c'est dans des cendres d'os de l'Amérique du Sud, c'est enfin dans des déchets de fabrication de noir animal; alors on obtient quelquefois du phosphate à 20 c. le kilog.; mais le consommateur doit s'estimer fort heureux si, à Nantes, il en rencontre à 25 c. sous forme de phosphate des os.

Ces chiffres prouvent surabondamment que lorsque M. Jamet (1), appréciant la vente des engrais dans le département d'Ille-et-Vilaine, évaluait à 33 c. le prix du kilog. de phosphate dans les noirs, il était dans le vrai. Ce qui, fort souvent, éloigne de la vérité dans ces supputations, c'est que, soit par erreur, soit par intérêt, on ne défalque pas la dose normale d'humidité des noirs livrés à la consommation.

____

(1) *Journal d'Agriculture pratique,* 1861, tome 1, page 245.

Ce tableau est assez sombre, comme on le voit, et il ne s'accorde guère avec ce chiffre conventionnel de 0 fr. 15 c. que l'on admet généralement comme représentation de la valeur du kilog. de phosphate de chaux des os ; mais je vais démontrer que la fraude le fait singulièrement changer lorsqu'elle spécule sur la faible densité d'engrais mixtes vendus au volume.

L'usage a consacré à Nantes la vente des engrais à l'hectolitre. Les analyses sont naturellement effectuées sur des poids. Il en résulte que tout le génie d'une certaine classe de marchands d'engrais est dirigé vers la solution du problème suivant : *Le volume le plus grand coïncidant avec la richesse analytique la plus considérable.* Le contrôle a beau indiquer sur les certificats d'analyse le poids du décilitre de la substance, les enseignements faits dans la chaire et par la presse ont beau signaler au cultivateur le danger d'acheter des engrais à l'hectolitre sans déterminer le poids de cette mesure de capacité, le plus grand nombre n'en tient nul compte et le succès est assuré aux marchands dont la coupable habileté fait foisonner la substance couverte par le pavillon de l'analyse officielle.

La tourbe divisée et animalisée n'a pas paru assez légère aux fabricants d'engrais ; en ce moment deux usines situées l'une au bas de la Loire, l'autre près de Saumur, expédient à Nantes, au prix de 2 fr. 25 c. l'hectolitre, d'assez notables quantités de tourbe carbonisée. Le charbon de Bog-head, résidu de la distillation de ce schiste particulier, est également employé concurremment avec la tourbe carbonisée et menace d'occuper une large place dans les chantiers où s'opèrent les mélanges. Cette substance, en effet, est noire comme le charbon d'os, ne représente à l'état sec que 35 kilog. par hectolitre et peut absorber jusqu'à 40 °/₀ de substance liquide. Elle offre à la combus-

tion plus de 40 °/₀ de cendre alumino-siliceuse. En général,
la tourbe animalisée sert d'excipient principal, et la tourbe
carbonisée ou le charbon de Bog-head donne la couleur noire
tout en diminuant la densité. Mais apprécions les chiffres
rémunérateurs de ces pratiques plus habiles qu'utiles à
l'agriculture.

Je ne citerai pas les faits les plus notoirement fâcheux.
Je ne considérerai pas comme générale la vente d'engrais
à base de tourbe animalisée, noir d'os, charbon de tourbe
et charbon de Bog-head qui, revenant à 6 fr. l'hectolitre,
sont vendus à Nantes 8 fr. (et 5 °/₀ de remise de mesurage),
aux marchands de détail du canton de Nort, qui les
livrent finalement à 12 fr. à des cultivateurs qu'émerveil-
lent les quinze mois de crédit dont on les favorise (1).
Mais je caractériserai nettement la situation générale de ce
commerce des engrais à base de tourbe en adoptant les
chiffres moyens qui suivent :

Généralement les mélanges à base de tourbe , charbon
de tourbe et charbon de Bog-head, dans lesquels l'analyse
décèle 40 °/₀ de phosphate de chaux, pèsent 70 kilog. et
contiennent 35 °/₀ d'humidité. J'admettrai 30 seulement
pour être large. Or, les 70 kilog. de l'hectolitre se
réduisent nécessairement à 49 kilog., et si la richesse des
100 kilog. en phosphate de chaux est de 40 °/₀, les 49
kilog. n'en représentent que 19 kilog. 600 gr. Donc, si
l'acheteur paie 8 fr. l'hectolitre de cet engrais, *le phosphate de chaux lui coûte* 40 c. Si l'on m'objecte que la
matière organique, que la faible proportion de substance
animale qui s'y trouve répartie a également de la valeur ,
je répondrai que cette valeur est minime dans l'exemple
dont il s'agit et que j'ai amplement fait sa part en ne cal-

____

(1) Le prix du transport de Nantes à Nort est de 15 centimes par hectolitre.

culant le prix de vente qu'à 8 fr. et, la dose d'humidité qu'à 30 %.

J'ai sous les yeux une brochure très utile pour l'appréciation des faits dont il s'agit ici (1). Elle a pour prétention de répondre à M. Jamet, qui, dans le *Journal d'Agriculture pratique*, avait sévèrement qualifié certaines fraudes accomplies dans l'Ille-et-Vilaine, et elle est signée de vingt marchands d'engrais de Rennes. A la page 16 de cette brochure, on trouve le calcul du prix attribué à des mélanges de tourbe et de noir animal, dans lesquels on recherche la véritable valeur d'un engrais à 30 % de phosphate et 2 % d'azote. Les auteurs estiment que le prix de vente moyen de cet engrais est de 7 fr. l'hectolitre, et ils disent :

« 30 kilog. de phosphate de chaux,
    à 0 15 c...................... 4 fr. 50 c.
» 2 kilog. d'azote, à 1 fr. 60....... 3   20
                                      7 fr. 70 c.

» *D'après nous, ils paient 7 fr. ce qui vaut 7 fr. 70 c. Où* » *donc est la fraude ?* »

Il ne m'appartient pas de répondre à la question ; mais qu'il me soit permis de refaire le calcul et de rétablir les faits dans leur exactitude fort méconnue.

Voici comment il faut raisonner :

Bases du calcul.

L'engrais contient 30 % de phosphate de chaux pour

(1) *Réponse au Mémoire de M. Jamet,* par M. Tiret fils aîné.—Rennes, 1861.

cent d'engrais sec ; — l'engrais renferme 30 % d'eau au moins ; — l'engrais pèse 70 kilog. l'hectolitre (1).

Application de ces données.

Les 70 kilog., formant la matière humide d'un hectolitre, ne représentent que 49 kilog. d'engrais sec ;

À 30 % de phosphate et 2 % d'azote (chiffres fort contestables), ces 49 kilog. donnent :

14 kilog. 700 de phosphate de chaux,
à 0 fr. 15 c. (2)..................... 2 fr. 20 c.
0 kilog. 980 d'azote, à 1 fr. 60 c. (3). 1 ' 56

Valeur agricole de l'hectolitre... 3 fr. 76 c.

Loin de vendre à 70 c. au-dessous de ce qu'ils appellent la valeur agricole, les auteurs de la brochure vendent donc à raison de 3 fr. 24 c. en plus.

A la page 22 de la même brochure, je lis que les agriculteurs d'Ille-et-Vilaine « trouveront toujours chez les » marchands des engrais contenant 45 % de phosphate de » chaux, 2 % d'azote et de grandes proportions d'humus, » au prix de 9 fr. 50 c. et 10 fr. l'hectolitre :

(1) Dans l'exemple que j'ai cité plus haut, j'ai attribué un poids de 70 kilog. à l'hectolitre d'un engrais renfermant 40 % de phosphate, mais il s'agissait d'un mélange où le charbon de tourbe et le charbon de Bog-head entraient concurremment avec la tourbe et tendaient à abaisser considérablement le poids.

(2) J'adopte le prix de 15 c., parce que c'est celui qu'invoquent les auteurs de la brochure.

(3) Même observation que ci-dessus.

» 45 kilog. de phosphate, à 15 c..... 6 fr. 75 c.

» 2 — d'azote, à 1 fr. 60 c..... 3 20

9 fr. 95 c.

» *Les marchands vendent donc pour 9 fr. 50 ou 10 fr. ce*
» *qui vaut 9 fr. 95 c.* »

Ici encore, en admettant les 2 % d'azote et le prix de
10 fr. pour l'hectolitre, il faut, pour être vrai, faire un
calcul tout autre :

Si l'hectolitre d'un tel engrais contient 30 % d'humidité,
et pèse 80 kilog., il ne représente que 56 kilog. d'engrais
sec.

Les 56 kilog. d'engrais sec, à 45 % de phosphate et 2 %
d'azote, donnent :

25 kilog. 20 de phosphate, à 0 fr. 15 c... 3 fr. 78 c.

1 kilog. 120 d'azote, à 1 fr. 60 c...... 1 79

Valeur agricole...... 5 fr. 57 c.

Et non 9 fr. 95 c. En vendant cet engrais 10 fr., le commerce ne fait donc pas acte de philanthropie, mais d'intérêt
parfaitement entendu.

Je ne poursuivrai pas ces citations, et si je me suis
étendu sur ces calculs, c'est pour montrer le soin scrupu-
leux avec lequel les agriculteurs doivent, en appréciant les
données analytiques et les chiffres de vente, avoir égard aux
densités et aux proportions d'humidité de la matière mise en
vente ; c'est pour établir également la haute nécessité de
venir en aide à l'agriculture exposée à mille embûches, et

de lui accorder une bienfaisante tutelle, jusquà ce que son éducation soit faite sur certains points dont la richesse publique est fort solidaire.

Je sais , Messieurs, que cette tutelle répugne à certains esprits plus préoccupés des principes généraux de la législation de l'avenir que des nécessités impérieuses du présent. Je sais que, pour quelques-uns, toute ingérence du Gouvernement doit être considérée comme chose fâcheuse. Je ne vois pas cependant qu'il soit jamais possible d'affranchir les pharmaciens et droguistes de la visite, les orfévres du contrôle, et je regarde comme un axiôme la nécessité de la surveillance administrative, toutes les fois que cette surveillance exercée, en définitive, au nom de tous, sera le seul moyen de garantir les intérêts de tous. Tout le monde n'est pas d'accord à cet égard, je le reconnais; toutefois, il est bien rare de rencontrer les opposants parmi les personnes sérieusement initiées au commerce des matières fertilisantes. Presque tous les agronomes de l'Ouest en particulier comprennent que sur le terrain où s'accomplissent les transactions relatives aux engrais industriels, il y a un grand intérêt public à sauvegarder.

Admettons un seul instant qu'on laisse au commerce des engrais la déplorable liberté qu'il eut naguère , nous retomberions bientôt dans ce scandaleux désordre qui émut si vivement, en 1844, la Chambre de Commerce de Nantes et les importateurs de noir animal eux-mêmes. A peine affranchis de la réglementation, les commerçants honnêtes — et il y en a fort heureusement — demanderaient tous les premiers qu'un système quelconque de surveillance protégeât la probité contre le vice. Objectera-t-on que le cultivateur est armé par les lois en vigueur? Je répondrai hautement , moi, qu'il est désarmé; désarmé en principe, désarmé en fait, et je vais l'établir.

Pour développer cette proposition, je suis obligé, Messieurs, de sortir quelques instants du cadre ordinaire de ces leçons; mais il s'agit ici d'une question si grave et par les intérêts qu'elle soulève et par son actualité, que vous m'excuserez si j'essaie de vous la présenter sous toutes ses faces.

Je vous ai dit que la loi ne protégeait pas suffisamment l'agriculteur : pour vous en convaincre, j'examinerai les circonstances différentes qui peuvent se présenter lorsqu'il y a transaction sur les engrais. Les voici :

1° *Mise en vente distincte de la vente effectuée et ne constituant que la tentative de tromperie; 2° délit consommé, tromperie sur la quantité; 3° délit consommé, tromperie sur la qualité; 4° délit consommé, tromperie sur la nature.* Ces quatre cas résument toute la question de droit, et leur examen conduit à reconnaître la lacune de notre législation sur ce point important des fraudes commerciales.

1er Cas. — *Mise en vente, distincte de la vente effectuée.*

Exemple : Un marchand de Nantes additionne un noir d'os, riche à 80 °/₀ de phosphate de chaux, à l'aide du charbon de schiste ; vulgairement appelé coke de Boghead; ce charbon pesant à peine 40 kilog. l'hectolitre, et le noir d'os pesant, lui, 100 kilog., le mélange représente environ 72 kilog. à l'hectolitre, encore retient-il une notable portion d'humidité. Ce mélange contient, sur 100 kilog., 60 kilog. de phosphate, cela est vrai; mais ces 100 kilog. sont amenés à un tel volume que l'hectolitre renferme beaucoup moins de phosphate que n'en offrirait un hectolitre de noir loyal et marchand. Incontestablement ici, il y a tentative de tromperie sur la *nature* de la marchandise. Le marchand est-il punissable ? L'équité et le bon sens l'affirment. Le droit étroit répond négativement. Et, en effet, si l'officier public, qui a constaté l'annonce mensongère placée sur la matière mise en vente, n'a pu établir du même coup la réalité de la vente, donc la perpétration du délit, le marchand échappe à la pénalité.

Ainsi, l'adultération scandaleuse d'un engrais puissant par une substance inerte, le mélange d'une marchandise ayant une valeur considérable avec un résidu hier encore sans emploi, la manœuvre ayant, en un mot, pour but de tromper sur la *nature* d'un principe fertilisant, ne sera pas punie parce que la consommation du délit n'aura pas été constatée ! *Dura lex, sed lex,* pensera l'agriculteur, contrairement au marchand d'engrais.

Le juge du fonds peut, à vrai dire, déjouer l'habile tactique du marchand dans des cas spéciaux, c'est-à-dire lorsque la tentative de tromperie est d'une nature telle que la *manœuvre frauduleuse* soit prouvée. Ce n'est plus alors par l'article 423 du Code pénal que le dol est atteint, mais bien par l'article 405 du Code pénal, relatif à l'escroquerie ; la déclaration du juge échappe dans ce cas à la censure de la Cour suprême. — (Cour de Cassation, 3 janvier 1853. Rejet du pourvoi du sieur Duthion.) — Ai-je besoin d'ajouter que cette circonstance se présente bien rarement, et que la condamnation sera au surplus très douteuse si le marchand n'a pas réussi à tromper ?

(Paris, 19 février 1847. — Affaire Pelletier.)

Les faits peuvent enfin être l'objet d'une interprétation telle, que de la tentative de tromperie, à l'aide d'un écriteau mensonger, résulte une infraction à la loi du 23 juin 1857, ainsi que l'établit la citation qui suit :

Par jugement du Tribunal correctionnel de Redon, en date du 1er juillet 1859, les sieurs X...., marchands

d'engrais à Messac, avaient été déclarés convaincus : 1°
d'avoir fait usage d'une marque propre à tromper l'acheteur sur la *nature* du produit ; 2° d'avoir mis en vente un
produit ne portant pas la marque déclarée obligatoire pour
cette nature de matière, et condamnés pour ces faits à
quinze jours d'emprisonnement et à cent fr. d'amende, par
application des articles 8, 2 et 9 de la loi du 23 juin 1857,
sur les marques de fabrique. Sur appel, ce jugement fut
confirmé par la Cour impériale de Rennes. De là pourvoi
en cassation.

Par arrêt de la Cour de Cassation du 30 décembre 1859,
B. 151, p. 262, le jugement de la Cour fut cassé par ce
motif, que la peine portée par les articles 8 et 2 de la loi
du 23 juin 1859 ne peut être appliquée à celui qui a fait
usage d'une marque *dont les indications sont seulement
propres à tromper sur la* QUALITÉ. Ainsi la marque apposée
sur un tas d'engrais et indiquant que ce produit, qui ne
contient que 40 °/₀ de phosphate, en contient 60 °/₀, est
propre à induire en erreur, *non pas sur la* NATURE, *mais
sur la* QUALITÉ *de l'engrais.*

Renvoyée devant la Cour d'Angers, cette affaire fut terminée par l'infirmation du premier jugement, et les délin-
quants furent condamnés à 5 fr. d'amende pour contravention
à l'arrêté préfectoral.

Je me fais fort de vous prouver, Messieurs, qu'un écart
sur la composition accusée par une différence de 40 à
60 °/₀ peut rendre la substance tellement différente du
type annoncé, que la *nature* du produit soit changée ;
mais je n'anticiperai pas sur ce point. Ce que je
ferai simplement observer pour l'instant, c'est que la
Cour suprême admet l'application de la loi de juin 1857
pour réprimer le fait de rédaction d'un écriteau mensonger
placé sur un tas d'engrais.

Il faut bien convenir toutefois que, malgré les deux circonstances que je viens de signaler, et dans lesquelles le juge de fonds admet l'infraction à l'article 405 du Code pénal ou à la loi de 1857 sur les marques de fabrique, le fraudeur échappe à toute répression, si le flagrant délit de tromperie n'est pas établi et si la tentative seule est avérée. C'est-à-dire que, dans neuf cas sur dix, il a toute chance de réussir dans la lutte qu'il engage contre les intérêts du consommateur.

Merlin avait grandement raison lorsqu'il déclarait dans un de ses réquisitoires qu'il s'en fallait de beaucoup que le système consacré par l'article 423 du Code pénal fût complet. Le législateur l'a reconnu en instituant la loi du 27 mars 1851, étendue aux boissons, en date du 5 mai 1855, et celle du 23 juin 1857, qui vient en aide aux deux précédentes, en faisant un délit spécial plus sévèrement puni, de la tromperie sur la *nature* de la marchandise, à l'aide d'une *marque mensongère* — infraction que l'ancienne théorie assimilait au faux ; — mais ce qu'on ne peut nier, lorsqu'on se place à un point de vue général et pratique, c'est qu'il y a encore beaucoup à faire.

Qu'une falsification, qu'une tentative de tromperie soit en effet prouvée, il faut, pour qu'elle soit punissable, qu'elle ait eu lieu sur des matières alimentaires ou médicaments. Hors ce cas, point de délit. Voilà la loi, voilà l'état normal. Tout le reste est du domaine de l'exception.

De 1845 à 1850, on a calculé que, sur 7,535 poursuites exercées à Paris pour fraudes dans le débit des marchandises, 6,702 n'ont pu être déférées qu'aux Tribunaux de simple police. Cette proportion a bien changé depuis la loi de 1851. Le même bienfait pourrait être réalisé par une loi sur la vente des engrais.

Je me résume sur ce premier point :

Il est admis par la jurisprudence et par les auteurs que la tentative de tromperie n'est pas punissable, et que l'expression tromperie indique une *fraude consommée*. On comprend cependant, dit Dalloz (1), que cette tentative aurait pu être prévue, tout aussi bien que la tentative de tromperie sur la *quantité* pour le cas où des indications pouvant tromper l'acheteur ont été apposées frauduleusement sur la marchandise mise en vente. Une disposition qui avait pour objet de combler cette lacune, avait été proposée par M. Sautayra, rapporteur de la loi de 1851. Son rejet fut prononcé pour des raisons secondaires. L'agriculture en porte la peine et elle demande avec une irréfutable logique, en raison des grands intérêts mis en jeu par le commerce des engrais, que, comme pour les boissons et les matières alimentaires, *la mise en vente des substances fertilisantes soit assimilée à la vente.*

2ᵉ Cas. — *Délit consommé. — Tromperie sur la quantité.*

La loi du 27 mars 1851 punit d'un emprisonnement de trois mois au moins et d'un an au plus, et d'une amende qui ne peut excéder le quart des restitutions et dommages-intérêts, ni être au dessous de 50 fr., *ceux qui trompent ou essaient de tromper sur la quantité des choses livrées,* les personnes auxquelles ils vendent ou achètent, soit par l'usage de faux poids ou de fausses mesures, ou d'instruments inexacts servant au pesage et au mesurage, soit par des manœuvres ou procédés tendant à fausser l'opération du pesage ou du mesurage, ou à augmenter frauduleusement le poids ou le volume de la marchandise même avant cette opération, soit enfin par des indications frauduleuses,

(1) *Répertoire de législation*, 1858, page 1072, n° 116.

tendant à faire croire à un pesage ou mesurage antérieur et exact. Mais toujours faut-il, pour que la tentative soit punissable, qu'il s'agisse de substances alimentaires ou de médicaments.

Ici encore, l'acheteur d'engrais est peu protégé, et qui, plus que lui, mériterait cependant de l'être.

Il ne faut pas oublier que la tromperie sur la quantité peut être réalisée par l'emploi de certains procédés qui ont pour principe l'introduction d'une substance inerte et seulement propre à augmenter le volume de la matière vendue.

On sait qu'on vend, dans le Nord, de l'engrais liquide, et quelques vendeurs ne se font pas scrupule d'y ajouter le plus d'eau qu'ils peuvent. Un arrêt de la Cour impériale de Douai avait condamné un de ces fraudeurs à trois jours de prison pour délit de tromperie. Sur le pourvoi du condamné, la Cour de Cassation a rejeté le pourvoi et décidé que « la » vente d'engrais liquides dans lesquels le vendeur a ajouté » un tiers d'eau, lui enlevant ainsi un tiers au moins de sa » vertu, constitue, non le délit de tromperie sur la *nature* » de la marchandise vendue, prévu et réprimé par l'article » 423 du Code pénal, mais le délit prévu par l'article 1, » § 3 de la loi du 27 mars 1851, qui punit toute augmen- » tation du poids ou du volume de la marchandise vendue. »

Lorsque la fraude introduit dans le noir animal des charbons légers de Bog-head ou de tourbe pour en augmenter considérablement le volume, la fraude sur le volume est frappante ; mais, en présence du Tribunal, le commerce plaidera l'utilité d'un charbon absorbant et la non inertie de la substance introduite. En pointillant sur les mots, on établira même qu'il n'y a pas de substance complètement inerte, et que la végétation est un gouffre qui absorbe tout.

Ici encore, la répression est difficile, chanceuse.

Je citerai, cependant, un arrêt de cassation remarquable par sa portée :

« Lorsqu'un engrais a été altéré par le mélange d'une certaine quantité de matières inertes, et vendu comme engrais, il y a tromperie sur la *quantité* de la chose vendue, et non seulement sur la *qualité,* en ce sens que, du poids total de la chose livrée, il faut déduire le poids de la matière inerte, et ne considérer comme poids effectivement livré que celui de l'engrais proprement dit. Il en est ainsi alors même que le mélange de l'engrais qu'a cru acheter l'acheteur et de la matière inerte constituerait encore un engrais, et que la fraude n'aurait pour résultat que de diminuer l'efficacité ; du moins, le juge du fait a pu, par des appréciations souveraines, déclarer qu'il y avait là une altération frauduleuse destinée à diminuer le poids réel, et, par suite, appliquer la peine édictée par la loi de 1851. »

(Rejet du pourvoi du sieur Lyon contre un arrêt de la cour de
Caen, du 2 mai 1861. — Audience du 23 août.)

Mais, encore une fois, faut-il, pour que l'agriculteur ait gain de cause, que la substance mélangée soit du très petit nombre de celles dont l'inertie est incontestée. C'est ce qui se présentera une fois sur dix.

3ᵉ ET 4ᵉ Cas. — *Délit consommé. — Tromperie sur la nature et sur la qualité de l'engrais vendu.*

Je réunis à dessein ces cas, parce que les opinions sont tellement différentes lorsqu'il s'agit d'interpréter juridiquement les mots *nature* et *qualité,* que la même appréciation peut comprendre les deux hypothèses.

Pour fixer les idées, je citerai des faits :

Un marchand met en vente un mélange de tourbe et de noir animal. L'écriteau est ainsi conçu : *Noir animal. —*

Phosphate de chaux , 55 %. La vente a lieu. Des poursuites sont intentées. La condamnation n'est pas douteuse. La tourbe n'entrant pas dans le noir d'os normal , la tromperie sur la nature est évidente.

Si le marchand met en vente un mélange de tourbe et de noir animal sous la désignation suivante : *Engrais. — Phosphate de chaux ,* 55 %, et que la substance n'offre , à l'analyse , que 30 % de ce principe, très souvent le juge déclarera , tout en le déplorant , que la tromperie existe sur la *qualité* et non sur la *nature.* Le magistrat se déclarera désarmé. Donc, le cultivateur aura été déçu ,- sa récolte perdue , son domaine appauvri , et la loi ne lui viendra pas en aide.

(Tribunal correctionnel de Nantes, 1857. — Affaire B....) .

Ainsi , dans le premier cas , le préjudice causé à l'agriculture pourra être faible, mais la condamnation sera certaine ; et lorsqu'il s'agira , comme dans le second , d'une énorme fraude sur la proportion de principe utile`, l'impunité sera assurée. Est-ce dans l'équité ? Non. Est-ce même nécessairement et toujours dans la loi. Cela vaut la peine d'être discuté.

Qu'est-ce, en effet, que la nature de la marchandise et qu'est-ce que sa qualité ?

On lit dans Dalloz (1): « Lorsque la qualité constitue l'espèce
» industrielle d'une marchandise, de telle sorte que cette mar-
» chandise est classée à part dans les transactions commer-
» ciales, la tromperie qui consiste à livrer à l'acheteur une
» qualité inférieure, *c'est-à-dire en réalité une autre marchan-*
» *dise,* rentre dans la classe des tromperies sur la nature. Il en
». est ainsi , spécialement de la fraude résultant de ce qu'on
» aura vendu à un acheteur sous la désignation de farine
» de deuxième sorte, des farines de troisième sorte. »

(Riom, 15 juillet 1857.)

(1) Tome XLIII, page 1074, § 122.

Morin (*Fraudes*, page 153) s'exprime ainsi : « La diffé-
» rence d'origine peut changer la nature; ainsi du drap de
» Louviers n'est pas du drap d'Elbeuf. » Cet auteur va plus
loin et dit : « La quotité et la valeur *de beaucoup infé-*
» *rieures* à ce qui était annoncé par le vendeur, pourraient
» constituer le défaut d'identité prévu par la loi. » C'est le
cas d'une différence de 25 °/₀ de phosphate de chaux signalé
plus haut dans un engrais.

Morin dit également, et tous les agronomes applaudiront :

« S'il y a mélange tel que la chose vendue soit fraudu-
» leusement rendue *impropre à l'usage ordinaire auquel*
» *elle était destinée*, le vice radical, la défectuosité de la
» marchandise équivaudra à *une altération de sa nature*
» *même.* »

Ce qui prouve jusqu'à quel point la confusion existe entre
les tromperies sur la nature et sur la qualité, c'est l'exemple
suivant, cité par Morin :

« Le gluten granulé est un mélange de gluten et d'un
» peu de farine. Un industriel peut-il vendre , sous le nom
» de ce produit, de la pâte ne contenant d'autre quantité
» de gluten que celle qui se trouve naturellement dans la
» farine? Malgré deux jugements et arrêts du 23 août 1850
» et 4 janvier 1851 , la Cour de Cassation n'a pas adopté
» une telle doctrine , qui accuserait la loi de lacune : elle a
» jugé que le délit existe , parce que la farine n'est pas du
» gluten , quoique cette substance y entre pour partie. »

(15 février 1851.)

Autre exemple, et celui-ci ne s'applique pas à une substance alimentaire : Un jugement du 16 juillet 1847, confirmé
par arrêt du 28 janvier 1848 , a établi qu'il y a tromperie
sur la *nature*, lorsqu'un marchand livre des sangsues frauduleusement gorgées de sang , et ce , dans le but de les
rendre plus grosses et de les faire croire meilleures.

Nature ne veut donc pas dire *origine*, mais bien, état qui rend la substance propre à l'usage pour lequel elle est vendue. Lorsqu'un engrais vendu comme renfermant 55 °/₀ de phosphate de chaux, n'en renferme que 30 °/₀, sa nature est altérée ; et cependant les Tribunaux correctionnels hésitent le plus souvent à appliquer cette doctrine tutélaire; de telle sorte. que les fraudes sur les engrais se perpétuent au grand détriment de la richesse publique.

. Qu'une loi spéciale. intervienne et toutes ces ambiguités disparaissent.

Et ce qui m'enhardit, Messieurs, à conclure ainsi, c'est que les efforts pleins de sollicitude de notre administration locale, efforts auxquels je serai toujours fier d'avoir attaché mon nom, ont été sanctionnés et imités par un grand nombre de départements. La Société d'encouragement, la Société impériale et centrale d'agriculture de France et les Sociétés agricoles les plus éminentes du pays, ont réclamé leur généralisation sous forme de loi spéciale. Le Conseil général de la Loire-Inférieure ne cesse depuis plusieurs années de formuler au cahier de ses vœux la nécessité d'une telle loi (1). Tout récemment encore quarante-trois Présidents de comices agricoles d'Ille-et-Vilaine approuvaient de la manière la plus nette le principe d'une réglementation qui

---

(1) *Extrait du Cahier des Vœux émis par le Conseil général de la Loire-Inférieure, dans sa session de* 1862.

« Le Conseil général, en présence des fraudes qui se continuent dans le » commerce des engrais, et dont les utiles mesures prises par l'Administration » ne peuvent que diminuer le nombre, sans atteindre le mal dans sa source, émet » le vœu qu'une loi spéciale vienne édicter les dispositions suivantes :

» 1° Que la mise en vente des engrais soit assimilée à la vente ;

» 2° Que l'indication de la composition des engrais soit obligatoire ;

» 3° Que le vendeur soit tenu de remettre à l'acheteur un échantillon cacheté » prélevé sur l'engrais vendu, et en indiquant la composition. »

prescrit l'*apposition d'écriteaux indicateurs de la composition*. Enfin, Son Exc. le Ministre de l'agriculture, dont la sollicitude est sans cesse éveillée sur les grandes questions qui se rattachent à la production nationale, a ordonné une enquête et nommé une commission spéciale où le problème complexe de la vente des engrais sera consciencieusement étudié. Faisons des vœux, Messieurs, pour que, de tels efforts, sorte une loi protectrice conciliant la liberté du commerce avec les garanties de l'agriculture, et disons avec M. Dumas : « C'est à la fois dans l'intérêt du cultivateur, dans celui de la science et dans celui de la morale publique, que les amis de l'agriculture désirent qu'il soit mis un frein à des tromperies, qu'il soit mis un terme à des fraudes tout aussi faites pour appeler une répression sévère, que celles dont les aliments et les boissons sont l'objet, que celles qui intéressent le commerce des matières d'or et d'argent (1).

____

(1) *Rapport à l'Assemblée législative.* — 1851.

Voyez sur le même sujet : *Rapport à M. le Conseiller d'Etat, Préfet de la Loire-Inférieure, sur la période décennale de 1850 à 1860,* par M. A. Bobierre. — 1862.

ONZIÈME LEÇON.

———

Guanos d'oiseaux et d'animaux amphibies. — Guano phosphatique. — Guano
des îles Gallapagos. — Guano des îles Baker et Jarvis.

MESSIEURS,

La classification des engrais que je vous ai soumise dans
l'une de nos réunions ne me permet pas de confondre dans
le même entretien l'examen du guano proprement dit ,
c'est-à-dire d'une matière riche en azote et en phosphate,
avec celui des *phospho-guanos*, substances particulièrement
remarquables par leur richesse en acide phosphorique. Je
vais donc aujourd'hui vous parler seulement des phospho-
guanos, en vous faisant observer , toutefois , que, dans
quelques-uns de ces engrais, les doses d'azote ont une signification que l'on ne saurait méconnaître.

Les excréments d'oiseaux divers — pingouins , cormorans — mêlés à des plumes et à des ossements, les détritus
et excréments d'animaux marins , et notamment des phoques, marsouins , loups de mer, donnent naissance à ces
énormes amas de guanos, dont la composition est variable,
non-seulement en raison de leur origine , mais encore en
raison du temps écoulé depuis leur formation. Entre le
guano de pajaro (guano d'oiseau), très riche en acide urique,

et le *guano de lobos* (guano de loups de mer), où abondent les débris osseux de ces animaux , la différence est donc radicale. Parmi les derniers, je vous signalerai quelques types principaux.

On a découvert, dans la mer Caraïbe (golfe du Mexique), une masse dure, jaunâtre, dont la surface offrait l'aspect de la faïence , et dans laquelle l'analyse m'a fourni :

Matière organique azotée et eau de combinaison.	7,60
Résidu siliceux insoluble......................	2,00
Sulfate de chaux.............................	8,32
Phosphate de chaux et de magnésie..........	70,00
Sels alcalins................................	1,88
Carbonate de chaux...................... Carbonate de magnésie...................	10,20
	100,00

Azote , 43 dix millièmes.

Cette matière a été importée au Havre sous le nom de *guano phosphatique*. M. Malaguti a remarqué que , dans cette curieuse substance , qui a la dureté de la pierre , l'extérieur n'a pas la composition du centre. Ainsi la masse reposant sur le schiste a fourni à cet observateur 70 centièmes de phosphate de chaux à la surface , 74 centièmes au centre et 75 centièmes à la partie inférieure.

Dans le guano de Bolivie , la dose d'azote descend à 3,38 %, et le phosphate de chaux s'élève à 41,78. L'îlot de Pedro-Key (côte de Cuba), offre un gisement de guano, dans lequel ce phosphate s'élève à la dose de 48,52 % ; l'azote de ce gisement ne représente que 0,28 %, c'est-à-dire une proportion insignifiante , qui est contenue dans 6,16 de matière organique. En général , les gisements très éloignés des côtes du Pérou offrent ce caractère spécial : proportion d'azote insignifiante et dose considérable d'acide phosphorique sous forme de phosphates terreux.

Il y a quelques années , M. Boussingault (1) reçut du gouvernement de l'Equateur un guano découvert dans les îles Gallapagos , et dont l'analyse donna :

    Phosphate de chaux tribasique................. 60,3
    Azote.......................................   0,7
    Sable et argile............................. 19,0

L'azotate de potasse s'y trouvait à la dose de 3 %.

Ce dernier principe , recherché dans les autres guanos , y a été dosé dans les proportions suivantes par M. Boussingault :

1 kilog. de guano des îles Chinchas contient :

	Grammes.
En azotate de potasse........................	3,80
Id. id........................	1,10
Guano du Chili............................	6,00
Id. de Jarvis............................	5,00
Id. de Baker.	3,20
Id. du golfe du Mexique..................	0,10

Comme types de guanos , dans lesquels l'azote a peu à peu disparu , je citerai encore le guano de Sombrero-Island , récemment importé en Angleterre sous le nom de

____

(1) *Sur les gisements du guano.* Annales du Conservatoire. Janvier, 1861.

phosphatic-guano. Ce gisement est situé par 18°,35 de latitude Nord et 63°,28 à l'Ouest de Greenwich, non loin de l'île Saint-Thomas.

Eau..........................	8,96
Phosphate de chaux............	37,71
Phosphate d'alumine et de fer..	44,21
Phosphate de magnésie.........	4,20
Sulfate de chaux...............	0,86
Carbonate de chaux............	3,36
Acide silicique soluble.........	0,30
Sable.........................	0,40
	100,00

Acide phosphorique total....... 36,36

Le gisement de cette substance a 12 mètres d'épaisseur environ. On en a extrait plus de 70 mille tonnes en moins de deux années.

Le phospho-guano des îles Baker et Jarvis, dont la consommation s'accroît chaque jour dans nos contrées, mérite une mention spéciale. Il a été très sérieusement étudié par un grand nombre de chimistes et notamment par MM. Liebig, Hague (1), Malaguti, Payen, Barral et par moi-même. Voici les particularités les plus importantes de ce gisement.

, Les îles Baker et Jarvis sont situées par 0°,3 de latitude Sud et 150 à 160° de longitude Ouest. Ces îles, formées par des coraux, n'offrent ni eau, ni végétation, et s'élèvent de 7 à 12 mètres au-dessus du niveau de la mer. Elles sont très différentes de grandeur : trois ont jusqu'à 5 milles

(2) *Sillim. Americ. Journ.*, t. xxxiv. — Septembre 1862,

de longueur, une jusqu'à 3 milles de largeur, et elles servent de retraites à d'innombrables oiseaux qui les couvrent de leur fiente. Les tortues et les poissons que ces oiseaux apportent pour leurs petits ; enfin, des oiseaux morts, augmentent la masse de ces détritus. De ces matières, un guano s'est constitué; il se présente en poudre fine et homogène dans l'île Baker, et sous forme de poudre recouverte de plaques dures dans l'île Jarvis. Ce dernier gisement est, d'autre part, riche en plâtre.

Ce qui caractérise le guano des îles Baker et Jarvis, comme du reste tous les guanos analogues, c'est l'évaporation ou la dissolution presque complète des matières organiques et des sels ammoniacaux qui caractérisent le guano normal. L'origine des guanos ammoniacaux et des guanos phosphatés est évidemment la même ; mais, soit abondance des pluies, soit action des vagues, quelques-uns ont subi une transformation qui modifie profondément le rôle qu'ils sont appelés à jouer dans les phénomènes de la fertilisation. Dans son intéressante notice *sur les gisements du guano dans les îlots et sur les côtes de l'Océan Pacifique,* M. Boussingault constate que c'est dans la zône où les pluies sont considérées comme un événement — entre Payta et le Rio-Loa — que sont situés les gisements de guano ammoniacal. Au-delà, plus au Nord comme plus au Sud de ces points extrêmes, le guano, exposé aux pluies tropicales, est généralement dépourvu d'ammoniaque, de sels solubles ; un sel insoluble a résisté, c'est le phosphate de chaux, la base et la substance surtout précieuse des guanos phosphatés. M. Boussingault estime que le phosphate de chaux des *huaneras* représente au moins 95 millions de quintaux métriques, ce qui correspond à la masse osseuse de *quatre billions d'hommes !*

La composition des guanos Baker et Jarvis est aujour-

d'hui très bien déterminée par les nombreuses analyses
qui ont été faites en Amérique, en Allemagne et en France.
Voici tout d'abord les résultats obtenus par M. Liebig :

Guano Baker.

Phosphate de chaux ($3CaO,PhO^5$)...........	78,798
— de magnésie....................	6,125
— de fer.................	0,126
Sulfate de chaux.....................	0,134
Acide sulfurique, potasse, soude, chlore, matière organique et eau.............	14,950
	100,133

Guano Jarvis.

Phosphate de chaux $\begin{cases} 3CaO,PhO^5...17,397 \\ 2CaO,PhO^5...16,026 \end{cases}$	33,43
— de magnésie.................	1,241
— de fer.....................	0,160
Sulfate de chaux.....................	44,549
Acide sulfurique, potasse, soude, chlore, matière organique et eau.............	20,886
	100,259

M. Liebig s'exprime ainsi au sujet des guanos dont
l'analyse vient d'être reproduite (1) :

« Ainsi qu'il résulte de ces analyses, le guano Baker est
le plus riche de tous les engrais connus en acide phos-

(1) *Journal d'agriculture pratique.* Année 1860, n° 19.

phorique et approche de très près , par sa substance , du phosphate naturel ; mais il en diffère par une propriété très remarquable ; le phosphate naturel est tout à fait insoluble dans l'eau ; le guano Baker a une constitution amorphe ; à l'état humide, il rougit le papier de tournesol et se dissout en quantité remarquable dans l'eau pure : il contient une certaine quantité de phosphate à l'état soluble. Le guano Jarvis réagit aussi comme acide, et une partie est également soluble dans l'eau.

Si, en analysant le guano Jarvis, on calcule la chaux combinée à l'acide phosphorique à l'état de sel tribasique de chaux et de sulfate, il reste 4 1/2 °/₀ d'acide sulfurique à l'état libre. On supposerait presque qu'on a ajouté à ce guano avant de l'expédier une certaine quantité d'acide sulfurique et qu'une partie du sel de chaux phosphorique a été convertie en superphosphate; mais sa constitution extérieure contredit cette supposition, et d'ailleurs M. Sardy, à New-York, m'a affirmé de la manière la plus formelle que ce-guano se trouve sur l'île Jarvis exactement dans l'état où je l'ai reçu et qu'aucune espèce de préparation n'a été faite avant son expédition.

Il faut, d'après cela, admettre comme certain que le guano Jarvis contient le phosphate de chaux de la pierre de Belugen (PO⁵+2CaO) à l'état complet de formation, lequel, jusqu'à présent, n'avait été observé dans aucune espèce de guano comme principe composant.

J'ai fait une série d'expériences sur la quantité de phosphate provenant de ces guanos que de l'eau pure et de l'eau contenant du sel ordinaire absorbent.

Si on fait digérer 1,000 grammes de guano Baker et Jarvis avec 50 litres d'eau, le mélange contient les parties suivantes :

50 *litres d'eau dissolvent de 1,000 grammes.*

	Guano Baker	Guano Jarvis
	gr.	gr.
Acide phosphorique.......	3,79	2,446
Chaux...................	8,41	10,122
Acide sulfurique..........	11,63	22,875
Magnésie	0,82	1,379
	24,65	36,822

Si on mêle ces guanos avec une petite quantité d'eau ou si on laisse l'eau filtrer à travers, on obtient une dissolution plus riche en parties solubles, laquelle contient pour 10 litres :

	Guano Baker.	Guano Jarvis.
	gr.	gr.
Acide phosphorique........	4,93	9,16
Chaux...................	11,55	27,49

Si on fait digérer du guano Baker et Jarvis, au lieu d'eau pure, avec l'eau contenant du sel ordinaire (sur 1,000 parties d'eau une partie de sel), la solubilité des phosphates en est considérablement augmentée, et 50 litres de cette faible dissolution de sel ordinaire dissolvent de 1,000 grammes de guano :

	Guano Baker.	Guano Jarvis.
	gr.	gr.
Acide phosphorique......	4,765	5,884
Chaux...................	9,310	53,660
Acide sulfurique.........	12,412	73,158
	26,487	132,702

On remarque que le guano Jarvis, quoique moitié moins riche en phosphate que le guano Baker, donne à l'eau plus d'acide phosphorique soluble que ce dernier, ce qui évidemment provient de la quantité de phosphate duobasique qu'il contient, lequel dans tous les dissolvants est plus soluble que le sel de chaux tribasique.

Par l'augmentation du sel ordinaire dans le mélange la solubilité des sels phosphoriques n'est pas élevée comme l'expérience suivante le prouve.

100 grammes de guano Baker furent mouillés avec 22 centimètres cubes d'une dissolution saturée de sel ordinaire qui contenait 8 grammes de sel ordinaire dans laquelle on versa ensuite 5 litres d'eau.

Sur 1,000 grammes de guano Baker, il fut dissous :

Chaux	8,540
Acide phosphorique	3,198
Acide sulfurique	12,145
	23,883

Il semble résulter de cela que l'adjonction d'une petite quantité de sel ordinaire au guano Baker devrait en accroître l'efficacité, tandis que l'augmentation du sel ordinaire au-delà d'une certaine limite diminue plutôt qu'elle n'augmente la solubilité des phosphates. »

Le savant professeur de Munich s'exprime enfin dans les termes suivants, au sujet du guano Jarvis :

« Le guano Jarvis, d'après la quantité de phosphate

qu'il contient ,~possède une valeur moindre comme article d'importation que le guano Baker... Mais le guano Jarvis est riche en plâtre dont il faut toujours tenir compte comme engrais, et enfin *l'acide phosphorique a, dans le guano Jarvis, une valeur agricole un peu plus élevée,* attendu que près de la moitié de celui-ci est contenue sous la forme d'un sel phosphorique soluble, de telle sorte que pour les betteraves et les trèfles, il ne devrait pas, dans ses effets, être au-dessous du guano Baker, quoique ceux de ce dernier auront, à poids égal, une durée double. »

Voici à quels résultats m'a conduit l'analyse du guano Jarvis (1).

Cette matière est un mélange de poudre, de plaques dures et de fragments stratifiés assez friables. Les plaques ont le caractère tantôt porcelanique, tantôt semi-laiteux, que j'ai constaté déjà sur des guanos de nature analogue. Parfaitement séchés dans une étuve à 100 degrés, cès fragments conservent leur aspect. En détachant les stalag- mites qui recouvrent les plaques, j'ai reconnu qu'ils devaient leur apparence semi-transparente à l'hydratation du phosphate de chaux, évidemment isolé d'une manière très lente. Le phosphate ainsi hydraté ne peut en effet perdre son eau qu'à la température rouge, et les plaques dures du guano Jarvis en contiennent encore 11 et 12 °/₀ que les analystes ont souvent confondus avec de la matière organique, lorsqu'ils ont pratiqué l'incinération de l'engrais simplement séché à l'étuve.

(1) Dans le travail de M. Boussingault auquel j'ai fait allusion plus haut, mon analyse du guano Jarvis est, par une erreur typographique, attribuée au type Baker, et l'analyse du guano Baker faite par M. Barral est attribuée au type Jarvis.

Indépendamment de cette hydratation, il ne faut pas oublier que le phosphate bibasique trouvé par M. Liebig dans ce guano renferme de l'eau de constitution. A tous égards il faut donc se garder de considérer comme substance organique toute la matière volatile que renferme l'engrais après sa dessiccation à la température de 100 et quelques degrés centigrades.

M. Hague fournit dans son travail des détails fort intéressants sur le gisement des guanos Baker et Jarvis.

« L'*île de Baker*, dit-il, entourée d'une ceinture de récifs, d'une largeur de 70 — 130 mètres, d'environ 1 mille de longueur et 2/3 de mille de largeur, est presque plane, son point le plus élevé n'étant que de 7 mètres au-dessus du niveau de la mer. Le dépôt de guano se trouve entouré d'une ceinture sablonneuse formée de sable fin et de fragments de corail et de coquillages. L'épaisseur du dépôt est variable, et va en augmentant dès les bords vers le centre (de 15 centimètres jusqu'au delà de 1 mètre). Il présente une assez grande uniformité, et, à l'exception de quelques points isolés, le guano de la surface ne diffère guère de celui du fond.

L'*île de Jarvis*, longue de 2 milles sur 1 mille de large, quoique présentant la physionomie ordinaire des îles de corail, diffère cependant essentiellement des deux îles précédentes, en ce qu'elle constituait originairement un bassin, qui s'est rempli graduellement de sable et de détritus, en même temps que l'île entière était soulevée. En effet, les côtes de l'île l'entourent comme d'une espèce de muraille circulaire, haute d'environ 6 — 9 mètres, qui s'abaisse graduellement d'un côté vers la mer ou vers le cercle de récifs, et de l'autre vers l'intérieur de l'île, qui n'est lui-même qu'à 2 mètres 1/2 ou 2 mètres 3/4 au-dessus du niveau de la mer. A la circonférence, là où le sol est formé d'un sable de corail plus ou moins mélangé de guano, il y a un peu de végétation consistant en une herbe longue et rude (formée par les *Mesembryanthemum* et *portulacca*) ; mais vers le centre, il n'y a plus trace de végétation ; le sol de corail est recouvert de sulfate de chaux, et c'est sur ce dernier que repose le guano. En creusant ce dernier, on arrive d'abord sur une couche de sulfate de chaux, tantôt compacte et cristallin, d'autrefois mou et amorphe, ayant souvent 60 centimètres d'épaisseur, et ensuite seulement sur les couches successives de sable de corail et de détritus de coquillages.

On ne peut guère apprécier l'origine de ce banc de sulfate de chaux. A mesure que le bassin s'élevait et que la communication entre lui et la mer devenait plus difficile, d'énormes quantités d'eau de mer ont dû être évaporées sous l'influence d'un soleil tropical, laissant un résidu de gypse et d'autres sels. Les pluies ont ensuite lavé cet amas salin, emportant les sels plus solubles et ne laissant que le sulfate de chaux, moins soluble.

En effet, on trouve des endroits où le gypse cristallisé est encore mélangé de sel marin. »

Le phosphate de chaux du guano Jarvis est très assimilable. Je saisis cette occasion pour insister de nouveau sur ce principe que *l'assimilation n'est point seulement le fait de la texture pulvérulente de la substance ;* on pourrait arriver à obtenir cette texture et même une extrême finesse, *alors que, par sa nature propre, la molécule resterait dure et difficilement attaquable.* La faculté de se dissoudre facilement tient ici à la nature intime de la substance, et ce que je dis là s'applique d'une manière générale à tous les engrais riches en principes inorganiques. Voici les chiffres que j'ai obtenus en analysant le guano de l'île Jarvis.

Guano Jarvis séché à 105°..	Poudre.	Fragments.
Substances organiques et eau non volatile à 105°.................	20,80	18,50
Sulfate de chaux anhydre........	30,00	5,00
Phosphate de chaux et de magnésie.	43,20	73,00
Résidu siliceux..................	2,00	1,00
Matières complémentaires et perte.	4,00	2,50
	100,00	100,00

La poudre normale renferme 16,1 °/₀ d'eau et les fragments 10,3 °/₀. Il en résulte que le phosphate réel, c'est-à-dire livré à l'acheteur, doit être réduit par le calcul. Il s'élève à 36,24 dans la poudre et 65,48 dans les fragments. Or, si nous nous reportons à la proportion relative de la poudre et des fragments, nous trouvons d'après la détermination spéciale que j'ai effectuée :

Poudre $\frac{62}{100}$ à 36,24 de richesse, soit........	22,46
Fragments $\frac{38}{100}$ à 65,48....................	34,88
Ou phosphate réel du guano Jarvis livré à l'agriculteur.	47,34 °/₀

Sur la même substance séchée à 105°, la richesse est de 54,52 de phosphate de chaux. La composition de cette matière est du reste variable : ainsi M. Favre y a trouvé 55,77 ; M. John Torrey 69 ; M. Malaguti 39,95, et enfin M. Liebig (1) 39 de phosphate pour cent de matière sèche.

____

(1) Les 34,83 de phosphates mentionnés dans l'analyse de M. Liebig s'appliquent au guano normal à 12 °/₀ d'humidité.

Ces chiffres conduisent à une moyenne de 51,64 pour °/₀ de matière séchée à 100 degrés.

Les croûtes pures ont présenté la composition suivante à M. Hague :

Eau évaporée à 100°.................	0,12
Perte. par calcination (eau de combinaison et un peu de matière organique).	9,62
Chaux......................	38,32
Acide sulfurique................	1,63
Acide phosphorique...............	50,04
Perte et matières non déterminées.....	0,27
	100,00

Cette composition est remarquable puisqu'elle tend à prouver que la matière est du biphosphate de chaux [$PO^5,2CaO,Aq$] presque pur (90 °/₀) , et il reste même 3 °/₀ d'acide phosphorique en excès qui autorise presque à admettre l'existence dans ces croûtes de la combinaison

$$PO^5,CaO,2Aq,$$

c'est-à-dire du phosphate acide de chaux.

Quelquefois ces croûtes présentent l'apparence de nodules (*nummok's*) , dont l'intérieur est composé d'une couche dure de phosphate calcaire au-dessous de laquelle se trouvent d'autres couches concentriques de plus en plus mélangées de gypse, jusqu'à ce qu'à l'intérieur on arrive à du gypse presque pur, qui est toujours amorphe, très fin et tendre, quand même la couche de gypse immédiatement sous-jacente à ces nodules serait dure et cristalline.

Ces transformations curieuses doivent sans doute être

attribuées au contact du phosphate de chaux avec le gypse, sous l'influence de l'eau de mer.

La partie du guano de l'île de Jarvis qui repose sur un lit de corail présente une composition analogue à celle du guano de l'île de Baker. Lorsqu'on commença l'exploitation du guano de l'île de Jarvis, beaucoup de sulfate de chaux fut recueilli et embarqué (au grand détriment de la qualité et de la réputation de ce guano) ; mais on l'évite maintenant qu'on a mieux étudié et reconnu les conditions de gisement de cette matière.

En ce qui concerne le guano Baker, cette substance, dont le phosphate est également très assimilable, a été analysée à différentes reprises. Voici les principaux résultats qu'elle a fournis pour 100 parties de matière séchée à 100 degrés :

Noms des analystes.	Dose des phosphates.
Liebig.........................	88,50
Malaguti.......................	88,75
Payen..........................	89,00
Barral.........................	91,60
Bobierre (échantillon reçu d'Amérique)..	89,20
Id. (chargement importé à Nantes).	86,20
Moyenne..........	88,87 %

L'humidité de cet engrais m'a paru varier de 3 à 11 %.

Consulté sur l'emploi des guanos Baker et Jarvis, j'ai exprimé quelques pensées dont j'extrais les conclusions générales. Elles ont trait, du reste, à la plupart des guanos phosphatés :

« Il n'y a pas d'engrais dont l'emploi ne puisse être infructueux sous l'influence de pratiques inintelligentes.

Certains sols ont une si remarquable aptitude pour dissoudre et transformer le phosphate calcaire, qu'il n'y a pas toujours nécessité de provoquer l'entraînement de celui-ci par l'adjonction de substances organiques facilement décomposables. Dans ces variétés de sol, des fragments grossiers de noir d'os ne renfermant que 8 % de carbone dépourvu de matière azotée, sont facilement dissous et engagés dans des combinaisons nouvelles ; en pareil cas, je ne doute pas que les guanos Baker et Jarvis, *employés tels quels*, ne réussissent d'une manière complète. En sera-t-il de même dans les sols dont la propriété dissolvante pour les phosphates est moindre, et où l'expérience nous démontre qu'il faut introduire corrélativement des substances azotées? On peut en douter. Il est donc prudent — au moins provisoirement — de conseiller dans ce cas, l'adjonction, aux guanos Baker et Jarvis, de fumier, de poudrette, de sang, de bouillons d'équarrissage, de tourbe. animalisée, voire même de guano du Pérou. *Il faudra, en un mot, se baser sur la connaissance des noirs qui conviennent à une localité pour déterminer à priori, si les guanos Baker et Jarvis doivent être employés seuls ou associés à des matières organiques.*

» Les habitudes prises en Bretagne, et qui sont basées sur des résultats longuement étudiés, motiveront, dans mon opinion, une préférence très marquée en faveur de la provenance de l'île Baker. La quantité d'acide phosphorique contenue dans cet engrais est, en effet, très abondante, puisqu'elle représente une proportion de phosphate d'os approchant de 87 %, et, d'autre part, on doit regarder le phosphate calcaire contenu dans le guano Baker comme ayant une puissance d'action relativement très grande en raison de son mode d'agrégation physique et chimique.

. . . .

» A l'avance, on peut affirmer que la consommation

14

sera satisfaite du guano. Baker ; mais *ce que l'expérience seule permettra de déterminer,* c'est la valeur commerciale du phosphate qu'il renferme. Les prix généralement attribués à tel ou tel principe fertilisant , azote , phosphate de chaux , etc. , ne sont point, en effet, des éléments invariables de calcul , et il convient de remarquer que , selon leur origine et leur mode d'agrégation, ces principes ont un effet plus ou moins rapide dans le sol , *donc un prix variable.* Je crois , dès-lors , qu'il y a intérêt pour éclairer ce point intéressant du problème , à provoquer des essais comparatifs aussi nombreux que possible.

» Je crois, enfin, qu'il ressortira promptement des essais effectués , que le guano du Pérou sera d'un emploi beaucoup plus avantageux que par le passé , si on le mélange au guano Baker. Il poussera moins à la paille dans les terres granitiques et schisteuses ; son action sera plus durable , et la quantité du grain en sera augmentée. »

Depuis que j'écrivais ces lignes , l'expérience a prononcé , et en ce moment même l'agent général chargé en France de l'exploitation des guanos Baker livre tout à la fois et son phospho-guano et du guano-péruvien pour faciliter le mélange des deux engrais au cultivateur.

Je vous ferai remarquer en terminant que c'est à l'activité des recherches modernes qu'il faut attribuer l'apport de ces masses énormes de matières fertilisantes dans l'agriculture de l'Europe et de l'Amérique. Chaque jour, en effet, les moindres îlots sont explorés et les phosphates inactifs rendus à la culture, c'est-à-dire à la grande rotation physiologique. Je vous démontrerai, dans une première réunion, que la géologie a largement payé sa dette dans cette grande croisade contre la famine, et ses récentes découvertes de phosphates fossiles vous prouveront , je l'espère , la haute portée de ses investigations.

DOUZIÈME LEÇON.

***

Fossilisation. — Certaines couches du globe sont les ossuaires de générations
innombrables. — Os fossiles des Pampas. — Analyse de calcaires phosphatés
de France. — Gisement d'os fossiles en Angleterre. — Analyse d'os fossiles.
Découverte des coprolithes. — Leurs caractères. — Formation des pseudo-
coprolithes. — Conditions géologiques de leur gisement en France. — Prix
de revient. — Problèmes soulevés par leur exploitation.

MESSIEURS,

L'utilité agricole des débris osseux de l'animal vous est
démontrée. Il nous importe de rechercher désormais quelles
transformations peuvent subir ces débris lorsque, par leur
séjour dans le sol, ils éprouvent les influences de la *fossilisation.*

Avec les maîtres de la science, je désignerai par *fossilisation* le phénomène qui se rattache aux changements par
lesquels un corps, jadis vivant, a passé d'une époque à
d'autres époques, en laissant dans les couches terrestres des
traces durables de sa forme caractéristique.

Ce qu'il faut mentionner à cet égard, c'est que, pour
qu'un corps soit susceptible de laisser dans les couches du
sol des traces durables de son existence, il ne suffit pas que
sa dureté et sa consistance lui permettent de résister à
l'action mécanique des milieux environnants et de conserver

ainsi sa forme, jusqu'à ce que la consolidation soit opérée dans les sédiments où il se trouve enfoui ; il faut encore que sa composition chimique soit telle qu'il puisse en même temps échapper à la décomposition organique et que la dissolution de chacune de ses parties ne soit pas immédiate après sa mort. Cette loi générale admisé, nous pouvons aborder l'examen des faits intéressants pour l'agriculture, auxquels la fossilisation a donné lieu.

Il y a des couches considérables de l'écorce du globe qui sont constituées par les enveloppes solides d'animaux infé-rieurs. Formées par les dépouilles d'innombrables générations, ces couches sont exploitées aujourd'hui, soit comme amendements utilisés pour l'amélioration des cultures, soit même comme des matériaux de construction. Dans 45 grammes environ d'une pierre des montagnes de Casciana, en Toscane, Soldani a recueilli dix mille quatre cent cinquante-quatre coquilles cloisonnées microscopiques. Quatre ou cinq cents de ces coquilles ne pesaient que 0^g054, et parmi ces espèces, il en est une dont mille individus atteindraient à peine ce poids !

Les tripolis d'origine sédimentaire sont quelquefois complètement formés d'animaux infusoires à carapace siliceuse, comme, par exemple, ceux de Bilin, en Bohême. M. Ehremberg a calculé que 27 millimètres cubes de tripoli de cette localité pouvaient contenir jusqu'à 41 millions de ces infusoires à test siliceux !

Il existe en Auvergne des surfaces immenses de terrain où les couches de gravier, de sable, d'argile et de calcaire, se sont entassées à une profondeur de 250 mètres environ. Or, le caractère foliacé des marnes de cette formation est dû à la dépouille de myriades de *cypris* qui donnent à la substance marneuse la propriété de se diviser en feuillets aussi minces que du papier.

Dans l'ardoise oolithique de Stonesfield, près d'Oxford, un seul lit de schiste calcaire et sablonneux, de 1ᵐ90 d'épaisseur environ, offre un mélange confus de plantes et d'animaux terrestres avec des coquilles marines.

Faut-il, Messieurs, citer d'autres exemples? Je pourrais vous montrer quelques-unes des pyramides de l'Egypte, construites avec un calcaire rempli de *nummulites*; d'immenses carrières des environs de Paris, formées par des *millioles* — petites coquilles dont la grosseur n'excède pas celle d'un grain de millet. — En rassemblant les nombreux témoignages matériels d'existences éteintes, il me serait facile de vous prouver que les ossements fossiles des animaux supérieurs n'ont pas une aussi grande importance industrielle et agricole que certains débris d'animaux inférieurs, dont la statistique effraie l'imagination la plus hardie; mais arrêtons-nous sur la pente où nous entraîneraient de telles études, bien faites pour éveiller les méditations du philosophe et du technologiste. Constatons cependant, avec Buckland, que s'il est une chose digne d'étonnement, c'est que le genre humain soit demeuré pendant tant de siècles dans l'ignorance de ce fait, maintenant complètèment démontré, qu'une portion considérable de la surface actuelle du globe a été formée par les débris des animaux dont les anciennes mers étaient peuplées. Il existe — ajoute le même auteur — de vastes plaines et d'énormes montagnes qui ne sont pour ainsi dire que les charniers (1) immenses des précédentes générations, où les débris pétrifiés des animaux et des végétaux éteints se sont amoncelés pour former de merveilleux monuments. Ces monuments nous attestent le travail de la vie et de la mort durant des périodes d'une énorme étendue.

(1) Ou plutôt les ossuaires. — A. B.

Cuvier, appréciant ces curieux phénomènes naturels avec son immense génie, déclare « qu'à la vue d'un spectacle si imposant, si terrible même — celui des débris de la vie formant presque tout le sol sur lequel portent nos pas, il est bien difficile de retenir son imagination sur les causes qui ont pu produire de si grands effets (1). »

Si, de ces considérations générales et grandioses, nous descendons aux applications toutes spéciales dont l'examen doit être avant tout l'objet de nos réunions, nous trouverons un ensemble de faits bien dignes d'éveiller une légitime curiosité.

Ce n'est pas seulement aux actions physiques et chimiques ayant eu pour effet la désagrégation des roches phosphatées cristallines, que les terres doivent le phosphate assimilable, dont l'analyse, aussi bien que la végétation, nous révèle la présence. Dans certaines couches du sol, en effet, il y a de véritables ossuaires où se trouvent réunis, en amas confus, des os dispersés et des fragments brisés de squelettes d'animaux. Or, quelle que soit la période géologique pendant laquelle ces os ont été ensevelis, que les animaux dont ils proviennent aient été antérieurs à l'existence de l'homme ou contemporains de son existence, il n'en est pas moins vrai que de tels gisements méritent d'être étudiés avec soin au point de vue des intérêts de l'agriculture.

Les *cavernes à ossements* et les *brèches osseuses* ont de tout temps fixé l'attention des géologues. Les cavernes consistent généralement en séries de grottes, dont quelques-unes ont plusieurs lieues de longueur. L'une des plus remarquables en Europe est celle de Gailenreuth, en Franconie

____

(1) *Rapport sur les progrès des Sciences Naturelles*, in-8°, 1810, page 196.

(Wurtemberg). Celle d'Adelsberg en Carniole a été explorée sur une longueur de trois lieues. Généralement, les parois de ces cavernes portent les traces manifestes de l'action érosive des eaux.

On a extrait de la caverne de Gailenreuth, dont je vous présente le dessin, plus de mille squelettes d'*ursus spelœus,* et deux cents d'hyènes , de loups , de lions , de gloutons , etc. (1)

Les *brèches* ne diffèrent guère des cavernes que par la forme ; toutefois , les débris de ruminants y existent en

(1) La diffusion des ossements d'éléphants fossiles dans le monde entier est bien faite pour éveiller l'attention. Il n'est pas de région du globe, en effet , dans laquelle on ne trouve de ces débris. Dans le nord de l'Europe , dans la Scandinavie et l'Irlande ; dans le centre de l'Europe , l'Allemagne , la Pologne et la Russie moyenne ; dans le midi , en Grèce , en Espagne , en Italie ; en Afrique , en Asie , dans le Nouveau-Monde ; presque partout , en un mot , on a trouvé et on trouve encore des défenses , des dents molaires et des ossements de mammouth. Ce qu'il y a de plus singulier , c'est que ces débris se trouvent plus spécialement dans les régions glacées de la Sibérie , lieux qui seraient tout à fait inhabitables pour l'éléphant de nos jours.

Chaque année , à l'époque du dégel , les rivières immenses qui descendent vers la mer glaciale dans le nord de la Sibérie , rongent de nombreuses portions de leurs rives et y mettent à découvert les os que la terre contenait. La nouvelle Sibérie et l'île de Lachou ne sont , pour la plus grande partie , qu'une agglomération de sable , de glace et de dents d'éléphant. A chaque tempête, la mer jette sur la plage de nouvelles quantités de défenses de mammouth.

Les habitants de la Sibérie font un commerce fructueux de cet ivoire fossile. Tous les ans , on voit, pendant l'été, d'innombrables barques de pêcheurs se diriger vers les *îles à ossements ,* et , pendant l'hiver, des traîneaux attelés de chiens s'y dirigent en caravanes. Tous ces convois reviennent chargés de défenses de mammouth pesant chacune de 150 à 400 livres. C'est là l'origine de ce que nous appelons en Europe *ivoire vert ,* pour le distinguer de l'*ivoire blanc ,* qui provient des défenses de l'éléphant actuel et des dents de l'hippopotame. (Voyez le *Voyage de Billings ,* traduit par Castera , tome I , page 181.)

plus grande abondance. On rencontre ces brèches dans toutes les parties du globe.

M. Alcide d'Orbigny (1) a observé, à côté de l'immense chaîne des Andes, l'amas considérable d'os fossiles de Buenos-Ayres formé sur une surface d'environ *quatre-vingt-quinze mille kilomètres carrés de superficie* de limon rougeâtre enveloppant tantôt des squelettes entiers, tantôt des os séparés de mammifères. Pour ce géologue, il y a, dans une telle accumulation, la preuve que des perturbations géologiques seules ont pu déterminer l'anéantissement de races animales qu'un charriage pur et simple, sous l'action des affluents terrestres, expliquerait difficilement.

Quoi qu'il en soit, considérez, Messieurs, le spectacle frappant, pour l'économiste, de ces pampas dont l'herbe est couverte par les ossements d'animaux modernes, et dont les profondeurs recèlent les débris phosphatés de générations lointaines. Os récents, os modifiés par la fossilisation, tout cela doit rentrer au même titre dans le torrent de la circulation organique : vous n'en doutez plus.

(1) *Géologie de l'Amérique méridionale*, pages 72, 81.

CAVERNE DE GAILENREUTH, EN FRANCONIE.

Lorsque la découverte de débris fossiles ne conduit qu'à la constatation de quantités minimes d'acide phosphorique, elle a encore son intérêt, son utilité incontestable ; en voici une preuve entre autres :

M. Guillemin, ingénieur des mines dans le département de l'Allier, mentionnait, en avril 1857 (1), que, dans les localités de Noyant, de Messarges, de Souvigny, de Gypey et de Mellier, il existe, à la partie supérieure des terrains houillers, des couches d'un calcaire gris, compacte, alternant avec des schistes argileux et bitumeux. Or, ce calcaire est rempli de débris d'animaux : dents, os, écaille, et il donne à l'analyse :

	Calcaire de Souvigny.	Calcaire de Messarges.
Carbonate de chaux....	62,00	76,05
Phosphate de chaux	3,55	7,50
Carbonate de fer......	3,45	8,80
Silex et argile........	30,00	7,05
Bitume	1,00	0,60
	100,00	100,00

La chaux qu'on obtiendrait de ces calcaires contiendrait donc 5 et 12 centièmes de phosphate de chaux. Or, si vous avez encore présentes à la pensée les données générales sur lesquelles je me suis appesanti dans les premières conférences de ce cours, au sujet de certains terrains fertiles, vous vous expliquerez facilement, Messieurs, que les recherches géologiques et chimiques puissent ouvrir à l'agriculture des horizons immenses.

(1) *Journal d'Agriculture pratique*, 4e série, t. VII, pag. 334.

Dans ses savantes études, destinées à vulgariser les notions relatives à l'existence de l'acide phosphorique à l'état de gisement, M. Elie de Beaumont a résumé avec soin les nombreuses recherches effectuées en Angleterre pour mettre les os fossiles à la portée de l'agriculture. Ce savant géologue a successivement retracé les tentatives faites pour extraire du *crag* de Suffolk et de Norfolk des ossements d'animaux antédiluviens.

Le *crag* supérieur de Suffolk renferme des ossements d'éléphant fossile, de rhinocéros, de bœuf, etc. On les trouve mélangés avec du sable et du gravier à 70 ou 80 centimètres de profondeur. M. Wiggins annonçait, en 1848, qu'on avait déjà extrait plus de 300 tonnes de ces matières destinées à la fabrication du superphosphate de chaux.

En 1822, dit M. Elie de Beaumont, MM. Buckland et Conybeare avaient signalé dans les petites falaises qui bordent le canal de Bristol à Aust-Cliff, près l'embouchure de l'Avon, une couche de *lias* inférieure tellement riche en débris d'ichthyosaurus et d'autres grands sauriens, qu'elle constitue un véritable conglomérat ossifère. Vous voyez, Messieurs, que les ossements peuvent exister sous forme de couches. C'est ce qu'en Angleterre on nomme *bone-bed*.

Le professeur Buckland a également trouvé des ossements fossiles d'hyènes et autres animaux dans le sol du Yorkshire. Depuis cette époque, on a fouillé avec le plus grand soin tous les amas analogues, et M. Thompson, de Bristol, constatait, en 1851, que des centaines d'ouvriers étaient chaque jour occupés à extraire des os fossiles et des matières phosphatées qui s'en rapprochent, sur les côtes de Suffolk, de Norfolk et d'Essex. « Le produit de quelques arpents en os fossiles, dit aussi M. Thompson, a quelquefois égalé la valeur d'un petit domaine. »

L'importance agricole des os fossiles étant démontrée par les faits , nous devons nous occuper de leur composition.

Les échantillons des carrières d'os du voisinage de Sutton (Suffolk) sont tantôt spongieux et friables, tantôt fibreux et résistants. Ces derniers peuvent prendre assez promptement un beau poli, et leur porosité n'est appréciable qu'au microscope. Leur analyse fournit les chiffres suivants :

	1.	2.
Eau extraite de 150° à 170° cent........	3,361	2,912
Eau et matières organiques volatilisées à la température rouge	4,351	3,361
Carbonate de chaux....................	27,400	26,800
Carbonate de magnésie.................	0,371	0,286
Sulfate de chaux......................	0,514	Traces
Phosphate de chaux uni à un peu de phosphate de magnésie...................	49,632	56,966
Phosphate de fer...................	6,600	4,800
Phosphate d'alumine...................	3,400	4,638
Fluorure de calcium...................	3,617	Indéterminé
Acide silicique......................	0,626	0,098
	99,872	99,861
Azote sur 100 parties	0,1244	Indéterminé

Trois autres échantillons , provenant des mêmes localités, et destinés à la pulvérisation , puis à la transformation en superphosphate , ont fourni 58, 61 et 62 centièmes de phosphate de chaux basique. L'azote, négligé pour le premier échantillon, a été dosé dans les deux autres. Sa quantité était de 0,0838 et 0,0482 pour 100 parties (1).

En général, on a constaté, en Angleterre, que les

(1) Thompson J. Herapath. *Journal of the agricultural Society of England*, t. XII, 1re partie.

phosphates et le fluorure de calcium sont plus abondants dans les os durs que dans ceux dont la contexture est spongieuse.

Voici enfin quelques analyses d'os fossiles effectuées par M. Fremy :

NOMS DES OS.	Matière orga- nique.	Phos- phate de chaux.	Phos- phate de ma- gnésie.	Carbo- nate de chaux.	Matière sili- ceuse et fluorure de calcium
Bœuf fossile des cavernes d'O- reston	10,3	71,1	1,5	11,8	»
Bœuf fossile (partie spongieuse) .	8,0	63,3	1,2	5,2	17,2
Rhinocéros fossile de Sansan (Gers)	traces	59,0	»	41,3	2,6
Hyène fossile des cavernes de Kirkdale.	20,0	72,0	1,3	4,7	»
Rhinocéros fossile (dents)	»	65,2	0,7	13,8	14,5
Mastodonte fossile (défense) . . .	»	56,5	0,7	13,1	24,3
Ours fossile (partie dense)	»	59,7	0,4	23,6	9,8
— (partie spongieuse).	»	23,1	1,2	67,5	14,0
Tortue fossile (vertèbres)	»	61,1	0,7	10,6	18,6

L'examen de ces résultats prouve, Messieurs, que dans un os fossile, le tissu organique a été plus ou moins détruit et remplacé par diverses matières minérales dis-tinctes, selon les terrains au sein desquels la fossilisation s'est opérée. La portion subsistante de ce tissu a toutefois conservé ses propriétés caractéristiques ordinaires, et il peut, comme l'osséine fraîche, se transformer facilement en gélatine.

A cette occasion, je rappellerai que les os d'hommes et

d'animaux tirés des pyramides d'Égypte, renferment encore, après trois mille ans , tout le tissu cellulaire qui leur est propre (1) , et je vous ferai remarquer, Messieurs ; pour en terminer avec ces considérations générales sur la fossilisation , que par la nature des substances déposées dans le tissu de l'os ou substituées à sa propre substance, le géologue et le chimiste trouvent des indices du terrain où se sont effectuées les transformations qu'ils étudient.

M. Delesse (2) a établi que les corps organisés fossiles renferment tous une notable proportion d'azote. Divers os de vertèbres fossiles ont été analysés par ce savant. Il a constaté tout d'abord qu'un os humain provenant des catacombes de Paris et dont l'origine remontait à plus d'un siècle, renfermait encore 32,25 millièmes d'azote. Il y en avait seulement 0,89, pour le mégatérium , 0,41, pour le palœothérium du gypse parisien et moins de 0,20, pour les sauriens appartenant à l'époque du lias.

Les dents et les défenses qui sont plus compactes que les os et généralement protégées par de l'émail, conservent beaucoup mieux leurs matières organiques. Une dent de l'hyène des cavernes contenait 26,95 millièmes d'azote ; il y en avait encore 0,84 dans le *Bone-bed*, qui est en grande partie formé de dents de poissons, et qui se trouve à la partie supérieure du Keuper.

Les défenses conservent moins bien leurs matières orga-

(1) Sur la demande de l'Académie d'agriculture, j'ai analysé en 1817 une terre qui , depuis un temps immémorial, donnait d'excellentes récoltes en grain sans avoir jamais été fumée. Elle contenait de petits morceaux d'os, et en la faisant bouillir pendant longtemps avec de l'eau, j'obtins une dissolution qui précipitait par l'infusion de noix de Galles. On a conjecturé d'après cela que le lieu d'où elle provenait avait été autrefois un champ de bataille. Berzélius. *Traité de chimie.*

(2) *Comptes-rendus de l'Académie des sciences*, n° 8. Août 1860.

niques que. les dents, car dans une défense du Mastodonte du calcaire miocène de Sansan, il y avait seulement 0,56 d'azote.

. Les enveloppes calcaires des mollusques appartenant à différentes époques géologiques, ont été également essayées. Leur proportion d'azote varie peu et elle est toujours très faible. Ainsi, dans les cérites tertiaires, dans les mollusques des faluns, dans les polypiers du terrain Dévonien, dans le rostre des Bélemnites, la proportion d'azote varie peu et reste inférieure à 0,20.

Mais la science, Messieurs, ne s'est pas bornée à éclairer l'industrie et l'agriculture sur les gisements de phosphates provenant de l'enfouissement des os; elle a fait plus, et il appartenait à la géologie en particulier de démontrer encore une fois la sublime prévoyance de la nature, qui tient en réserve, pour les besoins de l'humanité, des trésors inappréciables. A côté des débris fossiles de ces gigantesques reptiles — l'*ichthyosaurus* et le *plesiosaurus*

ICHTHYOSAURUS COMMUNIS.

(1) — que M. Buckland a si bien étudiés dans les dépôts voisins de la série secondaire du globe, ce savant géologue

(1) Il y a tant d'espèces de *sauriens* fossiles, que nous ne pouvons qu'en choisir quelques-uns des plus remarquables pour faire connaître quelles conditions dominaient l'animalité à cette époque où la classe des reptiles occupait le sommet de l'échelle animale, atteignant souvent des dimensions *dont rien n'approche parmi les divers ordres actuels,* et qui semblent caractériser le *moyen âge* de la chronologie géologique qui sépare les formations de transition des formations tertiaires. — Buckland. *La géologie et la minéralogie dans leurs rapports avec la théologie naturelle.*

a découvert, en effet, de véritables excréments fossiles
riches en phosphate de chaux. Sous le nom de *coprolithes*,
ils sont aujourd'hui assez bien connus pour qu'il me soit
possible d'appeler votre attention sur leur structure et leur
composition chimique.

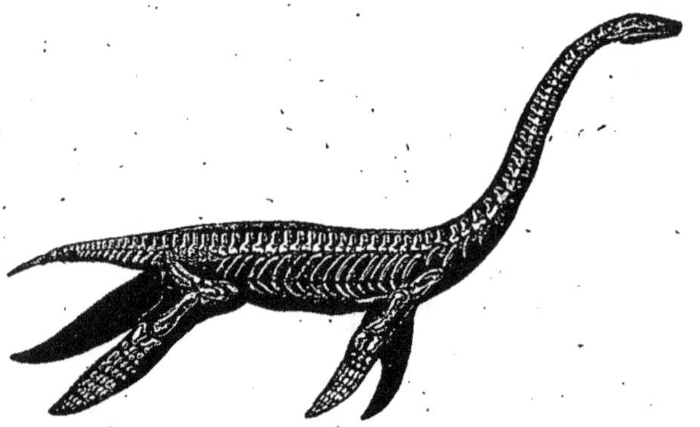

Je dois toutefois, Messieurs, faire ici une réserve. On a
souvent confondu et on confond encore, sous le nom générique de coprolithes, des masses noirâtres trouvées dans
des couches et dans des conditions identiques, mais dont
l'origine n'est pas cependant toujours la même. De là les
noms de *coprolithes* — véritables excréments fossiles, — et
de *pseudo-coprolithes*. — masses phosphatées d'origine vraisemblablement organique, mais ayant subi des modifications souvent nombreuses avant d'affecter la forme des
nodules et que nous trouvons fréquemment aujourd'hui.
— Examinons tout d'abord les coprolithes proprement
dits :

C'est en 1822 que M. Buckland, en explorant la caverne
de Kirkdale, dans le Yorkshire, où il découvrit de nombreux ossements fossiles, y trouva aussi des excréments

d'hyènes parfaitement reconnaissables et dans lesquels abondait le phosphate de chaux, ainsi que cela est naturel pour les animaux dont la nourriture se compose en partie des ossements qu'ils rongent (1).

Quelque temps après le 6 février 1829, M. Buckland fit connaître la découverte qu'il avait également faite de nombreux coprolithes — *fossiles fœces* — provenant du lias du Lyme-regis (Dorsetshire), et la description donnée par ce savant (2) permettait non-seulement de connaître par l'analyse chimique l'origine de la substance coprolithique, mais encore d'étudier, de spécifier même, en raison de ses formes, le volume et l'intestin des reptiles qui l'avaient produite.

J'avoue, Messieurs, que l'ouvrage si intéressant de M. Buckland, que j'ai en ce moment sous les yeux, rend ma tâche difficile. Je voudrais pouvoir vous relater mille détails cités par ce savant, et je sens néanmoins qu'il me faut borner cette exposition à des données générales. Je laisserai parler M. Buckland lui-même; voici ce qu'il dit des coprolithes :

« Au milieu des variations de leur volume et de la multiplicité de leurs formes, les coprolithes offrent l'apparence générale de cailloux oblongs ou de pommes de terre réniformes; leur longueur est ordinairement de deux à quatre pouces, et leur diamètre de un à deux. On en trouve, mais en petit nombre, qui sont beaucoup plus grands et en proportion avec la taille gigantesque des plus grands ichthyosaures; il y en a de plus petits, qui offrent les mêmes rap-

COPROLITHE DE POISSON.

(1) Buckland. *Reliquiæ Diluvianæ*, 1823.

(1) Buckland. *Transactions de la Société géologique de Londres*, 1829, vol. 3, pag. 224.

ports avec de jeunes individus de la même espèce et avec des poissons de petite taille ; leur couleur ordinaire est le gris cendré, parfois mêlé de noir ; d'autres fois, ils sont entièrement noirs. Leur substance offre une texture terreuse, compacte, pareille à celle de l'argile durcie, et leur cassure est conchoïdale et luisante. La coupe de ces excréments arrondis fait voir qu'ils ont été moulés en une lame aplatie et contournée en spirale du centre à la circonférence. Leur extérieur offre la trace des rides et des impressions les plus légères qu'ils ont dû recevoir, alors qu'ils étaient à l'état plastique dans les intestins des animaux vivants.

» Les coprolithes contiennent en abondance, et dispersés irrégulièrement, des écailles et souvent des dents et des os de poissons, qui ont traversé, sans être détruits par la digestion, le tube intestinal tout entier des sauriens, de la même manière que l'émail des dents et certains fragments d'os, qui n'ont pu être digérés, se retrouvent dans les excréments des hyènes. soit à l'état récent, soit à l'état fossile. »

Et plus loin :

« L'origine de ces fossiles singuliers est suffisamment établie par la fréquence avec laquelle on les rencontre dans la région abdominale des squelettes fossiles d'ichthyosaures. Un échantillon, donné par le vicomte Cole à la collection géologique de l'université d'Oxford, offre une preuve sans réplique que les coprolithes ne peuvent être considérés comme des matières étrangères accidentellement mises en contact avec les corps organisés fossiles ; puisque cette grande masse coprolithique est complètement enfermée dans la cavité que forment la colonne vertébrale et les deux séries droite et gauche des côtes, dont le plus grand nombre a conservé, à peu de chose près, sa position naturelle.

» Dans ces faits, dit en terminant M. Buckland, nous avons rencontré des témoignages qui nous permettent d'affirmer la présence d'arrangements pleins d'utilité et d'admirables compensations jusque dans les organes si périssables, mais en même temps si importants, qui concourent à opérer les fonctions digestives. Nous avons pu reconnaître avec certitude la nature de leurs aliments, la forme et la texture de leur canal intestinal; nous avons pu dessiner leur tube digestif dans les trois formes successives qu'il subit d'une extrémité à l'autre de sa longueur: d'abord, estomac volumineux et prolongé; puis iléum aplati et contourné en spirale jusqu'à ce qu'il se termine en un cloaque d'où les coprolithes tombaient dans la vase qui donna naissance au lias. Là, ils sont demeurés ensevelis pendant des siècles sans nombre, jusqu'à ce que la main des géologues ait été les arracher aux profondeurs où ils étaient enfouis, pour les appeler à rendre témoignage des événements qui se sont accomplis au fond des mers primitives durant les longues périodes antérieures à l'avénement de l'homme sur la terre. »

Je dois mentionner également, Messieurs, que les coprolithes des diverses classes d'animaux ne diffèrent pas seulement par leur forme, ils ont aussi des compositions chimiques distinctes. Il y a, sous ce dernier rapport, une très notable différence entre les coprolithes des mammifères, ceux des oiseaux et ceux des reptiles. En les comparant entre eux, on reconnaît que les coprolithes des mammifères diffèrent peu de ceux des poissons. Dans les coprolithes de reptiles, la quantité de phosphate et de carbonate calcaire paraît moindre ; enfin, les coprolithes d'oiseaux sont caractérisés par l'acide urique (1). M. Delesse a reconnu (2) que les principes organiques de ces curieuses substances ont assez bien résisté à la fossilisation, puisque, dans un coprolithe du *tourtia*, il y avait 0,37 d'azote; il en avait encore 0,33 dans un coprolithe de saurien qui était très ancien et remontait au Muschelkalk.

M. Thompson Herapath (3) a publié les analyses suivantes, qui offrent un véritable intérêt :

PRINCIPES CONSTITUANTS.		COPROLITHE du Lyme-regis.
Eau..	6,182	3,976
Matières organiques		2,001
Chlorure de sodium et sulfate de soude	traces.	»
Carbonate de chaux........................	23,674	28,121
Carbonate de magnésie.....................	»	0,423
Sulfate de chaux..........................	1,077	0,026
Phosphate de chaux........................	60,769	53,996
Phosphate de magnésie.....................	traces.	
Phosphate de fer	4,057	6,182
Phosphate d'alumine.......................	traces.	1,276
Sesquioxyde de fer	1,994	»
Alumine	traces.	»
Acide silicique, fluorure de calcium et perte........	2,247	3,989
	100,000	100,000
Azote......................................	0,082	non dosé.
Densité	2,700	2,799

(1) Alcide d'Orbigny. *Paléontologie.*
(2) *Loc. citato.*
(3) *Loc. citato.*

Ou m'a récemment communiqué les deux analyses suivantes, qui se rapportent à des livraisons importantes :

Coprolithes de Cambridge.

Humidité......................	8,00
Matières organiques...........	3,00
Silice.......................	9,00
Phosphate de chaux...........	77,70
Carbonate de chaux...........	2,30
	100,00

Coprolithes de Suffolk.

Eau combinée	10
Sable, oxyde de fer...........	21
Carbonate de chaux...........	10
Phosphate de chaux...........	56
Fluorure de calcium, sulfates et chlorures alcalins...........	3
	100,00

Ces matières, peu chargées de carbonates, sont très convenables pour la préparation des superphosphates.

Ai-je besoin d'ajouter que ces coprolithes dans lesquels on rencontre des proportions de phosphate de chaux qui dépassent 77 centièmes, constituent une matière utilisable en agriculture? C'est presque une superfétation. Nous les voyons, en effet, convertis chaque jour, par nos voisins, en superphosphate et concourant à apporter dans les cultures du XIXᵉ siècle de véritables poudrettes empruntées aux animaux qui existaient avant l'apparition de l'homme sur la terre. Il y a toute une révélation de la haute portée des études géologiques dans la simple relation de ces faits intéressants.

Admettez pour un instant que des détritus animaux accumulés sous les influences des perturbations géologiques, aient été soumis à des actions décomposantes ; admettez aussi que l'acide carbonique et des véhicules analogues ayant réagi sur les phosphates enfouis, ceux-ci aient cheminé dans les couches du sol en obéissant à l'action de courants divers, il pourra arriver qu'en présence de cette dissolution de phosphates acides, des masses calcaires interviennent avec leurs affinités spéciales. La chaux de ces calcaires se combinant avec une portion d'acide phosphorique, une véritable précipitation de phosphate basique pourra avoir lieu. Le groupement alternatif de la chaux, sous forme de carbonate et de phosphate basique, motivera une conversion pseudo-morphique, de telle sorte que la constitution des nodules phosphatés deviendra facile à interpréter. Telle est du moins l'hypothèse admise par Buckland au sujet des pseudo-coprolithes, qui, déplacés après leur formation, ont pu, selon cet auteur, être accumulés par myriades au fond des mers basses, où se trouve actuellement la côte de Suffolk. Là, dit ce savant géologue, ils furent longtemps roulés et confondus avec les os de grands mammifères et de poissons et avec les coquillages de mollusques. Du fond de ces mers, ils furent enfin soulevés et formèrent les terres sèches qui bordent les côtes de Suffolk. Si les pseudo-coprolithes ont un aspect qui rappelle celui des matières roulées, vous voyez que tout s'unit pour l'expliquer parfaitement.

Si j'ajoute, Messieurs, qu'en présence de l'oxyde de fer,

le phosphate calcaire, dissous dans l'acide carbonique, passe facilement à l'état de phosphate de fer, l'association des phosphates de chaux et de fer dans les terrains tertiaires n'aura pas lieu de vous surprendre. Cette association a été constatée la première fois, sur une grande échelle, près de Wissant, dans le Pas-de-Calais, par MM. Longchamp et Berthier.

Examinant avec attention les rognons noirâtres qui abondent près du cap La Hève, on reconnut bientôt leur identité avec les nodules de la côte de Surrey. Des observations dues à MM. Fitton, Dufrenoy, Mengy, Delanoue, Nesbit, contribuèrent à mettre ce fait en évidence. Le docteur Fitton, en particulier, dans son travail sur les couches inférieures de craie, ne laissa aucun doute sur l'existence des nodules phosphatés dans les terrains formant sur ce point les deux rives de la Manche.

Bien que différentes des *coprolithes*, les masses phosphatées, dont il est ici question, ont cependant des caractères qui les rapprochent des excréments pétrifiés, et qui servent à accuser, d'une manière bien vraisemblable, leur origine organique. Comme les coprolithes, elles sont azotées ; comme eux, elles exhalent une odeur *sui generis* par le frottement ou le contact des réactifs alcalins ; enfin, leur richesse en phosphates les classe, au point de vue de l'industrie agricole, à côté de ces curieux excréments qui, sous le nom de *fossil-fæces*, furent l'objet des savantes recherches de Buckland.

A la pointe Sud-Est de l'Angleterre, dit M. Elie de Beaumont (1), à l'extrémité occidentale des roches de craie blanchâtre auxquelles la Grande-Bretagne doit son antique

______

(1) *Etude sur l'utilité agricole et sur les gisements géologiques du phosphore*, page 25.

nom d'*Albion,* les couches argileuses du *gault* affleurent à
Folkstone , sur la rive septentrionale du Pas-de-Calais , et
se prolongent vers le Nord-Ouest, dans la direction du
comté de Kent. Dans toutes les couches qui sont de la
même nature que celles du Havre et de Wissant , dans
toute la bande, enfin, de terrain crétacé inférieur qui
commence à Wissant, sur le bord du Pas-de-Calais, et qui
va se terminer à la côte de la Manche, un peu au Midi de
Boulogne , les remarques de MM. Fitton, Berthier, Sens,
etc., permirent de reconnaître la présence des nodules de
phosphate et la similitude de leurs caractères. A la vérité,
ces constatations n'avaient alors qu'un intérêt scientifique,
et, sur la puissance des gisements de nodules, les
convictions étaient loin d'être assises en France.

En mars 1848 , M. Austen (1) établit d'une manière
générale qu'aux environs de Guildford , les nodules de
phosphate de chaux sont répandus en grand nombre dans
le *grès vert* supérieur, mais qu'ils sont généralement petits
dans les couches les plus élevées.

En résumé , les recherches scientifiques effectuées sur le
mode de gisement des nodules conduisent à admettre que
ces matières précieuses appartiennent *à trois assises différentes du terrain crétacé inférieur.*

C'est un point sur lequel j'appelle, Messieurs, votre
sérieuse attention.

« Dans ces trois assises du terrain crétacé inférieur, — et
je rapporte ici les paroles de M. Elie de Beaumont, — les
nodules de phosphate de chaux sont les compagnons fidèles
des grains verts de silicate de protoxyde de fer désignés
vulgairement par les géologues sous le nom de *chlorite* ou

(1) *Quarterly journal of the Geological Society* , t. ıv, 1ᵣᵉ partie, page
258.

de *glauconie*. Si on admet , ce qui n'a rien d'improbable ,
que les nodules de phosphate de chaux doivent continuer à
accompagner ailleurs encore les grains verts glauconiens ,
on sera fondé à les rechercher en France dans une zône
fort étendue , c'est-à-dire dans la plus grande partie de la
zône du terrain crétacé inférieur, coloriée en vert sur la
carte géologique de la France et désignée par la lettre
accentuée C'. »

En se bornant à la France septentrionale, la zône signalée
par M. Elie de Beaumont s'étend , du département du Nord,
à travers ceux de l'Aisne , des Ardennes et de la Marne ,
où elle se recourbe vers le Sud-Ouest , pour traverser
ensuite les départements de l'Aube , de l'Yonne , du Cher,
du Loir-et-Cher , de l'Indre et de la Vienne , et atteindre
celui d'Indre-et-Loire. Dans ce dernier, elle se dilate et se
recourbe de nouveau pour se diriger vers le nord , à travers
les départements de Maine-et-Loire , de la Sarthe , de
l'Orne et du Calvados , où elle se termine sur la côte de la
Manche , en face du cap la Hèvre.

Il vous suffira , Messieurs , de suivre cet itinéraire sur
les portions foncées de la carte que je mets sous vos yeux,
pour comprendre tout à la fois et la direction topographique
à donner aux recherches des nodules de phosphate et
l'explication de certains faits inhérents aux succès ou à
l'inutilité relative des engrais riches en acide phosphorique.

M. Elie de Beaumont fait observer enfin — et il vous
est facile , Messieurs , de vous convaincre de la réalité de
ses assertions en suivant avec moi les contours de la carte
— que le terrain crétacé inférieur se montre encore formant
des espèces d'îlots dans les départements de la Seine-Inférieure et de l'Oise , savoir : à Rouen même et dans le
pays de Bray, qui s'étend de Neufchâtel à Beauvais. « Je ne
doute pas , dit cet éminent géologue , tant l'analogie des

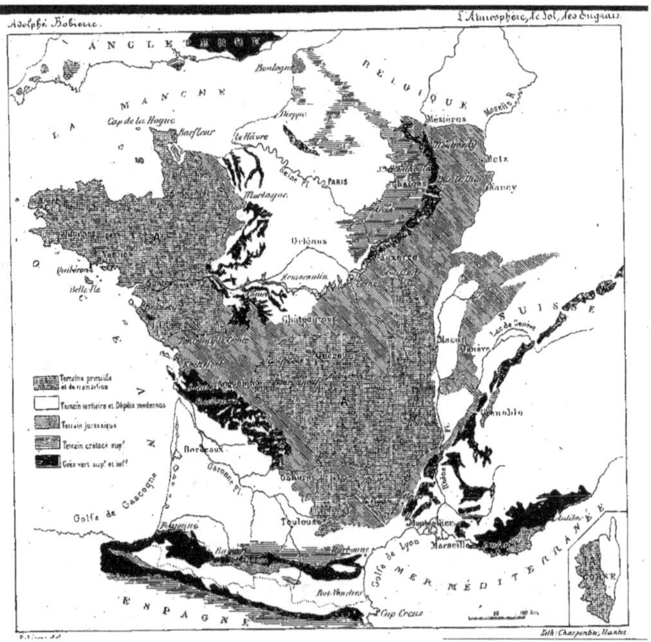

ANGLETERRE
BELGIQUE
LA MANCHE
Boulogne
Moselle Fl.
Cap de la Hogue
Barfleur
Dieppe
Le Hâvre
Mézières
Metz
Seine Fl.
PARIS
Nancy
Martagne
Orléans
SUISSE
Lac de Genève
Krousennlin
Châteauroux
Genève
Mâcon
Grenoble
Rhône Fl.
O
Quiberon
Belle Île
C.
Bordeaux
Garonne Fl.
Golfe de Gascogne
Saône
Bayonne
Toulouse
Montpellier
Golfe de Lyon
Marseille
MER MÉDITERRANÉE
Port-Vendres
C. Cap Creus
ESPAGNE
Corse

Terrains primitifs et de transition
Terrain tertiaire et Dépôts modernes
Terrain jurassique
Terrain crétacé sup.
Grès vert sup. et inf.

couches est frappante , qu'on ne trouve du phosphate de
chaux en un grand nombre de points de la zône , dont le
contour vient d'être indiqué. » La pratique devait donner
raison à ces vues théoriques inspirées par une connaissance
approfondie des terrains.

Le 29 décembre 1856, dans un mémoire adressé à l'Académie des Sciences , MM. Demolon et Thurneyssen annon-
çaient qu'ils avaient réalisé l'application industrielle des
idées générales émises par les géologues et les ingénieurs des mines , et ils décrivaient les gîtes réguliers et
commercialement exploitables de nodules de phosphates
dont ils étaient parvenus à déterminer l'importance. Voici
les principaux faits consignés dans ce mémoire.

Un premier examen sommaire, qui embrassa trente-neuf
départements , augmenta d'abord , dans une proportion
très considérable , le nombre des indices qui pouvaient
servir à établir l'existence de gîtes réguliers. Ces départements sont : l'Oise , la Seine-Inférieure, le Calvados, l'Eure,
l'Orne, Eure-et-Loir, la Sarthe, Maine-et-Loire, la Loire-
Inférieure, Indre-et-Loire, la Vienne, la Vendée, la Charente-
Inférieure , la Charente , la Dordogne , le Lot , l'Aude ,
l'Hérault, le Gard, les Bouches-du-Rhône , le Var, Vaucluse,
les Basses-Alpes , la Drôme , l'Isère , le Cher, l'Indre , la
Nièvre , l'Yonne , l'Aube , la Haute-Marne , la Côte-d'Or ,
la Marne , la Meuse , les Ardennes , l'Aisne , le Nord , le
Pas-de-Calais et la Somme.

Comme vous le voyez, Messieurs , ces départements
appartiennent , pour la plus grande partie, à la formation
crétacée.

La falaise du Hâvre à Fécamp , le pourtour du Bray
(Fresles , Saint-Sulpice , Oniard , Saint-Martin-le-Nœud ,
Tuilerie de Trépié) , la falaise de Wissant et tout le pourtour
du mamelon jurassique du Boulonnais (Leubringhem ;

moulin de Fernaville, environs d'Ardinghem ét de Fiennes,
glaisières des tuileries de Colembert, glaisières des tuileries de Brunembert, glaisières et sablières des poteries de
Desvres, glaisières du Breuil, glaisières de Menty et chemins voisins, environs de Verlinctun, environs de Pelinc-
ton, environs de Nesles, plusieurs chemins longeant ou
coupant le chemin de fer de Paris à Boulogne, près de
Neufchâtel, et champs voisins); les environs d'Anappes et
de Lezennes (Nord); les environs de Novion-Porcien, de
Marcheromenil, de Saulces-aux-Bois, d'Ecordal, de Savigny,
de Saint-Morel; les minières d'Echaude, de Grand-Pré,
de Chevières, de Marcq et d'Apremont (Ardennes); les environs de Vienne-le-Château et de Sermaize (Marne); les
environs de Montblainville, de Varennes, de Neuvilly,
d'Aubreville, de Lochères, de Clermont-en-Argonne; de
Rarecourt, à la tuilerie neuve établie près de ce village, de
Waly de Foucancourt, de Triancourt, de Sénard, de Vaubecourt, de Villotte, de Loupie-le-Château et de Gros-Termes
(Meuse); les environs de Baudon-Villiers, dé Valecourt,
de Moëlains et de Louze (Haute-Marne); les environs de
Dieuville et de Gérodot, la tranchée de Montiéramay, près
Lisigny, la ferme de Saint-Martin, la glaisière des tuileries
de Montchevreuil (Aube), les environs de Saint-Florentin et
de Toucy (Yonne), fournirent de nombreux échantillons.

Un second examen plus approfondi et appliqué seulement
à onze départements énumérés plus haut (Seine-Inférieure,
Oise, Pas-de-Calais, Nord, Aisne, Ardennes, Meuse,
Marne, Haute-Marne, Aube et Yonne), une observation
plus attentive des circonstances de gisement dans lesquelles
se trouvaient placés les divers indices reconnus, firent voir
que des liens de continuité existaient entre eux; de nombreux
sondages et des fouilles multipliées, exécutées dans le
voisinage des lignes d'affleurement, confirmèrent constam-

ment ce fait et mirent hors de doute l'existence de gîtes réguliers.

Ces gîtes appartiennent tous à la formation crétacée, et font partie du bassin anglo-parisien, dont le centre est à Paris et les bords à Honfleur, Argentan, Alençon, le Mans, la Flèche, Angers, Loudun, Châtellerault, Melun, Sancerre, Auxerre, Bar-sur-Seine, Saint-Dizier, Clermont-en-Argonne, Vouziers, Rethel, Rosoy et Aubenton (1).

Selon les auteurs du mémoire que j'analyse, lorsque la roche encaissante est solide, la chaux phosphatée s'y présente en nodules disséminés et empâtés dans la masse. La grosseur de ces nodules varie entre celle d'une noisette et celle d'un œuf d'autruche (terrain néocomien, craie chloritée, craie marneuse, craie blanche).

Lorsque la roche encaissante est meuble, la chaux phosphatée s'y présente en nodules indépendants, et constitue sous cette forme des lits réguliers, dont l'épaisseur varie entre 10 et 35 centimètres (sables verts inférieurs, sables verts supérieurs).

Le lit régulier du sable vert inférieur se montre au jour sur une très grande étendue. En suivant de l'Est à l'Ouest le bord septentrional du bassin crétacé anglo-parisien, on voit ce lit affleurer, d'abord sur le pourtour de l'îlot jurassique du Boulonnais, dans les communes de Wissant, de Leubringhem, d'Hardinghem, de Columbert, de Brunembert, de Lottinghem, de Vieil-Moutier, de Desvres, de Longuefosse, de Vierre-au-Bois, de Tingry, de Verlinctun, de Nesles, de Neufchâtel et jusqu'aux bords de la mer.

Des fouilles nombreuses, pratiquées sur toute l'étendue de cette ligne, ont démontré que le lit existe à une petite

---

(1) Demolon et Thurneyssèn. — *Comptes-rendus de l'Académie des Sciences.*

profondeur au-dessous du banc de l'argile du gault et lui est *constamment subordonné.*

En quittant l'îlot du Boulonnais pour reprendre le bord principal du bassin, on voit reparaître le lit de nodules phosphatés avec le gault, d'abord vers la limite orientale du département de l'Aisne, à Vassigny ; puis de là on le suit presque sans interruption, à travers les départements des Ardennes, de la Meuse, de la Marne, de la Haute-Marne, de l'Aube et de l'Yonne, jusqu'à 12 kilomètres environ au sud d'Auxerre. Au-delà, et sur tout le bord méridional et occidental du bassin, on ne trouve plus que la craie tufau et chloritée.

La ligne d'affleurement ci-dessus indiquée n'a pas moins de 300 *kilomètres de longueur,* avec des largeurs variables entre 500 et 300 mètres. Le lit de nodules phosphatés y est exploitable, sans beaucoup de frais, sur un très grand nombre de points, notamment dans toute la traversée du Boulonnais, depuis Wissant jusqu'à Neufchâtel ; dans la majeure partie de la traversée des Ardennes, de Novion-Porcien à Marcq et au-delà dans les cantons de Varennes, de Clermont, de Triancourt et de Vaubecourt (Meuse), dans le canton de Sermaize (Marne), dans le canton de Saint-Dizier (Haute-Marne).

Le lit du sable vert supérieur, parallèle au premier, ne se montre au jour que sur un petit nombre de points : dans le Boulonnais, on le voit aux environs de Wissant ; dans les Ardennes, on le retrouve dans les minières du canton de Grand-Pré, notamment dans celle de la Grande-Décombre, près Marcq.

Les nodules disséminés dans la craie chloritée occupent de très grandes étendues dans la falaise de la Seine-Inférieure, dans le Bray, dans le Boulonnais, dans l'Aisne, dans les Ardennes, la Meuse, la Marne, etc. ; mais ces nodules ne pouvant s'isoler économiquement de la roche qui les empâte, leur exploitation, dans leurs conditions normales de gisement, ne saurait être fructueuse, la roche ne contenant en moyenne, que 5 à 7 pour cent de phosphate de chaux.

Mais lorsque cette roche forme la surface du sol, et que, par une longue exposition à l'action des agents atmosphériques, elle se trouve désagrégée et réduite à l'état de sable, les nodules rendus libres, s'accumulent alors à la surface et deviennent en cet état, très facilement exploitables. C'est dans ces conditions qu'on les trouve dans une partie des cantons de Novion-Porcien, d'Attigny, de Vouziers, de Monthoise, de Grand-Pré (Ardennes); de Varennes, de Clermont-en-Argonne, de Triancourt et de Vaubecourt (Meuse); de Vienne-le-Château et de Sermaize (Marne), où l'on n'a que la peine de les ramasser.

Dans la Meuse (1), l'épaisseur de la couche de terre qui recouvre les gisements de coprolithes, varie de 40 centimètres à 2 mètres et même davantage, suivant les ondulations du terrain; l'épaisseur de la couche de nodules varie de 3 à 12 centimètres; cette couche est horizontale, et repose sur une couche de sable vert dont l'épaisseur varie, suivant les localités, de 80 centimètres à 2 mètres; presque partout on retrouve en dessous de cette couche de sable vert une petite couche de nodules d'environ 3 centimètres d'épaisseur, mais presque entièrement passés à l'état d'oxyde de fer.

Les nodules se présentent sous des aspects différents, selon les localités; dans le plus grand nombre de cas, leur grosseur varie de 2 à 8 centimètres de diamètre, la couleur est tantôt grise verdâtre et tantôt brune; l'intérieur

(1) Documents adressés en 1861 au Jury de l'Exposition universelle de Nantes, par MM. Maupas et Schlaisse.

en est toujours noir, présentant à la cassure des reflets métalliques.

Ces nodules sont mélangés généralement avec du sable vert et des parties terreuses; mais dans certaines localités, telles que Mogneville, Audernay, Brizeaux, on trouve du bois pétrifié en aussi grande quantité que des nodules.

D'autres gisements se présentent sous forme de carrières de moëllons; les nodules sont alors encaissés dans une sorte de roche et réunis entre eux par un ciment calcaire. Dans ce cas, on extrait des agglomérations qui contiennent quelquefois des centaines de nodules, et pèsent jusqu'à 20 kilog. Ce phénomène se présente surtout sur le territoire des communes de Froidos, Rarecourt et Clermont en Argonne.

Pour arriver à l'extraction, on a essayé divers procédés, tels que les pelles à clairvoie, la charrue, les claies, etc., mais on a reconnu que le meilleur de tous les procédés consiste à enlever complètement la terre végétale qui recouvre les nodules, et à les piocher avec un pic en enlevant à la main chaque nodule isolé pour le déposer dans un panier, procédant exactement comme pour l'arrachage des pommes de terre; cette manière d'agir rend l'opération du lavage beaucoup moins difficile.

Pour débarrasser les nodules des corps étrangers qui y adhèrent, tels que sable, terre argileuse, etc., et les rendre aussi purs que possible, il faut procéder au lavage. Cette opération demande beaucoup de soins, car la richesse en phosphate dépend beaucoup de ceux qu'on y a apportés. Ce lavage s'opère le plus souvent dans le lit d'un cours d'eau à l'aide d'une caisse de 2 mètres de longueur sur 1 mètre de largeur et 80 centimètres de profondeur. Aux deux tiers de la profondeur sont établis des supports sur lesquels s'appuie une grille en fonte.

L'eau est retenue au-dessus du niveau de la grille par une vanne disposée en aval, et les nodules sont agités dans l'eau par des hommes au moyen de crocs recourbés ; celle-ci est changée chaque fois qu'elle est devenue épaisse, et l'opération n'est terminée que lorsque le liquide s'écoule à la sortie du lavoir aussi propre qu'à son entrée. La pratique du lavage est très importante et ne peut être confiée qu'à des hommes sur lesquels on peut compter. Deux bons ouvriers peuvent laver 1 mètre, soit environ 1,500 kilog. dans une journée.

A la sortie du lavoir, les nodules sont déposés sur un plancher disposé à cet effet, afin que les impuretés du sol ne puissent plus s'y mélanger.

La dessiccation de la matière étant obtenue, on s'occupe de la pulvérisation : on l'exécute à l'aide d'un concasseur en fonte de la forme d'un moulin à café ; en sortant de cette machine, les nodules sont en fragments d'environ un centimètre cube ; c'est dans cet état qu'ils sont portés sous les meules où s'achève l'opération de la mouture. Une paire de meules peut fabriquer environ 2,500 kilog. par vingt-quatre heures, mais il faut qu'elles soient rhabillées chaque jour.

Enfin, les nodules rencontrés dans la craie marneuse et dans la craie blanche, dans le Bray (Seine-Inférieure et Seine-et-Oise), dans les carrières de Lezennes (Nord) et lieux circonvoisins, dans les environs de Rethel (Ardennes), occupent aussi des espaces considérables ; mais comme ils forment au plus le cinquième de la roche encaissante, ils ne paraissent pas jusqu'à présent plus fructueusement exploitables que les craies chloritées en roches.

Dans la carte placée sous vos yeux, j'ai indiqué par la teinte la plus foncée les principaux gisements de phosphate de chaux, signalés par MM. Demolon et Thurneyssen.

D'autre part, les hachures quadrillées A indiquent les régions de la France qui, par leur origine géologique, comportent l'emploi des engrais riches en acide phosphorique.

Les nodules recueillis pendant ces recherches ont été analysés dans mon laboratoire et à l'Ecole normale. Ils m'ont fourni de 32 à 70 °/₀ de phosphate. J'ai calculé qu'ils renfermaient une quantité moyenne de 48 °/₀ de phosphate basique de chaux. Bientôt j'aurai à vous entretenir de leurs caractères chimiques et physiques.

Il ne faut pas oublier, Messieurs, qu'à l'époque où cette communication était faite à l'Académie des Sciences, le noir atteignait le prix de 20 à 26 fr. l'hectolitre de 90 à 95 kilog.; les os bruts avaient monté de 9 fr. 50 et 18 fr. 50 et 19 fr. les 100 kilog. Les défrichements s'accomplissaient en Bretagne et en Sologne avec une ardeur motivée par les hauts prix des céréales. Enfin les excellents effets des engrais phosphatés dans les sols incultes des terrains argilo-schisteux étaient vulgarisés sur une très large échelle. L'agriculture, les industries qui s'y rattachent, le commerce lui-même, devaient donc accueillir avec une vive émotion des publications destinées à mettre en lumière les richesses nouvelles du sol. Il y avait là, comme je l'ai dit quelque part, une question nationale. Nous allons, Messieurs, pour l'apprécier d'une manière sérieuse, entrer plus avant dans l'examen des détails qui s'y rattachent. Abordons tout d'abord le point de vue commercial.

Il y a peu de temps, des renseignements que j'ai tout lieu de regarder comme exacts, établissaient que des nodules extraits sur un des points de la zône rayée de la carte ci-jointe, comportaient pour 100 kilogrammes, les prix suivants :

Extraction, lavage, pulvérisation et bénéfice
du vendeur................................ 3 fr. 25
Transport sur Ivry (en gare)............. 2   25
Transport sur Nantes..................... 0   85
____
Prix des 100 kilog. en gare à Nantes...... 8 fr. 35

C'est du phosphate pur à 17 centimes le kilog. ; or, on peut espérer et on doit désirer un abaissement de ce prix. Dans un *guide* très consciencieux de la fabrication des engrais, M. Rohart indique au surplus des *prix de revient* qui permettent de considérer les prix des nodules comme susceptibles d'être suffisamment abaissés, pour que l'agriculture les utilise sur une vaste échelle. Voici les chiffres que M. Rohart extrait d'une lettre de Vouziers (août 1857) :

Localité de Grand-Pré.

Extraction du mètre cube, y compris l'indemnité de terrain aux propriétaires........ 9 fr. »
Lavage par mètre cube.................... 2   »
Transport à Vouziers..................... 7   50
____
Ensemble.......... 18 fr. 50

Localité d'Apremont et Varennes.

Extraction du mètre cube et indemnité aux
propriétaires .... 8 fr. »
Lavage................................... 3   »
Transport à Vouziers..................... 12   »
____
Ensemble .... 23 fr. »

Le poids du mètre cube est de 1,500 kilog. en moyenne.

Le prix du transport de Vouziers à Paris est de 10 fr. par 1,000 kilog.

A Vouziers, ajoute la lettre reproduite par M. Rohart, les entrepreneurs de Grand-Pré et des environs vendaient le mètre cube, rendu sur place, 27 et 28 fr. ; ceux d'Apremont, Varennes et environs, 30 à 32 fr.

En résumé, Grand-Pré, Apremont et Varennes donnaient une moyenne de 20 fr. 75 c. par mètre cube de 1,500 kilog., soit par 1,000 kilog.............. 13 fr. 83

Transport de Vouziers à Paris................. 10 »

Débarquement à la Villette, chargement sur voitures et déchargement..................... 0 75

Prix net par 1,000 kilog. rendus en magasin à la Villette..... .... 24 fr. 58

La pulvérisation à l'aide d'une machine à vapeur et les frais généraux qu'elle entraîne peut être appréciée pour 15,000 kilog. de nodules par vingt-quatre heures, et coûte 136 fr., ou 9 fr. 10 les 1,000 kilog.

On a donc, en définitive, pour le prix des nodules pulvérisés :

Prix d'achat et transport................... 24 58

Frais de pulvérisation..................... 9 10

33 fr. 68

ou 3 fr. 36 les 100 kilog.

Ajoutez, Messieurs, si vous le voulez, 1 fr. pour frais de transport à Nantes, et vous voyez que le prix de revient peut encore laisser un légitime bénéfice au vendeur, tout en permettant à l'agriculture de recevoir un agent puissant de fertilisation.

A vrai dire, Messieurs, il est toujours difficile de citer des prix qui ne soient pas discutables au lendemain même de leur constatation pratique. C'est un des caractères de notre époque que le perfectionnement incessant des méthodes industrielles, et, par suite, l'abaissement des frais de production. L'industrie du fer, du zinc, des produits chimiques, nous en offre mille exemples, et nous pourrons — j'aime à l'espérer — en trouver de nouvelles preuves dans le développement des exploitations de phosphate de chaux. J'ai voulu cependant vous soumettre ces quelques chiffres. A mon sens, ils ont, en effet, la valeur d'un canevas où les idées d'amélioration peuvent être mises en relief et utilement développées.

Les communications que j'ai reçues récemment au sujet de l'extraction des nodules, modifient d'une manière sensible les conclusions numériques qui viennent d'être développées. Voici l'exposé des conditions réelles, dans lesquelles peut aujourd'hui opérer l'industrie.

Au début de l'exploitation dans les Ardennes, on trouvait les nodules — *coquins* ou *crottes du diable*, — sur le sol et dans les sillons des champs labourés. Il y a encore des départements où il en est ainsi; mais, en général, c'est par l'extraction qu'il faut procéder. Selon les profondeurs et l'abondance des gisements, le prix d'extraction peut grandement varier; tantôt il est de 6 fr. le mètre cube, tantôt il s'élève à 18 fr., tels sont les prix extrêmes. Ce qu'on peut affirmer d'une manière générale, c'est que l'extracteur qui demande 12, 15 ou 18 fr., est obligé de remuer environ 10 mètres cubes de terre, pour obtenir un mètre de nodules; encore ce dernier perdra-t-il à peu près 10 % au lavage.

Voici, selon l'industriel qui veut bien me communiquer ces renseignements, quelles sont les dépenses moyennes auxquelles on doit avoir égard :

Indemnité au propriétaire par mètre cube.	1 fr.	»
Extraction	10	»
Transport au lavoir..................	1	50
Lavage.................. 2,50 à	3	»
Chargement et transport du lavoir à Vouziers..........................	14	»
Frais d'inspection et d'expédition........	1	50
	31 fr.	»

Telle serait la moyenne des prix pour Varennes, Grand-Pré, Apremont, Triancourt et les pays circonvoisins. Il faut d'autre part calculer que le mètre cube pèse plus souvent 1,400 kilog. que 1,500 kilog.

Si nous ajoutons les frais de transport aux frais d'extraction, nous trouvons pour les 1,000 kilog. :

Prix des nodules à Vouziers............	20 fr.	»
Transport à Paris (à raison de 10 fr. les 1,000 kilog. par bateau).	10	»
Transport du canal à l'usine...........	1	»
Mouture et manutention...............	15	»
Total...............	46 fr.	»

soit 4 fr. 60 les 100 kilog.; mais il convient de tenir compte des bénéfices, intérêts de fonds, frais généraux. Ces jalons posés, on comprend quelle peut être la marge dans laquelle

varieront les prix des nodules en poudre livrés à l'agriculture (1).

Jo n'aurais point terminé, Messieurs, l'inventaire général
des publications destinées à faire connaître les gisements de
phosphate de chaux en France , si je ne mentionnais une
note adressée à l'Académie en décembre 1857 , et dans
laquelle un chimiste anglais, M. Nesbit, expose que, dès
1855, il avait signalé quatorze gisements de nodules
exploitables. Ces gisements appartenaient, dit-il , à la
formation crétacée du bas Boulonnais. Une commission
nommée dans le sein de l'Institut a été chargée d'apprécier les titres de priorité des divers auteurs dont je vous
ai cité les noms (2). Ce qu'il nous importe à nous de cons-

(1) Le transport de Paris à Nantes peut, être évalué à 1 fr. 40 c. Aux frais
de transport , il convient d'ajouter le prix des sacs, le transport sur le chemin
de fer de Ceinture.

(2) A la vérité, le mémoire adressé à l'Académie des Sciences par MM.
Demolon et Thurneyssen, répond à la réclamation de M. Nesbit. On y lit en
effet ce qui suit :

« Il y a deux ans, M. Nesbit nous fit proposer, par l'intermédiaire de M.
Foucauld, de nous indiquer en France, moyennant une très forte prime , des
gisements de chaux phosphatée susceptibles d'une exploitation considérable.

» Nous acceptâmes la proposition de MM. Nesbit et Foucauld, et nous nous
empressâmes de faire vérifier leurs dires. M. Rousseau, géologue et ingénieur
civil, fut chargé par nous de l'examen de cette importante question; mais
après avoir procédé en notre présence à la reconnaissance des prétendus
gisements nouvellement découverts par M. Nesbit, M. Rousseau constata qu'ils
n'étaient autres que les indices qui avaient été antérieurement signalés par les
ingénieurs des mines dans le département du Pas-de-Calais, notamment à
Wissant , et il conclut de ce que nous montra et nous dit le chimiste anglais
que, non-seulement il ne connaissait aucun gisement susceptible d'exploitation,
mais encore qu'il ne soupçonnait pas le moins du monde qu'il pût exister des
relations entre les trois indices découverts avant lui et qu'il nous signalait
comme un fait nouveau.

» Cependant , de plus en plus pénétrés du haut intérêt qu'aurait, pour l'agri-

tater, c'est que la mise en exploitation des gisements de nodules est un fait immense qui soulève d'intéressantes questions de technologie. Quelle est, en effet, la composition exacte des pseudo-coprolithes? Sont-ils assimilables par les végétaux? S'ils ne le sont pas, comment peut-on les modifier? Telle est, Messieurs, la série de problèmes que l'heure avancée me permet seulement de poser aujourd'hui, et dont j'aborderai prochainement la discussion.

culture française, la découverte de gisements de phosphate de chaux pouvant répondre à ses besoins, et des conséquences de cette découverte pour l'augmentation de la production des céréales, nous résolûmes d'étudier à fond cette question et nous donnâmes dès-lors à M. Rousseau la mission spéciale de faire toutes les recherches, fouilles et sondages qu'il jugerait utiles pour arriver à un résultat: »

TREIZIÈME LEÇON.

———

Caractères des nodules de phosphates. — Leur porosité. — Leur modification
sous l'influence de l'air; — Leur composition chimique. — Influence de l'acide
carbonique et des divers principes contenus dans le sol, pour favoriser leur
assimilation. — Séparation des matières siliceuses des nodules. — Tentatives
effectuées en vue d'augmenter leur solubilité. — Essais divers de leur action
comme engrais. — Exemple donné par les comices agricoles de Guingamp
et de la Sologne.

MESSIEURS,

Il importe de caractériser les pseudo-coprolithes par
l'exposé de leurs propriétés physiques et chimiques. La
connaissance de ces propriétés nous facilitera, en effet,
l'intelligence des phénomènes auxquels ces précieux engrais
pourront donner lieu sous les influences diverses du
sol.

Les nodules en morceaux ont une densité moyenne
représentée par 2,7. En recherchant cette densité, on
s'aperçoit bientôt que les nodules sont très sensiblement
poreux, donc *perméables aux liquides et aux gaz*. Ce fait a
de l'importance. Quelques essais de la faculté d'imbibition
de ces matières m'ont fourni les résultats suivants :

Poids des nodules.	Eau absorbée après deux heures de contact.
42ᵍ20	0ᵍ69
47,52	0,39
35,70	1,94
65,05	0,09
47,74	0,30
238ᵍ21	3ᵍ41

Ainsi 238ᵍ,21 de nodules, tels que le commerce les livre, c'est-à-dire avec 3 ou 5 °/₀ d'eau, avaient absorbé en deux heures 3ᵍ,41. Le volume des nodules était 87ᶜᶜ, celui de l'eau 3ᶜᶜ,41, ce qui donne une imbibition de 2,55 °/₀ pour des substances qu'un examen superficiel pouvait faire considérer comme imperméables.

Des nodules pulvérisés et non desséchés ont été imbibés avec de l'eau; ils en ont absorbé de 64 à 70 °/₀ de leur volume. Or, on sait que du sable siliceux bien sec absorbe 25 °/₀, et les terres arables de 48 à 52 °/₀. La porosité des nodules est donc un fait parfaitement démontré (1).

Les nodules sont-ils durs? Ici, Messieurs, permettez-moi de vous faire remarquer que, dans le langage ordinaire, on confond la *dureté* avec la *fragilité*. Il y a des substances dont la molécule est très dure, très réfractaire aux agents de division ou de dissolution, mais dont la masse générale est cependant facile à écraser. Il y en a d'autres, par opposition, comme le jade, qui offrent, en masse,

---

(1) Le numéro des *Comptes-rendus de l'Académie des Sciences* du 11 juin 1860, contient la description faite par M. Marcel de Serres, d'un *coprolithe* des environs d'Issel (Aude), dont la densité était de 2,07 et dont la porosité était assez grande pour que la masse devint très friable dans l'eau.

énormément de ténacité, et dont la dureté élémentaire est cependant minime : c'est le cas des pseudo-coprolithes. Pulvérisés, en effet, ils sont beaucoup plus accessibles à l'action de certains agents physiques ou chimiques de répartition que des apatites fragiles, à la vérité, mais dont le grain est cristallin. J'ajouterai que la silice, mélangée aux substances calcaires dans les nodules, peut communiquer à la masse certaines propriétés que le phosphate considéré isolément n'aurait certainement pas.

Ce qu'il faut également remarquer, c'est que les pseudo-coprolithes, en raison de leur texture amorphe et de l'interposition dans leur masse poreuse de substance organique azoté, doivent nécessairement subir à l'air des modifications sensibles.

Ce fait a été mis en évidence par M. Dehérain. Cet expérimentateur a observé que la poudre récemment obtenue des nodules renferme 2,5 à 6 % d'humidité, et n'abandonne que 0,25 à 0,26 % de phosphate terreux à l'acide acétique à 5 degrés ; tandis qu'après une exposition de trois mois à l'air, cette poudre contient 17,6 % d'eau, et abandonne à l'acide acétique à 5 degrés Baumé, de 5 à 5,2 % de phosphate. De telles modifications sont dues tout d'abord à la porosité devenue plus grande, puis aux modifications de la substance organique des nodules; mais d'autres causes interviennent évidemment, et nous aurons à les passer en revue.

Ces questions, relatives à la constitution physique des pseudo-coprolithes, nous amènent insensiblement à aborder le point de vue chimique de leur histoire.

Je vous soumettrai tout d'abord quelques analyses.

Deux échantillons de nodules des environs de Sulton (Suffolk), qui avaient une densité de 2,721 et de 2,789, ont offert la composition suivante :

	Numéro 1.	Numéro 2.
Eau et matière organique.....	7,200	9,210
Chlorure de sodium et sulfate de soude....................	traces.	traces.
Carbonate de chaux............	18,814	5,176
Carbonate de magnésie........	0,855	2,016
Sulfate de chaux.............	traces.	1,161
Phosphate basique de chaux...	51,018	45,815
Phosphate de magnésie........	traces.	traces.
Phosphate de fer.............	8,902	12,476
Phosphate d'alumine..........	2,700	6,387
Oxyde de manganèse.........	0,057	0,267
Fluorure de calcium..........	3,161	2,688
Alumine, oxyde de fer, acide silicique et perte...........	7,593	14,804
	100,000	100,000 (1)

Plusieurs analyses effectuées sur la poudre de nodules
séchée à 110 degrés m'ont fourni 33 à 37 dix-millièmes
d'azote. Il suffit, au surplus, de chauffer ces matières avec
une solution de potasse pour obtenir un dégagement
d'ammoniaque et une odeur animale sensible.

Souvent la chaux n'est pas en proportion telle dans les
nodules de France qu'elle puisse suffire à former avec
l'acide phosphorique le phosphate tribasique des os (53,84
de chaux pour 46,16 d'acide phosphorique). L'analyse
suivante des nodules des Islettes, faite par M. Dehérain,
le prouve clairement.

(1) Thompson. Herapath. Juillet 1851.

Silice et argile......................	33,4
Acide phosphorique..................	20,8
Chaux.............................	22,5
Magnésie..........................	3,0
Oxyde de fer.......................	3,8
Eau	1,0
Acide carbonique et perte............	15,5
	100,0

Ce qui démontre, au surplus, que dans les nodules, tout l'acide phosphorique n'est pas uni à la chaux, c'est qu'une partie de la chaux est à l'état de carbonate. Du phosphate de fer existe donc évidemment dans ces engrais fossiles. Nous aurons occasion de voir bientôt que la constatation de ces modes de groupement a plus d'intérêt pour l'analyste que pour l'agriculteur.

Voici deux portions de la même poudre de nodules de la Meuse. On les dissout dans l'acide azotique, on sépare le sable par une filtration. Les deux liquides renfermant les phosphates sont précipités par l'ammoniaque; toutefois, on a, comme vous le voyez, la précaution d'ajouter préalablement dans l'une des liqueurs, un peu de chlorure de calcium dissous. Il se fait dans les deux cas un précipité abondant composé de phosphate de chaux et d'oxyde de fer.

Là où le chlorure de calcium a été ajouté, le poids du précipité sera de 45,5, parce que l'acide phosphorique aura trouvé toute la chaux nécessaire à la formation du phosphate des os. Dans l'autre cas, le précipité ne pèsera que 41 %. Il y avait insuffisance de chaux. Cette circonstance se présente fort souvent.

Des nombreuses analyses auxquelles je me suis livré sur les nodules provenant particulièrement des départements de l'Est , il ressort que ces substances renferment une proportion d'acide phosphorique qui représente de vingt-cinq à soixante et quelques pour cent de phosphate de chaux des os. Les gisements surtout exploités aujourd'hui donnent une matière qui contient en acide phosphorique l'équivalent de 45 à 50 %.de phosphate de chaux. Ils renferment, d'autre part, 35 % environ de sable , et dans *tous* les échantillons , sans exception , que j'ai examinés, il y avait une notable proportion d'oxyde de fer.

La coexistence des phosphates de chaux et de fer dans les nodules était un fait établi en Angleterre et en France depuis longtemps.

Toutefois , un savant géologue ; dont j'ai déjà cité les travaux, M. Delanoue, communiqua, en juillet 1859 (1) , à l'Académie des Sciences une note dont j'extrais le passage le plus important :

« Les savants ne sont pas tous d'accord sur l'efficacité et le mode d'emploi des phosphates de chaux naturels , et les praticiens qui les ont exploités ou employés en France n'ont guère éprouvé , jusqu'à présent, *que des revers*. Cela tient à plusieurs causes, et entre autres à l'erreur que l'on a commise en assimilant ces phosphates à celui des os et du noir animal , et, à ce sujet, je viens avouer que je me suis trompé.

» Ce que j'ai trouvé et annoncé comme étant du phosphate de chaux , n'en est pas. Tout ce qu'on a trouvé et exploité sous ce nom en France et en Angleterre , n'en est pas davantage. C'est un sel double , un phosphate ferrico-calcique qui mérite un nom particulier, car c'est un minéral nouveau,

(1) *Comptes-rendus de l'Académie des Sciences*. Séance du 11 juillet 1859.

aussi distinct du vrai phosphate calcique ou du phosphate
ferrique simple, que la dolomie l'est du calcaire ou de la
giobertite.

» Voici le moyen bien simple qui me l'a fait découvrir et
qui peut servir à le constater : Choisissez des phosphates
blancs inaltérés et par conséquent sans hydrate ferrique,
dissolvez-les dans un petit excès d'acide chlorhydrique,
filtrez et ajoutez de l'acétate sodique en excès, tout le
phosphate ferrique du minéral se sépare sous forme de
précipité blanc que j'ai pris longtemps, comme tout le
monde, pour du phosphate calcique, mais qui donne du
sesquioxyde ferrique et du phosphate sodique quand on
le fond au rouge avec de la soude dans un creuset d'argent.
Le phosphate calcique du minéral reste en dissolution à la
faveur de l'excès d'acide acétique. Il est dosé par les procédés ordinaires. Qu'on ne croit pas que ce nouveau minéral
est une rareté exceptionnelle dans la nature. Ce qui est au
contraire extrêmement rare, ce sont les véritables coprolithes et la chaux phosphatée minérale. Le phosphate ferrico-
calcique abonde en revanche en France et en Angleterre,
mais il contient un peu de carbonate calcique, qui l'a fait
prendre jusqu'à présent pour du calcaire siliceux ou argileux.
On le trouve en Angleterre et dans le Nord de la France,
dans les argiles du gault en concrétions sphériques ou
mamelonnées, à couches concentriques ou à l'état de
moules épigéniques dans les cavités des fossiles. Ces rognons
sont si abondants à la base de la craie sénonienne à Lille,
et dans le grès glauconien inférieur au-gault, depuis
Saint-Dizier et Rethel, qu'ils y forment de véritables
couches de 0,10 à 0,80 de puissance.

» Ces phosphates ferrico-calciques, si faciles à exploiter,
sont appelés à devenir une source infinie de richesse pour
l'agriculture, dès qu'on aura bien compris partout que l'acide

phosphorique est autant que l'azote , et bien plus que la chaux , absolument indispensable à la fertilité indéfinie des terres. »

Les analyses faites en Angleterre et en France établissaient depuis longtemps le fait signalé par M. Delanoue , sans toutefois préciser que le mélange des deux phosphates constituât une *espèce* minérale — fait que , pour ma part , je ne saurais accepter. — Ce que je crus surtout devoir réfuter dans la communication de M. Delanoue , ce fut le passage dans lequel il était question des revers essuyés par les agriculteurs dans l'emploi des nodules. Ma réponse , insérée dans les *Comptes-rendus* (1) , était ainsi conçue :

« La coexistence des phosphates de chaux et de fer dans les nodules n'est pas un fait nouveau, car, en Angleterre comme en France , il a été parfaitement constaté. .

» Ainsi, vers 1857, M. Dehérain , dont l'Académie a reçu des travaux sur la transformation des phosphates alcalins et terreux dans le sol, me communiquait une méthode analytique de séparation du phosphate de fer et du phosphate de chaux. Moi-même , dans mes leçons de chimie agricole , professées à l'Ecole des Sciences de Nantes , en 1858 , et dont j'ai eu l'honneur d'adresser un exemplaire à l'Académie , j'ai insisté à différentes reprises sur la migration de la molécule d'acide phosphorique, qui, successivement unie à la chaux ou au sesquioxyde de fer, se combine à l'oxyde de potassium , pour devenir partie constituante du grain de froment.

» Je me propose de revenir sur les procédés analytiques , assez délicats , au moyen desquels on peut séparer, dans les nodules , le phosphate tribasique de chaux du phosphate de fer, et sur la résistance que ce dernier peut opposer aux

____

(1) *Comptes-rendus.* 25 juillet 1859.

réactions du sol, lorsqu'il a été déshydraté : pour le moment, je me contenterai de rappeler que le résumé de mes leçons sur le phosphate de chaux contient l'expression numérique d'analyse, où, pour 51 et 45 centièmes de phosphate de chaux, il existe 9 et 12 centièmes de phosphate de fer.

» Ces faits sont parfaitement d'accord avec ceux observés par M. Delanoue, mais leur constatation prouve que les chimistes connaissaient depuis plusieurs années la combinaison mixte signalée par ce savant.

» J'ajouterai que si des agriculteurs ont éprouvé des revers en employant les nodules dans des conditions mauvaises, il n'en est pas de même dans les sols de landes à sous sol argilo-siliceux, où les défrichements ont eu lieu avec grand succès sous l'influence de ces mêmes nodules en poudre fine ; alors surtout qu'ils ont été mélangés avec des matières animales. Les industriels qui exploitent les nodules, dans l'Est, ont observé l'action énergique et prompte, — délitement, échauffement, etc., — que cette matière éprouve sous l'influence de l'air.

» L'assimilation de ces phosphates, dans les terrains feldspathiques de l'Ouest, est donc tout à la fois et une conséquence de l'altération facile des nodules en poudre par les gaz atmosphériques et un fait empirique bien acquis désormais. »

Cette note, que je m'étais empressé de communiquer à M. Delanoue, motiva une nouvelle communication de mon honorable contradicteur. Elle fut insérée par extraits dans les *Comptes-rendus*, et mentionnée avec quelques développements, dans le journal l'*Institut*, du 27 juillet 1859. Je la reproduis comme pièce intéressante de ce débat rendu facile, par la loyauté de M. Delanoue.

« Ce qui est réellement essentiel à vérifier et ce que j'affirme, c'est le fait suivant : — Le phosphate ferrico-calcique existe seul et constamment dans le lower greensand, le gault, l'upper greensand, la craie glauconienne, la craie sénonienne inférieure et jusque dans les vraies coprolithes du tourtia, c'est-à-dire dans l'universalité des terrains crétacés de France et d'Angleterre. Cette loi ne s'applique ni à l'apatite qui est un chloroborophosphate calcique, ni au phosphate du lias signalé par M. Deschamps.

» Quant au phosphate minéral, M. Bobierre a raison de vouloir le justifier de beaucoup d'échecs agricoles qu'il a éprouvés. On a en effet trop souvent appliqué les phosphates aux sols qui n'en avaient pas besoin ou à ceux qui contenaient du calcaire, ou bien enfin on a négligé de dépouiller les phosphates minéraux du calcaire qu'ils contiennent. En Angleterre, on fabrique ce qu'on y appelle du superphosphate en convertissant le calcaire des nodules en sulfate calcique par une addition souvent assez faible d'acide sulfurique. Voici comment je crois expliquer l'efficacité de cette pratique, surtout pour le phosphate ferrico-calcique minéral qui est si difficilement soluble dans les acides faibles. L'acide sulfurique produit non-seulement une désagrégation physique ; mais aussi un sulfate calcique n'exigeant pas d'acide carbonique pour se dissoudre dans l'eau. Tout le gaz carbonique de l'air et des engrais, qui était employé en pure perte à la dissolution du calcaire, devient dès-lors disponible et efficace pour la dissolution du phosphate. Le fer du sol, ainsi que l'a très bien établi M. Paul Thenard, donne alors naissance à du phosphate ferrique, et, je crois aussi, à du phosphate ferreux, car cette seconde combinaison est presque aussi énergique que la première, et c'est à ce double état d'oxydation que j'ai toujours trouvé le fer dans les bonnes terres arables. »

Dans le journal l'*Institut* du 3 août 1859, M. Delanoue revenait encore sur cette question dans les termes suivants :

« Ce ne sont pas les phosphates, plus ou moins ferriques, mais bien les Français mêmes que j'ai accusés d'impuissance pour l'amendement des terres ; puisque les Anglais, ainsi que je l'ai dit, nous prouvent expérimentalement, depuis une vingtaine d'années, qu'on peut féconder les terres stériles avec ces mêmes phosphates.

» Quant à l'efficacité du simple phosphate ferrique pour la fertilisation du sol, ce n'est pas moi qui la nierai, car dernièrement je disais que j'avais trouvé en confirmation des idées de M. Paul Thenard, l'acide phosphorique toujours combiné au fer dans les terres arables.

» Je trouve, du reste, qu'il est parfaitement inutile de rechercher quels agents pourraient vaincre l'insolubilité naturelle du phosphate de fer et faciliter sa transmission jusqu'aux graines des céréales, par la raison bien simple qu'il n'y arrive jamais.

» *C'est le phosphore*, et non le fer, *qui est un élément indispensable de l'organisme des semences ou germes reproducteurs de tous les êtres vivants.* Aussi est-ce à l'état de phosphate potassique, sodique, magnésique, etc., et non ferrique qu'on le retrouve si abondamment dans les cendres de toutes les semences végétales ou animales quelconques. »

Comme on le voit, le dissentiment soulevé par la première communication du savant géologue de Raismes se réduisait à peu de chose, et la présence d'un peu de phosphate de fer dans le phosphate de chaux des nodules n'atténuait en rien le rôle important de ceux-ci en agriculture. Ce que j'ajouterai, c'est que l'oxyde de fer existant dans tous les nodules que j'ai examinés, l'acétate de soude produisait et devait toujours produire un précipité de phosphate de fer dans leur dissolution par un acide. L'apparition de ce précipité ne donne donc pas toujours la preuve de la *préexistence* du phosphate de fer. Ce qui l'établit plutôt, c'est la relation de l'acide phosphorique et de la chaux dans les nodules.

M. Thompson Herapath (1) a cru pouvoir déduire de plusieurs observations faites dans son laboratoire l'inégalité de richesse des parties externe et centrale du même nodule. Ainsi, dans deux échantillons analysés, ce chimiste a rencontré :

	Partie centrale.	Partie externe.
Fluorure de calcium..........	0,611	1,105
Phosphates terreux.........	34,015	40,019

Je n'ai pu reconnaître, pour ma part, la constance de ce rapport, comme l'établissent les analyses suivantes, ayant trait aux phosphates en particulier :

	Surface.	Centre.
A.........	43,0	47,5
B.........	37,5	44,0
C.........	44,0	43,0

Les échantillons A et B renfermaient, vous le voyez, plus de phosphore au centre qu'à la surface, et en ce qui concerne l'échantillon C, il y avait presque identité de composition dans sa masse. Je m'empresse de déclarer, Messieurs, que ces trois expériences sont complètement insuffisantes pour établir une manière de voir générale.

Et maintenant que nous connaissons les principales propriétés physiques et la composition chimique des pseudo-coprolithes, examinons les modifications dont ils sont

(1) *Loco citat.*

susceptibles en présence des agents de dissolution du sol.

Ces agents, vous le savez, Messieurs, sont extrêmement nombreux, et certaines conditions physiques de la couche arable favorisent singulièrement leur action. Parmi eux, l'acide carbonique doit tout d'abord appeler notre attention, non qu'il ait pour rôle unique d'entraîner des phosphates basiques et de les déposer purement et simplement dans les organes du végétal, *mais parce que sa puissance dissolvante favorise les décompositions en vertu desquelles l'acide phosphorique nous apparaît associé successivement à la magnésie, à la chaux, à l'oxyde de fer, à l'alumine et à l'ammoniaque.* Voici les chiffres que m'ont fournis des expériences effectuées au moyen de l'appareil de Briet, employé pour préparer l'eau gazeuse, et dans lequel les substances à examiner étaient immergées.

NATURE DE L'ENGRAIS.	Temps de contact avec l'acide carbonique.	Température.	Phosphates terreux dissous	Carbonate de chaux dissous	Total de la substance dissoute.	Rapport du phosphate au carbonate de chaux.
Phosphate de chaux gélatineux.........	48 h.	+ 5°,0	0,460	»	0,460	»
Noir d'os en grains.	Id.	+ 6°,0	0,040	0,275	0,315	::14,54:100
Noir d'os fin ayant servi à clarifier..	Id.	+ 4°,2	0,045	0,175	0,220	::25,60:100
Charrée..........	Id.	+ 6°,5	0,042	0,280	0,322	:: 15 :100
Nodules coprolithiques en poudre..	Id.	+ 5°,0	0,020	0,200	0,220	:: 10 :100
Les mêmes étonnés dans l'eau froide.	Id.	+ 5°,0	0,020	0,200	0,220	:: 10 :100

Vous voyez, Messieurs, que la solubilité des pseudo-coprolithes est évidente. Du reste, M. Rohart ayant soumis les nodules en poudre à l'action de l'acide carbonique dans des conditions analogues ; et M. Girardin ayant dosé la quantité de phosphate basique dissoute dans son expérience, trouva qu'elle s'élevait à 0^g,025 par litre d'eau gazeuse. Ce chiffre se rapproche beaucoup du chiffre 0^g,020 que j'ai moi-même trouvé. Je n'ai pas besoin d'insister sur la portée de ces expériences qui sont surtout significatives, alors qu'on tient compte des modifications signalées par M. Dehérain et qu'éprouvent les pseudo-coprolithes au contact de l'air. Vous n'avez pas oublié d'ailleurs, que, d'après les expériences de MM. Boussingault et Lewy, 100 volumes de terre récemment fumée renferment de 2,27 à 9,78 d'acide carbonique. Selon les mêmes auteurs, l'air enfermé dans l'hectare de terre arable fumée depuis près d'une année contient autant d'acide carbonique qu'il s'en trouve dans 18,000 mètres cubes d'air atmosphérique ; et dans l'air de 1 hectare de terre arable récemment fumée, l'acide carbonique, dans certaines circonstances, représente celui qui est contenu dans 200,000 mètres cubes d'air normal. Ces notions trouvent ici une application immédiate.

M. Isidore Pierre a établi, il y a quelques années, que le phosphate de fer est soluble sous les influences combinées de l'acide carbonique et de l'acide acétique.

Ce chimiste a trouvé aussi que l'on peut dissoudre une partie de phosphate de sesquioxyde de fer à l'aide de l'eau simplement chargée d'acide carbonique, en employant 12,500 parties de cette eau. S'agit-il du phosphate de protoxyde de fer, l'eau chargée d'acide carbonique en dissout 1 millième de son poids, et la dose de substance dissoute peut doubler quand l'eau renferme en plus 2 millièmes d'acide acétique.

M. Dehérain a observé le même fait sur les phosphates fossiles presque insolubles dans l'acide carbonique seul. Toutefois, ce chimiste ayant, pour constater cette insolubilité, employé l'acide carbonique à la pression ordinaire, j'ai cru devoir faire remarquer (1) qu'en principe, l'emploi de l'acide carbonique comme dissolvant des phosphates, doit évidemment avoir lieu dans les conditions les plus énergiques, si l'on veut tirer des faits de laboratoire une conclusion agricole. « Non-seulement, ajoutais-je, cette précaution est impérieusement indiquée par la nature des gaz contenus dans le sol cultivé, mais encore par celle des eaux de pluie et des actions multiples que les réactifs salins et acides de ce même sol exercent simultanément, pendant des mois, sur les corps en apparence insolubles. Il est évident, dès-lors, qu'en faisant réagir l'eau chargée d'acide carbonique sur les phosphates minéraux réduits en poudre très fine, on doit avoir le soin d'employer un liquide chargé de plusieurs volumes de gaz.

» En résumé, disais-je en terminant : si les pseudo-coprolithes réduits en poudre fine ne sont pas sensiblement solubles dans l'eau chargée d'acide carbonique, à la pression ordinaire, et lorsque le contact du réactif a lieu *pendant quelques minutes*, il n'en résulte nullement que l'insolubilité de ces phosphates puisse en être la conséquence rigoureuse.

» Ces phosphates réduits en poudre fine et immergés dans l'eau de Seltz pendant plusieurs jours, s'y dissolvent toujours en proportion facilement appréciable.

» Exposés à l'air, ils deviennent plus solubles encore.

» Enfin, et quelle que soit la valeur de ces faits comme

(1) *Comptes-rendus de l'Académie.* Lettre à M. Elie de Beaumont. Août 1857.

éléments de probabilité pour la dissolution des phosphates de chaux dans le sol, il importe, avant de formuler des lois applicables à la culture, d'observer des faits nombreux dans les sols récemment défrichés et en employant comparativement des phosphates bruts ou soumis à des actions auxiliaires chimiques ou physiques. » Je ne puis que persévérer dans cette manière de voir amplement confirmée par les faits depuis l'époque où j'en formulais les principales propositions.

Remarquez bien, Messieurs, que si je suis affirmatif lorsqu'il s'agit de faits d'une facile vérification, j'apporte au contraire la plus grande circonspection à tirer d'une expérience de laboratoire des corollaires applicables à la grande culture. Je ne devais pas, dès-lors, en démontrant le premier (1) la solubilité des pseudo-coprolithes dans l'un des acides du sol, me borner à faire entrevoir la vraisemblance de leur assimilation par les végétaux : il fallait que l'hypothèse devînt réalité. Avant de vous exposer les expériences que j'ai effectuées dans ce but, je crois devoir, Messieurs, vous rappeler un principe général auquel sont subordonnés les phénomènes pratiques de l'assimilation des phosphates.

Il est très vrai que l'acide carbonique joue un rôle immense dans les phénomènes de la nutrition végétale ; mais il ne faut jamais perdre de vue que ce rôle a tout à la fois pour effet et le transport du phosphate de chaux dans le végétal et les doubles décompositions de ce sel calcaire. Ce fait n'avait pas échappé à la sagacité de Théodore de Saussure, qui posait en principe et d'une manière toute générale « que l'insolubilité des phosphates de chaux et de

_____

(1) *Comptes-rendus de l'Académie.* Mars 1857.

magnésie peut être atténuée par leur conversion en sels
doubles. » J'ai démontré que les sels solubles d'ammoniaque, de chaux, de potasse, de soude et de magnésie,
enfin que des extraits *humiques* agissaient comme dissolvants
très énergiques du phosphate basique de chaux. « Neutres,
acides ou alcalins, disais-je (1), ces sels concourent, à tant
de titres, à activer ainsi le développement des végétaux,
que la nécessité de ne préjuger l'activité d'un engrais que
sur des essais dans le sol en devient évidente. »

J'ajoutais :

« Il me semble prouvé que les sels de potasse des terrains
feldspathiques exercent une action puissante sur les phosphates relativement insolubles, de chaux, de magnésie, de
fer et d'alumine, quel que soit d'ailleurs le degré d'oxydation de leur base. »

Et plus loin :

« Je dois faire remarquer que plusieurs expériences faites
sur des matières et dans des conditions extérieures que
je devais croire identiques, m'ont cependant donné des
résultats variables. Il convient de remarquer également que
du phosphate de chaux provenant d'opérations distinctes,
c'est-à-dire obtenu en présence de différentes doses ou
natures de réactifs dissolvants et précipitants, puis enfin
calciné à des températures inégales, devra être plus ou
moins soluble dans un temps donné. »

(1) *Thèse pour le doctorat.* Août 1858, pag. 115.

ACTION DE QUELQUES SUBSTANCES

sur le phosphate de chaux (3 Ca O, Ph O⁵) pendant dix jours de contact et à la température de + 12 degrés centigrades.

DÉSIGNATION DU DISSOLVANT employé à la dose de cinq grammes dissous ou divisé dans deux décilitres d'eau.	Phosphate de chaux employé.	Phosphate de chaux non dissous.	Diminution.	Dissolution du phosphate en centièmes.
Carbonate d'ammoniaque	2ᵍ	1ᵍ870	0,130	6,5
Sulfate d'ammoniaque............	2	1,898	0,102	5,1
Phosphate d'ammoniaque	2	1,900	0,100	5,0
— 2ᵉ expérience...........	2	1,877	0,123	6,1
Azotate d'ammoniaque	2	1,890	0,110	5,5
— 2ᵉ expérience...........	2	1,850	0,150	7,5
Chlorhydrate d'ammoniaque	2	1,870	0,130	6,5
— 2ᵉ expérience...........	2	1,882	0,118	5,8
Oxalate d'ammoniaque	2	1,808	0,192	9,6
Bicarbonate de potasse...........	2	1,860	0,140	7,0
Azotate de potasse..............	2	1,890	0,110	5,5
Chlorure de potassium	2	1,935	0,065	3,2
Iodure de potassium	2	1,925	0,075	3,7
— 2ᵉ expérience...........	2	1,900	0,100	5,0
Bromure de potassium............	2	1,910	0,090	4,5
Bicarbonate de soude............	2	1,810	0,190	9,5
— 2ᵉ expérience...........	2	1,800	0,200	10,0
Azotate de soude...............	2	1,900	0,100	5,0
— 2ᵉ expérience...........	2	1,900	0,100	5,0
Phosphate de soude.............	2	1,868	0,132	6,5
Eau mère d'une raffinerie de sel marin (2 décilitres)	2	1,960	0,040	2,0
Chlorure de sodium.............	2	1,790	0,210	10,5
— 2ᵉ expérience....:........	2	1,790	0,210	10,5
Cendres de tourbe contenant 26 centièmes de matières solubles.....	2	1,900	0,100	5,0
Sulfate de magnésie......:......	2	1,930	0,070	3,5
Extrait de tourbe provenant de 500 grammes de substance.........	2	1,625	0,375	18,7
Eau de pluie	2	1,998	0,002	0,1
Eau putride d'un jardin..........	2	1,945	0,055	2,7

Je conclus de ces expériences et des essais antérieurs qu'une longue étude des engrais m'a permis d'effectuer,

que les causes de dissolution ou de transformation des
phosphates terreux dans le sol sont extrêmement multipliés.
On s'explique dès-lors les modifications des phosphates de
chaux et de fer, dont l'acide se retrouve surtout à l'état de
combinaison avec la potasse dans les céréales. J'ajouterai
que, dans le dosage de ces phosphates sous l'influence de
l'ammoniaque en excès, les analystes doivent avoir égard
à cette solubilité. Si l'on dissout, en effet, un gramme de
phosphate de chaux des os, dans les acides chlorhydrique
ou azotique, et qu'on précipite le phosphate par l'ammoniaque, le sel ammoniacal formé retient une petite portion
du phosphate en dissolution. Lorsqu'on redissout le précipité
pour l'isoler de nouveau par une seconde dose d'alcali,
l'effet est encore plus marqué. Quatre précipitations faites à
la suite les unes des autres, dans une solution chlorhydrique,
m'ont fourni les chiffres $0^g,979$, — $0^g,940$, — $0^g,905$, et
enfin, $0^g,875$. Ces chiffres donnent une idée exacte de la
solubilité du phosphate hydraté dans les sels ammoniacaux. »

L'un des cas particuliers de ces phénomènes de double
décomposition, dont résulte le transport facile de l'acide
phosphorique, a été observé par M. Paul Thenard. Ce
chimiste a spécialement étudié la conversion du phosphate
de chaux en phosphate de sesquioxyde de fer et en phosphate
d'alumine, puis la réaction ultérieure du silicate de chaux
sur le phosphate de fer, réaction qui, selon ce chimiste,
aurait pour effet la reconstitution du phosphate calcaire. Il
est évident que le silicate de chaux n'a pas seul cette
propriété, et que le silicate double de chaux et de soude (1),
les silicates alcalins, etc., agissent de même.

Au sujet de cette action du silicate de chaux invoquée

____

(1) *Répertoire de chimie.* Barreswil, octobre 1858.

par M. Paul Thenard, M. Dehérain développe une pensée
que je partage complètement (1). Ce chimiste pense que
l'expérience ayant eu lieu au sein de l'eau chargée d'acide
carbonique, le silicate de chaux a tout d'abord été
décomposé. La silice a été mise en liberté, et c'est le
carbonate de chaux qui, à la faveur de l'acide carbonique
en excès, a surtout réagi sur le phosphate de sesquioxyde
de fer pour le ramener à l'état de phosphate de chaux.

Dans l'une de nos dernières réunions, j'insistais,
Messieurs, sur les réactions des matières salines sur les
phosphates insolubles. Eh bien, la généralité de ce principe
était, à quelques jours de distance, mise de nouveau en
lumière par M. Dehérain, dont les expériences établissaient
de nouveau (2) que les principes salins du sol réagissent sur
le phosphate de chaux et le transforment aisément.

C'est là, en définitive, un fait constant dont on démontrera la réalité dans bien des cas particuliers. Du reste,
selon les circonstances physiques de l'expérience, l'acide
phosphorique se portera tantôt de la chaux à l'oxyde de fer
et tantôt de l'oxyde de fer à la chaux. — Nous avons bien
des exemples analogues dans les réactions des sels de chaux
sur les sels ammoniacaux ; — et *la seule loi qui en résulte,*
en bonne logique, c'est *la mobilité providentielle du phosphore*
sous l'influence des affinités chimiques et des conditions
physiques du sol.

Je saisirai cette occasion pour vous mettre encore une
fois en garde contre les doctrines qui tendraient à faire
considérer comme très simple et très facile à déterminer
l'aptitude plus ou moins grande des phosphates fossiles à

(1) *Recherches sur l'emploi agricole des phosphates.* Thèse pour le
doctorat, pag. 70.
(2) *Comptes-rendus de l'Académie.* Décembre 1858.

l'assimilation. On a cru, par exemple, qu'il suffirait de prendre des nodules pulvérisés du commerce, de les soumettre à la lévigation et de regarder les parties les plus ténues comme actives et les parties les plus grossières comme inactives. C'est ici le cas de répéter que si la division des nodules en poudre impalpable est chose excellente, il n'en résulte pas que tout le problème de l'assimilation puisse être résumé dans cet état de division. Telle poudre un peu grossière qui aura été soumise aux actions atmosphériques pendant deux années sera plus soluble que telle autre beaucoup plus fine obtenue d'une matière sortant de la carrière.

M. Dehérain, dont j'ai déjà cité les recherches chimiques sur les phosphates fossiles, a précisé et développé avec beaucoup de méthode (1), les influences de l'air, de l'acide carbonique, de l'acide acétique et des sels sur les phosphates coprolithiques. Cet expérimentateur a surtout établi les faits qui suivent :

Action de l'acide acétique. — Selon M. Dehérain, cet acide existe dans le sol avec l'acide carbonique et concourt à favoriser la dissolution des phosphates. Voici l'expérience sur laquelle ce chimiste base son affirmation.

Le bois soumis à l'action du feu dégage, en même temps que plusieurs produits moins importants, de l'acide acétique ; le bois, en s'altérant sous l'influence de l'air et de l'eau, peut aussi à froid donner naissance à cet acide, qui communiquerait aux terres de bruyère la réaction qui les caractérise depuis longtemps ?

Pour le prouver, M. Dehérain a placé dans une cornue de grande dimension disposée dans un bain d'huile, plusieurs

(1) Thèse pour le doctorat.

kilogrammes de terre humide et a recueilli l'eau qui passait à la distillation.

La température du bain ne dépassant pas 150°, l'acide acétique, si on en recueille, dit M. Debérain, ne proviendra pas d'une décomposition ignée du bois, décomposition qu'accompagneraient au reste des fumées à odeur empyreumatique, signes d'une trop grande élévation de température.

L'eau qu'on recueille est franchement acide; elle ne précipite pas par l'eau de chaux; ce n'est donc pas de l'acide carbonique qu'elle renferme. Or, celui-ci et l'acide acétique étant les deux seuls qui puissent naître par l'acidification du bois, on en doit conclure la présence de l'acide acétique. D'ailleurs, en saturant par de la soude l'eau de lavage et en laissant le liquide rapproché par évaporation se dessécher sur une lame de verre, on peut, au microscope, reconnaître la cristallisation de l'acétate de soude.

Il est impossible de dessécher entièrement par ce moyen la terre qu'on a placée dans la cornue, une quantité considérable de vapeurs d'eau se condensant sur les parois et retombant dans la masse; malgré cet inconvénient, on peut doser très approximativement la quantité d'acide acétique qui existe dans la terre étudiée.

En effet, quand on distille un mélange d'acide acétique et d'eau, on peut s'assurer qu'il passe dans chaque portion de la liqueur, sensiblement la même quantité d'acide acétique; si donc on prend une partie de la terre de bruyère et qu'on la dessèche complètement à l'étuve, on saura, par la diminution de poids, le volume d'eau qu'aurait donné sa dessiccation complète; si on a mesuré la quantité d'eau recueillie par distillation dans le récipient, on sait quelle fraction de la masse totale elle représente; il ne reste plus qu'à doser l'acide acétique contenu dans celle-ci à l'aide de liqueurs titrées convenablement étendues, pour en déduire celui qui existait dans la masse entière.

M. Dehérain a trouvé ainsi que 1 kilogramme d'une terre de bruyère provenant du domaine du Mesnil, près Bracieux (Sologne, Loire-et-Cher), contenait 0 gr. 0,179 d'acide acétique.

Action combinée de l'acide acétique et de l'acide carbonique sur la poudre de nodules. — Les chiffres suivants prouvent l'influence de ces deux substances sur les nodules récemment pulvérisés ou soumis depuis quelque temps à l'action atmosphérique.

1 gramme des nodules des Ardennes et 1 gramme de ceux d'Arcyfay ont été placés dans 20^{cc} d'acide acétique faible ; on a fait passer de l'acide carbonique lavé dans du bicarbonate de soude et on a dissous sur :

	100 de Poudre des Ardennes exposée à l'air pendant 3 mois.		100 de Poudre d'Arcyfay non exposée à l'air.	
Phosphate de chaux...	8,8	8,9	3,4	5,1
Oxyde de fer........	0,6	0,6	louche.	louche.
Carbonate de chaux ...	16,3	16,3	0,39	1,2 (1)

Une solution d'acide carbonique contenant plusieurs volumes de ce gaz aurait rendu encore plus évidente l'influence dissolvante constatée dans ces essais.

(1) Dehérain. *Loco citat.*

On voit quels moyens nombreux la nature emploie pour faciliter la répartition des matériaux nécessaires aux phénomènes de la végétation et de la vie.

Au sujet de la solubilité bien distincte des nodules récemment extraits ou exposés longtemps à l'air, un industriel de Verdun m'a communiqué un fait qui m'a frappé. Il y a, me disait-il, une telle modification dans les nodules sous l'influence des gaz et de l'humidité atmosphérique que souvent des monceaux de ces matières se délitent au point d'occasionner un important déchet, si la matière est restée longtemps sur le sol. Le même industriel m'a déclaré qu'il pratiquait la pulvérisation de un mètre cube de nodules par jour, et que, souvent, il avait constaté un notable échauffement dans la poudre obtenue.

J'ai, pour ma part, reconnu, il y a quelques jours à peine, que des phosphates fossiles pulvérulents contenus dans une boîte qui avait été oubliée pendant plusieurs années sur l'une des planches de mon laboratoire, s'étaient pelotonnés, avaient passé du gris verdâtre au brun clair et étaient devenus très solubles dans l'acide acétique. Après dessiccation à 100°, ces phosphates perdaient 9 % par la calcination.

Action des sesquioxydes. — La propriété des sesquioxydes d'engager l'acide phosphorique des phosphates dans une combinaison peu soluble, de l'emmagasiner en quelque sorte, a été étudiée avec soin par M. Dehérain. Ce savant a constaté, conformément à ce qui avait été déjà avancé par M. P. Thenard, que certains sols peuvent ne fournir que du phosphate de sesquioxyde, bien qu'on les ait amendés avec du phosphate de chaux. Il a également précisé ce fait intéressant, et que je n'avais développé que d'une manière générale : *que les masses des substances agissantes sont la cause déterminante des réactions, de telle sorte que si les sesquioxydes peuvent engager l'acide phosphorique dans des combinaisons très peu solubles ; par contre, des carbonates alcalins ou alcalino-terreux peuvent enlever l'acide phosphorique aux phosphates de sesquioxyde.*

Action des sels. — M. Dehérain a étudié l'action du carbonate de chaux sur les phosphates de sesquioxyde de fer, et il a démontré que cette action était surtout efficace lorsque le fer était à l'état de sesquioxyde. En un mot, le phosphate de protoxyde de fer est moins propre à la double décomposition par le carbonate de chaux que le phosphate de sesquioxyde de fer.

Pour s'en assurer, ce chimiste a d'abord recherché si le phosphate de protoxyde de fer était moins attaquable par les carbonates que le phosphate de sesquioxyde; il a placé dans un litre d'eau distillée 2 grammes de phosphate de protoxyde de fer et 4 grammes de carbonate de potasse, et en même temps, dans un autre litre d'eau, 2 grammes de phosphate de sesquioxyde et 4 grammes de carbonate de potasse.

Il a obtenu, dans le premier cas :

0 gr. 058 d'acide phosphorique ;

dans le second :

0 gr. 158 d'acide phosphorique.

En mettant dans l'appareil à eau de Seltz du phosphate de protoxyde de fer et du carbonate de chaux, on n'obtient que des traces d'acide phosphorique en dissolution ; en y mettant du phosphate de sesquioxyde, on trouve, au contraire, des quantités notables d'acide phosphorique dans le liquide.

Si l'augmentation de solubilité si évidente des nodules après leur exposition à l'air tient à la réaction qui s'établit.

entre le carbonate de chaux de la poudre et le phosphate
de fer, il est probable que les nodules les plus riches en
oxyde de fer seront ceux qui se dissoudront en plus grande
quantité dans l'eau de Seltz.

En effet, 10 grammes de deux poudres renfermant :

	N° 1.	N° 2.
Phosphate de fer....................	6,3	11,1
Acide phosphorique total............	29,6	20,9
Carbonate de chaux.................	non dosé	non dosé

ont été mis dans l'appareil à eau de Seltz ; on a trouvé :

	N° 1.	N° 2.
Acide phosphorique en dissolution.....	0,063	0,172

Les deux poudres étaient anciennes l'une et l'autre ; on
voit que c'est la plus riche en phosphate de fer qui a donné
la plus grande quantité d'acide phosphorique en dissolution,
bien qu'elle en renfermât moins.

« C'est donc, dit M. Dehérain, à l'action de l'oxygène
sur le phosphate de fer que j'attribue l'accroissement de
solubilité de la poudre des nodules dans les acides faibles
que j'avais observé dès mes premières recherches, observation dont M. Bobierre a également reconnu la justesse. »

Tous ces faits démontrent suffisamment que la présence
de quelques centièmes de phosphate ferrique dans les
nodules, connue depuis longtemps et signalée de nouveau
en 1859 par M. Delanoue, n'a aucune portée défavorable
sur l'application des phosphates fossiles en agriculture.

Enfin, ce que j'ajouterai comme acquis à la science, au
sujet de l'action des sels alcalins sur les nodules pulvérisés,
c'est que le phosphate ferrique est soluble dans une disso-

lution aqueuse d'ammoniaque. Quant au phosphate de chaux, non-seulement il est décomposable par les carbonates alcalins, mais encore cette décomposition se fait *beaucoup mieux à la température ordinaire* qu'à celle de l'ébullition (1). Entre cette circonstance et l'action des liquides qui circulent dans les terrains feldspathiques, le rapport est immédiat.

Tout cela, Messieurs, est quelque peu scientifique, je me hâte de rentrer sur le terrain de l'expérimentation élémentaire.

J'ai voulu tout d'abord, et malgré l'époque défavorable, faire, en mars 1857, quelques essais sur la culture du froment ; j'ai, pour cela, opéré sur une terre défrichée quelques jours seulement avant l'expérience, et dans laquelle j'ai comparativement employé des nodules pulvérisés à 55 °/₀ de phosphate, et du noir animal en petits grains à 72 °/₀. La terre, riche en humus et en principes acides, offrait les meilleures conditions pour dissoudre les phosphates terreux.

L'engrais fut employé à la dose de six hectolitres à l'hectare. Les résultats observés furent les suivants :

Dans les pièces qui avaient reçu du froment, il n'y eut pas de différence appréciable entre le produit du noir animal, du phosphate fossile légèrement animalisé, et du même phosphate mélangé de charbon très poreux. Il y eut une supériorité assez marquée, et à laquelle j'étais loin de m'attendre, dans une autre pièce où les nodules purs et simplement réduits en poudre très fine, avaient été employés comparativement avec le noir animal en petits

______

(1) Henri Rose. *Traité complet d'analyse*, t. I, pag. 547.

grains. Dans tous ces essais, du reste, la récolte fut médiocre, quel que fût l'engrais adopté, en raison de l'époque trop récente du défrichement.

Deux pièces de terre furent ensemencées d'avoine et fumées, l'une avec des nodules en poudre, l'autre avec du noir animal. Dans les deux cas, les produits furent beaux; et, ici encore, aucune différence appréciable, soit dans la quantité, soit dans l'aspect de la récolte, ne fut observée.

Malgré les conditions défavorables dans lesquelles cet essai préliminaire avait eu lieu, je fus frappé, je dois l'avouer, de voir mes prévisions mises en défaut au sujet de l'action des phosphates fossiles employés seuls et à l'état de poudre fine. Mes recherches de laboratoire sur quelques coefficients de solubilité dans l'acide carbonique, les lois de l'analogie, enfin, il faut bien le dire aussi, l'ignorance de la science actuelle sur les modifications qu'éprouvent les nodules en présence de l'air contenu dans le sol arable, tout cela me conduisait à regarder ces engrais comme lentement assimilables, et devant, sous ce rapport, être classés assez loin du noir d'os. Cependant, l'expérience agricole semblait contredire mes idées préconçues.

Cette contradiction se manifesta de nouveau dans des essais plus concluants.

Ma seconde série d'expériences eut lieu sur la culture du sarrasin qui, dans l'Ouest, absorbe des masses énormes de noir animal. Le surplus des quantités assimilées par cette plante reste dans le sol, où son action se fait ultérieurement sentir sur les froments d'hiver.

Pour me mettre, autant que possible, à l'abri des influences nombreuses et inégales des expériences faites en grand, je résolus de faire mes essais dans des pots, sur des substances pesées ; et en présence d'éléments d'irrigation et d'exposition parfaitement identiques.

Onze pots furent remplis de terre extrêmement maigre et provenant de la désagrégation des roches schisteuses. La terre fut mélangée dans chaque pot avec 10 grammes d'engrais, et deux grains de sarrasin y furent semés le 25 juin. Jusqu'au 22 septembre, jour où l'expérience fut complètement terminée, l'arrosage des pots eut lieu deux fois par jour, au moyen d'eau de pluie. La végétation marcha bien, sauf dans le cas où il y eut emploi de terre sans engrais et de nodules traités par 20 °/₀ d'acide sulfurique.

Dans ces deux circonstances, les plantes furent maigres, souffreteuses, et donnèrent une récolte insignifiante. Il ne faut pas oublier que la maigreur de la terre employée était poussée à l'extrême ; l'humus n'y existait qu'en proportion très minime ; l'aptitude à retenir l'eau et à condenser les gaz était aussi faible que possible.

Au bout de trois semaines, il était facile d'apprécier la favorable influence de l'acide phosphorique sur le sarrasin. Là où agissait le phosphate de chaux animalisé et le mélange de sang et de poudre de nodules, il y avait une végétation aussi luxuriante que précoce. Le noir animal était distancé. En raison de la maigreur du sol, le phosphate de chaux pur donnait de tristes résultats. Voici le résumé complet de ces observations, faites avec le plus grand soin.

RÉSULTATS DE LA CULTURE DU SARRASIN

dans une terre argilo-schisteuse, dépourvue d'humus, et en présence d'une quantité d'acide phosphorique excédant les besoins de la récolte.

DÉSIGNATION DE L'ENGRAIS.	GRAIN sec récolté.	PAILLE sèche récoltée.	Récolte totale.	Hauteur de la plante	Nombre des grains.	Observations.
Phosphate fossile en grains grossiers, contenant 54 °/₀ de phosphate....	0,368	1,280	1,648	0ᵐ,30	12	
— en poudre fine..	0,462	1,458	1,920	0ᵐ,36	34	
— mélangé de charbon de bog-head et très faiblement animalisé.	1,282	1,810	3,092	0ᵐ,50	111	
— mélangé de sang sec et contenant 5 °/₀ d'azote.............	1,693	2,190	3,883	0ᵐ,44	137	
— traité par 20 °/₀ d'acide sulfurique et neutralisé par la craie..	0,020	0,870	0,890	0ᵐ,27	2	Avorté.
— traité par l'acide chlorhydrique.......................	0,547	0,790	1,337	0ᵐ,30	33	
— pur, régénéré des nodules...........................	0,630	0,700	1,330	0ᵐ,30	40	
Noir de raffinerie, 67 °/₀ de phosphate et 1 °/₀ d'azote.............	0,970	0,893	1,863	0ᵐ,38	64	
Noir provenant des fabriques de gélatine, (83 °/₀ de phosphate et 5 °/₀ de charbon)...	0,212	0,375	0,587	0ᵐ,29	18	Mal venu.
Guano des Caraïbes, 74 °/₀ de phosphate, 4 millièmes d'azote........	0,703	0,845	1,548	0ᵐ,35	45	
Terre maigre sans engrais...................................	0,040	0,723	0,764	0ᵐ,27	4	Avorté.

Ce qu'il importe tout d'abord de constater en faisant l'examen de ces chiffres, c'est qu'ils éclairent un point spécial de la question , *sans constituer pour cela, bien entendu , une échelle de rendement applicable aux conditions de la grande culture.* Il est évident , en effet., que l'action d'entraînement produite par l'azote n'était point adaptée ici au phosphate du noir animal comme à celui des nodules mélangés de sang. Je vous ferai toutefois remarquer que l'expérience 3 , dont les résultats sont très beaux , a été faite sous l'influence de faibles proportions de substances animales. Le charbon végétal poreux avait-il une action condensatrice immédiatement utilisée? Cela semble probable.

Trois récoltes de sarrasin faites en 1858, dans les mêmes conditions d'arrosage et de soustraction à toute influence perturbatrice extérieure m'ont fourni pour deux plants :

DÉSIGNATION DE L'ENGRAIS.	Hauteur de la plante.	Poids du grain récolté.	Nombre des grains.
Noir animal seul , 60 °/₀ de phosphate..	0^m,30	0^g,685	27
Poudre fine de nodules..............	0^m,60	2^g,670	110
Nodules traités par l'acide sulfurique....	0^m,18	0^g,080	6

Le mauvais effet du phosphate acidifié ne proviendrait-il pas de l'absence de bases énergiques dans le sol factice où se faisaient mes expériences? Je suis très porté à le croire.

Au surplus , Messieurs, les résultats de ces essais , qui

pouvaient avoir un certain intérêt à l'époque où je les commençai , sont aujourd'hui confirmés par des expériences nombreuses et convaincantes effectuées sur une grande échelle. La pratique a établi la réalité des propositions que je formulais en 1857 , et à l'expression desquelles je n'ai pas un mot à changer.

1° Les nodules de phosphate de chaux, réduits en poudre fine et exposés quelques mois à l'air, sont assimilables par les végétaux ;

2° Leur action favorable dans les sols granitiques et schisteux , dans les défrichements des landes et bruyères , peut être variable , selon qu'on les emploie seuls ou associés à des substances organiques ;

3° Ainsi que cela se remarque dans l'emploi des phosphates du noir animal, il y a convenance , tantôt à associer des substances organiques aux nodules, pour fertiliser les terres pauvres en agents dissolvants ; tantôt, au contraire, à les employer seuls , dans les défrichements où abondent les détritus végétaux ;

4° L'addition du sang aux nodules en poudre fine donne des résultats excellents , au triple point de vue du rendement en grain, de la vigueur de la paille et de la précocité.

5° Il n'y aura probablement lieu d'employer l'action des acides , pour favoriser l'assimilation des nodules, que dans les terres ou les cultures où le *superphosphate* est actuellement reconnu utile par les agriculteurs. Dans tous les cas, au contraire , où le noir d'os en grains est rapidement dissous, les nodules en poudre fine seront eux-mêmes assimilés.

Parmi les documents qui me sont récemment parvenus au sujet de l'action favorable des phosphates fossiles en poudre fine, je citerai particulièrement ceux dont l'importance m'a semblé décisive :

M. le marquis de Vibraye, président du comice de Blois, a consacré, sur sa terre de Cheverny, deux champs des domaines de la Rousselière et du Colombier à des expériences sur divers engrais phosphatés et sur leur relation avec les amendements calcaires. Tous ces engrais ont été appliqués dans les mêmes conditions, après défrichement.

Les expériences de Cheverny ont été entreprises sans idées préconçues, et M. le marquis de Vibraye a voulu leur donner un cachet d'authenticité irrécusable. Pour faciliter les opérations de contrôle et éviter les erreurs, il a demandé le concours de plusieurs des membres du bureau du comice de Blois. Les rendements ont été constatés par MM. Noël, président de la section de la Beauce; Roussel, président de la section de la Sologne ; Charrier, secrétaire de la section de la Beauce ; Roussel-Hudelist, secrétaire de la section de la Sologne; Salvat, secrétaire du comice; Emile Roger, membre du bureau, délégué du canton de Marchenoir qui, juges impartiaux, ont fait faucher, rentrer, battre, mesurer et peser devant eux les différents produits des champs d'expérience.

Sauf les anomalies que l'état météorologique tout spécial de 1860 a pu causer, ces expériences ont donc une authenticité qui les rend fort dignes d'intérêt. Elles sont représentées dans les tableaux ci-annexés.

RÉSULTATS OBTENUS DANS UN HECTARE DE BRUYÈRES *

défrichées en 1859, ayant reçu la même année un sarrasin et en 1860 une avoine.

N° d'ordre	NATURE ET QUANTITÉ D'ENGRAIS OU D'AMENDEMENTS EMPLOYÉS A L'HECTARE et représentant 100 francs, sauf pour le n° 10.		VOLUME du grain.	POIDS			
				du grain.	de la paille.	des déchets.	Total.
			h. l.	k. g.	k. h.	k. g.	k. g.
1	Marne seule, 100 mètres cubes ou chaux 50 hectolitres.	Marne ...	9 28	321 900	639 3	78 720	1039 920
		Chaux ...	10 16	385 460	1000 »	105 714	1494 174
2	Fumier et phosphate fossile, 25 mètres cubes de fumier et 300 kilogrammes de phosphate. (Le fumier estimé 3 fr. le mètre cube et le phosphate 8 fr. les 100 kilogrammes)......................		34 92	1611 034	4460 3	276 190	6347 524
3	Cendres lessivées, 100 hectolitres		36 50	1628 192	5174 6	317 460	7120 252
4	Cendres vives, 50 hectolitres................................		46 66	2072 083	6787 3	292 063	9152 046
5	Guano, 250 kilogrammes......................................		51 42	2242 477	6738 »	122 222	9102 699
6	Noir animal mélangé de chairs, 500 kilogrammes................		31 74	1365 298	4126 9	42 857	5535 055
7	Noir animal revivifié, 700 kilogrammes........................		42 85	1923 450	5698 4	52 380	7674 230
8	Noir animal vierge, 500 kilogrammes..........................		43 17	1920 417	5793 6	47 619	7761 636
9	Phosphate fossile, 1,300 kilogrammes.........................		41 90	1875 946	5590 4	60 317	7526 663
10	Phosphate fossile, 750 kilogram. (La fumure était ici un minimum)..		12 06	501 430	1571 4	17 460	2090 290

(*) La surface réellement ensemencée était de 3 ares 15 centiares; les chiffres ont été ramenés par le calcul à la surface de 1 hectare.

RÉSULTATS OBTENUS DANS UN HECTARE DE BRUYÈRES *

défrichées et écobuées en 1859, ayant reçu la même année un sarrasin et en 1860 une avoine.

Nº d'ordre.	NATURE ET QUANTITÉ D'ENGRAIS OU D'AMENDEMENTS EMPLOYÉS A L'HECTARE et représentant une dépense de 100 francs.	VOLUME du grain.		POIDS			
		h.	l.	du grain. k. g.	de la paille. k. g.	des déchets. k. g.	Total. k. g.
1	Cendres lessivées, 100 hectolitres....................	23	57	821 430	3199 995	71 430	4092 855
2	Cendres vives, 50 hectolitres........................	15	71	1028 570	3642 855	100 „	4771 425
3	Guano, 250 kilogrammes.............................	54	29	2392 855	6142 950	78 575	8614 380
4	Noir animal mélangé de chairs, 500 kilogrammes......	19	99	878 570	3000 „	142 860	4021 430
5	Noir animal revivifié, 700 kilogrammes..............	27	14	1207 100	3542 855	114 285	5864 240
6	Noir animal vierge, 500 kilogrammes.................	37	14	1635 715	4529 570	57 145	6222 430
7	Phosphate fossile, 1,300 kilogrammes...............	34	29	1549 995	4293 855	128 570	5972 420
8	Chaux, 50 hectolitres...............................	14	28	628 570	1978 670	78 575	2685 815
9	Fumier et phosphate fossile, 25 mètres cubes de fumier et 500 kilogrammes de phosphate..................	42	86	1892 960	5215 280	135 715	7243 955
10	Marne, 100 mètres cubes............................	22	85	949 995	3499 995	100 „	4549 990

(*) Même observation que pour le premier tableau.

M. le marquis de Vibraye déclare avec un grand sens, en publiant ces tableaux, qu'ils ne fournissent que des données préparatoires, et dont la confirmation doit être demandée à des expériences ultérieures. Ce que je ferai remarquer à leur égard, c'est qu'il eût été intéressant de donner la composition des noirs d'os employés, afin de connaître dans quelles proportions les substances azotées et l'acide phosphorique concouraient à les constituer. Cette connaissance eût jeté une lumière nécessaire sur les différences constatées (tableau 1) entre les numéros 6 et 7 et (tableau 2) entre les numéros 4, 5 et 6. Quelle était, d'autre part, la richesse des nodules employés ? Il eût été utile de le déterminer.

Il convient également de remarquer que les résultats obtenus (tableau 2, n° 9) par l'emploi du phosphate fossile* combiné au fumier, et qui sont résumés par une récolte de 42 hectolitres 86 centièmes de grains à l'hectare, ne coïncident pas avec un épuisement du sol comparable à celui qu'amène nécessairement l'emploi du guano péruvien (tableau 2, n° 3).

C'est particulièrement, selon moi, *dans cet emploi combiné du fumier et des nodules en poudre, que réside le grand avantage de ces derniers pour les cultures régulières et prolongées.* En ce qui concerne l'opération du défrichement, c'est un fait spécial et transitoire ; nous y reviendrons tout à l'heure.

.Une expérience fort instructive instituée par M. le marquis de Vibraye et sur laquelle j'appelle l'attention des agronomes, est la suivante. Cet expérimentateur avait ménagé à l'extrémité de chacune des planches d'expérimentation, et dans un sens transversal, deux autres planches amendées par le calcaire : 1° sous forme de marne ; 2° sous forme de chaux vive. La pratique a démontré une fois de plus l'inertie des phosphates sur les terres ainsi traitées, sauf toutefois le cas spécial, où le fumier d'étable a été ajouté au phosphate fossile. Dans cette circonstance, un bon résultat a été obtenu *malgré le calcaire ;* les produits de la décomposition du fumier ont facilité la dissolution des phosphates et l'assimilation de l'acide phosphorique par les végétaux (1).

M. Lecouteux, dont les travaux agronomiques sont justement appréciés, m'a fait connaître d'autre part qu'il a essayé l'emploi des nodules pulvérisés aux environs de Lamotte-Beuvron. Trois hectares ensemencés de seigle (1860) ont été placés par cet expérimentateur dans le même état que vingt autres hectares fumés à l'aide du noir animal azoté de l'usine de Lamotte-Beuvron.

Sur les phosphates fossiles comme sur le noir animal, M. Lecouteux a obtenu 530 gerbes à l'hectare, soit 25 hectolitres de seigle ; la quantité d'engrais employée était d'une part 500 kilog. de phosphate fossile coûtant 30 fr., et d'autre part 5 hectolitres de noir à 13 fr., soit 65 fr. Lorsqu'on opère sur des terres de bruyères récemment défrichées, on peut donc obtenir des avantages sérieux par l'emploi des nodules en poudre fine ; aussi M. Lecouteux utilise-t-il cet engrais sur une vaste échelle et comparativement avec les guanos naturels et artificiels, le noir animal, etc.

Enfin, M. Pichelin aîné, fabricant d'engrais honorablement connu, et que le Jury de l'Exposition Nationale de 1860 a jugé digne de la médaille d'or, a fait, de son côté, des essais

(1) M. Corenwinder a constaté, *Annales de Chimie et de Physique*, vol. XLVIII, qu'une couche de bouse de vache ayant un mètre carré de surface et 8 centimètres de profondeur, fournit en 24 heures 20 litres d'acide carbonique, soit, 2,000 hectolitres par hectare. Le fumier de ferme, dans le même temps, donne 1,200 hectolitres de ce gaz par hectare ; le crottin de cheval récent 500 hectolitres ; le même, au bout de huit jours, 8,800 hectolitres.

dont. il m'a communiqué les résultats dans les termes suivants : « Avec 500 kilog. de phosphate fossile, j'ai obtenu 26 hectolitres de seigle par hectare; le noir animal, employé à la dose de 5 hectolitres, m'a fourni 25 hectolitres de seigle, le sol étant à peu de-chose près identique dans les deux cas ; la dépense en noir excédait de 30 fr. celle représentée par l'achat du phosphate. Ce dernier engrais était calculé à raison de 7 fr. 35 les °/₀ kilog. et le noir à raison de 13 fr. 65 l'hectolitre. »

Sur des défrichements de deuxième année, ajoute M. Pichelin, mes résultats ont été moins brillants ; ils sont représentés par les chiffres qui suivent :

SURFACE OBSERVÉE.	ENGRAIS EMPLOYÉS.	Dépense	Rendement en seigle.
Un hectare..	5 hectolitres de noir à 13 francs..	65 fr.	27 hectol.
Id......	500 kilogrammes nodules pulvérisés à 7 francs...................	35 fr.	17 —
Id......	500 kilogrammes nodules humectés de sang...................	»	20 —
Id......	800 kilogrammes nodules humectés de nitrate de soude...........	»	19 —

Il y a évidemment, en raison de la faible dépense de l'expérience n° 2, un avantage très réel obtenu.

M. G. Royer, exploitant le domaine des Patis (Marne), écrivait à M. Rohart en janvier 1862 :

« J'ai semé, au printemps 1861, du sarrasin sur des

terrains vagues défrichés, très argileux, où il ne poussait, précédemment, que des genêts ; cette terre avait reçu deux labours et 1,000 kilog. de phosphates fossiles à l'hectare ; le sarrasin est venu d'une beauté comme je n'en avais jamais vu, mais la semence ayant été confiée un peu tard à la terre, le rendement en grains n'a pas été ce qu'il aurait dû être : presque la totalité de la graine a été brûlée par les chaleurs d'automne.

» J'ai semé, en 1861, du seigle dans des terres analogues aux précédentes, avec 1,000 kilog. de phosphates fossiles. A côté, des seigles faits sur fumier d'étable ont été ravagés, à l'entrée de l'hiver, par les limaces, et sont généralement moins beaux que ceux phosphatés, qui sont aussi d'un vert plus foncé.

» Toute ma sole de blé 1861 a été phosphatée, à l'exception de quelques sillons, conservés pour point de comparaison ; j'espère vous en faire connaître les résultats en temps opportun, et je suis convaincu, à présent, que ceux qui ont reçu des phosphates conserveront la supériorité déjà très marquée qu'ils ont sur leurs compétiteurs.

» Pour moi, la solubilité des phosphates naturels dans l'eau de pluie est avérée. »

Je ne vous dissimulerai pas, Messieurs, que l'emploi des phosphates fossiles a donné des insuccès, et cela devait être. L'humidité excessive ou la trop grande sécheresse du sol, l'absence d'humus, la présence de la chaux ou de la marne, la texture trop grossière ou l'extraction trop récente de l'engrais employé, toutes ces causes peuvent évidemment influer d'une manière défavorable sur le résultat cherché. Voici, par exemple, un fragment de léttre de M.

Du Laz de Pleyben (Finistère), que j'extrais de l'*Annuaire des engrais* (1) :

« Ce n'est pas sans un certain étonnement que je lis, chaque jour, les éloges prodigués de tous côtés aux phosphates fossiles. Je regrette de ne pouvoir y joindre les miens, car voici ce qui m'est arrivé. Au mois de juin dernier, j'achetai, à titre d'essai, 750 kilog. de phosphates destinés à des rutabagas. Le champ qui les reçut était granitique, à sous-sol perméable, et avait eu, au mois d'octobre précédent, une demi fumure de fumier de ferme, puis avait été ensemencé en avoine, laquelle fut enlevée par l'hiver. Mes plants de rutabagas furent repiqués dans de très bonnes conditions et avec tous les soins possibles. *Je n'ai rien eu,* et ceci sans la moindre exagération.

» Je pourrais vous citer des résultats parfaitement analogues aux miens chez plusieurs agriculteurs de mes amis. D'un autre côté, j'entends parler de succès, ou plutôt de demi succès, chez quelques autres. La conclusion ne devrait-elle pas être : Prudence ! »

Il n'est pas nécessaire d'avoir une grande expérience des choses de l'agriculture pour savoir que des faits analogues se sont produits avec les meilleurs engrais. A distance, et lorsqu'on ne connaît que les faits observés pendant une année, il est bien difficile de trouver le pourquoi de semblables mécomptes. Voici, toutefois, une autre lettre que j'extrais de l'*Annuaire des engrais* (2), et qui semble la contre-partie de celle de M. Du Laz. Elle émane de M. Petit-Demange, habile cultivateur du Haut-Rhin :

« Je lis dans le dernier numéro de l'*Annuaire des engrais* l'insuccès dont se plaint M. Du Laz, à propos de l'emploi

(1) Juin 1862
(2) Juillet 1862.

des phosphates fossiles, et j'en attends avec impatience l'explication.

» Mais, en attendant, permettez-moi de vous dire que la solution doit avoir été devinée par vous lorsque vous dites qu'il vous paraît au moins probable que l'action se mani-festera cette année.

» J'ai employé, en mai 1860, 100 kilog. de phosphates fossiles sur une prairie, en essai avec d'autres engrais et amendements, entre autres de vos tourteaux. Pour ceux-ci, l'action a été immédiate et la durée de deux ans ; quant aux phosphates, je n'ai pu remarquer aucun effet, si ce n'est au mois de mai dernier, soit deux ans après l'emploi.

» Mes essais avaient été faits sur une prairie sèche , par carrés ; il y a quinze jours que le trèfle s'est montré en très grande abondance, partout où j'avais fait emploi des phosphates il y a deux ans. Les résultats sont tellement évidents, qu'au moment de la floraison, mes carrés se sont montrés aussi tranchés que ceux d'un échiquier.

» Ce premier essai avait été fait en semant à la main le phosphate en nature, mais en poudre, comme le livre le commerce.

» J'avais réservé 100 kilog. des mêmes phosphates, que je faisais jeter dans les fosses d'aisances à mesure de la production des matières ; je fis mélanger le tout avec de la terre et des mauvaises herbes, pour en faire un compost, que j'employai en couverture , en mars 1861 , sur la même prairie sèche. Déjà, à la récolte de 1861 , je remarquai une plus grande abondance de fourrage, mais je ne pouvais l'attribuer à l'emploi des phosphates. Cette année , cette même partie est la plus belle de ma prairie, et comme le trèfle abonde également et présente le même caractère que dans celle où les phosphates ont été employés

il y a deux ans, seuls et en poudre, je ne puis douter que
le phosphate ne produise son effet, et qu'il le produise
un an après l'emploi que j'en ai fait, parce que son mélange avec des matières fécales en fabrication de compost
a augmenté sa solubilité.

» Aussi je suis décidé, dans mes terres granitiques, à
faire grand emploi de phosphates fossiles, mais en les
mélangeant avec les fumiers. »

Que résulte-t-il de ces communications intéressantes,
c'est qu'il ne suffit pas d'employer des phosphates fossiles,
mais qu'il faut encore, en les appliquant aux diverses cultures,
avoir égard aux circonstances accessoires : finesse, association à des matières organiques, etc., etc. ; n'en est-il pas de
même pour le noir ?

Mais ce qui demeure bien démontré désormais — et la
création de l'industrie nouvelle des nodules en est la
preuve éclatante — c'est que ces réserves providentielles
de substances fertilisantes ont décidément conquis leur
place en dépit des oppositions dont leur emploi a été tout
d'abord l'objet. Ces phosphates ne constituent pas une
panacée universelle, et sous ce rapport, ils ressemblent
aux meilleures choses ; mais ce qui est indiscutable désormais, c'est que *leur emploi dans les défrichements ou leur
association à des fumiers et à des détritus organiques animaux,* communiquera une puissante impulsion à l'agriculture.

Déjà, Messieurs, ces vérités se vulgarisent, malgré
cette immense force de la routine qui s'appelle inertie.
Déjà des hommes honorables appliquent tous leurs moyens
d'action à la recherche et à la propagation officielle des
résultats que les phosphates minéraux peuvent fournir dans
le défrichement et la culture des sols argilo-schisteux.

Récemment — et c'est un exemple que j'aime à signaler — le comité central des comices agricoles de Guingamp distribuait à ses lauréats de la poudre de nodules en même temps que des instruments et des primes en argent. A son tour, le comice central de la Sologne a fait appel aux agriculteurs de science et de pratique en mettant au concours la question suivante : « Emploi des phosphates fossiles en Sologne dans les défrichements de landes, dans les vieilles terres non marnées ou non chaulées, dans les vieilles terres chaulées ou marnées, dans les fumiers en voie de manipulation. Dosages convenables. Mélanges avec d'autres engrais pulvérulents. Phosphates azotés. » On ne saurait trop applaudir à des efforts aussi intelligents et faire trop de vœux pour qu'ils soient imités. En général, il faut le dire, les comices ne semblent pas suffisamment pénétrés de cette pensée que la question des engrais a tout autant d'importance que celle des instruments.

Lorsqu'on se place au point de vue commercial, on est conduit à regretter que les frais de transport des phosphates fossiles soient affectés à la portion notable des matières siliceuses qu'ils renferment. Aussi, bien des expériences ont-elles été tentées déjà pour isoler les phosphates contenus dans les nodules. Parmi les moyens proposés, il en est un, dû à M. Martin, qui est ingénieux, et pourrait avoir des avantages dans une localité où se fabriquerait l'acide chlorhydrique, à proximité d'un gisement de nodules. Voici ce procédé, tel qu'il m'a été communiqué par son auteur.

1,000 kilog. de nodules en poudre se dissolvent rapidement dans un mélange composé de 1,000 kilog. d'acide chlorhydrique à 22 degrés et de 500 kilog. d'eau. La température nécessaire varie entre 70 et 80 degrés centig.

La dissolution acide est séparée par décantation de la

matière siliceuse brune qui s'est déposée. Cette dissolution contient surtout les phosphates enlevés aux nodules , plus du chlorure de calcium, matière déliquescente et nuisible à la végétation.

La dissolution acide est évaporée à siccité dans un four à réverbère analogue à ceux où l'on opère la décomposition du sel marin. Le résidu consiste en phosphate de chaux ferrugineux et en chlorure de calcium. Ce résidu , traité par l'eau, abandonne ce chlorure, et constitue dès-lors une substance très riche en acide phosphorique.

Pour éviter les lavages longs et dispendieux destinés à la séparation du chlorure de calcium , on peut décanter la dissolution mixte contenant encore le chlorure de calcium et y ajouter du biphosphate de chaux.

Le biphosphate de chaux, en effet, décompose le chlorure de calcium à la température rouge, en donnant lieu à un dégagement d'acide chlorhydrique. Or, comme dans l'opération dont il s'agit on n'a à décomposer que 11 °/₀ environ de chlorure de calcium, il est facile de comprendre l'avantage et la rapidité de cette opération.

Ce qu'il faut également remarquer , c'est que ce traitement fort simple des nodules est compatible avec la condensation de la plus grande partie de l'acide employé. Le prix de revient des phosphates obtenus par cette méthode ne serait donc pas considérable dans une localité où des usines à produits chimiques seraient voisines de gisements de nodules.

M. Buran avait proposé de dissoudre les nodules dans l'acide chlorhydrique ou dans les résidus acides chargés de chlorure de manganèse , qui proviennent de la fabrication du chlore , puis de les précipiter ultérieurement par l'ammoniaque ; on obtenait ainsi des mélanges complexes de phosphates de chaux de fer et de manganèse , dont

le prix de revient était trop élevé, puisque le phosphate
mixte était offert à 35 centimes le kilog. Ce prix est de
beaucoup supérieur à celui du phosphate de chaux presque pur obtenu des liquides des fabriques de gélatine.
M. Buran avait également constitué des mélanges dits
phosphates assimilables, dont un échantillon, prélevé dans
des sacs expédiés à Nantes en août 1858, m'a donné le
résultat suivant pour cent parties de matière séchée à 105
degrés :

Eau de combinaison et substances volatiles...	30,20
Sable siliceux...	25,40
Phosphate mixte soluble dans l'eau...	4,00
Chlorure de calcium...	12,80
Phosphate de chaux...	12,00
Phosphate de fer et de manganèse...	15,60
	100,00

Deux échantillons de ces *phosphates assimilables* analysés
antérieurement m'avaient fourni 1,27 et 2,52 d'azote à l'état
de sel ammoniacal. Ces engrais étaient déliquescents en
raison de la forte proportion de chlorure de calcium qu'ils
contenaient.

Depuis cette époque, M. Buran a organisé à Aubervilliers
la fabrication des phosphates fossiles noircis par la calcination
en vase clos avec 10 °/₀ de goudron et susceptibles sous ce
nouvel état d'absorber facilement des substances azotées
fermentescibles. C'est l'opération qui avait été antérieurement mise en pratique à la Villette, puis abandonnée par
M. Demolon. Un échantillon de phosphates ainsi noircis et
rendus plus solubles et plus absorbants par la calcination,
m'a fourni les chiffres suivants :

Humidité, 13 %.

Composition de la matière sèche.

Charbon et matières volatiles au rouge...	2,00
Sable ferrugineux......................	35,00
Acide phosphorique (correspondant à 53,40 de phosphate de chaux des os)........	24,65
Oxyde de fer.........................	7,40
Chaux et matières diverses.............	30,95
	100,00

Les phosphates noircis et azotés de la fabrique de M. Buran renferment généralement 45 % de phosphate de chaux tribasique et 1,5 % d'azote.

M. Boblique a proposé (1) de combattre ce qu'il appelle l'inefficacité des phosphates fossiles, par une méthode qu'il résume ainsi :

« Les nodules pulvérisés sont mélangés à 50 % de leur poids de sel marin ; je donne, pour cet emploi, la préférence aux sels de morue ou de cuirs dont le prix dans nos ports de mer est très minime. Ce mélange est porté, dans des fours ou des cylindres, à une température un peu inférieure au rouge, en présence d'un courant de vapeur d'eau.

» Si, comme cela se présente quelquefois, les nodules ne contiennent pas une quantité suffisante de silice, il faut en augmenter la proportion par une addition préalable.

» La réaction de la silice sur le chlorure de sodium en présence de la vapeur d'eau est connue ; il se forme du silicate de soude et de l'acide chlorhydrique. Dans ce cas particulier, ce dernier porte son action sur le phosphate de

(1) *Comptes-rendus de l'Académie des Sciences.* 19 novembre 1850.

chaux auquel il enlève deux équivalents de chaux pour donner naissance à du chlorure de calcium et à du biphosphate de chaux ; cependant tout l'acide phosphorique n'est pas combiné à de la chaux ; il se forme quelquefois une assez forte quantité de phosphate de soude. Je pense que ce dernier produit èst dû surtout à la décomposition du phosphate de fer ; tout ce métal se retrouve en effet à l'état de sesquioxyde, cristallisé en paillettes, ainsi qu'on l'a constaté depuis longtemps en calcinant du sulfate de fer et du chlorure de sodium.

» La même opération fournit donc des silicates et des phosphates qui se retrouvent à l'état sec , sans excès d'acide , et qui peuvent céder aux plantes avec une grande facilité , non-seulement de la silice et de l'acide phosphorique , mais encore une forte quantité d'alcali. »

Je mentionnerai enfin la fabrication toute récente d'un *engrais sulfo-phosphato-azoté* qui serait composé de 50 pour 100 de pyrite de fer et de 50 pour 100 de phosphate fossile , le tout saturé de matières organiques de manière à offrir une richesse de 2 à 3 pour 100 d'azote. Cette fabrication me remet en mémoire les essais faits en 1859 à la Mancelière (Eure-et-Loir) , par M. Meugy, ingénieur des mines dont je vous ai déjà cité les recherches géologiques. M. Meugy avait formé un compost avec parties égales de phosphates fossiles et de cendres pyriteuses , le tout associé à une demi-fumure. Le résultat fut le suivant :

Demi-fumure et phosphates ont
donné un rendement de........ 19 hectol. 42 à l'héctare.
Demi-fumure ordinaire n'a pro-
duit que...................... 8   68   d°

Excédant en faveur des engrais
phosphatés.................... 10 hectol. 74 par hectare.

Les nodules pulvérisés , dosant 40 à 45 pour 100 de phosphates, ont coûté 5 fr. 50 les 100 kilog. rendus en gare à Paris , ou 6 fr. dans Eure-et-Loir. On a donc obtenu , moyennant une dépense supplémentaire de 60 fr. (prix des 1,000 kilog. de nodules pulvérisés) , une récolte supplémentaire de 10 hectol. de froment. (1).

Il est douteux néanmoins qu'un tel engrais supporte les frais d'un transport lointain ; or, c'est là , ne l'oubliez pas, l'un des points les plus graves de la question des phosphates fossiles.

MM. Pichelin , de Lamotte-Beuvron , après avoir constaté à bien des reprises l'inefficacité des phosphates fossiles dans les sols chaulés ou marnés, ont cherché dans ces derniers temps à faire pour ces terrains spéciaux ains i que pour les vieilles terres des phosphates acides; toutefois, au lieu d'agir comme les Anglais, à l'aide de l'acide sulfurique, ils emploient l'acide phosphorique dilué à 45 degrés aréométriques et obtenu des nodules eux-mêmes. Cet acide leur sert également à fabriquer des phosphates alcalins et particulièrement du phosphate de potasse dont l'alcali leur est fourni par des roches feldspathiques. Ces tentatives sont évidemment dignes d'un grand intérêt.

S'il me fallait résumer ma pensée au sujet de toutes ces tentatives évidemment bien dignes d'encouragement, je poserais tout d'abord en principe que l'on part d'une base fausse lorsqu'on prend pour point de départ l'inefficacité des nodules. Que ces nodules soient en poudre fine , que la poudre ait été modifiée par l'action de l'air, et qu'on emploie cet engrais dans un sol comportant l'emploi de l'acide phosphorique, et on constatera *que les phosphates fossiles sont parfaitement assimilables.* Qu'on mélange les phosphates fos-

______

(1) *Comptes-rendus de l'Académie des Sciences.* 24 janvier 1859, p. 225.

siles avec des fumiers, on obtiendra de si beaux résultats,
que même dans de vieilles terres, il y aura grand avantage
à répéter longtemps cette opération. Habituer les cultivateurs à jeter du phosphate fossile sous leurs animaux : *tout
est là*, ne l'oubliez pas: En présence de ces faits, à quoi bon
traiter les nodules pour diminuer de quelques centimes le prix
des transports de 100 kilog.? Je sais qu'on a parlé de la possibilité d'expédier en Angleterre des quantités immenses de
phosphates, si on parvenait à les séparer économiquement des
matières siliceuses qui eu grèvent aujourd'hui le transport ;
mais c'est là un point de vue tout spécial et auquel notre
agriculture est étrangère. Ce qu'il nous importe à nous de
bien établir, c'est que, jusqu'à présent, le transport des
nodules en poudre jusqu'aux départements de l'Ouest et du
Centre, n'est pas tellement entravé par la présence des
matières siliceuses, qu'il y ait une marge suffisante pour
les frais de traitement préalable de ces engrais à l'aide
d'agents chimiques. Tout au plus faudra-t-il avoir recours
à ce traitement dans des circonstances particulières.

QUATORZIÈME LEÇON.

———

La phosphorite de l'Estramadure. — Sa composition. — Ses caractères. —
Est-elle assimilable? — La phosphorite considérée comme élément du superphosphate de chaux. — Abondance des gisements de Logrosan. — Question
d'extraction. — Question de transport. — Prix du phosphate contenu dans le
minerai brut. — Combinaison de l'industrie de la phosphorite avec celle de
la soude artificielle. — Gisements d'apatite en Espagne. — Modifications
chimiques des phosphates d'Espagne.

MESSIEURS,

En étudiant successivement les produits osseux et les
substances coprolithiques, nous avons examiné le passé et
le présent d'un problème de chimie agricole dont il me reste
désormais à caractériser l'avenir. Ce sera le but de cette
conférence.

Ce n'est pas seulement à l'état de substances coprolithiques
ou d'os fossiles que le phosphate de chaux d'origine ancienne
nous apparaît dans le sol. Il existe, en effet, des gisements
énormes de cette matière constituant une véritable pierre
analogue aux matériaux qu'on extrait des carrières. Telle
est son abondance en Estramadure, telle a été pendant

longtemps l'ignorance sur le parti qu'on pouvait en tirer, qu'on s'est servi quelquefois de ce phosphate pour élever des clôtures de propriété et construire des maisons ! Un tel état de choses ne pouvait se perpétuer en plein dix-neuvième siècle et au milieu des prodiges qu'accomplit chaque jour la science industrielle. La lumière n'a pas tardé à se faire sur les richesses enfouies dans les gisements de phosphate de chaux de l'Estramadure , et cette question , consciencieusement étudiée par les Daubeny, Widdrington , de Luna, Rosway , etc. , peut être désormais considérée comme l'une des faces curieuses du problème que j'ai l'honneur de discuter devant vous.

Au treizième siècle , Bowles, savant anglais , chargé par le roi Ferdinand IV de la description des richesses naturelles de l'Espagne, signalait déjà l'existence d'un des principaux filons de phosphate de chaux de Logrosan. Ce minerai dont la phosphorescence toute spéciale avait attiré l'attention, fut désigné par les Espagnols sous le nom de *fosforita*. On le connaît indifféremment en Angleterre et en France sous les noms dè *phosphorite* ou d'*apatite*, bien que ces deux mots ne soient pas synonymes. L'apatite est une substance à caractères constants , tandis que dans la phosphorite de Logrosan , le phosphate de chaux est associé à des matières diverses dont la proportion varie. Mais ces détails n'ont point ici une très grande importance , et ce qu'il m'importe de vous signaler , c'est la composition moyenne du phosphate de Logrosan, telle que l'ont déterminée les ingénieurs ou chimistes dont je vous ai tout à l'heure cité les noms.

Composition de la phosphorite de Logrosan.

	Daubeny.	Ecole des Mines de Saint-Etienne.	R. de Luna.
Eau......................	»	0,40	»
Phosphate basique de chaux..	81,15	95,00	82,00
Phosphate de magnésie.....	»	»	1,00
Fluorure de calcium........	14,00	2,25	8,00
Peroxyde de fer...........	3,14	traces.	»
Phosphate de fer..........	»	»	7,00
Silice....................	1,70	2,00	2,00
Chlorure de calcium........	»	0,35	»
	99,99	100,00	100,00

Les différences qui existent entre ces analyses démontrent
que la masse de phosphate n'est pas complètement homogène. Ce n'est pas là, d'autre part, de l'apatite proprement dite. Dans cette dernière substance, en effet, il y a
constamment trois proportions de phosphate basique de
chaux unies à une proportion de chlorure ou de fluorure de
calcium (1). Ce qui ressort toutefois des chiffres que je viens
de mettre sous vos yeux, c'est que le gisement de Logrosan,
en raison de sa richesse en phosphate de chaux, doit attirer
l'attention de l'industrie et de l'agriculture. Voici, au

(1) M. Voelker a trouvé dans des apatites de Kragero (Norwége), dont la
consommation en Angleterre est très forte, des quantités variables de chlorure

surplus , les principaux caractères de la phosphorite de cette localité.

C'est une matière blanche , souvent ternie par un enduit ocreux, et dont la densité varie de 2,03 à 2,83. Elle représente 2,400 à 2,825 kilog. par mètre cube , selon que l'expérience est faite sur des blocs compactes ou des fragments de la grosseur du poing. Bien qu'elle soit facile à

de calcium, sans traces de fluorure , et un excès de chaux , ce qui ne s'accorde pas avec la formule admise pour l'apatite.

	Apatite rouge.		blanche.	
Eau hygroscopique............	0,43	0,43	0,19	0,298
Eau de constitution...........	0,40	0,40	0,23	0,198
Acide phosphorique...........	41,88	41,74	41,25	42,280
Chaux......................	53,45	54,12	56,62	53,350
Chlorure de calcium..........	1,61	1,61	6,41	2,160
Magnésie...................	»	0,20 (Fe^{2}O^3)	0,29	0,920
Phosphates de fer et d'alumine..	1,66	0,45 (Al^{2}O^3)	0,38	
Parties insolubles............	1,24	0,97	0,82	0,990
Alcalis.....................	»	0,50	0,17	»
	99,67	100,22	100,36	100,196

Philosophical Magazine Journal fur praktische Chemie , t. LXXVI , page 63. — 1859.

Ces échantillons, dit M. Wurtz (*Répertoire de Chimie* , mai 1859) , avaient subi un commencement de décomposition.

Voici la composition de quelques apatites :

Apatite du cap de Gata (Espagne)..	Phosphate de chaux......	92,066
	Fluorure de calcium......	7,049
	Chlorure de calcium......	9,885
Apatite de Greiner (Tyrol).........	Phosphate de chaux.......	92,16
	Fluorure de calcium......	7,69
	Chlorure de calcium.......	0,15
Apatite de Ehrenfriedersdorff......	Phosphate de chaux.......	92,34
	Fluorure de calcium.......	7,69

pulvériser, cette substance a une texture fibreuse et rayonnée ; sa poudre raye le verre (Rosway) , et lorsqu'on la
projette sur des charbons ardents et dans un lieu obscur ,
on aperçoit une lueur verdâtre persistante , qui lui a fait
donner le nom de *fosforita*. L'apparition de cette lueur se
rattache à l'une des mystérieuses actions qui accompagnent
tout changement de forme de la matière.

Pulvérisée et mise en contact avec de l'eau gazeuse dans
un appareil de Briet , la phosphorite n'abandonne que des
traces de phosphates à ce dissolvant. Comparativement
essayés , les pseudo-coprolithes perdent 20 à 25 milligrammes. J'ai varié les essais ayant pour but la recherche
de la solubilité de cette roche , et je l'ai traitée par l'eau
saturée de sel marin. Ici encore l'avantage était pour la
poudre de nodules.

J'ai tenté enfin de détruire par l'action alternative de la
chaleur rouge et de l'eau froide , la texture rayonnée de
la phosphorite , et de produire ainsi une amélioration
dans sa solubilité. Cette expérience ne m'a donné aucun
résultat.

Il y a ici , vous le voyez, Messieurs , des conditions tout
à fait différentes de celles que j'ai énumérées , en vous
parlant des nodules d'origine vraisemblablement organique.
Ici, plus de porosité sensible , plus de matière animale interposée, et dès-lors pas d'aptitude à subir ces modifications
profondes , ayant l'assimilation pour effet. J'ajouterai que
des essais effectués sur le sol à l'aide de la phosphorite
simplement mélangée avec des matières animales , ont
confirmé les résultats que m'avait fournis la recherche de la
solubilité dans le laboratoire.

Jusqu'à présent je n'ai pas observé que la phosphorite ,
même en poudre fine, fût sensiblement assimilable : mais
je suis loin , et fort loin , Messieurs , de regarder cette

question comme tranchée par les résultats négatifs auxquels
des tentatives peu nombreuses m'ont conduit. Il est évident,
pour moi, que la phosphorite est beaucoup moins assimilable que les pseudo-coprolithes ; mais je n'oserais affirmer encore que des influences analogues au séjour prolongé
dans des matières fermentescibles ou à toute pratique,
ne conduiront pas à rendre possible l'emploi *direct* de
ce précieux amendement. Il y a là un sujet de recherches pratiques, que je soumets, Messieurs, à vos
méditations.

Je dirai plus, des essais agricoles ont été faits par le
savant professeur Daubeny, d'Oxford, à son retour d'un
voyage d'exploration à Logrosan, et de ses essais il est
résulté que la phosphorite employée *seule* a donné des résultats assez favorables. Je dois déclarer, Messieurs, que je
n'ai point trouvé cette partie des expériences de M. Daubeny assez concluante pour en reproduire les chiffres. Je
crois être prudent, en considérant la question de *l'emploi
direct* de la phosphorite comme entière et digne d'être
étudiée. Aussi bien la phosphorite, alors même qu'elle ne
serait pas assimilable directement, est encore appelée à
jouer un rôle considérable dans les cultures de la France
et de l'Angleterre. C'est ce qu'il me sera facile de vous
démontrer.

Supposez, Messieurs, que la phosphorite pulvérisée ait
été traitée par l'acide sulfurique comme le sont quotidiennement chez nos voisins les os ou les phosphates fossiles. Vous
comprenez facilement que sa richesse en phosphate réel en
fera un élément précieux pour le fabricant. D'autre part,
comme dans l'emploi des superphosphates, le phosphate
basique, régénéré par l'action des acides du sol, est toujours identique, toutes choses égales d'ailleurs : il en
résulte que dans les terrains où réussissent les *superphos-*

phates, la phosphorite d'Estramadure acidifiée réussira également. C'est ce que les expériences de M. Daubeny ont prouvé surabondamment, et ce qui pouvait, du reste, être affirmé *à priori.*

Voilà, 'Messieurs, l'état actuel de nos connaissances sur l'action fertilisante du phosphate de chaux de Logrosan. Avant d'aller plus loin et d'envisager l'avenir réservé à la consommation de cette substance, essayons de nous rendre compte de son abondance, des conditions de son extraction et de ses débouchés possibles. Les mémoires inédits de M. Rosway, ingénieur des mines, et de M. de Luna, professeur de chimie à l'Université centrale de Madrid, vont nous faciliter cette tâche.

Il résulte d'études sérieuses, que les *filons-couches* de phosphate de chaux de Logrosan sont intercalés entre des schistes siluriens et occupent un espace de 30 à 50 kilomètres carrés. Telle est la puissance de ces filons, qu'ils peuvent être exploités à ciel ouvert ou en tranchée à la base des différentes collines qu'ils prennent en écharpe, et cela sans frais considérables. L'un d'eux, celui de Costanaza, présente une hauteur verticale de 25 à 50 mètres, dans laquelle le pic du mineur peut agir sans craindre les eaux d'infiltration, et si j'ajoute que sur le lieu d'exploitation le phosphate massif à 90 % de richesse moyenne revient de 75 centimes à 1 franc la tonne, vous comprendrez, Messieurs, que toute la question des phosphates d'Espagne doit se réduire désormais à une question de transport.

En examinant le plan que je place sous vos yeux, vous y remarquerez six gisements principaux et distincts décrits par M. Rosway, en partant de la rivière du *Jinjal,* qui baigne le pied de Logrosan vers le Nord et en se dirigeant vers le Sud.

Le premier est celui dénommé *Jinjal,* qui a été reconnu

CROQUIS DES ENVIRONS DE LOGROSAN
indiquant les affleurements des filons de phosphate de chaux
et leur direction générale.
Adolphe Bobierre.
L'Atmosphère, le Sol, les Engrais
Filon Sinjal
Moulin
Riv. Sinjal
Nord Magnétique
LOGROSAN
Camino del Puente
Direction des Schistes
Filon Castellon
Filon Augustias
Riv. Sinjal
Filon Costanazo

auprès du moulin de ce nom , un peu avant d'entrer au village , en venant du côté de *Truxillo ;* il présente 1^{m}40 à 1^{m}50 de puissance , en moyenne 0^{m}80 , et est caractérisé par des affleurements en divers points de son parcours : on peut le suivre sur plus de 400 mètres de longueur ; il se retrouve dans des terrains communaux à une très grande distance du point cité : il n'est pas douteux qu'il se prolonge sur tout cet espace ; mais M. Rosway le limite à 300 mètres, afin de demeurer au-dessous de la réalité.

Le deuxième gisement , appelé *del Casillon ,* pénètre sous l'église de Logrosan, et présente à la sortie du village, au moment où il entre dans les propriétés rurales pour se diriger à la montagne dite *Boyalès ,* une masse compacte de phosphate très pur de près de 8 mètres de puissance. On suit le gisement sur une assez grande longueur avec une puissance moyenne de 1^{m}50 à 2 mètres.

Le troisième gisement se trouve déjà de l'autre côté de la butte appelée *Nostra Senora del Consuelo ,* et se reconnaît dans l'angle d'une rue du village , d'où il passe immédiatement au dehors, également en direction de la montagne déjà citée et possédant sur son parcours assez étendu une puissance considérable : il forme diverses veines, qui, à très peu de profondeur, doivent se rejoindre en un seul corps : ce gisement a reçu le nom de *Angustias.*

Le quatrième gisement est celui déjà désigné comme *filon de la Costanaza ,* à cause du nom d'une des propriétés où il affleure , en présentant de grands épanouissements de puissance : il offre un développement mesuré de 3,700 mètres. Il s'interne dans la même montagne que les précédents et atteint la base de la *Sierra san Cristoval* qui domine le village de Logrosan , en passant aux pieds de l'ermitage *Nostra Senora del Consuelo* et de la fontaine du village (*Câno redondo*).

Ce gisement, visité par presque tous les étrangers qui ont pris intérêt à la question de Logrosan, a été l'objet d'une série de travaux presque tous superficiels, atteignant cependant quelquefois, 10 à 12 mètres et démontrant l'existence du phosphate en profondeur. Sa puissance s'élève en plusieurs points à 8 et 10 mètres ; en d'autres bien rares, seulement à 1 mètre, de telle sorte qu'on reste au-dessous de la vérité, en l'estimant, terme moyen, à 2^m50 de phosphate de chaux compacte.

A côté de cette ligne de phosphate, en existent deux autres, qui semblent être des ramifications en branches de la veine précédente et qui s'étendent sur des distances assez grandes et avec des puissances qui, en somme, arrivent à former plus de 0^m60. Elles n'entrent pas dans les calculs de M. Rosway.

Un cinquième gisement appelé *Terreros Colorados*, reconnu sur 100 mètres, et d'une puissance de 2 mètres, se trouve être parallèle au sixième gisement, appelé *de la Cumbre bojera*. Il est fort important.

L'examen de l'ensemble de ces gisements paraît démontrer qu'ils s'épanouissent de la *Sierra Boyalès* et se relient avec les sierras de *San Cristoval* et *Marcolente*, autour desquelles ils se déploient en forme d'éventail. Leur direction générale est N. 45° E. et leur inclinaison quasi-verticale. Les schistes siluriens qui constituent la roche encaissante sont dirigés N. 15° E. et même N. 45° E. ; ils inclinent 70° S. O.

Il ne faut donc pas s'étonner que Proust signale l'abondance de la *fosforita*, à un tel degré qu'on ait pu l'employer à la construction d'édifices et à la clôture des propriétés : le fait, selon M. Rosway, est parfaitement exact, bien qu'il ait été contesté depuis.

En résumé, de quoi s'agit-il ? De faire arriver la

phosphorite en France, de telle sorte que son phosphate
réel soit de quelques centimes meilleur marché que le
principe calcaire plus assimilable du noir animal. Tout nous
prouve que ce résultat est possible dans un avenir prochain;
Logrosan est, en effet, en communication avec l'Océan,
par Séville et Lisbonne. Les frais de transport sur Séville
seraient trop considérables; mais en dirigeant la phosphorite
vers le Tage, à la hauteur de *Cédillo*, où ce fleuve est
navigable pour des barques de 30 à 35 tonnes, ou bien
encore au point nommé *Barcas de Alconetar*, ou enfin à
Alcantara, qui tous deux sont plus rapprochés de Logrosan,
on entrevoit une solution industrielle du problème posé au
génie civil moderne.

J'ai sous les yeux un excellent travail auquel j'ai déjà
fait allusion et dans lequel M. l'ingénieur Rosway traite
avec compétence des transports de la phosphorite. Il résulte
des faits développés dans ce travail, qu'en organisant soit
un service de charrettes de Logrosan au Tage (1), soit un
petit chemin de fer, on pourrait expédier en France et en
Angleterre, à des prix commercialement abordables, jusqu'à
deux cent mille tonnes de phosphorite par année. M. Rosway
estime que l'organisation du service de transport de charrettes demanderait 600,000 fr. et le chemin de fer 5,500,000
francs. Dans l'opinion de cet ingénieur, si on ne transportait

---

(1) Le transport par charrettes se fait dans la péninsule dans des conditions
fort diverses. En Navarre, où les routes sont assez bonnes, mais où les conditions d'alimentation du bétail sont bien moins favorables qu'en Estramadure,
pays essentiellement couvert de pâturages, le type constant et régulier des
transports bien organisés est de $0^r,24$ par quintal castillan et par lieue. En
Asturie, dans les mines de charbon, où les charretiers font même concurrence
au chemin de fer de Gijon, on paie $0^r,27$. — Dans la province de Valence, les
charbons du vallon de Santullan, expédiés par le canal de Castille à Valladolid,
se transportent à Madrid, depuis ce dernier point, au prix de $0^r,30$, et,
exceptionnellement, $0^r,35$ par quintal et par lieue Or, dans tous les cas cités,

qu'à l'aide de charrettes — 50 à 60,000 tonnes par an —
il faudrait *près d'un siècle* pour épuiser les gisements de
Logrosan (1) !

J'ai tout lieu de croire, Messieurs, que si une impulsion
vigoureuse était donnée à l'exploitation de la phosphorite
de l'Estramadure, le port de Nantes verrait bientôt arriver
des phosphates pulvérisés à 90 °/₀ de richesse et au prix
de 10 fr. les 100 kilog. Ce serait du phosphate pur à 11
centimes le kilogr.

Si le minerai — comme cela est probable — pouvait
être vendu à raison de 9 fr., le phosphate pur serait
abaissé au prix de 10 centimes, chiffre évidemment avantageux.

Et permettez-moi, Messieurs, de vous entraîner sur le
terrain d'une hypothèse que la tendance industrielle et la
puissance scientifique de notre époque élèvent presque à
la hauteur d'une réalité. Il existe une localité en France où
s'effectue sur une vaste échelle la décomposition du sel
marin par l'acide sulfurique. J'ai nommé Marseille qui consomme chaque année environ 20 millions de kilog. de sel
pour obtenir les soudes brutes qui entrent dans la production du savon et des *sels de soude*. La décomposition de
ces 20 millions de kilog. de sel marin donnerait lieu, dans
les usines du Nord de la France, à la condensation de 24

il y a bénéfice pour les charretiers. La société exploitante pourrait donc faire le
transport à ce prix et même plus économiquement si elle l'organisait avec
méthode en achetant des pâturages pour son bétail, en deux ou trois points de
halte de la route, et en établissant des relais.

Un très grand nombre de paysans de l'Estramadure vit exclusivement de
l'industrie des transports. Les charretiers de Miajadas (cinq lieues de Logrosan)
parcourent toutes les routes de l'Espagne : il y a dans cette petite ville plus
de 800 charrettes à deux mules. (Un réal vaut 0ᶠ,263.)

(1) Je dois à l'obligeance de M. J. Lebrun des documents intéressants sur les
gisements de Logrosan.

millions de kilog. d'acide chlorhydrique. A Marseille , cet
acide est en grande partie perdu. Eh bien ! supposez maintenant que des phosphorites en fragments arrivent dans ce
port et que les produits gazeux des fours à décomposer le
sel soient dirigés dans des conduits appropriés , sur le
minerai arrosé par des courants d'eau. N'est-il pas évident
qu'on aura ainsi obtenu à frais minimés et au grand avantage de la salubrité, une dissolution de phosphate acide ?
Cela est incontestable.

, Mais poursuivons : de cette dissolution, la chaux précipitera facilement du phosphate basique gélatineux très
assimilable. Par évaporation, on pourrait obtenir un
résultat analogue , et voilà peut-être une nouvelle et puissante industrie organisée en France.

Remarquez, Messieurs, jusqu'à quel point notre commerce
et notre industrie, déjà solidaires de la Péninsule Espagnole
en beaucoup de circonstances , peuvent entrevoir de nouveaux points de contact avec cette contrée dont le règne
minéral est si riche. Ce n'est pas seulement à l'Estramadure
que l'agriculture française pourra demander dans l'avenir
du phosphate de chaux pour ses défrichements et ses cultures. A quelques heures de Marseille, en effet, à quatre
kilomètres seulement du chemin de fer de Sarragosse, il y
aurait, si j'en crois des renseignements récents, des gisements assez considérables d'apatite à 25 % de phosphate
en moyenne. Ce qui semble donner une grande portée à
cette découverte, c'est la proximité de masses considérables de sulfate de magnésie et de sel marin. Il résulte d'expériences de M. de Luna (1), que la décomposition du sel
marin peut avoir lieu sous l'influence du sulfate de magnésie

____

(1) *Comptes-rendus de l'Académie des Sciences.* 1855. — 2ᵉ semestre,
page 95.

de manière à fournir tout à la fois et le sulfate de soude et l'acide chlorhydrique. C'est dire, Messieurs, que si l'apatite existe en masses considérables dans de telles conditions de voisinage, on arrivera peut être, grâce à la réaction reconnue par M. de Luna, à expédier facilement à Marseille du phosphate de chaux régénéré de l'apatite. Encore un problème posé à la chimie. Encore un élément de production pour l'agriculture. Encore un aliment au commerce déjà si actif de la France avec l'Espagne.

Dans une lettre adressée à M. Dumas, et communiquée à l'Institut en avril 1859 (1), M. de Luna signale tout à la fois et l'existence du phosphate de chaux à quatre lieues du chemin de fer de la Méditerranée et les essais de traitement industriel auxquels il a soumis cette matière. J'extrais d'une lettre qui m'est adressée par ce professeur, des détails sur le gisement dont il a étudié les caractères.

L'apatite se trouve à Jumilla, province de Murcie, à 40 kilomètres de Monavar, qui est l'avant-dernière station du chemin d'Alicante. Le gisement est situé à 8 kilomètres de Jumilla, dans un terrain volcanique. L'apatite y occupe une assez grande étendue dans une ferme appelée la *Célia*, et ses cristaux se remarquent en abondance, dans toute la masse de terrain constituant cinq petites montagnes voisines les unes des autres. La surface du sol est formée par une couche peu épaisse de carbonate de chaux, sous laquelle on rencontre le phosphate constituant de grandes masses très poreuses de couleur rouge alternées de points blancs et pénétrées de cristaux d'apatite de nuance jaune verdâtre.

Dans ces masses apparaît également le fer oligiste en cristaux brillants.

(1) *Comptes-rendus de l'Académie des Sciences.* 1859. — 1ᵉʳ semestre, page 802.

La densité de la substance est de 1,713, et sa composition recherchée sur les échantillons extraits et pulvérisés sans triage, peut être ainsi représentée d'après les analyses de M. de Luna :

Phosphate de chaux uni à quelques centièmes de phosphate de magnésie, d'alumine et de fer...............	45,00
Carbonate de chaux................	10,90
Fluorure de calcium...............	0,38
Acide silicique...................	38,44
Fer oligiste.....................	5,28
	100,00

Les cristaux d'apatite isolés avec soin ont fourni :

Phosphates terreux unis à un peu de phosphate d'alumine et de fer.....	93,00
Fluorure de calcium.............	7,00
Phosphate de fer et d'alumine.......	traces.
	100,00

M. de Luna a observé un autre gisement, situé dans la même province, à 3 lieues de la mer, dans un lieu appelé *Sierra Alhamilla*. Ce gisement est considérable ; mais jusqu'à présent, les échantillons extraits n'ont pas donné à l'analyse plus de 25 à 30 % de phosphate de chaux. Ces échantillons se présentent sous forme de matière blanche, friable, d'une densité de 2,37 et renfermant quelques fragments de peroxyde de fer : leur composition est représentée par les chiffres suivants :

Phosphate de chaux	25,07
Sulfate de chaux	34,35
Sesquioxyde de fer	3,10
Fluorure de calcium	0,18
Alumine, chaux et magnésie	7,00
Acide silicique, eau et perte	30,30
	100,00

Un gisement étudié en ce moment même par M. de Luna fournit 60 °/₀ de phosphate de chaux.

Des recherches ultérieures, que le développement des voies de communication et du crédit public rendra chaque jour plus faciles, amèneront probablement la découverte de nouveaux gisements riches en matière utile et pouvant dès-lors supporter un transport lointain. Un intérêt immense s'attache à de telles investigations, car les résultats pratiques qui en découlent intéressent tout à la fois l'agriculture, l'industrie et le commerce.

Ce qu'il convient d'ajouter, c'est que, selon M. de Luna, la solubilité de l'apatite de *Jumilla* dans l'acide carbonique s'effectue avec une grande facilité. Au point de vue agricole, ce fait a une sérieuse importance.

Le dernier tableau décennal publié par le Gouvernement français prouve que les échanges avec l'Espagne étaient représentés par les chiffres moyens de 91 millions de 1827 à 1836, de 127 millions de 1837 à 1846, de 157 millions de 1847 à 1856.

1857 a fourni	257	millions.
1858	220	—
1859	207	—

Calculée jusqu'à 1858 inclusivement, la moyenne des cinq dernières années était de 218 millions, chiffre énorme relativement à la moyenne de 1847 à 1856, mais faible encore si l'on songe aux probabilités de l'avenir.

Si on examine particulièrement les importations espagnoles, pour les mêmes périodes décennales, on reconnaît qu'elles sont exprimées, en moyenne, par 32 millions, 40 millions et 58 millions.

Les dernières années connues ont fourni :

<pre>
        1857 . . . . 96 millions.
        1858 61   —
        1859 71   —
</pre>

Calculée jusqu'à 1858 inclusivement, la moyenne des cinq dernières années était représentée par 82 millions.

L'Espagne se présente au quatrième rang parmi les puissances avec lesquelles la France entretient des relations maritimes. Elle n'est dépassée sous ce rapport que par l'Angleterre, la Sardaigne et les Etats-Unis. Ce symptôme est remarquable, et l'avenir réservé à l'exploitation des apatites et phosphorites doit contribuer à le rendre plus significatif.

Je ne saurais, Messieurs, terminer ces considérations générales sur les engrais riches en acide phosphorique sans vous entretenir des procédés les plus convenables pour déterminer leur richesse. Ce sera l'objet de ma première leçon.

QUINZIÈME LEÇON.

Utilité des analyses d'engrais. — L'agriculture et la balance. — Importance de la prise d'échantillon. — Analyse des produits osseux. — Analyse des phospho-guanos. — Analyse des superphosphates. — Analyse des phosphates fossiles.

MESSIEURS ,

J'ai tenté de vous mettre en garde contre l'abus des analyses chimiques, ou, pour parler plus clairement, contre leur vicieuse application à la pratique agricole. Je vous ai dit que les déductions de l'essai effectué dans le laboratoire, devaient se compléter par l'examen de l'état physique des engrais. Sous cette réserve , je poserai en principe aujourd'hui qu'un cultivateur dédaigneux de connaître le sol de son domaine ou les engrais qu'il lui confie, commet un énorme contresens. Le sol, les engrais sont de véritables matières premières à l'aide desquelles, l'atmosphère aidant, l'agriculture constitue les récoltes. Les éléments pondérables de ces récoltes existaient tout créés. La providence, en les accumulant dans les immenses réservoirs de l'air et du sol, nous a confié le soin de diriger les forces végétatives et vitales pour accomplir une œuvre d'intelligente condensation. Nous sommes, pour obtenir une récolte de trèfle ou de sainfoin, dans la même position qu'un directeur d'usine pour fabriquer du phosphore ou des lingots de cuivre; et de même que les préoccupations de ce dernier sont particulièrement tendues vers les approvisionnements économiques d'os et d'acide sulfurique ou de minerai et de combustible, de même l'attention du cultivateur doit être dirigée sur la connaissance des propriétés chimiques de sa terre arable, sur les besoins incontestés de la culture à entreprendre, enfin sur les engrais propres à jouer un rôle *complémentaire* de celui du terrain.

Depuis que j'étudie les questions relatives à la fertilisation du sol, j'ai causé avec beaucoup de cultivateurs, et il m'a été donné d'entendre quelquefois de singulières théories. Parmi ces théories, il en est une à laquelle je me suis souvent heurté : je veux parler de l'apathie érigée en doctrine. Tel croit faire acte de haute philosophie et de grand sens en fermant ses oreilles aux enseignements modernes, et en s'en remettant, pour ses récoltes, à ce qu'il appelle *l'inépuisable* fécondité de la terre : *Magna parens frugum !* Que de fois j'ai entendu de prétendus agriculteurs praticiens, qui n'étaient en réalité que des propriétaires indifférents, tourner en dérision les conquêtes de la chimie agricole et détourner systématiquement les yeux des résultats obtenus par un voisin docile aux préceptes d'une expérience raisonnée ! Et, remarquez-le bien, Messieurs, ce fâcheux exemple sera toujours donné de préférence par le propriétaire éloigné de son domaine et tout entier aux loisirs des grandes villes. Certes, le laboureur est peu lettré, les subtilités du raisonnement ne lui sont pas familières; mais essayez de parler à son bon sens, et, sur le terrain de la pratique, vous arriverez très souvent à le convaincre. En ce qui me concerne, j'ai eu des fermiers que j'ai facilement mis en garde contre la déplorable habitude d'acheter des engrais à bas prix, tandis que j'ai échoué près de maint propriétaire qui pensait agir sagement, en employant à petite dose des engrais payés le double de leur valeur.

Vous entendez chaque année préconiser de nouveaux engrais. Les annonces des journaux en disent merveille, les affiches apposées sur les murs des plus infimes communes sont plus éloquentes encore, et des voyageurs émérites renchérissent sur le tout. Il y a quelques mois, on m'apportait un *guano perfectionné* vendu sous plomb spécial et qui n'était autre chose qu'un mélange de terre jaune et de guano du Pérou ; il paraît qu'on en vendait énormément. Vous avez tous souvenance des scandales causés par la grande croisade des engrais homéopathiques : on faisait entrer dans une tabatière l'engrais nécessaire pour fertiliser un hectare. Eh bien ! remarquez, Messieurs, que, pas une de ces industries ne manque de l'élément essentiel à ses succès du moment — les seuls qu'elle ambitionne — je veux parler des certificats.

Il y a énormément de cultivateurs *par à peu près*. Pour eux, l'affirmation est facile. Il suffit que l'emploi d'un engrais ait motivé un résultat relativement favorable pour qu'une loi générale soit formulée : réserve antérieure du sol d'expérimentation, épuisement après une première récolte, influences météorologiques spéciales, tout cela est négligé. L'engrais qui a brûlé la récolte ou qui l'a tardivement fournie est impitoyablement condamné. Celui qui a donné une impulsion du moment est vanté sur tous les tons. L'observateur sérieux n'agit pas ainsi.

L'observateur sérieux, Messieurs, est celui qui procède du connu à l'inconnu, qui apprécie et pèse les matériaux de l'expérience, qui ne prononce qu'après un laps de temps convenable et qui a toujours en vue ce grand et sage principe : *que les indications de la balance constituent le criterium d'une pratique éclairée.* Combien de matières premières ? Combien de matière récoltée ? Combien d'argent ? Combien de temps ?.... Voilà la pierre de touche d'un raisonnement agricole. Et, quant aux à peu près, admettons-les pour les inductions *à priori*, mais bannissons-les des comptes-rendus de l'expérience.

Lorsqu'il y a lieu d'analyser des masses considérables de matières premières ou de produits agricoles, une difficulté peut se présenter. L'échantillon prélevé représentera-t-il la moyenne de la masse totale ? Oui, s'il est choisi avec soin. Lorsque je vous dirai que des fumiers, que des fourrages analysés par un grand nombre d'opérateurs ont fourni des chiffres identiques, vous vous expliquerez, Messieurs, qu'il soit peu difficile d'obtenir l'échantillon moyen d'un sol ou d'un engrais. Il se fait à Nantes des milliers d'analyses chaque année; eh bien! l'expérience a prouvé que les rares divergences qui se présentent de temps à autre sont motivées par des échantillons pris sans aucune précaution. Toutes les fois, au contraire, que les précautions nécessaires sont observées, l'identité des chiffres obtenus prouve que les experts arrivent facilement à reconnaître la composition d'un grand volume de matière.

On ne saurait donc, lorsqu'un engrais est soumis à la vérification, prendre un trop grand nombre d'échantillons partiels; cela se fait soit avec une pelle, soit avec une sonde en forme de gouge. Si le tas d'engrais est considérable, on creuse profondément avec la pelle et on réunit tous les échantillons du centre et de la surface sur une surface bien propre. On procède ensuite à un mélange intime avec la pelle, on étend régulièrement la matière et on forme un nouvel échantillon en prélevant sur vingt ou trente points de la masse étendue. Le volume de ce nouvel échantillon doit varier selon l'homogénéité de l'engrais. Dans certains cas, il sera bon qu'il représente un litre; s'il s'agit d'un noir, un volume

moindre suffira. Il est difficile de préciser sur ces points ;
mais ce que je ne saurais trop vous recommander, c'est de
considérer la prise d'échantillon comme aussi importante
que l'analyse elle-même.

Lorsqu'un marchand vous dira que la petite quantité de
substance sur laquelle opère l'analyste ne permet pas d'obtenir
la composition d'un tas considérable d'engrais ; vous voyez,
Messieurs, que le reproche tombe à faux. Cette petite
quantité ne représentât-elle qu'un demi litre, résume en elle
des portions de toute la masse; or, si on vient à la pulvériser
et à la passer au tamis, il suffira désormais d'en prendre
un gramme à dix reprises pour avoir dix fois le même
résultat, et ce résultat sera applicable à la transaction
commerciale effectuée. Au surplus, l'expérience prolongée
a établi ce fait, et il faut s'en applaudir.

Je suppose donc un échantillon prélevé avec soin , et la
matière transportée dans le laboratoire ; voyons comment
on pourra reconnaître sa composition.

J'admettrai maintenant que la substance à analyser
soit un noir d'os. A moins de circonstances spéciales sur
lesquelles j'insisterai tout à l'heure, le mode d'essai sera le
suivant :

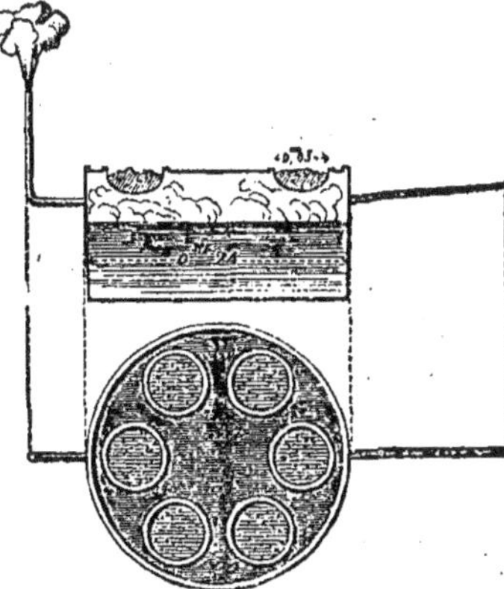

L'échantillon bien mélangé avec un couteau à palette, sera
étendu sur une feuille de papier, et on prendra un demi décilitre
environ que l'on introduira dans une petite capsule en cuivre

chauffée par un bain-marie. L'appareil que je vous présente peut servir à mener de front la dessiccation de six échantillons distincts : c'est une casserole en fer battu munie d'un petit tube coudé, donnant issue à la vapeur. Sur cette casserole on pose un disque métallique percé de six trous qui reçoivent les capsules.

Lorsque les échantillons paraissent suffisamment secs, on les pulvérise dans un mortier de fonte ou de bronze, et on les tamise. On doit avoir soin de faire agir le pilon *jusqu'à ce que toute la masse soit de nature à traverser les mailles du tamis.* Il est indispensable de bien mélanger toute la substance tamisée à l'aide du couteau à palétte.

Avant de procéder au pesage, il faut étendre de nouveau la matière sur une feuille de papier et en prendre quatre ou cinq grammes avec l'extrémité du couteau. Ce nouvel échantillon est prélevé avec les précautions ordinaires , c'est-à-dire sur divers points de la masse, et on le verse dans une petite capsule mince qui peut être en fer , en cuivre, en platine ou même en porcelaine et que l'on soutient avec une pince.

On chauffe sur quelques charbons et avec précaution. Les dernières traces d'humidité s'évaporent, et si l'on opère convenablement , *il n'y a aucune altération de la matière combustible.* Avec un peu d'habitude on arrive facilement à cette dessiccation complète *dont l'importance est extrême,* car certains noirs retiennent, malgré l'action du bain-marie, une quantité d'humidité s'élevant à 5 ou 6 %. Or, le commerce et l'agriculture ne demandent pas au chimiste de dire quelle est la composition d'un noir à telle ou telle température, mais bien *quelle est la composition de ce noir à l'état sec.* Or, c'est à l'opérateur à choisir les moyens convenables pour l'obtention de ce résultat.

On s'aperçoit que le noir est bien sec lorsqu'il se détache facilement de la paroi métallique de la capsule, et qu'il ne contracte aucune adhérence avec la lame du couteau d'acier promenée dans sa masse. A cet instant, on pèse un gramme de substance et on l'introduit dans un petit creuset en terre de pipe en forme de cône tronqué, de 3 centimètres de diamètre sur 3 centimètres de hauteur et connu dans le commerce sous le nom de *creuset à recuire.*

Si l'on n'opérait que sur un échantillon, on pourrait aussi se servir d'un creuset de platine.

L'incinération de la matière est pratiquée de plusieurs manières. On peut chauffer le creuset sur une lampe à alcool à double courant d'air (1) ainsi que je le fais devant vous. On opérera ainsi lorsqu'on n'aura qu'un seul échantillon à examiner. Si l'on agit sur plusieurs types, il sera très commode d'avoir recours à un fourneau de coupelle dont la moufle aura 10 centimètres de largeur et 7 centimètres de hauteur. Ce fourneau, dont

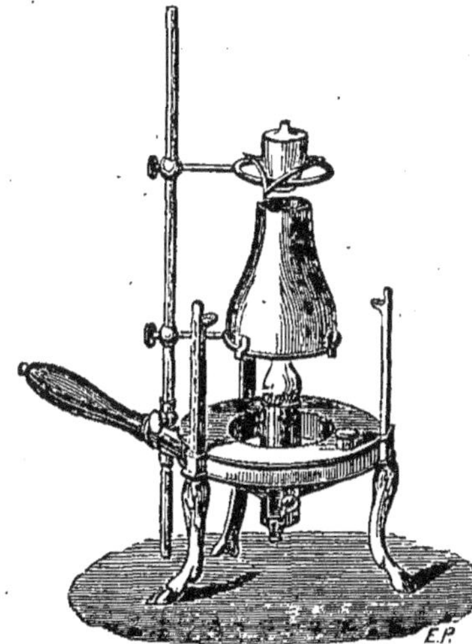

je me sers depuis longtemps avec grand succès, est chauffé

---

(1) On trouve les instruments nécessaires à ces analyses, chez M. Salléron, rue Pavée-au-Marais, 24. J'emploie les réactifs de M. Fontaine, rue Monsieur-le-Prince, 48.

économiquement à l'aide de coke en menus fragments. Les essais d'engrais , de marnes , de calcaires , de végétaux , s'effectuent ainsi avec une grande rapidité et je profite

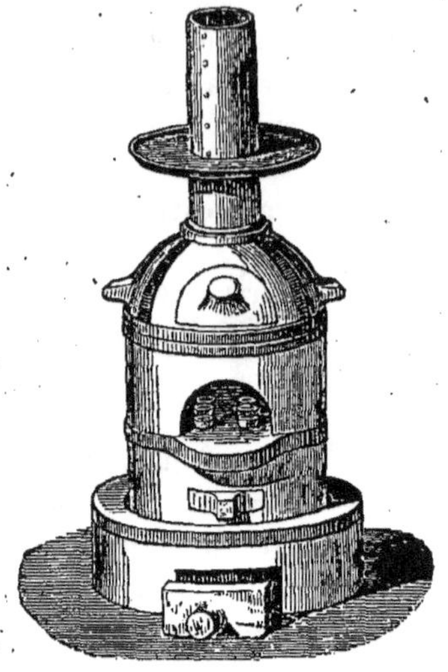

des gaz chauds qui se dégagent pour chauffer tout à la fois une étuve , un bain-marie , et une grande bouillotte contenant de l'eau distillée. Pour cela, je fais passer ces gaz entre deux plaques de fonte rectangulaires disposées horizontalement dans un petit massif en briques. La plaque supérieure, percée de deux trous, supporte la bouillotte et le bain-marie, l'autre plaque forme la paroi supérieure d'une petite étuve. Cet appareil est très économique.

Quel que soit, au surplus, l'appareil employé, on examine de temps à autre la matière chauffée au rouge et on renouvelle les surfaces à l'aide d'une petite tige en fer bien propre. Si l'on opère sur la lampe , on doit fermer le creuset *pendant les premières minutes* pour éviter toute projection. Dans la moufle, cet accident n'est pas à craindre et les petits creusets ne sont pas munis de couvercles.

Au bout de quinze minutes environ , on retire les six creusets que l'on dispose sur une pelle à braise , et au moyen de la petite tige de fer on examine la nature des cendres qu'ils renferment. Si ces cendres contiennent encore du carbone, on les soumet de nouveau à l'action de la chaleur. Il est convenable, vers la fin de l'opération, et lorsque les creusets sortent de la moufle, de projeter avec précaution dans leur intérieur un peu de carbonate d'ammoniaque pour transformer en carbonate la chaux qui aurait été mise à nu pendant la calcination.

Les cendres refroidies sont pesées, et on calcule par différence le poids du charbon et de la matière organique (1). S'agit-il d'une poudre d'os, on formulera : *matière organique,* ou *matière combustible ;* s'agit-il d'un noir, on formulera : *charbon et matière organique.*

Si l'engrais renfermait une proportion très sensible de sels

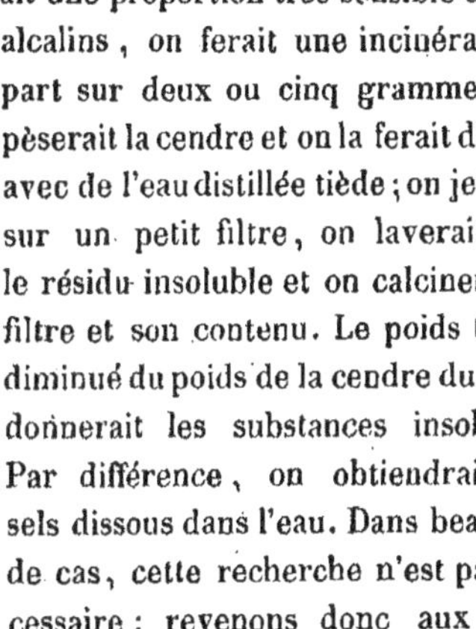

alcalins, on ferait une incinération à part sur deux ou cinq grammes, on pèserait la cendre et on la ferait digérer avec de l'eau distillée tiède ; on jetterait sur un petit filtre, on laverait bien le résidu insoluble et on calcinerait ce filtre et son contenu. Le poids trouvé diminué du poids de la cendre du filtre, donnerait les substances insolubles. Par différence, on obtiendrait les sels dissous dans l'eau. Dans beaucoup de cas, cette recherche n'est pas nécessaire ; revenons donc aux noirs débarrassés de leurs principes combustibles.

Les cendres, au sortir de la balance, sont introduites dans six tubes numérotés, de 18 millimètres de diamètre et 15 centimètres de hauteur, disposés sur un *porte-tubes* et

____

(1) Je rappellerai ici ce que j'ai dit plus haut sur ces modes d'essai ; ils ont pour but de répondre aux besoins agricoles et comportent sous ce rapport une exactitude très suffisante.

dans lesquels on verse , pour chaque engrais, environ 3 centimètres cubes d'acide azotique pur. On active la disso-

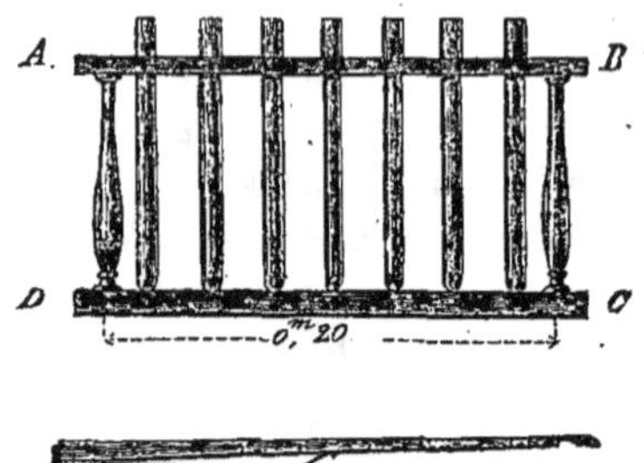

lution en chauffant chaque tube sur une lampe à alcool ou sur des charbons rouges. Pour cela , on le saisit avec une pince en bois , et on modère l'ébullition , afin d'éviter une projection du liquide. On ajoute de l'eau chaude jusqu'à la moitié de la hauteur du tube , et on laisse reposer quelques instants. Le sable se réunit promptement au fond des tubes.

Sur six fioles à fond plat de 15 centimètres de hauteur et de 8 centimètres de diamètre, on dispose de petits entonnoirs de 12 centimètres de hauteur et de 5 centimètres de diamètre maximum. Dans ces entonnoirs on introduit des filtres de papier Berzélius ou de papier gris spécial qui se trouve aujourd'hui dans le commerce de la droguerie, et on y verse les liquides acides des tubes. Il faut laver les filtres à l'eau distillée chaude jusqu'à ce que le liquide filtré soit neutre. Cela se fait avec la bouillotte. A la rigueur , l'eau distillée peut être remplacée par de l'eau de pluie.

Pour connaître le poids du *sable*, il suffit maintenant d'introduire les filtres et leur contenu dans les petits creusets qui ont servi à déterminer la matière organique. On chauffe au rouge et on pèse.

Le liquide filtré contenu dans les fioles est additionné

d'ammoniaque en excès ; il donne naissance à un abondant précipité gélatineux : c'est le phosphate de chaux uni à un peu de phosphate de magnésie. On l'isole par une nouvelle filtration : l'entonnoir destiné à recevoir le filtre doit avoir 16 centimètres de hauteur et 7 centimètres de diamètre maximum. Il est commode d'introduire sa douille dans l'orifice d'une fiole à fond plat de 10 centimètres de diamètre et de 20 centimètres de hauteur. Dans ces conditions , le lavage du phosphate de chaux de 1 gramme de noir animal devient extrêmement rapide.

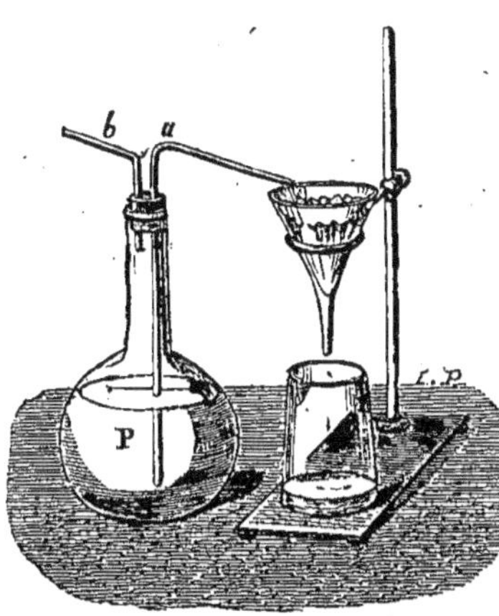

Ce lavage doit être effectué avec de l'eau chaude.

Lorsqu'on opère sur un seul échantillon, on peut substituer à la bouillotte une fiole à fond -plat d'un demi-litre , qui contient de l'eau chaude. Il est facile, à l'aide d'une faible insufflation par le tube b, de projeter le liquide destiné au lavage sur le filtre renfermant le phosphate insoluble.

Lorsque le liquide qui s'écoule des filtres n'offre plus de saveur ammoniacale et ne fournit aucun nuage avec une solution d'oxalate d'ammoniaque , on cesse le lavage , on laisse égoutter et on fait entrer avec précaution les filtres chargés de phosphate de chaux dans des creusets en *terre de Paris*, de 3 centimètres de diamètre maximum sur 5 centimètres de hauteur, que l'on dispose immédiatement daus la moufle rouge du fourneau de coupelle. Il faut un quart d'heure environ pour que le phosphate soit parfaitement calciné et d'une blancheur complète. On retire les creusets et on les laisse refroidir sur la pelle à braise; enfin, on pèse avec soin leur contenu. C'est le phosphate de chaux uni à une petite quantité de phosphate de magnésie.

On a, dans cette série d'opérations, déterminé successivement : 1° les substances décomposables à la température rouge que l'on a considérées comme formées de *charbon et de matière organique ;* 2° les matières solubles dans l'eau, qui consistent principalement en *sels alcalins ;* 3° le *sable,* dont on devra examiner la texture et la coloration pour en tenir note; 4° les phosphates terreux presque entièrement constitués par du *phosphate de chaux.* Par différence, on aura le *carbonate de chaux.*

Cette méthode d'essai, très convenable pour l'essai des noirs et des résidus osseux, donne souvent lieu à des erreurs lorsque des terres alumineuses ou ferrugineuses ont été mélangées à l'engrais ; le précipité obtenu par l'ammoniaque peut, en effet, contenir de l'alumine et de l'oxyde de fer mélangés aux phosphates. Lorsque les caractères du noir essayé sont tels qu'on puisse supposer ce cas, lorsque par exemple le précipité obtenu par l'ammoniaque devient rougeâtre par la calcination, il faut déterminer l'acide phosphorique d'une manière spéciale.

En pareil cas, on reprend un échantillon du noir suspect, on l'incinère et on le dissout dans l'acide azotique *en ayant soin de ne pas mettre un grand excès de ce réactif.* On étend d'eau distillée et on filtre pour séparer le sable. La liqueur filtrée est reçue dans un ballon en verre.

On précipite alors l'acide phosphorique à l'aide d'une

solution d'azotate de bismuth (1). Un dépôt blanc très dense
se rassemble rapidement, c'est le phosphate de bismuth. On
fait bouillir quelques instants, et si l'on a employé le réactif
en léger excès, tout l'acide phosphorique existe dans le
dépôt insoluble. Dans le cas où le précipité serait volumineux, lent à se déposer (2), il faudrait faire bouillir pendant
dix minutes environ, et bientôt on aurait un dépôt dense
au-dessus duquel la liqueur serait claire.

Pour connaître le poids de l'acide phosphorique, on jette
le contenu du ballon sur un filtre, on rince ce ballon avec
de l'eau très légèrement aiguisée d'acide azotique. Enfin,
on lave parfaitement le filtre à l'eau distillée chaude. Lorsque
le liquide qui s'écoule de l'entonnoir ne donne aucun résidu
par l'évaporation sur une petite lame de platine, on étend
le filtre sur un carreau de terre bien propre ou sur une
assiette, et on porte le tout dans une étuve ou sur un poêle.
Il ne reste plus qu'à détacher avec grand soin le phosphate de bismuth et à le chauffer au rouge : *on obtient un
premier poids.*

Le papier du filtre est coupé en petits fragments et inci-

(1) M. Chancel, auteur de cette excellente méthode, conseille de faire la
liqueur en dissolvant 1 partie de *sous-azotate de bismuth pur* dans 4 parties
d'acide azotique à 1,36 de densité et ajoutant 30 parties d'eau distillée. On
fait bouillir et on filtre. Chaque centimètre cube de cette liqueur précipite 7 à 8
milligrammes d'acide phosphorique.

M. I. Pierre dissout simplement 68^g,5 *d'azotate de bismuth cristallisé*
dans 200 grammes d'acide azotique à 1,25 de densité et il complète le volume
de un litre en ajoutant de l'eau distillée.

(2) Cela se présente toutes les fois que l'on opère sur le phosphate précipité
par l'ammoniaque dans une solution acide de produits osseux et que l'on a
soumis à la calcination. Ce phosphate, en effet, renferme du pyrophosphate de
magnésie. De là, formation de pyrophosphate de bismuth, qui est volumineux
et dont la transformation en phosphate de bismuth ne s'opère que par l'ébullition en présence d'un excès du réactif précipitant.

néré dans un petit creuset soit à la lampe à alcool, soit dans la moufle du fourneau de coupelle. On pèse le résidu. Ce *second poids,* ajouté au premier, donne le phosphate de bismuth. 100 parties de ce phosphate renferment 23,28 d'acide phosphorique. Il est facile de calculer à quelle proportion de phosphate de chaux cela correspond, puisqu'on sait que dans 100 parties de phosphate de chaux des os il y a 46,16 d'acide phosphorique.

Je vous recommande avec confiance, Messieurs, cette méthode qui est simple, rapide, et dont les résultats sont très précis, lorsque la solution acide ne renferme ni acide chlorhydrique, ni acide sulfurique. Si cette solution était chargée d'oxyde de fer, les chiffres seraient inexacts ; mais on évite facilement cet inconvénient en faisant bouillir peu de temps la cendre de l'engrais dans l'acide azotique.

Si vous avez obtenu en traitant la cendre d'un engrais pur l'acide azotique et ajoutant de l'eau, un volume de six centilitres, il vous est facile d'en consacrer trois à la précipitation par l'ammoniaque et trois autres à la précipitation par l'azotate de bismuth. Les deux opérations donneront des résultats concordants si l'on agit sur des noirs d'os ou déchets osseux.

J'ai pendant longtemps employé pour le dosage rapide de l'acide phosphorique des noirs, une liqueur normale d'acétate de plomb ; mais les résultats si nets de la méthode basée sur l'emploi du bismuth me portent à l'adopter de préférence, dans les cas où la précipitation pure et simple par l'ammoniaque ne suffit pas. Je vous décrirai toutefois la méthode d'essai par l'acétate de plomb : elle est basée sur la faible solubilité du phosphate de plomb, et elle permet d'opérer rapidement, car l'examen du *volume* de liqueur plombique employée conduit immédiatement au résultat cherché. Voici les détails de l'opération :

Le noir est débarrassé du charbon et de la matière organique par l'incinération. La cendre est introduite dans un tube et dissoute à *une faible chaleur* dans la plus petite quantité possible d'acide azotique pur. La dissolution une fois opérée, on verse le tout dans un verre à pied, en ayant soin d'enlever avec précaution les moindres traces de liquide que pourrait retenir le tube.

Le liquide ainsi obtenu représente le phosphate de chaux, le carbonate de chaux, l'alumine et l'oxyde de fer ; il s'y trouve aussi en suspension de la silice, qu'une simple filtration permettrait de doser dans une analyse complète, mais que l'on néglige alors qu'on cherche uniquement à apprécier la richesse en phosphate du noir soumis à l'analyse.

La liqueur est saturée avec beaucoup d'attention au moyen d'ammoniaque pure, qu'on verse *goutte à goutte* en agitant avec une baguette de verre. Chaque goutte d'ammoniaque, en tombant dans la solution, produit un précipité de phosphate de chaux qui ne tarde pas à se redissoudre par l'agitation, mais il arrive un moment où il devient insoluble ; c'est alors qu'il faut discontinuer à verser l'ammoniaque. Il est important que le précipité ne constitue qu'un très léger trouble, et on arrive facilement à saisir cet instant de transition avec un peu d'habitude. En ce moment, la liqueur est légèrement acide. On ajoute quelques gouttes d'acide acétique pour redissoudre autant que possible le phosphate en suspension.

Pour doser rapidement le phosphate de chaux contenu dans la solution ainsi obtenue, on emploie une solution normale d'acétate de plomb, que l'on verse dans le phosphate dissous jusqu'à ce que l'iodure de potassium indique un excès d'oxyde de plomb au sein du mélange qu'on a eu le soin d'alcooliser.

Nous nous sommes basés, M. Moride et moi, pour composer la liqueur normale, sur la constitution du phosphate de plomb obtenu dans les conditions que je viens de signaler. Nous avons reconnu que ce phosphate était un mélange. Sa composition est la suivante :

$$\text{Acide phosphorique} \dots \dots \dots \quad 20$$
$$\text{Oxyde de plomb} \dots \dots \dots \dots \quad 80$$
$$\overline{ 100 }$$

En conséquence, nous avons dressé nos calculs sur ces chiffres que l'expérience nous a démontrés être sensiblement constants, et nous avons évalué la quantité d'acétate de plomb pur nécessaire pour représenter 80 d'oxyde de plomb. Cette quantité égale 136,26.

Or, 100 parties du phosphate de plomb que nous obtenons représentent, par leur acide phosphorique, 43,85 de phosphate de chaux des os; en conséquence, 310,74 représentera la quantité d'acétate de plomb cristallisé pur nécessaire pour saturer l'acide de 100 parties de phosphate de chaux, soit $3^g,107$ pour 1 gramme; ces 3 grammes 107 milligrammes, dissous dans l'eau, constitueront 50 centimètres cubes de liqueur normale. Donc 1 litre de liqueur devra contenir $62^g,14$ d'acétate de plomb.

Pour préparer la liqueur normale, on prend $62^g,14$ d'acétate de plomb cristallisé, que l'on triture dans un mortier de verre ou de porcelaine au contact de l'eau distillée légèrement aiguisée d'acide acétique pur, on ajoute successivement de l'eau jusqu'à dissolution du sel employé, et on complète le litre en ayant soin de bien laver le mortier. La dissolution est achevée par l'agitation dans la carafe graduée où s'opère le mesurage du liquide, et on la verse sans la filtrer dans un flacon bouché à l'émeri, pour s'en servir au besoin.

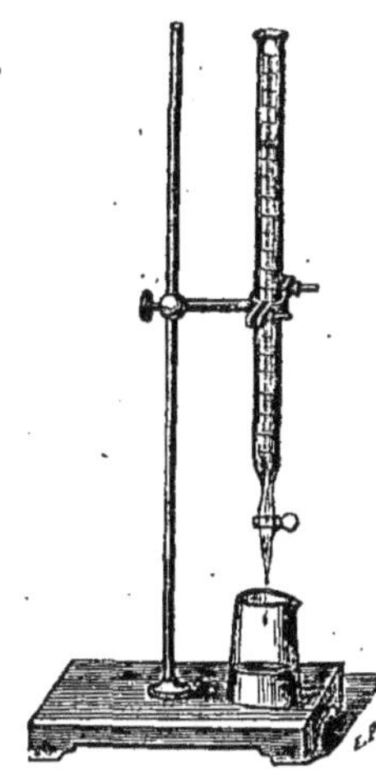

Cinquante centimètres cubes d'une telle liqueur, introduits dans une burette graduée, pareille à celle qu'on emploie pour les essais alcalimétriques, selon Gay-Lussac, ou dans un tube gradué à robinet, décomposeront 1 gramme de phosphate de chaux des os, c'est-à-dire que la burette étant divisée en 100 parties, chaque degré représentera 1 centigramme de phosphate.

L'opérateur, après avoir empli la burette graduée, prend une lame de verre, à la surface de laquelle il dépose, avec un agitateur, une dizaine de gouttes d'iodure de potassium. Il verse alors dans la solution de phosphate, saturée par l'ammoniaque, la liqueur plombique normale, en agitant vivement *après chaque nouvelle addition;* le phosphate de plomb prend immédiatement naissance et se précipite avec une rapidité remarquable.

Si, à cet instant, on mouille avec précaution l'extrémité d'un agitateur (1) à la surface du mélange, *de manière à ne pas toucher au phosphate qui se dépose, mais seulement au liquide supérieur,* et si on porte la goutte obtenue sur

(1) On remplace avec avantage l'agitateur par un petit tube de verre très effilé, dont l'extrémité est d'abord plongée dans de l'iodure de potassium, puis mise en contact avec la surface du liquide à essayer. La réaction est des plus nettes dans la partie capillaire du tube. Si le précipité jaune n'est pas obtenu, on souffle, et les substances mises en contact retournent à la masse.

une des gouttelettes iodurées déposées sur la lame du verre, on s'assure facilement, par la réaction produite, qu'il y a ou qu'il n'y a pas un excès d'oxyde de plomb, dans la liqueur. On conçoit, en effet, que tant qu'il y aura du phosphate à décomposer, l'oxyde de plomb de l'acétate devra être absorbé par l'acide phosphorique et donner naissance à un phosphate de plomb insoluble.

Cependant il arrive un moment où le liquide essayé donne une coloration jaune avec l'iodure de potassium, et où on pourrait croire le dosage effectué, quoiqu'il ne le fût pas en réalité. C'est qu'en cet instant le phosphate de chaux étant presque complètement décomposé, l'acide en excès dans la liqueur réagit faiblement sur le phosphate de plomb et en détermine la solubilité : solubilité bien faible en réalité, mais assez intense cependant pour communiquer une coloration jaune à l'iodure de potassium servant de toucheau.

Cet indice donne promptement un aperçu préalable et approximatif sur la richesse de la matière en phosphate de chaux, car, ainsi que nous allons le voir, la première coloration jaune obtenue sur la lame de verre précède de bien peu le véritable signe de la fin de l'opération.

On ajoute à la liqueur *les deux tiers de son volume* d'alcool, de manière à annihiler la puissance faiblement dissolvante de l'acide en excès, et à partir de ce moment on verse avec précaution la solution plombique, en ayant toujours soin d'agiter avec une baguette de verre, et de *laisser opérer le dépôt du phosphate de plomb* avant de toucher la surface du mélange avec l'agitateur. Dès que la gouttelette d'épreuve acquiert une coloration jaune verdâtre par suite de son contact avec l'iodure de potassium, on s'arrête ; on lit le degré qui représente sur la burette le volume de solution normale employée, et on obtient ainsi le titre en phosphate du noir animal ou de l'engrais essayé.

Nous devons ajouter ici que, pour les cendres présumées riches en phosphate de chaux, on peut verser à la fois 5 degrés de liqueur plombique, la première coloration, jaune vif, précédant généralement de 5 ou 7 degrés celle que l'on obtient postérieurement à l'addition d'alcool.

Si l'on employait de l'acétate de plomb qui ne fût pas parfaitement pur, il faudrait faire un essai préalable de la liqueur normale, en dissolvant un gramme de phosphate de chaux pur dans l'acide azotique, ainsi que je l'ai dit plus haut, et examinant quelle quantité de liqueur normale cette solution phosphatée pourrait absorber. Il sera d'ailleurs toujours prudent de faire cet essai, un simple calcul de proportion permettant ensuite de ramener le résultat trouvé à sa véritable valeur relative.

Cette méthode phosphatométrique ne demande que quelques minutes pour être exécutée. Elle donne des résultats d'une précision toujours difficile à obtenir quand il faut doser des phosphates mélangés avec de l'alumine, et peut être résumée dans les opérations suivantes :

1° Dissolution dans l'acide azotique de la matière débarrassée des sels solubles dans l'eau ;

2° Saturation par l'ammoniaque jusqu'à apparence d'un léger précipité que l'on dissout avec quelques gouttes d'acide acétique ;

3° Saturation de l'acide phosphorique au moyen de la liqueur normale plombique ;

4° Addition d'une quantité d'alcool égalant les 2/3 du

volume total, dès que la goutte d'essai, prise à la surface de la liqueur, jaunit l'iodure de potassium placé sur une lame de verre ;

5° Examen de l'instant où un excès de sel plombique apparaît dans le liquide mélangé d'alcool.

Si l'on voulait contrôler le résultat obtenu, on jetterait sur un filtre le phosphate de plomb précipité, on laverait et on sécherait, on détacherait le phosphate du filtre pour calciner séparément le sel plombique et le papier , — ce dernier pouvant exercer une action réductrice. — 100 parties de phosphate de plomb représentant 43,87 de phosphate de chaux , il sera donc facile de rapporter immédiatement à la composition du noir essayé le résultat de la pesée.

La liqueur provenant de la filtration retiendra la chaux , l'alumine et la magnésie. Pour séparer ces divers corps , on commencerait par éliminer le plomb : à cet effet, après avoir aiguisé la solution de quelques gouttes d'acide azotique , on y ferait passer un courant d'acide sulfhydrique. On jetterait sur un filtre qui retiendrait le sulfure de plomb formé, et la liqueur filtrée serait introduite dans un flacon et additionnée d'un excès d'ammoniaque qui précipiterait l'alumine et l'oxyde de fer : nouvelle filtration pour doser ces deux corps et précipitation de la chaux par l'oxalate d'ammoniaque dans le but d'en obtenir le poids. L'oxalate serait calciné jusqu'à ce que la masse ait une teinte blanche, puis pesé à l'état de carbonate de chaux ; mais comme une partie de la chaux trouvée doit être reportée par le calcul avec l'acide phosphorique ; comme, d'autre part, 96,42 de carbonate de chaux représentent, par leur oxyde, 100 parties de phosphate de chaux, il faudrait déduire du carbonate de chaux trouvé une quantité de carbonate qui fût au phosphate de chaux évalué par le calcul : : 96,42 : 100.

Un contrôle du dosage du carbonate de chaux pourrait être obtenu par la transformation de ce sel en sulfate.

. Les guanos riches en phosphates seront plus spécialement essayés par la liqueur de bismuth ou par l'ammoniaque. Admettons l'emploi de ce dernier réactif. L'échantillon séché et pesé perdra à l'incinération la *matière organique* et les *sels ammoniacaux*. Le traitement par l'acide azotique laissera le *sable* comme résidu. Mais comme ces engrais renferment généralement du phosphate de chaux plus de l'acide phosphorique libre et des phos- phates alcalins, il en résulte que la chaux n'est pas toujours en proportion suffisante pour former avec tout l'acide phosphorique un phosphate basique précipitable par l'ammoniaque. Dans la solution acide séparée du sable et pro- venant de 1 gramme d'engrais, on ajoutera donc deux ou trois centimètres cubes d'une solution concentrée de chlorure de calcium ou d'azotate de chaux ; on sera certain alors que, dans le précipité déterminé par l'ammoniaque, se trouvera tout l'acide phosphorique ; au surplus, il sera toujours convenable de faire deux essais : l'un en ajoutant du chlorure de calcium et l'autre comme si l'on agissait sur un noir d'os. La différence des deux phosphates trouvés indiquera la proportion d'acide phosphorique qui était libre ou combinée à des alcalis.

Il arrive fréquemment de Patagonie un guano mixte dont j'aurai à vous parler en temps convenable, et sur l'analyse duquel il est important que je m'arrête quelques instants.

M. Malaguti a reconnu que dans les 35 °/₀ de phosphate que l'ammoniaque précipite de la solution acide d'un tel guano incinéré, la plus grande portion est formée par du *phosphate d'alumine*. Or, ce phosphate d'alumine devient presque insoluble dans les acides lorsqu'il a été calciné. En pareil cas, il faut donc agir sur lui avant la calcination ; et, le plus souvent, il est convenable d'avoir recours à un chimiste exercé.

Bien que les superphosphates ne soient pas très employés dans nos contrées, il est cependant nécessaire de connaître les moyens de les analyser. La marche suivante donne de très bons résultats.

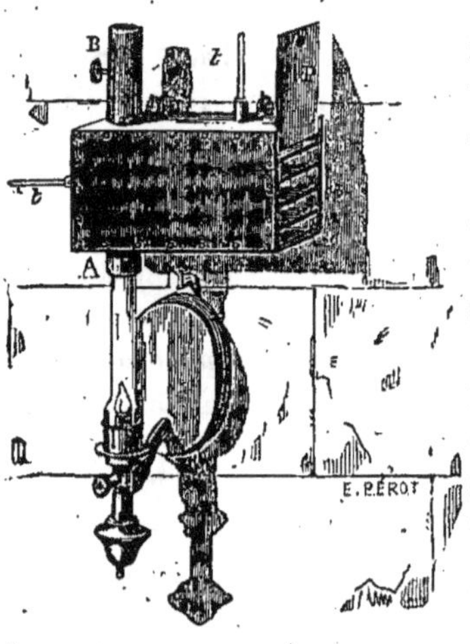

Pour doser l'*humidité*, vous placez dans un grand verre de montre deux ou cinq grammes de matière que vous introduisez dans une étuve, et au bout de trois heures environ vous faites une pesée ; vous remettez à l'étuve, et au bout d'une demi heure vous pesez de nouveau. Si la perte reste constante, la dessiccation est terminée. Vous notez la quantité d'eau évaporée et la température à laquelle cette évaporation a eu lieu.

Un gramme d'engrais *sec* sera chauffé au rouge et pesé après refroidissement. La perte représentera la *matière organique*, *les sels ammoniacaux*, plus l'*eau* combinée que la chaleur de l'étuve n'a pu chasser et dont on défalquera tout à l'heure la proportion. L'engrais calciné sera jeté.

Deux grammes d'engrais sec en poudre fine *et non cal-*

ciné seront placés dans un verre: on y versera 5 centilitres d'eau distillée tiède et on agitera; il se dissoudra du sulfate de chaux et du phosphate acide de chaux. Si on ajoute, au bout de deux heures, 5 centilitres d'alcool, le *sulfate de chaux* dissous par l'eau se précipitera. Il suffira dé-

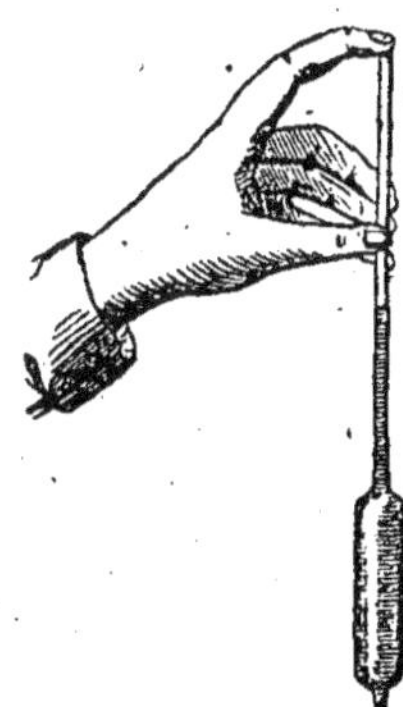

sormais de jeter sur un filtre et de laver avec soin à l'alcool au moyen d'une pipette ; ce qui passera sera l'acide phosphorique à l'état soluble, ce qui restera sur le filtre sera le phosphate basique de chaux, le sable, le plâtre et en général les matières insolubles.

La liqueur filtrée sera évaporée aux deux tiers dans une petite capsule ; si vous y ajoutez 4 centimètres cubes de solution de chlorure de calcium, puis de l'ammoniaque en excès, l'acide phosphorique soluble sera alors engagé dans une combinaison insoluble qui pourra être jetée sur un filtre, lavée à l'eau bouillante, chauffée au rouge et pesée. Vous ne commettrez pas une erreur bien sensible en calculant que ce phosphate renferme 46,16 % d'acide phosphorique réel (1). Vous aurez donc dosé *l'acide phosphorique soluble* de l'engrais.

Reprenant le filtre lavé à l'alcool, vous le sécherez à l'étuve et en détacherez soigneusement le contenu que vous chaufferez au rouge (2) pour en éliminer les substances organiques et les sels ammoniacaux. Le résidu de

---

(1) On peut redissoudre ce phosphate dans l'acide azotique et en précipiter l'acide phosphorique par l'azotate de bismuth.

(2) Il est convenable d'incinérer *séparément* le papier du filtre dans la moufle et d'ajouter ses cendres à la matière extraite du filtre.

la calcination contient désormais le sable, le sulfate de chaux anhydre, le phosphate basique de chaux.

Ce mélange de matières insolubles est introduit dans un tube et traité par l'acide azotique à chaud ; on étend d'eau de manière à amener la dissolution au volume de 5 centilitres, et on ajoute 5 centilitres d'alcool. Le sulfate de chaux et le sable se déposent, et en filtrant et lavant à l'alcool on a une nouvelle liqueur phosphorique qui, réduite par l'évaporation et précipitée par l'ammoniaque, fournira le *phosphate tribasique de chaux* du superphosphate.

Enfin, si on veut séparer le sable du sulfate de chaux, il faut sécher le filtre qui les renferme tous deux, détacher avec soin la substance, la chauffer au rouge et la peser. On l'introduira alors dans un grand verre conique d'un 1/2 litre environ avec de l'eau distillée ; cette eau sera renouvelée au bout de douze heures. On répétera ce lavage jusqu'à ce que le liquide essayé à l'aide du chlorure de baryum ne donne plus de précipité blanc. A cet instant, tout le sulfate de chaux aura été enlevé. On laissera déposer le résidu, on le jettera sur un filtre qui, calciné et pesé, donnera *le sable*. Par différence, on aura le sulfate de chaux anhydre. Comme 100 parties de sulfate hydraté renferment 20,94 d'eau combinée, il sera facile d'indiquer dans la formule la proportion de *sulfate de chaux hydraté* que contenait le superphosphate analysé.

Cette méthode d'essai des superphosphates n'est pas inattaquable au point de vue scientifique, mais elle donne des résultats très satisfaisants pour les besoins agricoles. Vous pourrez, au surplus, juger de l'approximation réalisable, en considérant les chiffres de quatre analyses faites à plusieurs mois de distance en Angleterre et en France sur le superphosphate dit *phospho-peruvian-guano*.

	Voelcker.		Anderson.	Bobierre.
	1.	2.		
Eau...................	7,08	9,71	9,03	10,60
Matière organique, sels ammoniacaux	18,39	16,98	17,65	13,68
Biphosphate de chaux..	20,10	20,12	18,28	20,33
(Correspondant en phosphate des os à :)....	(31,36)	(31,39)	(28,52)	(31,73)
Phosphates insolubles..	8,82	9,36	11,51	8,94
Sulfate de chaux anhydre..............	38,46	39,08	38,67	37,28
Sable	4,61	3,85	2,41	2,50
Sels alcalins, acide sulfurique libre et perte à l'analyse..........	2,54	0,90	2,45	6,67
	100,00	100,00	100,00	100,00
L'acide phosphorique total représente en phosphate des os.......	**40,19**	**40,75**	**40,03**	**40,67**

Je vais maintenant vous entretenir de l'essai des phosphates fossiles. On les rencontre aujourd'hui dans le commerce, non-seulement à l'état de nature, mais en combinaison avec des substances organiques. Si, pour analyser de tels engrais, on se contentait de la précipitation par l'ammoniaque comme pour l'essai d'un noir d'os, on obtiendrait un précipité mixte de phosphates et d'oxyde de fer. D'autre part, si l'on voulait, pour se rendre compte de la richesse en acide phosphorique du précipité obtenu par l'ammoniaque, le redissoudre dans l'acide azotique et le traiter par la solution de bismuth, l'oxyde de fer qui s'y trouve , rendrait l'opération inexacte. Voici la marche qu'il faut suivre pour obtenir un bon résultat :

Première méthode.

1° Calciner pour obtenir l'eau interposée ;

2° Dissoudre dans l'acide chlorhydrique et filtrer pour séparer le sable siliceux ;

3° Ajouter du chlorure de calcium et précipiter par l'ammoniaque pour obtenir l'acide phosphorique à l'état de phosphate de chaux tribasique ;

Le précipité ainsi obtenu contient du phosphate de chaux et du sesquioxyde de fer. Pour connaître la quantité d'oxyde de fer, on opérera comme il suit :

4° Le précipité obtenu par l'ammoniaque sera redissous dans l'acide chlorhydrique étendu d'eau , et dans la liqueur refroidie on versera de l'acétate de soude. Tout le sesquioxyde de fer sera converti en phosphate de fer facile à laver et à calciner. Son poids fera connaître le sesquioxyde de fer que l'on retranchera du poids obtenu dans l'expérience 3.

La liqueur séparée du phosphate de fer pourra être enfin précipitée par l'ammoniaque , et on obtiendra , sous forme de phosphate de chaux , une quantité d'acide phosphorique qui sera complémentaire de celle déjà engagée dans la combinaison ferrique.

En faisant deux dissolutions de l'engrais , on peut précipiter à la fois le phosphate de fer par l'acétate de soude dans l'une, et le mélange de phosphate de chaux et d'oxyde de fer dans l'autre. L'opération est alors accélérée.

Deuxième méthode.

1° Calciner pour obtenir l'eau interposée ;

2° Dissoudre dans l'acide chlorhydrique et filtrer pour séparer le sable siliceux ;

3° Ajouter du chlorure de calcium et précipiter par l'ammoniaque. On aura ainsi le phosphate de chaux tribasique et l'oxyde de fer ;

4° Redissoudre le précipité pesé dans l'acide chlorhydrique , y ajouter de l'acide sulfurique et de l'alcool en excès, laver à l'eau alcoolisée et calciner. On obtient ainsi la chaux sous forme de sulfate ;

5° D'après le poids de la chaux , on peut calculer le poids de l'acide phosphorique ; donc obtenir exactement le phosphate tribasique du précipité, et, par suite , une soustraction fournira le chiffre de l'oxyde de fer ;

6° Le contrôle de cet essai est facile. Si , en effet , on évapore l'alcool, et si on ajoute au résidu de l'acide tartrique *en proportion suffisante pour empêcher la précipitation du fer par l'ammoniaque,* l'acide phosphorique devient facile à doser à l'état de phosphate ammoniaco-magnésien.

Les procédés qui viennent d'être décrits ont pour but un *essai commercial* et non une analyse offrant toute la précision nécessaire à des recherches de chimie pure. Ce qu'il faut avant tout déterminer dans la circonstance qui nous occupe, c'est la richesse de la matière en acide phosphorique.

Des nombreuses analyses auxquelles je me suis livré sur les nodules provenant particulièrement des départements de l'Est, il ressort que ces substances renferment une proportion d'acide phosphorique qui représente de vingt-cinq à soixante et quelques pour cent de phosphate de chaux des os. Les gisements surtout exploités aujourd'hui donnent une matière qui contient en acide phosphorique l'équivalent de 45 à 50 % de phosphate de chaux. Ils renferment, d'autre part, 35 % environ de sable, et dans *tous* les échantillons, sans exception, que j'ai examinés, il y a une notable proportion d'oxyde de fer.

Les notions que je viens de vous donner sur l'essai des engrais riches en acide phosphorique répondent aux principaux besoins de la pratique ; mais vous ne devrez jamais oublier que l'analyse signifie peu de chose si elle n'est pas combinée avec une prise d'échantillon convenablement faite, ce qui, au surplus, n'est jamais bien difficile.

J'appellerai aussi votre attention sur l'expression même de l'analyse. Il est fâcheux que tous les chimistes ne s'entendent pas pour formuler leurs résultats en suivant une méthode unique subordonnée au but que poursuit l'agriculteur.

S'agit-il d'un noir animal, substance vendue au volume et dont l'humidité est d'autant plus variable que la marchandise est toujours exposée à l'air ? il convient de rapporter l'analyse à la matière sèche et de la formuler en indiquant successivement la dose du *charbon* et de la *matière organique*, du *résidu siliceux*, des *phosphates terreux* (1), du *carbonate de chaux* et quelquefois des *sels alcalins*. J'en dirai autant des mélanges dont le noir est la base ; toutefois, s'ils sont vendus au poids, ou si leur hydratation est telle qu'elle influe notablement sur leur volume, il sera utile de comprendre l'humidité dans la formule analytique. Je crois qu'il

____

(1) On désigne ainsi les phosphates de chaux et de magnésie.

est avantageux, en pareil cas, de mettre l'humidité en
dehors des chiffres à additionner, car elle peut grandement varier entre deux analyses et tous les chiffres sont
alors affectés par sa variation. On conserve au contraire
une base d'appréciation à peu près fixe si l'on exprime la
composition de la matière sèche en notant à part la proportion d'eau contenue dans l'engrais. En ce cas, la dessiccation de la substance ne fait varier qu'un seul chiffre, et
l'œil aperçoit de suite l'identité de deux analyses faites à
des époques distinctes.

Enfin, il est évident qu'on peut mieux faire encore en formu-
lant en regard l'une de l'autre la composition de l'engrais
sec et celle de l'engrais humide, comme je l'effectue dans
cet exemple:

Humidité , 14,5 °/₀.	*A l'état marchand, la substance*
La substance sèche renferme :	*renferme :*

		Humidité................	14,50
Matières organiques........	44,50	Matières organiques........	38,04
Sels alcalins..............	2,00	Sels alcalins..............	1,71
Résidu siliceux............	23,50	Résidu siliceux............	20,09
Phosphate de chaux.......	27,38	Phosphate de chaux........	23,40
Carbonate de chaux et perte.	2,62	Carbonate de chaux et perte.	2,26
	100,00		100,00

Je devrais enfin vous parler du dosage de l'ammoniaque
et de l'azote qui, dans certains engrais riches en acide
phosphorique, joue un rôle assez important, mais je réserve
ce sujet comme se rapportant d'une manière plus directe à
l'appréciation des engrais azotés, tels que sang, chairs musculaires et substances analogues.

SEIZIÈME LEÇON.

<hr>

Les végétaux transforment la molécule inorganique en substance organisée. —
Les matières animales considérées comme source d'acide azotique et d'ammoniaque. — Effet du salpêtre dans la végétation. — Influence des sels
ammoniacaux. — Opinion de Liebig sur l'action des sels ammoniacaux. —
Production d'azotates provoquée par l'ameublissement du sol. — Emploi du
sulfate d'ammoniaque en agriculture. — Détails pratiques sur l'emploi du
sang, des chairs sèches, des laines, des matières cornées, etc. —
Procédés pour rendre l'azote de ces engrais plus rapidement assimilable. —
Dosage de l'azote des engrais.

MESSIEURS,

L'étude de l'atmosphère et l'examen chimique des
récoltes vous ont révélé le rôle immense de l'azote dans
la constitution de cette matière véritablement animale que
les végétaux élaborent et que les herbivores trouvent
ainsi toute formée. L'air, les eaux météoriques, vous le
savez, renferment de l'azote en combinaison avec
l'oxygène et avec l'hydrogène, c'est-à-dire de l'acide
azotique et de l'ammoniaque. Ces corps, au même titre
que l'acide carbonique et l'eau, fournissent à la plante les
matériaux de ses tissus et de ses fluides nourriciers; il
appartient donc au végétal de transformer la molécule
minérale en substance organisée. Dans la plante, un cristal
d'azotate d'ammoniaque et quelques fragments de phosphate humectés par de l'eau de pluie, deviendront bientôt
caséine, albumine, fécule ou matière grasse. De tels phénomènes ne se produiraient pas chez l'animal, et M. Dumas

a caractérisé nettement ces faits , en disant, que dans le règne végétal réside le grand laboratoire de la vie organique.

Vous rappeler ces faits , c'est vous dire que l'azote combiné, sera souvent d'un emploi avantageux pour fertiliser le sol. Toutes les fois que les éléments fixes de la récolte — acide phosphorique, chaux , alcalis — seront contenus dans la terre arable , on sera sûr de posséder les matériaux indispensables de la récolte , et l'atmosphère par son acide carbonique, l'eau par elle-même et par l'azotate d'ammoniaque qu'elle tient en dissolution , feront le reste. Ce serait, toutefois, s'endormir dans une fausse sécurité , que de se reposer ainsi sur les matières azotées de l'air , au moins dans certaines contrées; n'oubliez pas, d'ailleurs, qu'en agriculture il y a toujours avantage à produire vite et à diminuer les intérêts du capital engagé dans l'exploitation ; or, les combinaisons azotées salines, les substances azotées organiques — cela résulte de l'expérience — agissent tout à la fois en nourrissant le végétal et en favorisant la prompte assimilation des principes minéraux du sol.

La tradition et la logique sont d'accord pour nous démontrer que les débris de la végétation et de la vie sont les meilleurs aliments pour une végétation nouvelle; aussi le sang, la chair musculaire, les excréments sont-ils recherchés par les agriculteurs qui tirent grand profit de leur emploi : il n'était pas sans intérêt cependant de chercher le *comment* de cette action fertilisante, et la chimie a jeté de vives lumières sur ses différentes phases.

La science a permis d'établir que l'azote des matières organiques, avant d'entrer dans le tissu du végétal, subit des transformations telles, qu'il devient bientôt élément constitutif de la molécule d'ammoniaque ou d'acide azotique. Ces deux corps sont éminemment fertilisants : des essais réitérés l'ont prouvé; il importe donc médiocrement de savoir si l'acide azotique passe à l'état d'ammoniaque au moment de son absorption, ou si l'ammoniaque passe à l'état d'acide azotique. Il y a, sous ce rapport, des incertitudes que les expériences de M. Kulmann et de M. Boussingault n'ont pas dissipées, mais l'assimilation de l'azote du salpêtre et celle de l'azote de l'ammoniaque sont aussi évidentes que possible. Cela doit nous suffire.

Si la matière azotée organique est en général préférable comme engrais à des produits chimiques azotés, tels que sels ammoniacaux et azotates, c'est donc surtout parce que les conditions physiques où elle est employée sont favorables à une décomposition lente et régulière. Cette décomposition s'accomplit d'autant mieux que la matière est poreuse et facile à pénétrer par l'eau ou les gaz atmosphériques ; au fur et à mesure qu'elle se transforme, l'acide azotique, l'ammoniaque prennent naissance et le végétal se développe, puisant dans cette double source les matériaux de la substance que nous appelons protéique.

Je me dispenserai, Messieurs, de vous signaler en ce moment des exemples de fécondation du sol par des matières animales: ce serait chercher à démontrer un axiome, mais je vous citerai quelques essais relatifs à l'emploi du salpêtre et des sels ammoniacaux.

L'emploi du salpêtre a été, dans ces dernières années, l'objet d'études intéressantes de M. Boussingault (1). Ce savant a prouvé qu'en semant des graines dans un sol artificiel formé de quartz bien pur, l'azotate de potasse employé comme engrais communiquait à la végétation une impulsion remarquable. En analysant avec soin la graine semée, puis la

(1) *Journal d'agriculture pratique.* — 5 décembre 1855, 20 janvier 1856, 5 février 1857, 5 décembre 1858.

récolte et le sol après l'expérience, on retrouvait à peu de
chose près l'azote du salpêtre employé
comme engrais , et on reconnaissait
que l'humus et en général la substance
organique putrescible faisant complètement défaut, la constitution de la
matière organisée était cependant

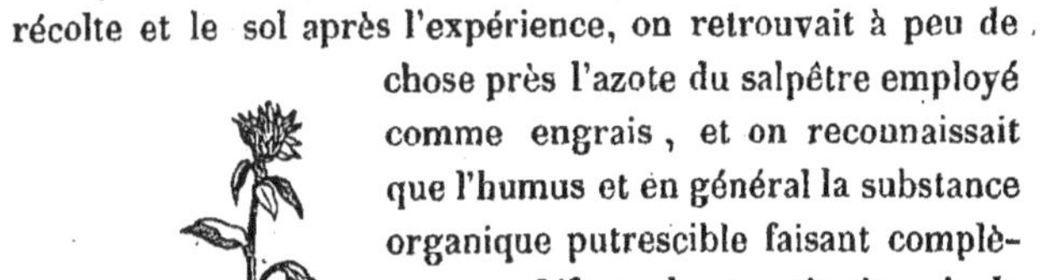

effectuée par le
végétal. La pho-
tographie a per-
mis de repro-
duire l'aspect et
les proportions
relatives de 2
Hélianthus obte-
nus dans l'une
de ces expérien-
ces. Le premier
avait reçu 0^{g}080
d'azotate de po-
tasse et absorbé
0^g,045 ; l'autre
en avait reçu
0^g,160 et ab-
sorbé 0^g,087.

M. Boussin-
gault a observé
que l'absorption
de l'azote dans
ces essais mo-
tivait une ab-
sorption propor-

tionnelle d'acide carbonique ; cela devait arriver. Des

expériences effectuées sur une grande échelle par M. Kulmann et plusieurs autres expérimentateurs ont permis de reconnaître que les azotates activent puissamment la végétation.

L'ammoniaque et notamment ses combinaisons avec les acides azotique, sulfurique, chlorhydrique, fournissent également aux végétaux les éléments de la substance protéique. A ce titre, les eaux ammoniacales des usines à gaz que l'on jette souvent dans les cours d'eau ou dans les égoûts, mériteraient d'être utilisées. M. Lawes a récolté en douze ans, sur un seul et même champ, 23,553 kilog. de produits végétaux (grain et paille de froment) par acre (1); en employant pour engrais des substances fixes et des sels ammoniacaux. Un second champ fumé de la même manière lui fournit 24,091 kilog. Il employa ensuite des matières minérales fixes sur les terres fumées par les sels ammoniacaux et sur des terres non fumées. Il y eut dans le premier cas un excédant de récolte qui varia de 8,391 à 8,929 kilog. Ce fait reconnu exact par le savant professeur Liebig lui inspire les lignes suivantes (2) : « On ne peut révoquer en doute que les sels ammoniacaux n'aient dans les deux cas remplacé l'action des matières organiques en décomposition et conséquemment augmenté le produit de la récolte ; on est donc porté à croire que l'augmentation des produits tient à la même cause. Plusieurs faits ont démontré que l'action des sels ammoniacaux *ne peut dépendre de leur contenu en azote, et n'a même aucun rapport avec celui-ci; il est clair, d'après cela, que c'est en agissant comme sels, qu'ils produisent leur effet, c'est-à-dire que les acides qui s'y trouvent doivent coopérer à cette action.* »

(1) 40 ares 46 centiares.

(2) *Lettres sur l'agriculture moderne*, pag. 47 et suiv.

Cette théorie, aussi étrange que nouvelle, a lieu de surprendre, et lorsqu'on entend nier l'efficacité de l'ammoniaque des sels ammoniacaux, on s'attend à ce que des
faits décisifs vont être immédiatement allégués. M. Liebig
se contente d'énoncer que « *l'effet de la coopération des
acides des sels ammoniacaux n'a pas été déterminé jusqu'à
ce jour.* » De là, dit-il, « *les divergences d'opinions sur
l'action des sels ammoniacaux.* » Ici encore, Messieurs,
mettant la vérité au-dessus des considérations de personnes, je dirai, sans oublier la déférence due à une
illustration scientifique, que l'action de l'ammoniaque
en tant que source d'azote assimilable est en dehors
des choses discutables : il faut, pour la révoquer en doute,
une ténacité que l'amour exclusif d'un système préconçu
peut seul faire excuser.

Parmi les raisons invoquées par M. Liebig dans ses
Lettres sur l'agriculture moderne pour contester l'action de
l'azote des sels ammoniacaux, vous remarquerez, Messieurs,
la suivante : la proportion notable d'azote naturellement
contenue dans le sol rend insignifiante l'addition d'ammoniaque opérée par l'introduction d'engrais. On peut répondre
que c'est rétorquer un fait par une hypothèse, car rien ne
prouve — que la porosité du sol qui, selon M. Liebig lui-
même, page 30, note 2 — peut retenir l'ammoniaque malgré
de hautes températures, ne soit également suffisante pour
paralyser l'action de ce gaz sur les plantes en deçà d'une
certaine limite dans la richesse du sol en ammoniaque ?

On discutera longtemps sur l'opportunité d'employer les
sels ammoniacaux dans tel ou tel sol ; on peut contester
qu'il soit avantageux de les employer en fumure plutôt que
les substances organiques riches en azote ; mais nier que les
sels ammoniacaux agissent par leur azote, c'est ce que peu
d'observateurs oseraient faire. Revenons donc, Messieurs, aux

faits que je viens de vous signaler, et reconnaissons que l'azote peut être fourni aux récoltes : par la décomposition des débris organiques, par l'action des azotates, par les sels ammoniacaux. Voilà un premier point.

Toutes les fois que les conditions d'oxygénation seront énergiques et que des bases alcalines — chaux, potasse, soude — interviendront, il y aura de préférence production de salpêtre ; ainsi MM. Cloetz et de Luca ont prouvé que de l'air bien pur donnait naissance à des azotates lorsqu'il traversait des matières poreuses alcalines. M. Barral a vu le drainage augmenter la production des azotates en facilitant l'accès de l'oxygène dans les interstices du sol; enfin M. Boussingault a mis hors de doute , par des expériences nombreuses (1), que les terres les plus riches en salpêtre sont celles où abonde le calcaire ou le principe alcalin. C'est le cas des terrains tertiaires et de ceux qui dérivent du feldspath. Une terre chaulée et puissamment aérée par des labours énergiques est une véritable nitrière. Voilà un second point.

Je vous ferai observer que les terrains compactes et non calcaires de nos contrées renferment à peine d'azotates ; d'autre part, la décomposition des substances organiques transforme l'acide azotique en ammoniaque et en azote libre (2). Cela se remarque aussi bien dans le purin des fumiers que dans une solution de jaune d'œuf où l'on a introduit du salpêtre. Toutes les fois donc que les sources d'hydrogène seront nombreuses, il sera rationnel d'attribuer la fertilisation à l'ammoniaque

____

(1) *Comptes-rendus de l'Académie des Sciences.* 1857, 1er semestre , page 108.

(2) *Comptes-rendus de l'Académie des Sciences.* 1857, 1er semestre, page 119.

plutôt qu'à l'acide azotique. La question est, au surplus, secondaire, puisque l'expérience a prouvé, d'une part, la mobilité de la molécule d'azote combinée, qui se transforme alternativement en acide azotique ou en ammoniaque, selon que l'oxygène ou l'hydrogène prédomine (1), et d'autre part, les bons effets de ces deux matières comme engrais.

La richesse en azote des azotates et des sels ammoniacaux, est exprimée par les chiffres suivants :

	Azote.
Azotate de potasse............	13,78 %
Azotate de soude.............	16,42
Chlorhydrate d'ammoniaque...	26,20
Carbonate d'ammoniaque......	23,80
Sulfate d'ammoniaque........	20,00
Phosphate d'ammoniaque......	41,00
Azotate d'ammoniaque........	11,50

Les azotates ne pourraient être employés avec avantage, en raison de leur prix commercial ; mais le sulfate d'ammoniaque impur est susceptible de rendre des services dans certains cas spéciaux, et il est regrettable que sa fabrication ne soit pas encouragée par l'agriculture.

En 1844, M. Kulmann ayant expérimenté le sulfate d'ammoniaque comme source d'azote pour les prairies, émettait l'opinion que la consommation de ce sel serait illimitée le jour où son prix de vente tomberait à 46 fr. les 100 kilog. Eh bien, Messieurs, l'agriculture peut aujourd'hui se procurer cette matière à raison de 36 fr., et elle en consomme à peine ! En regard de ce résultat, il

(1) Voir Kulmann. *Expériences chimiques et agronomiques.* 1847

faut citer les achats de sulfate d'ammoniaque que les Anglais viennent faire en France , et il convient d'ajouter qu'en Belgique , la même substance est livrée en abondance aux agriculteurs qui la paient de 45 à 50 fr. les 100 kilog.

En France , il y a une grande quantité d'usines à gaz qui jettent leurs eaux de condensation riches à 4 et 5 °/₀ d'ammoniaque. A Nantes, ces eaux vont rejoindre dans la Loire les urines et les matières fécales que le bon sens devrait faire précieusement retenir. L'Océan reçoit ces richesses., et par un double courant accusant une énorme contradiction, ses vagues font flotter vers notre port des cargaisons d'engrais empruntées à des contrées lointaines.

Vous savez, Messieurs , que la constitution de nos sols granitiques et schisteux implique plus spécialement l'emploi des engrais riches en acide phosphorique. Beaucoup d'entre vous ont gardé le souvenir des ruines causées naguère à Nantes par la fabrication d'engrais riches de sang, de matières fécales , d'issues d'abattoir , mais où le principe osseux faisait défaut. La végétation foliacée fut puissamment surexcitée, le grain fut peu abondant, et la verse advenant, le désastre fut complet. Lorsque je vous entretiens des engrais surtout caractérisés par une grande richesse en azote, j'ai donc en vue leur emploi pour la fabrication des engrais mixtes , l'enrichissement en azote de certains sols déjà riches en principes minéraux fixes, la fumure des prairies artificielles ou l'amélioration des fumiers. S'agit-il en Bretagne de défricher une lande , de cultiver le froment, l'avoine , le sarrasin ou même le chou, l'utilité des phosphates apparaît immédiatement avec son éclatante signification.

On peut favoriser et compléter l'action de l'acide phosphorique à l'aide de substances riches en azote, et à l'aide de tels mélanges on rend même l'acide phosphorique très actif dans des sols qui ne semblaient pas comporter son emploi. Dans le Nord et dans l'Est, MM. Kulmann et Schattenmann ont obtenu sur des prairies un effet rapide mais peu durable des sels ammoniacaux, tandis que les résultats devenaient remarquables lorsqu'on saturait des phosphates acides de chaux par les eaux ammoniacales du gaz. Dans une culture de sarrasin, aux environs de Caen, M. Isidore Pierre a sextuplé la récolte de grain et triplé celle de la paille par l'emploi du phosphate ammoniaco-magnésien.

Entre nous, Messieurs, il ne saurait donc désormais exister de malentendu, et le terrain sur lequel je me place pour vous parler des principales matières azotées du commerce est désormais bien déterminé.

On a dit souvent et avec raison que les bestiaux ne sont pas des producteurs, mais bien des consommateurs, en ce sens qu'ils exportent du sol, sous forme de viande et d'os, une quantité considérable de matière nutritive; toutes les fois, par conséquent, qu'il sera possible de faire retourner au sol les débris des animaux, il sera d'une suprême logique de le faire. Les produits d'équarrissage, tels que sang, chairs musculaires, substances cornées, les déchets de boucherie dont on a extrait la graisse et qui contiennent des chairs, cartilages, tendons, poils et petits fragments d'os, enfin certains résidus industriels, tels que les débris de la tannerie, les rognures de cuir, les poils, chiffons de laine, tontisses, etc., ne sauraient être dédaignés par une agriculture progressive. L'examen chimique des matières que je viens de vous citer, suffira pour vous convaincre de leur puissance fertilisante.

Lorsqu'on abat un cheval de taille moyenne, on obtient en moyenne 18 à 20 kilog. de sang. Les bouchers des petites localités en recueillent, de leur côté, des quantités importantes. La composition de ce précieux engrais azoté mérite tout d'abord de fixer votre attention.

Le sang contient environ 80 % d'eau et cette proportion énorme de substance liquide aurait le double inconvénient de grever son transport et de faciliter sa décomposition. On le constate facilement toutes les fois qu'on abandonne le sang à lui-même ; au bout de peu de temps, il s'en dégage de l'ammoniaque, et sa richesse en azote, qui approche de 3 % à l'état normal, tend à décroître rapidement. Voici les divers moyens de condenser et de fixer les matériaux altérables du sang.

On peut faire chauffer fortement des terres et les arroser de sang liquide. Le pouvoir absorbant de la terre agit alors d'une manière efficace, une portion du liquide s'incorpore à la masse et une notable proportion d'eau s'évapore. Si la terre est riche en détritus organiques et si on la chauffe fortement dans un four à peu près clos, elle agit mieux encore, parce que le charbon disséminé dans sa masse possède une propriété absorbante et désinfectante qui ralentira la décomposition de l'engrais dans le sol. Cette décomposition sera rendue plus lente encore et la fabrication de l'engrais donnera lieu à moins d'émanations désagréables si on fait cuire le sang avant de le mélanger à la terre. C'est ainsi qu'opérait, il y a quelques années, M. Cornali d'Almeno (1), dans le domaine de la Choltière (Indre); cet agriculteur employait comme matière absorbante une terre argilo-siliceuse ayant la composition suivante :

Matières organiques et eau de combinaison.	8,09
Sable..	59,90
Argile.......................................	32,01
	100,00

(1) *Journal d'agriculture pratique.* 5 janvier 1855.

Il calcinait fortement **18** hectolitres de cette terre dans un four rectangulaire dont la sole était une plaque de fonte chauffée inférieurement à l'aide d'un stère de bois environ. Une grille recouverte de terre formait la paroi supérieure du four, et cette terre était destinée à remplacer celle que l'on soumettait à la calcination. Dans une chaudière située près du four, on introduisait alternativement du sang que l'on faisait bouillir, puis de la terre carbonisée. Le tout était écrasé et offrait alors à l'analyse :

Eau	15,65
Matières organiques	6,70
Matières minérales	77,75
	100,00

Azote, 0,75 °/₀.

L'hectolitre pesait 98 kilogr.

L'engrais, vous le voyez, n'était pas riche en raison des énormes quantités de substance siliceuse contenue dans la terre absorbante. Mieux que cette terre, du charbon de bog-head, des terres tourbeuses carbonisées auraient rempli le but. Il pourra cependant être quelquefois avantageux de suivre cet exemple, mais je ne vous le conseillerais pas si la matière fabriquée devait subir un transport quelque peu coûteux. Il convient de ne faire peser les frais de ce transport que sur une substance utile.

Remarquez bien, Messieurs, que si j'insiste sur l'importance de condenser autant que possible les principes efficaces d'un engrais, je laisse entière la question de son emploi. Dans le plus grand nombre de cas, en effet, il est convenable de diluer la matière fertilisante ; mais cette dilution peut se faire sur le terrain d'action et je ne vois pas la nécessité de transporter à grands frais des matières qui souvent n'agissent que comme diviseurs physiques.

Ceci bien entendu, je vais vous indiquer brièvement les procédés employés pour éliminer du sang l'eau qui rend son transport impossible.

On a successivement adopté l'évaporation à l'air libre qui répand une odeur infecte, la coagulation par la vapeur qui offre le même inconvénient bien qu'à un moindre degré, la solidification par des agents chimiques tels que l'acide sulfurique, la chaux, le sulfate de fer, le chlorure de fer, le chlorure de manganèse.

La coagulation pure et simple à feu nu, au bain-marie, ou sous l'influence d'un jet de vapeur, donne un assez bon produit qui, par la pression et la dessiccation, arrive à un degré remarquable de richesse en azote et se conserve bien. Cette substance est expédiée aux agriculteurs et aux fabricants d'engrais composés ; elle se présente sous forme de petites masses grisâtres dont la cassure est noire et brillante, et qui contiennent généralement, d'après mes analyses, 12 à 15 d'azote pour cent parties de sang rigoureusement sec. L'humidité de la matière telle que la livre le commerce varie de 12 à 20 %. Il est très utile de ne pas juger l'engrais sur ses caractères extérieurs, car des échantillons d'un aspect assez satisfaisant m'ont fourni les résultats suivants rapportés à cent parties de substance sèche :

	1.	2.
Matières organiques	51,0	50,5
Sable siliceux	29,0	32,0
Alumine, oxyde de fer et phosphate de chaux	5,8	5,4
Carbonate de chaux et sels alcalins	14,2	12,1
	100,0	100,0
Azote	6,5 %	6,2 %.

M. Suquet a proposé de mélanger le sang liquide avec 5 °/₀ en volume d'une dissolution de *persulfate de fer* à 18 degrés de l'aréomètre de Baumé ; la masse est ensuite abandonnée en tas, des liquides suintent abondamment, et au bout de quelque temps le sang offre l'aspect d'une terre sèche. Lorsqu'on aura à sa disposition de la couperose à bas prix, on pourra recourir à ce moyen ; je lui préfère toutefois celui que j'ai fait employer par M. Bonnet, adjudicataire du sang des abattoirs de Paris, et que les auteurs ont pris l'habitude d'attribuer à ce négociant. Il consiste à coaguler le sang à l'aide du chlorure de manganèse que rejettent les papeteries et les fabriques d'eau de javelle ou de chlorure de chaux ; non-seulement ce procédé est économique, mais il assure au produit obtenu une résistance assez grande à la décomposition.

M. Peplowski mélange le sang avec 1/32 de son poids de chaux vive. Il se forme ainsi une masse facile à diviser et dont la décomposition dans le sol n'est pas trop rapide.

Toutes les fois qu'on aura recours au sulfate ou au chlorure de fer, au chlorure de manganèse ou à la chaux pour solidifier le sang, on reconnaîtra promptement que l'opération, pour être bien faite, *nécessite l'emploi d'un sang frais.* Dans le cas contraire, la coagulation se fait incomplètement, et si on a recours à la chaux, il y a déperdition d'ammoniaque.

Vous savez, Messieurs, que les substances azotées ne dispensent pas de l'emploi des engrais riches en matériaux fixes, tels que les phosphates ; la fumure par le sang ne devra donc être considérée que comme complémentaire, et si, pour certaines plantes fourragères, on peut utiliser le sang à l'état de division convenable, le plus souvent il conviendra de l'associer à d'autres substances. Je reviendrai sur ce sujet en vous parlant des engrais mixtes ; mais je dois mentionner dès aujourd'hui que des matières tourbeuses ou mieux encore du noir d'os fin imprégné de sang frais, donne un engrais fort actif; le noir d'os en particulier préserve le sang de la décomposition. Des phosphates fossiles stratifiés avec du sang où mieux encore avec des tourbes imprégnées de sang acquerront par ce contact une puissance d'assimilation très remarquable.

Les animaux abattus dans les établissements d'équarrissage sont généralement cuits dans des autoclaves, et les chairs musculaires pressées, puis séchées à l'étuve, constituent une matière fort recherchée par l'agriculture. M. Rohart (1), calculant sur les produits de cinq chevaux, estime qu'un animal fournit 1 hectol. 40 de chairs cuites et pressées, soit 89 kilog. 600. Ces chiffres correspondent à 160 kilog. 937 de chair crue. M. Payen, dans son excellent mémoire sur les animaux morts (2), arrive au chiffré de 164 kilog.

Une chair sèche destinée au commerce et préparée à Aubervilliers, a fourni à M. Soubeiran :

Eau.................................... 10,0

Matières animales....................... 84,7

Cendres riches en phosphates............. 5,3

                                        100,0

Réduite à l'état sec, cette chair contenait 13,23 °/₀ d'azote.

---

(1) *Guide de la fabrication économique des engrais*, pag. 545.

(2) *Mémoire de la Société impériale et centrale d'agriculture.* — Année 1830.

J'ai analysé un grand nombre d'échantillons de chair sèche expédiée à Nantes pour la fabrication des guanos artificiels : j'y ai trouvé en moyenne 12 °/₀ d'azote, et lorsque la dose de ce principe s'abaissait notamment au-dessous de cette limite, le phosphate des os croissait proportionnellement.

Les chairs sont expédiées en poudre grossière. On les emploie à la volée à la dose de 3 à 400 kilog. par hectare pour certaines cultures herbacées , mais le plus souvent elles entrent dans la fabrication des engrais composés. La décomposition de ces substances est rapide alors surtout que l'humidité intervient.

Dans certains cantons de la Belgique (1), dès qu'on perd l'espoir de guérir un animal malade , on le conduit sur un champ : là on lui ouvre les veines et on lui fait répandre son sang en marchant jusqu'à ce qu'il tombe. On le dépouille alors de sa peau, et après l'avoir grossièrement dépecé on enfouit les morceaux dans une fosse, sous une couche de terre assez épaisse , jusqu'à ce que la viande se sépare facilement des os ; on divise alors celle-ci avec la terre, soit par un simple mélange, soit en ajoutant de la chaux qui favorise la dissémination, mais aux dépens de la richesse en azote. Souvent, en Bretagne, on opère d'une manière analogue en employant des terres ou des tourbes. Lorsque la décomposition est jugée suffisante , on retire les os pour les vendre aux fabricants de noir animal et le compost à base de chair est employé pour faire des mélanges avec le noir de raffinerie ou des engrais riches en phosphates.

Depuis quelques années, M. Rohart a propagé avec succès l'usage de tourteaux de matières animales provenant des menus déchets de boucherie et des détritus d'abattoir dont

(1) Isidore Pierre. *Chimie agricole*, page 342.

on a retiré la graisse. Ces engrais, dans lesquels la matière animale est associée à de la sciure de bois , consistent principalement en chairs, cartilages , tendons, poils et petits fragments d'os. Voici les analyses de quatre échantillons de ces tourteaux que l'on n'appréciait pas à leur valeur avant que M. Robart les fît connaître à l'agriculture.

Analyses de MM.	Barral.	Bénard.	Bobierre (1).	Malaguti.
Matières organiques azotées et humidité normale	92,92	90,00	88,31	91,25
Acide phosphorique.....	2,27	2,76	1,18	2,28
Chaux	2,30	2,34	1,74	3,02
Silice et argile.........	1,48	2,36	3,90	1,69
Oxyde de fer et alumine.	0,12	0,13	0,09	0,15
Potasse, soude, magnésie et acide carbonique...	0,91	2,41	4,81	1,61
	100,00	100,00	100,00	100,00
Équivalent d'acide phosphorique en phosphate des os = ...	4,91 p. °/₀	6,00 p. °/₀	2,56 p. °/₀	4,50 p. °/₀
Azote total, p. °/₀ de matière normale =...	6,06	4,98	4,26	5,00

Richesse moyenne en azote............ = 5,075 p. °/₀
d° phosphates....... = 4,744 d°

Ces matières sont donc riches en azote assimilable; elles agissent rapidement et se prêtent au mélange avec des substances riches en phosphate ainsi qu'à l'amélioration des fumiers. Les résultats en sont excellents, mais il convient de les employer avec discernement , c'est-à-dire de les diviser et de ne pas les soumettre au contact de la chaux ou à l'action trop prolongée de l'humidité, la fermentation pouvant provoquer le dégagement d'une portion de leur azote à l'état ammoniacal. La même recommandation s'ap-

(1) L'échantillon soumis à mon analyse renfermait une proportion un peu plus forte de matière siliceuse que les trois autres.

plique au surplus à l'emploi du sang et des chairs musculaires sèches.

Rendre au sol et à l'état d'engrais ce que les animaux en ont extrait sous forme de chairs, d'os, de fumier, etc., ce n'est pas de la science, c'est simplement du gros bon sens; mais il y a plus, les populations doivent tendre constamment à ramener dans la rotation agricole tous les excréments qui, bien souvent, sont gaspillés avec la plus déplorable insouciance et jetés comme une vile matière dont on ne saurait se débarrasser avec trop de soin. L'agriculture progressive recherchera donc avec une égale ardeur toutes les matières jadis perdues, telles que bourres de tannerie, chiffons de laine, tontisse, résidus de cornes, sabots, etc. (1). Les analyses exprimant la richesse en azote de ces détritus industriels, motivent tout d'abord cette recommandation.

Substance sèche.	Azote °/₀.	Analystes.
Laine pure..........................	17,71	Schérer.
Tontisse de draps	4,21	Morière.
Poussiers de batterie (Tontisse de qualité inférieure).........................	3,12	Houzeau.
id. id..............		
Poils	17,28	Schérer.
Bourres courtes de poils de bestiaux.....	13,78	Payen et Boussingault.
Cheveux.............................	17,14	Van Laer.
Corne de bœuf......................	17,10	Mulder.
Sabots de cheval....................	16,70	Mulder.
Plumes { Barbe	17,68	} Schérer.
Plumes { Tuyau....................	17,89	}
Fanons de baleine..................	16,50	Fremy.
Rognures de cuir désagrégées.........	9,31	Payen et Boussingault.

(1) Les Chinois, chez qui nous aurions beaucoup à prendre en matière de traditions relatives à l'emploi des engrais, recueillent toutes les substances fertilisantes sans exception. Les déchets de barbe et de cheveux provenant chaque

Les matières cornées, les chiffons de laine ou déchets de draps, cuirs, poils, etc. , offrent, il est vrai, une résistance très grande à la décomposition dans le sol. On a eu recours, pour vaincre cette résistance, à divers moyens, tels que le déchiquetage, le traitement par les alcalis, par les acides, par la fermentation qui s'opère au sein des composts, enfin par la torréfaction ou l'action de la vapeur à haute température. Je vous dirai quelques mots de ces divers procédés, qui peuvent avoir chacun sa raison d'être selon les circonstances.

L'action des déchets de laine que je choisirai comme types d'une substance difficilement décomposable a frappé de tous temps les observateurs : « Un des phénomènes de végétation qui m'ont le plus étonné dans ma vie, dit Chaptal, c'est la fertilité d'un champ des environs de Montpellier, qui appartenait à un fabricant de couvertures de laine. Le propriétaire y faisait apporter chaque année les balayures de ses ateliers, et les récoltes en blé et fourrages que j'ai vu produire sur cette terre étaient vraiment prodigieuses (1). »

Il est certain, Messieurs, que la terre dont parle Chaptal appartenant aux formations tertiaires devait renfermer abondamment les principes minéraux fixes nécessaires aux récoltes : vraisemblablement, les déchets de laine y étaient employés concurremment avec le fumier. Chaptal rapporte également que, pendant longtemps, les Génois recueillaient avec soin, dans le midi de la France, tout ce qu'ils pouvaient trouver de retailles et de débris de tissus de laine pour les faire pourrir au pied de leurs oliviers. Cette pratique est bien connue des Provençaux, qui utilisent les

jour de centaines de millions de têtes sont utilisés avec grand soin chez eux pour la confection des engrais. M. Isidore Pierre croit pouvoir évaluer la substance utile ainsi recueillie à 730,000 kil. par année pour quarante millions d'individus.

(1) *Chimie appliquée à l'agriculture.*

débris de laine pour la culture de la vigne et de l'olivier.

En Angleterre, on se sert des débris des étoffes de laine à la dose de 1,500 à 1,600 kilog. par hectare ; mais, sur le continent, on élève cette quantité jusqu'à 3,000 kilog. A cette dose, M. Delonchamps, agriculteur de Seine-et-Marne, substituait la laine au fumier pendant trois années. Au bout de ce temps, il employait de nouveau le fumier et ne revenait à la laine que trois ans plus tard. Ici encore, je vous rappellerai que le sol de Seine-et-Marne appartient à la formation calcaire.

Je terminerai ces citations en relatant, d'après M. Rohart (1), que certaines terres pauvres de la Champagne, notamment celles des environs de Reims, ont subi une véritable transformation par le soin que les paysans ont mis à y porter les balayures des filatures et des fabriques de tissus de laine. Ces faits constatés — et je pourrais vous en rapporter bien d'autres — j'examinerai les divers moyens d'accélérer l'assimilation des laines, cornes, poils, déchets de cuirs ; atteindre ce but, c'est augmenter, dans une notable proportion, la valeur réelle de ces matières.

Matthieu de Dombasle se contentait de stratifier laines et fumiers ; la chaleur, l'humidité, l'action des gaz, interviennent en pareil cas comme agents de désagrégation, mais il en est de plus énergiques.

M. Goubin a, pendant quelque temps, employé une faible lessive de soude caustique. Sous son influence, les cornes, chiffons de laine, déchets de cuir, plumes, etc., subissent une modification profonde. On les dessèche, on les broie, et on les passe au blutoir. J'ai entendu un fabricant de guanos artificiels se louer de ce moyen.

M. Toyubée, d'Anvers, a pris en 1859 une patente

(1) *Guide de la fabrication économique des engrais*, page 382.

anglaise pour la division et la dissolution des résidus de laine, cuir, crin, soie et viande, à l'aide de l'acide sulfurique dans des vases de plomb chauffés à la vapeur (1). Cet inventeur conseille de prendre 100 kilog. d'acide sulfurique à 50 degrés, pour 4 à 500 kilog. de substance organique. Il y a quelques années, j'ai vu un industriel du Mans, faire une opération analogue avec l'acide chlorhydrique du commerce, qu'il utilisait spécialement pour le traitement des déchets de cuir.

A plusieurs reprises on avait chauffé et roussi dans des fours les matières osseuses ou cornées pour faciliter leur pulvérisation. Un fabricant d'engrais de Nantes, M. Leroux, a effectué cette opération avec régularité et à une température fixe. Il soumet à une torréfaction bien conduite des sabots, cornillons, etc., et il rend ces matières azotées plus friables et plus rapidement décomposables dans le sol. L'appareil dont se sert M. Leroux, et dont je vous ai déjà parlé, consiste en un cylindre en forte tôle tournant sur son axe, et dans lequel la torréfaction se fait avec lenteur et uniformité vers 300 degrés environ. La matière cornée devient d'un jaune orangé terne, et j'ai reconnu que, sous ce nouvel état, elle subit facilement dans le sol une décomposition qui entraîne la transformation de son azote en ammoniaque. Ce procédé, très convenable pour les cornes, sabots, etc., est moins avantageux lorsqu'on veut opérer sur des déchets de laine, cuir, crin, etc., qui noircissent et se décomposent très promptement. En raison du prix chaque jour plus élevé des cornillons et sabots, la torréfaction semble plus spécialement destinée à augmenter la valeur agricole de l'azote des os dont elle accélère les effets fertilisants; sous ce rapport, elle réalise un progrès marqué.

(1) Knopp. *Chemisches centralblatt.* — Avril 1859, page 240.

, Dans ces dernières années, M. Jaille avait effectué à
Agen des tentatives heureuses pour liquéfier, sous l'action de la vapeur à haute pression, les déchets de
cornes, laines, cuirs, crins, etc., en vue de rendre
l'azote de ces substances très rapidement assimilable. M.
Rohart, qui s'était occupé de la même question, a organisé
à Aubervilliers, de concert avec M. Jaille, une fabrication
régulière dont le principe doit être signalé.

Dans l'usine de M. Rohart, un générateur de 15 chevaux,
fonctionnant sous la pression de 11 atmosphères, dessert
trois digesteurs ou autoclaves jaugeant chacun 1,400 litres
et permettant d'agir sur 300 kilog. de substance à la fois.
Selon que l'on opère sur des substances plus ou moins
décomposables, la désagrégation comporte un temps plus
ou moins court; quoi qu'il en soit, ce traitement amène les
déchets à l'état de magma miscible à l'eau et parfaitement
propre à la fabrication des engrais mixtes.

Je ne pourrais, Messieurs, vous parler avec compétence
du prix auquel revient la modification des substances animales sous l'influence de la vapeur à haute pression, les
documents me font défaut pour aborder cette question.
Mais ce qui, pour moi, établit la portée industrielle du principe, c'est l'application qu'en a faite en Angleterre M.
Ward, pour séparer la laine du coton dans les chiffons,
ainsi que dans les résidus non triables. Voici la description
de cette méthode :

On introduit les chiffons mixtes ou d'autres résidus mélangés dans une marmite de Papin ou autoclave ordinaire et on
les y maintient, pendant 3 heures environ (plus ou moins),
sous l'influence d'une atmosphère de vapeur chauffée à une
pression de 3 à 5 atmosphères. La pression et la température exigées varient suivant les matières qu'on traite;
la laine demande une température plus élevée que le cuir,

par exemple , et la soie une température plus haute que la
laine. Les matières condensent une certaine proportion de
vapeur et en absorbent la chaleur. L'action combinée de
l'humidité et de la chaleur a pour effet de convertir la matière animale en une substance friable qui garde cependant
sa forme et son aspect primitif; ainsi la laine des chiffons
conserve, après cette opération, la même apparence
fibreuse qu'elle avait auparavant, quoiqu'elle se réduise en
poudre par le frottement. Les machines ordinaires à
écraser ou à battre divisent très facilement ce produit fragile
et le détachent de la matière végétale entremêlée ; celle-ci
conserve intactes ses qualités fibreuses. Le batteur est
pourvu d'un tamis qui retient la fibre végétale en laissant
passer la poussière animale. Ultérieurement la fibre végétale
tombe de la machine . à l'état de matière prête à être
employée à la préparation du papier; pendant ce temps la
poussière de fibre animale est chassée en avant par une vis
d'Archimède, puis élevée mécaniquement jusqu'à ce qu'elle
atteigne les ouvertures des sacs préparés pour la recevoir.

Ainsi le produit animal s'échappe de la machine à battre
sous la forme d'une poudre de couleur foncée, mélangée de
petits fragments de la même substance ; on tamise et on
écrase ces fragments. Cette poudre, telle qu'on la produit
industriellement avec la poussière et la recoupe des chiffons, contient en moyenne près de 12 °/₀ d'azote, proportion qui correspond à 14,5 °/₀ d'ammoniaque. L'azote y
existe en petite quantité comme ammoniaque toute formée
maintenue en combinaison par les acides bruns, ulmique et
humique développés pendant le traitement. La masse d'azote
cependant est présente, non sous la forme d'ammoniaque,
mais comme partie constituante du produit dérivé de la
laine même. Ce composé organique est partiellement soluble,
et le devient de plus en plus à mesure qu'on fournit plus

d'humidité aux chiffons pendant leur traitement par la vapeur surchauffée. Tel qu'on l'obtient ordinairement, c'est un engrais d'un pouvoir très fertilisant, la totalité de son azote étant rapidement mise en liberté sous forme d'ammoniaque par les influences qu'il rencontre dans le sol.

Une compagnie anglaise adoptant le nom assez impropre de « *compagnie de l'ulmate d'ammoniaque,* » a fait faire par M. Volcker une analyse de la matière dont je viens de vous entretenir; ce chimiste y a trouvé :

Humidité......................	11,59
Matière organique...............	73,89
Ammoniaque à l'état d'ulmate......	2,05
Oxydes de fer et d'alumine et acide phosphorique	2,52
Carbonate de chaux..............	2,22
Alcalis et magnésie..............	1,26
Matière siliceuse insoluble...........	6,47
	100,00

	de la matière organique..........	10,24
Azote	correspondant à ammoniaque......	12,43
	quantité totale d'azote..........	11,93
	correspondant à ammoniaque......	14,48

La proportion relative des produits fibreux et d'engrais résultant de l'exploitation de ce procédé varie naturellement selon la nature des matières qu'on traite. Quelques-uns de ces chiffons mixtes sont riches en fibre végétale, d'autres en fibre animale. Cependant, la moyenne des chiffons mélangés contient ces substances en proportions à peu près égales, et, dans tous les cas, le poids des deux produits fibreux et pulvérulent égale à peu près le poids des matières brutes traitées, de sorte que l'opération n'entraîne aucune perte.

Vous le voyez, Messieurs, chaque jour enfante un nouvel effort dont profite l'agriculture, et le temps approche où, malgré les résistances de la routine, la science dominera des pratiques trop longtemps rivées aux fluctuations du hasard. Jetez autour de vous un regard attentif, et vous reconnaîtrez que les forces gaspillées et les matières perdues diminuent dans une notable proportion. Il y a certes bien des choses à faire encore; mais combien de progrès la chimie agricole n'a-t-elle pas réalisés depuis trente ans ? A l'heure où je vous parle, on rêve plus encore, et la fixation de l'azote atmosphérique sous forme de combinaison assimilable préoccupe des esprits ingénieux et persévérants. Vous entrevoyez déjà que la solution *économique* d'un tel problème équivaudrait à une véritable fabrication de viande.

Prendre l'azote de l'air, l'engager dans une molécule composée propre à la nourriture du végétal, c'est concourir autant que peut le faire le génie humain à la production des fourrages et de la viande. Faisons des vœux, Messieurs, que de telles espérances soient réalisées dans le domaine industriel comme elles le sont déjà dans le laboratoire.

Après vous avoir décrit les propriétés des matières riches en acide phosphorique, j'ai passé en revue les moyens de les analyser: je suis naturellement conduit à vous indiquer aujourd'hui le procédé le plus convenable pour doser l'azote des engrais.

L'azote peut exister dans les engrais sous trois états distincts : 1° Il fait partie de la molécule organique, comme dans le sang, la chair musculaire, les débris divers de la vie ou de la végétation ; 2° il est à l'état de combinaison avec l'hydrogène, c'est-à-dire sous forme d'ammoniaque ; 3° enfin, il est à l'état d'acide azotique. Le procédé de

dosage que je vais vous indiquer est très convenable,
lorsque les deux premiers cas se présentent ; et il faut bien le
reconnaître, ce sont les plus importants — pour ne pas dire les
seuls vraiment importants dans la pratique — lorsque l'acide
azotique combiné à des bases se présente dans les engrais,
c'est en proportion très minime ; et si l'on croyait intéressant de connaître exactement sa dose, il faudrait s'adresser
à un chimiste habitué aux opérations délicates. Vous appré-
cierez, Messieurs, le. degré de dilution de l'acide azotique
dans les engrais lorsque je vous rapporterai, d'après M.
Boussingault (1) que, sous le volume de 1 mètre cube :

La terre d'une bergerie (3 ans
de séjour) a fourni en acide azo-
tique l'équivalent de............ 8^g,652   d'azotate de
Autre terre de bergerie (4 ans   [potasse.
de séjour).....................   21,115
  La terre d'une étable à bœufs..   8,446
  Marnes diverses   0,010
  Un poids de 100 kilogr. de
guano du Pérou fournit........ 470
  Des îles Chincha............. 380
  Des îles Chincha............ 110
  Du Chili.................. 600
  De l'île Baker............... 320
  Du golfe du Mexique......... 10

(1) « J'ai essayé sept échantillons du sol forestier : La terre prise , le **27**
octobre , dans une forêt de pins , près Ferreste, dans le Haut-Rhin, n'a pas
fourni d'indices de nitrates.

La terre d'une forêt de pins établie sur le sommet d'une montagne des
Vosges, et dans une situation telle, qu'elle n'est humectée que par les eaux
pluviales, renfermait, le 4 septembre, l'équivalent de **7** gr. de nitrate de
potasse par mètre cube.

Si vous réfléchissez, Messieurs, que ces chiffres expriment des richesses en azotate de potasse et si vous supputez la dose minime d'azote correspondant à 100 parties de ce sel — soit environ 14 — vous voyez que le dosage des azotates est plutôt une recherche scientifique intéressante qu'une vérification de première nécessité pour l'agriculteur praticien. On ne saurait à coup sûr en dire autant du dosage de l'azote renfermé dans la substance animale ou dans les sels ammoniacaux des guanos. Ici la portée commerciale de l'analyse serait difficilement contestée. J'aborde les détails pratiques de cette opération.

On reconnaît qu'un engrais est riche en *azote organisé* ou en *azote ammoniacal,* lorsque mélangé dans un tube bouché avec un peu de lait de chaux, il laisse dégager de l'ammoniaque. Ce gaz est facile à reconnaître à son odeur

Du sable pris, le 15 octobre, dans la forêt de Fontainebleau, contenait, par mètre cube, l'équivalent de 3ᵍ27 de nitrate de potasse.

Dans une terre de bruyère, ramassée le 15 août dans la forêt de Hatten, à peu de distance du Rhin, on a dosé, par mètre cube, l'équivalent de 12 gr. de nitrate.

Dans des terres de prairies prises en septembre et en octobre, sur les bords de la Saüe, dans une vallée des Vosges, et dans un pâturage situé près de Rœdersdorf (Haut-Rhin), l'équivalent en nitrate de potasse a varié, par mètre cube de terre, de 1 à 11 gr.

De dix-neuf échantillons de terres arables de bonne qualité, pris en septembre et en octobre, dans les vallées du Rhin, de la Loire, de la Marne et de la Seine, quatre n'ont pas donné de nitre. Les terres qui en contenaient le moins provenaient d'un champ de maïs de Hœrdt (Bas-Rhin); de la vigne du Liebfrauenberg; d'un champ de betteraves des bords de la Saüer. Le mètre cube de terre n'a pas contenu au delà de 0ᵍ8; 1ᵍ28 et 1ᵍ33 en équivalent de nitrate de potasse.

Les terres les moins pauvres en salpêtre avaient été recueillies dans un champ de blé des environs de Reims et dans un sol arable de la Touraine; le mètre cube renfermait 10ᵍ4 et 14 gr. en équivalent de nitrate de potasse. Une terre de Touraine, falunée depuis cinq ans, a offert une richesse exception-

piquante et à la propriété qu'il possède de ramener au bleu un papier de tournesol rougi qu'on présente à l'orifice du tube; si on approche de cet orifice une baguette de verre préalablement trempée dans l'acide chlorhydrique, l'ammoniaque, par sa rencontre avec cet acide, donnera lieu à des vapeurs blanches très abondantes et d'une remarquable opacité.

La détermination quantitative s'effectue de la manière suivante :

S'il s'agit d'un noir de raffinerie, d'une poudrette, d'un compost du commerce, on en pèsera 1 gramme après dessiccation; si l'engrais est très riche en azote, ainsi que cela se présente pour le guano péruvien, les sels ammoniacaux; si encore il est d'une combustion difficile, comme les

nelle en salpêtre. Dans 1 mètre cube de cette terre, il y avait l'équivalent de 108 gr. de nitrate de potasse.

Je n'avais pas attendu ce dernier résultat pour rechercher les nitrates dans les amendements calcaires que l'on donne au sol à si hautes doses. Le falun, formé, comme on sait, de débris de coquilles, avait été incorporé à la terre dont il vient d'être question, à raison de 70 mètres cubes par hectare. Dans 1 kilog. de ce falun, sorti tout récemment de la falunière, je n'ai pu déceler la moindre trace de nitre.

Une marne très blanche, facilement délitable, de la Chaise, près Louzouer (Loiret), examinée immédiatement après son extraction, a contenu l'équivalent de 7ᵉ2 de nitrate de potasse par mètre cube. Dans la marne du même gisement, extraite en 1853, et qui, depuis cette époque, était restée en tas aux bords de la marnière, on a dosé, pour le même volume, 19 grammes de nitrate. Une marne très argileuse des buttes Chaumont en contenait 25 gr.

La craie, à Meudon, est extraite dans trois exploitations superposées. Le calcaire, pris à l'étage supérieur, dans une taille activement attaquée sur un point où les carriers travaillaient, contenait, par mètre cube, l'équivalent de 16 grammes de nitrate. Un fait digne de remarque, c'est qu'on n'a pas trouvé de nitre dans les assises inférieures de la craie. »

Boussingault. — *Journal d'agriculture pratique*, 5 février 1857.

débris de poissons ou les engrais à base de laine, cornes, etc.,
il conviendra de n'en peser que 5 décigrammes.

On se procurera de la *chaux sodée* en éteignant de la
chaux vive à l'aide d'une lessive de soude caustique (1),
puis calcinant le tout au rouge sombre et pulvérisant grossièrement. La chaux sodée introduite chaude et sèche dans
un flacon à large ouverture bouché à l'émeri s'y conserve
très bien.

On prépare une *liqueur sulfurique normale*, en pesant
très exactement dans une bonne balance 61^{g}250 d'acide
sulfurique ayant récemment subi l'ébullition: on introduit
l'acide pesé dans une carafe jaugée de 1 litre ; on ajoute
de l'eau distillée et on remue le tout ; on continue ainsi
jusqu'à ce que l'eau acidulée représente le volume de 1
litre. On introduit la carafe dans un seau d'eau pour faciliter son refroidissement — car le mélange de l'eau avec
l'acide — a fait élever la température. Lorsque la liqueur
est revenue à la température ordinaire, on complète
le litre et on verse le tout dans un flacon bien bouché.
10 centimètres cubes de cette liqueur normale sulfurique
neutralisent exactement 0^{g}212 d'ammoniaque. Cette quantité correspond à 0^{g}175 d'azote.

On dissout 200 grammes environ de sucre blanc dans un
litre d'eau. On introduit d'autre part dans un mortier de
porcelaine 20 grammes environ de chaux éteinte, et on
verse un décilitre d'eau sucrée : on broie pendant cinq
minutes, on vide le contenu du mortier dans une bouteille
et on recommence ainsi jusqu'à ce que toute l'eau sucrée
ait servi au broyage de la chaux. On abandonne le mélange
à lui-même pendant quelques heures ; on décante et on

---

(1) Le poids de la soude doit représenter environ le quart de la chaux employée. Plus on augmente la proportion de soude et plus le mélange est fusible.

filtre. On obtient ainsi une solution de *sucrate* ou *saccharate de chaux* que l'on conserve dans un flacon bouché.

Ces réactifs étant préparés, on peut procéder au dosage de l'azote.

La décomposition de la substance sera opérée dans un tube en fer étiré bien soudé à l'une de ses extrémités , et dont le diamètre intérieur aura un centimètre et demi. J'ai réduit la longueur de ces tubes à 34 centimètres pour les analyses de guanos, noirs de raffinerie et poudrettes ; mais elle devra être portée à 60 centimètres s'il s'agit de décomposer des substances d'une difficile combustion, telles que déchets de laines , débris de poissons ; cuirs, crins, etc. Un fourneau en tôle reçoit ce tube et permet de le chauffer très également.

J'emploie souvent un fourneau en tôle permettant de chauffer trois tubes à la fois. Cette disposition abrége le temps des opérations, mais nécessite une grande surveillance pendant qu'elles s'accomplissent.

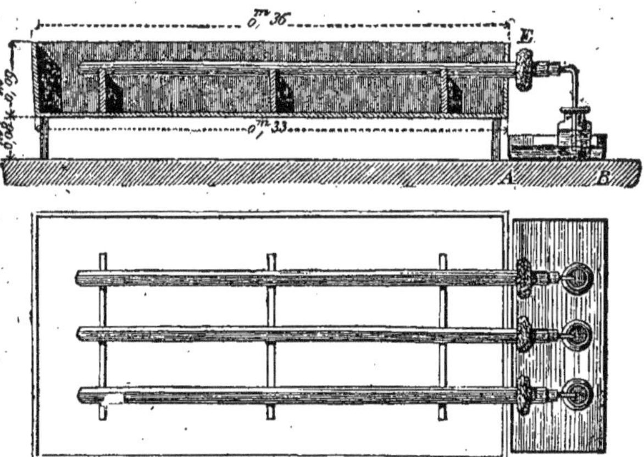

Si l'on pouvait disposer du gaz de l'éclairage, le mieux

serait certainement d'y avoir recours. Avec lui et à l'aide du fourneau à tubes de Wiesneg, on porte au rouge en vingt ou trente minutes un tube de 60 centimètres de longueur.

Un excellent bouchon adapté à l'orifice du tube, reçoit un petit tube coudé plongeant dans un flacon de 35 centimètres cubes environ; c'est dans ce flacon qu'on introduira la liqueur sulfurique destinée à fixer et à neutraliser l'ammoniaque. Les chimistes emploient en général pour cette

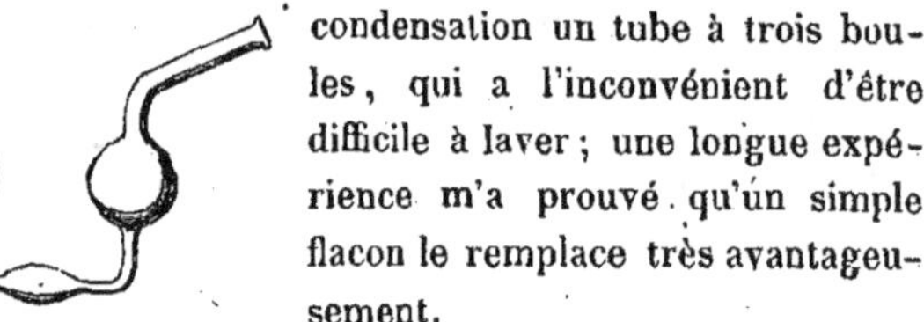

condensation un tube à trois boules, qui a l'inconvénient d'être difficile à laver; une longue expérience m'a prouvé qu'un simple flacon le remplace très avantageusement.

Une éponge ou un linge E entoure l'extrémité du tube de fer, et comme on peut l'arroser pendant sa combustion, soit avec une pipette, soit à l'aide d'un flacon à robinet, le bouchon de liége est préservé de la décomposition par la chaleur. Voici maintenant la pratique de l'opération, et pour que ses moindres détails vous soient familiers, je les mets en pratique sous vos yeux.

J'introduis tout d'abord dans le tube chaud et sec, à l'aide d'une petite feuille de cuivre ployée, 5 décigrammes d'acide oxalique, puis 4 à 5 centimètres de chaux sodée pulvérulente et chaude. La matière à décomposer est mélangée dans un mortier de porcelaine sec et chaud avec de la chaux sodée, versée avec précaution dans la feuille de cuivre et introduite dans le tube, qui en ce moment offre encore un espace vide de 15 centimètres *au moins*. Je remplis cet espace avec de la chaux sodée en partie pulvérulente, et je recouvre le tout d'un tampon d'amianthe. Il ne me reste plus qu'à fermer le tube avec son bouchon, à le placer sur le fourneau et à le frapper légèrement dans toute sa longueur pour tasser la matière et faciliter le passage des gaz.

A l'aide d'une pipette graduée, je verse dans le petit flacon 10 centimètres cubes d'acide sulfurique normal, que j'additionne de 10 centimètres cubes d'eau pure ; j'introduis le tube coudé dans le liquide et tout est désormais disposé pour le dosage de l'azote.

Je chauffe le tube *en commençant par la partie antérieure* ; une petite plaque de tôle échancrée que l'on promène avec la pince permet de porter cette partie antérieure au rouge avant que la matière azotée éprouve l'action décomposante de la chaleur. Bientôt j'arrive à la chauffer elle-même, et comme vous le voyez, Messieurs, il se dégage très peu de matières brunes incomplètement brûlées. Cela s'explique facilement, parce que, dans leur passage et avant d'arriver à la liqueur normale sulfurique, ces matières ont été décomposées par la chaux sodée rougie. Un chauffage effectué rapidement et sans méthode, cause un dégagement de substances goudronneuses qui, souvent, ôte toute valeur à l'opération, comme vous allez bientôt le comprendre.

L'azote se dégage à l'état d'ammoniaque et est absorbé intégralement par la liqueur normale ; les dernières traces de ce gaz sont chassées par les produits non azotés de la décomposition de l'acide oxalique. Lorsque les bulles cessent de traverser le liquide du flacon, on enlève rapidement le bouchon, ou encore on brise le tube coudé et on verse la liqueur normale dans un verre à boire cylindrique placé sur une feuille de papier blanc. Vous remarquerez, Messieurs, que je rince le flacon à deux reprises, et que je verse chaque fois le liquide dans le verre. De cette façon, je suis sûr d'opérer sur toute la substance acide modifiée par le passage de l'ammoniaque.

Il s'agit maintenant de reconnaître la puissance acide des 10 centimètres cubes de cette liqueur normale que j'ai étendue et dans laquelle une portion de l'acide primitif a été neutralisée par l'ammoniaque. Vous pressentez déjà que la puissance acide déterminée avant la combustion, puis après le passage du gaz alcalin, correspond à une différence d'autant plus grande que le gaz ammoniacal — donc l'azote — aura été plus abondant. L'emploi du saccharate de chaux conduit facilement à ces résultats.

Voici comment il faut procéder :

On remplit de saccharate de chaux une burette de Gay-Lussac ou le tube gradué à robinet dont je me suis servi devant vous pour le dosage de l'acide phosphorique; on verse dans un verre 10 centimètres cubes de liqueur normale sulfurique et on y ajoute quelques gouttes de teinture bleue de tournesol : la liqueur devient rouge immédiatement. En laissant alors tomber goutte à goutte le saccharate de chaux et agitant le liquide rouge jusqu'à ce qu'il devienne bleu, puis lisant le nombre de divisions exprimant le saccharate de chaux employé pour neutraliser l'acide, on a un premier résultat ; on connaît, en un mot, la puissance neutralisante des 10 centimètres cubes de liqueur sulfurique exprimée en fonction du saccharate de chaux employé.

Si l'on fait la même opération sur le liquide acide en partie neutralisé par le dégagement d'ammoniaque provenant de l'engrais, on a un résultat différent du premier ; or, voici le calcul à faire à l'aide de ces documents numériques.

Un gramme de noir desséché provenant d'une raffinerie de Nantes a été décomposé par de la chaux sodée.

10 centimètres cubes de la liqueur normale sulfurique saturés avant l'opération ont absorbé, en saccharate de

chaux........................... 81,5 divisions.

10 centimètres cubes de la même
liqueur après l'opération, ont absorbé
pour atteindre leur point de saturation . 64   —

Différence........ 17,5 divisions.

On peut donc établir la proportion :

$$81,5 : 10^{cc} :: 17,5 : x.$$

x représente le nombre de centimètres cubes d'acide
correspondant à l'ammoniaque absorbée.

Tirant la valeur de x, on à

$$x = \frac{10^{cc} \times 17,5}{81,5} = 2^{cc},14.$$

Mais comme nous avons vu que 10 centimètres cubes
d'acide normal représentent $0^{g},175$ d'azote, nous pouvons
poser la proportion :

$$10^{cc} : 0^{g},175 :: 2^{cc},14 : x.$$

$$x = \frac{0^{g},175 \times 2^{cc},14}{10^{cc}} = 0^{g},037.$$

L'engrais renferme 37 millièmes d'azote.

Certains engrais très riches en combinaisons azotées, et
notamment les guanos, perdent pendant la dessiccation
antérieure à leur pesage une notable quantité d'azote qui
s'échappe à l'état d'ammoniaque. Pour éviter ce grave
inconvénient, on lave dans de l'acide titré l'air utilisé pour
la dessiccation.

Voici l'appareil qui permet de réaliser cette amélioration.

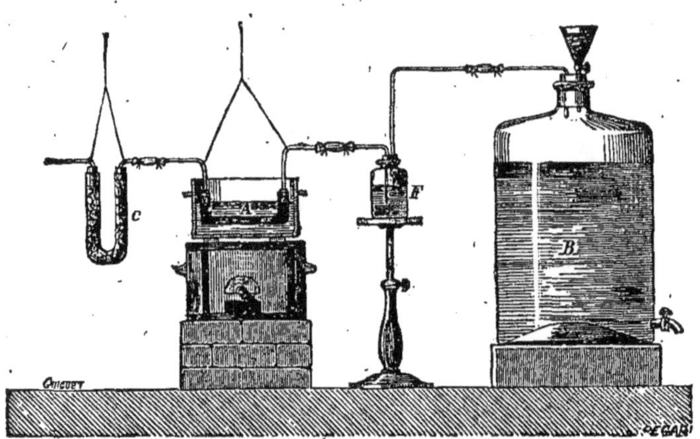

Le grand flacon B remplit le rôle d'aspirateur.

Le petit flacon F contient 10 centimètres cubes de liqueur
sulfurique normale étendue d'eau. L'engrais pesé est placé
dans le tube coudé chauffé au bain-marie. Si on ouvre le
robinet inférieur du grand flacon, l'eau s'écoule ; un volume
d'air correspondant s'introduit dans l'appareil, mais il faut
qu'il traverse le tube dessiccateur c contenant du chlorure
de calcium, puis le tube A où l'engrais subit l'action de la
chaleur, puis enfin, la liqueur normale.

En résumé, on remplit d'eau le flacon d'appel, et on
verse un décimètre cube de la liqueur normale sulfurique
dans le flacon F ; on introduit alors la substance à dessécher
dans le tube courbé A, chauffé par le bain qui le renferme.
On ouvre le robinet du flacon d'appel et on détermine par
cela même le courant dessiccateur, qui entraîne avec lui,
selon la nature de l'engrais, une plus ou moins grande
quantité d'ammoniaque ; cette ammoniaque est retenue en

totalité par l'acide sulfurique ; de telle sorte que, si la
dessiccation terminée, on titre ce même acide au moyen du
saccharate de chaux, d'après la méthode indiquée, on
obtient immédiatement la quantité d'azote que, dans les
circonstances ordinaires, on n'eût point fait entrer dans le
calcul relatif à la composition de l'engrais.

Certaines matières azotées fertilisantes se décomposent
avec tant de facilité à froid — les sels ammoniacaux, le
guano péruvien, en offrent l'exemple — qu'on peut doser
leur azote, sans opérer de combustion. Supposez, en effet
que, dans une capsule, on introduise 1 ou 2 grammes de
matières ammoniacales avec 20 centimètres cubes d'une
solution concentrée de potasse ou de soude caustique.
L'ammoniaque se dégagera complètement. Or, si on dispose
la capsule sur un vase cylindrique renfermiant 10 ou 20
centimètres cubes de liqueur sulfurique normale et qu'on
recouvre le tout d'une cloche hermétiquement fermée, la

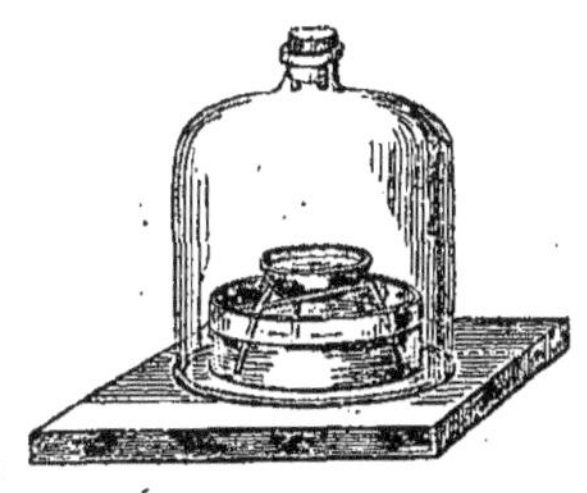

liqueur acide absorbera nécessairement l'ammoniaque. Un
titrage par le saccharate de
chaux permettra d'en apprécier la proportion exacte.

Cette opération exige environ
48 heures. On s'assure qu'elle
est terminée, en suspendant
avec précaution un papier de tournesol rougi et humide,
dans la partie supérieure de la cloche. S'il y avait, dans
cette cloche, de l'ammoniaque non absorbée par l'acide, le
papier deviendrait bleu. Vous comprendrez facilement,
Messieurs, que l'emploi de ce procédé soit limité à des cas
tout spéciaux. Il ne faut songer à l'utiliser que lorsque
l'azote est tout entier à l'état de sel ammoniacal dans
l'engrais, ou encore lorsqu'on veut analyser un guano

péruvien. En tout état de cause, il demande un temps considérable, et on n'est jamais parfaitement sûr que l'opération ait été complète. C'est donc sous réserve que je le signale à votre attention.

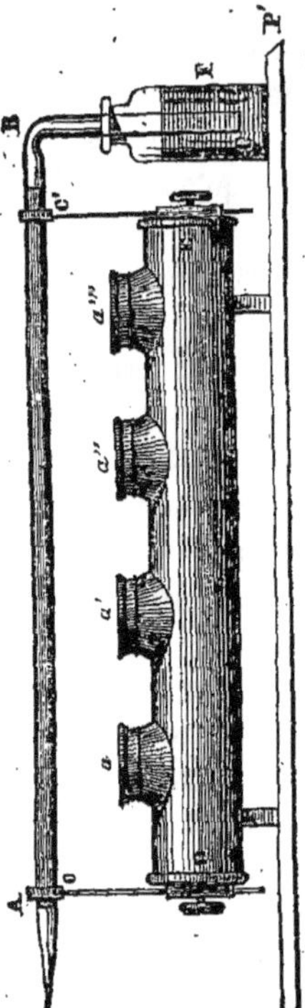

J'ai tenté, Messieurs, de simplifier le dosage de l'azote des engrais facilement décomposables, tels que sels ammoniacaux, guanos, poudrettes, noirs de raffinerie, chairs et sang secs, et de le rendre d'une pratique abordable par tout agriculteur intelligent ; j'y suis parvenu en construisant le petit appareil que je vous présente et auquel j'ai donné le nom d'*ammonimètre*.

C'est une lampe à alcool en cuivre D E dont les ouvertures a a' a'' a''' sont munies de porte-mèches circulaires à ouvertures rectangulaires et d'obturateurs à vis, fermant d'une manière hermétique. Un tube en verre vert A B de 0,01 de diamètre, et de 0,18 de longueur de la pointe à la courbure, reçoit la chaleur fournie par la lampe. C C' est une feuille contournée de cuivre gratté, dont on peut se passer lorsque le tube de verre offre une résistance suffisante à l'action de la chaleur, en raison de son épaisseur. M. Violette, très habile expérimentateur bien connu par son traité de *Manipulations chimiques simplifiées,* remplace cette lame par un fil de fer placé longitudinalement sur le tube et maintenu adhérent à l'aide de quelques passes en spires d'un fil de fer très fin. Enfin F est un flacon de 0^m,075 de hauteur et de 0^m,033 de diamètre , destiné à contenir la liqueur normale sulfurique.

Je poserai tout d'abord en principe que :

Deux décigrammes de guano ou d'engrais quelconque, renfermant au moins un centième d'azote, peuvent être parfaitement décomposés au moyen de 13 centimètres cubes de chaux sodée finement pulvérisée.

La décomposition est opérée en 15 minutes environ, à l'aide d'une lampe à alcool convenablement disposée.

L'absorption de l'ammoniaque peut être complètement effectuée sous l'influence de la liqueur sulfurique contenue dans un flacon au fond duquel plonge l'extrémité coudée du tube à décomposition.

Enfin , si l'emploi de 2 décigrammes de matière est largement suffisant pour l'analyse d'un guano ordinaire, il convient, pour les engrais moins azotés, tels que poudrette, etc., de brûler 3 décigrammes de la substance.

Procédé.

I. — La substance étant pesée et la chaux sodée bien pulvérisée, on coude un tube en verre vert de 0^m,010 de diamètre, en l'étranglant sensiblement à l'endroit de la courbure. Les dimensions du tube ainsi façonné doivent être les suivantes: petite branche, 0^m,070 ; longue branche, 22 centimètres.

II. — On sèche et nettoie l'intérieur du tube, et, au moyen d'une tige métallique, on pousse, jusqu'à sa partie étranglée, un tampon d'amiante destiné à arrêter les substances solides, sans opposer cependant de résistance au passage des gaz.

III. — On introduit rapidement de la chaux sodée en

poudre grossière, dans une longueur de 3 centimètres, à partir du tampon d'amiante.

IV. — On verse ensuite de la chaux sodée très fine, intimement mélangée avec la matière à brûler, et de manière à former dans le tube une colonne de 9 à 10 centimètres environ. On termine par l'introduction de chaux sodée pure, à laquelle on ajoute quelques cristaux d'acide oxalique.

V. — Cela fait, on étire et on ferme l'extrémité de la longue branche du tube en la présentant à la flamme d'un

éolipyle et la tournant adroitement sous une inclinaison de 45 degrés environ. A cet instant, le tube ne doit plus mesurer que $0^m,18$ de la pointe à l'angle de courbure.

VI. — Si le tube est mince, et qu'on craigne sa déformation sous l'influence de la chaleur, on introduit sa longue branche dans un fourreau en cuivre gratté, qu'on improvise en contournant simplement une petite feuille rectangulaire de cet alliage. Cette feuille a les dimensions suivantes : $0^m,17$ sur $0^m,046$. J'ai fait 40 opérations avec la même feuille, dont l'état est encore parfait.

VII. — J'emploie, pour l'application de la chaleur, la lampe cylindrique à 4 mèches, munie de deux petites tiges verticales et à fourches, destinées à soutenir le tube à combustion. Lorsque ce tube est en place, sa petite branche pénètre dans le flacon renfermant la liqueur normale sulfurique, préalablement étendue d'eau.

VIII. — La combustion doit être conduite selon les règles ordinaires, c'est-à-dire *en portant tout d'abord au rouge la partie antérieure du tube,* ce à quoi on arrive facilement,

en ne découvrant les porte-mèches de la lampe qu'au fur
et à mesure de la marche de l'opération.

Il est commode de se servir d'une pince dite brucelles,
pour exercer une traction sur les mèches pendant le cours
de la combustion et leur donner leur maximum de sortie
vers la fin de l'opération. On ne saurait trop veiller,
d'autre part, à ce que les courants d'air soient évités pendant qu'on fait rougir le tube de l'*ammonimètre*.

IX. —. La combustion terminée, on évite l'absorption
en brisant l'extrémité effilée de l'appareil ; on laisse refroidir quelques instants, et, soulevant le tube avec précaution,
on immerge, à plusieurs reprises, sa courte branche dans
une petite quantité d'eau pure destinée au rinçage ultérieur
du flacon à acide.

X. — Il ne reste plus qu'à faire la saturation, comme à
l'ordinaire, au moyen de la liqueur de saccharate de chaux.
J'emploie, dans ce but, une dissolution assez étendue et
contenue dans une burette divisée en dixièmes de centimètre cube.

Comme on le voit, ce mode opératoire exclut complètement l'emploi des bouchons, dont la nature poreuse et
l'échauffement pendant les analyses donnent si souvent lieu
à des résultats entachés d'erreur. S'il a l'inconvénient de
ne comporter que la combustion de faibles quantités de substance, il a, en revanche, l'avantage d'offrir des garanties
contre la plus minime déperdition d'ammoniaque. Il ne
faut pas oublier, d'ailleurs, qu'il est spécialement destiné
aux analyses commerciales, et que la richesse en azote
des guanos s'élève quelquefois jusqu'à 17 °/₀.

En résumé, l'expert ou le cultivateur peut, en quelques
minutes, faire un dosage exact au moyen d'un appareil de 26
centimètres de longueur et de 10 centimètres de hauteur.
L'emploi des grilles à tubes, du charbon, des pinces, des

bouchons, des appareils à boules, est évité, et il devient possible de transporter, dans un petit nécessaire, l'instrument destiné à vérifier la composition d'engrais trop souvent altérés par la fraude (1).

(1) Le prix de l'ammonimètre est de 25 fr.; on le trouve avec l'instruction chez M. Fontaine, fabricant de produits chimiques, rue Monsieur-le-Prince, nᵒ 48, à Paris.

DIX-SEPTIÈME LEÇON.

Les engrais mixtes. — Traditions et progrès. — Composition et pouvoir absorbant des litières. — Nature des déjections et des urines. — Poids du mètre cube et composition des différents fumiers. — Rapport des aliments et de la litière au fumier obtenu. — Méthode d'évaluation de M. G. Heuzé. — Divers procédés de production et de conservation des fumiers. — Réflexions sur leur emploi. — Conclusion.

MESSIEURS,

En vous parlant jusqu'à ce jour des engrais riches en acide phosphorique et de ceux qui nous offrent l'azote assimilable à son maximum de condensation, j'ai appelé vos regards sur un terrain véritablement industriel ; dans le plus grand nombre des cas, en effet, la recherche et l'appropriation des phosphates, la conservation et la mise en valeur des substances azotées, constituent des opérations manufacturières. Cela explique, disons-le en passant, les progrès accomplis depuis vingt ans à peine dans cette branche de l'activité productrice.

Les engrais dont la production incombe plus particulièrement au cultivateur, sont ceux qui dérivent immédiatement de la culture. Ce sont là des *engrais mixtes*, c'est-à-dire des substances dans lesquelles l'azote et les phosphates associés à une forte proportion de substance végétale, sont éminemment propres à la fertilisation du sol. Le fumier en est le type, et c'est sur les propriétés de cette précieuse substance, que je me propose d'appeler aujourd'hui votre attention.

En abordant un tel sujet, je ne me fais pas illusion, Messieurs, et je sens qu'il m'est fort difficile d'être neuf, peut-être même utile à beaucoup d'entre vous. Sur cette matière, les bons traités ne font pas défaut, et je dois me borner à en résumer les conclusions générales. J'essaierai cependant, en accomplissant cette tâche, de vous mettre en garde contre certaines erreurs trop généralement répandues, et de faire justice d'hérésies qui s'imposent sous l'appellation fort élastique de *traditions,* au grand détriment de la production agricole.

Tout le monde a la prétention de savoir ce que c'est que du fumier. Lorsqu'un propriétaire dédaigneux des enseignements scientifiques déclare qu'il a employé 20 ou 30 mètres cubes de fumier, il croit naïvement qu'il a exprimé un fait bien déterminé. Demandez-lui ce que pesait cette engrais, à combien il revient, ce qu'il a perdu de principes utiles pendant le temps écoulé entre sa production et son emploi; demandez-lui, enfin, pourquoi le fumier consommé semble, dans certaines circonstances, supérieur au fumier frais, et à quelles lois est définitivement subordonnée la méthode à suivre à cet égard ; sur tous ces points, le propriétaire auquel je fais allusion restera muet : il se bornera à vous dire que nos pères agissaient au mieux, et que les imiter est sage. Un homme de progrès ne se paie pas de telles raisons, il observe avec sagacité, et il suit docilement les bons exemples.

Un agriculteur fort instruit me tenait, il y a quelques jours à peine, le langage suivant: « J'ai, d'après votre conseil, répandu chaque jour du phosphate fossile sur la

litière de mes étables. Le fumier produit dans ces conditions a acquis une supériorité d'action dont les faits ne me
permettent pas de douter désormais; mes fermiers ont été
témoins de mes essais, ils y ont coopéré. Eh bien ! je suis
persuadé que jamais une telle méthode ne sera appliquée
par eux pendant mon absence; car ils n'admettent pas
que le cube de fumier restant le même, on puisse avoir
avantage à augmenter la dépense affectée à sa production. »
Ainsi raisonnent, Messieurs, ces cultivateurs sans instruction élémentaire, que l'on oppose trop souvent aux hommes
de progrès. Qu'on leur offre effrontément du noir de
raffinerie à 5 et 6 fr. l'hectolitre, ils acceptent; qu'on leur
parle d'améliorer leur fumier, ils sont incrédules. Et voilà
les modèles qu'on vous propose. Ah! Messieurs, je croirais
vous faire injure en vous demandant quelle voie vous
voulez suivre, et votre présence ici me semble un gage de
vos convictions. Acceptons les traditions, soit; mais que
ce soit au moins sous bénéfice d'inventaire.

Et puisqu'on parle de traditions, pourquoi ne pas rechercher les bonnes; elles ne font pas défaut sur la question
si importante de la production du fumier. « *Sterquilinium
magnum stude ut habeas : stercus sedulo conserva.* » —
Attachez-vous à obtenir un gros tas de fumier : conservez
soigneusement vos engrais — disait Caton (1); « une
métairie, dit à son tour Varron (2), doit avoir deux fosses
à fumier. Si elle n'en a qu'une, celle-ci doit être divisée
et à double entrée, car dans l'un des compartiments, il
faudra porter le nouveau fumier de la ferme : l'engrais
ancien, contenu dans l'autre compartiment, sera porté aux
champs. »

(1) *De Re Rustica*, cap. v.
(2) *De Re Rustica*, lib. i, cap. xiii.

S'agit-il d'une petite ferme manquant de bétail, écoutez ce que dit Columelle (1) : « Je sais qu'il est certaines métairies où l'on pourrait n'avoir ni bestiaux ni volailles ; cependant *il faut qu'un cultivateur soit bien négligent, si même en un tel lieu, il manque d'engrais.*

» Ne peut-il pas recueillir et entasser des feuilles quelconques et le terreau qui s'amasse aux pieds des buissons et dans les chemins ? Ne peut-il pas obtenir la permission de couper la fougère chez un voisin auquel cet enlèvement ne fait aucun tort, et la mêler aux immondices de la cour?

» Ne peut-il pas creuser une fosse à engrais... et y réunir la cendre, les ordures des cloaques, les chaumes et toutes espèces de balayures? »

La conservation du purin, la conduite de la fermentation, la préservation du fumier des influences desséchantes sous les climats ardents, sont traitées par le même auteur avec une si grande précision, qu'il semble vraiment en le lisant qu'on écoute un enseignement de la veille.

« Ayez deux fosses à engrais, l'une pour recevoir les nouvelles curures de vos étables et les conserver pendant un an, tandis que l'on emploiera le fumier ancien contenu dans l'autre. Toutes deux seront, comme les piscines, sur un sol légèrement incliné, *murées et pavées, de manière à ne laisser échapper ni infiltrer aucun liquide ; car il est très important de conserver au fumier toute sa force en évitant la dessiccation des sucs, et de le laisser macérer dans une continuelle humidité.* De cette manière, s'il se trouve mêlées aux litières et aux pailles quelques graines d'épines ou de mauvaises herbes, elles pourrissent et ne vont pas salir les récoltes des champs sur lesquels on les porte avec l'engrais. Les cultivateurs habiles couvrent avec des claies

_____

(1) Lib. i, cap. vi.

de branchage tout ce qu'ils ont retiré de leurs bergeries et de leurs étables, pour empêcher qu'il ne soit desséché par les vents, ou brûlé par les rayons du soleil. »

Si l'on veut imiter le passé, il faut l'imiter dans ce qu'il a de bon; et vous m'accorderez, Messieurs, que les préceptes de l'antiquité valent bien l'apathie dont on nous cite quelquefois les prétendus avantages.

Mais sans sortir du temps présent, il suffit de changer de pays et d'observer, pour comprendre l'importance des progrès agricoles possibles. En Bretagne, on jette généralement avec peu de soin le fumier dans les cours: il s'y dessèche, et les liquides sont perdus. Telle est, dit avec raison le savant auteur de l'*agriculture des Côtes-du-Nord,* la pratique généralement suivie (1). En Suisse, au contraire, et plus spécialement dans l'Oberland Bernois, les paysans mettent une véritable coquetterie à entourer les tas de fumiers avec des tresses de paille; la propreté y gagne en même temps que l'évaporation trop rapide de l'humidité ou le dégagement de l'ammoniaque sont paralysés. Ce but est si complètement atteint, dit le docteur Sacc, « qu'à deux centimètres au-dessous de cette couche extérieure de paille, si fraîche et si propre, la putréfaction est déjà complète, ce qui n'arrive jamais aux fumiers hérissés et informes autour et dans lesquels l'air joue presque librement (2). »

« Nous avons enfin vu du fumier, du vrai fumier, comme tout le monde devrait en faire et comme on n'en sait pas faire, » écrivait il y a quelque temps M. Rohart (3), de retour d'une excursion à Grignon. « La masse entière,

(1) *Agriculture française* par MM. les Inspecteurs d'agriculture, département des Côtes-du-Nord, pag. 130.

(2) *Chimie agricole,* pag. 77.

(3) *Annuaire des engrais,* mars et avril 1863, pag 114.

ajoute cet industriel, est pénétrée de purin avec une régularité parfaite. Pas un atome de paille n'a pu y échapper, et le tas est dressé avec tant de soin, qu'à distance on croirait voir le mur d'une citadelle. Le purin suinte extérieurement à travers cette masse, toute la fibre végétale en est imprégnée comme une éponge, et le vernis qu'il y dépose par évaporation au seul contact de l'air, ferait croire à une couche de goudron.

Ce qui n'est pas moins curieux à constater, c'est qu'il est impossible à l'odorat de percevoir, autour ou même sur ces masses considérables en voie de décomposition, la moindre odeur ammoniacale.

Ce résultat est d'autant plus remarquable, qu'il n'entre pas un atome de plâtre ou d'agent fixateur quelconque pouvant arrêter chimiquement l'ammoniaque au passage. Il est bon de voir des choses bien faites, avec soin, avec méthode, et surtout avec simplicité. Pour qui sait *voir*, la satisfaction est d'autant plus grande que cela ne représente que deux choses qui n'ont pas coûté un petit écu pour réaliser une perfection aussi complète : l'intelligence et le travail.

L'homogénéité de ces masses est tellement complète que nous avons vu debout les dernières parties d'un tas qui n'avait guère que l'épaisseur d'une muraille, et qui conservait parfaitement la perpendiculaire. On les coupait à la bêche pour les conduire aux champs. Trois semaines ou un mois de fermentation et d'arrosage suffisent pour obtenir ce résultat.

L'aspect du fumier ainsi préparé est des plus satisfaisants; on le croirait gras et onctueux, en raison du purin interposé entre chaque particule solide; ce dernier y est concentré, y est devenu épais comme de la mélasse. Vienne la pluie, elle dissoudra ce purin sirupeux, le répartira éga-

lement sur toute la couche arable., en même temps que
la fibre végétale , non entièrement décomposée, s'isolera et
aidera à l'ameublissement et à l'aérage du·sol , tout en lui
fournissant l'élément humifère artistement préparé, c'est-
à-dire disposé par une bonne fermentation préalable à
une assimilation facile par les plantes. »

Ce type de fumier aménagé avec intelligence est donc
bien rare, que l'on s'extasie dès qu'on le rencontre? Oui,
en vérité, et en regard des rapides progrès de la mécanique agricole, des coutumes déplorables régissent encore
dans les neuf dixièmes des cas : la production et la conservation du plus précieux des engrais. Essayons d'apprécier avec exactitude les conséquences agricoles de cet
état de choses, et pour cela jetons un coup-d'œil sur la
composition du fumier. Cette tâche est rendue facile par les
nombreux travaux publiés sur cette question, et au nombre
desquels je vous signalerai plus particulièrement les notices
intitulées : *La fosse à fumier,* par M. Boussingault ; *Les
fumiers considérés comme engrais,* par M. J. Girardin ; le
chapitre *fumier* du *cours d'agriculture pratique* de M.
Gustave Heuzé, ancien fermier de Grand-Jouan, et aujour-
d'hui professeur à Grignon.

Quels sont les éléments constitutifs du fumier? Existe-
t-il un rapport exact entre la quantité des matières·ali-·
mentaires fournies aux animaux et la masse de fumier
obtenu ? Voilà tout d'abord ce que nous devons connaître.
Ces points bien établis, nous rechercherons ensemble à
quelles lois générales on doit subordonner les pratiques
de la préparation, de la conservation, et enfin de l'emploi
des fumiers.

On appelle fumier, une litière imprégnée de déjections.
Il en résulte qu'en faisant varier la litière ou l'espèce
animale , on fera varier le fumier lui-même.

La litière le plus ordinairement employée est la paille de céréales ; elle assainit l'étable par ses propriétés absorbantes, et elle procure au bétail un coucher doux et peu humide.

La composition moyenne de cette paille est la suivante pour 100 parties :

	Paille de froment.	Paille de seigle.	Paille d'orge.
Albumine (1)...............	3,1	1,5	1,9
Phosphates et sels divers....	6,0	3,0	4,0
Ligneux, substances non azotées....................	78,6	76,9	79,9
Eau......................	12,3	18,6	14,2
	100,0	100,0	100,0

C'est là, sans contredit, une excellente litière, bien que, dans certains cas cependant, il y ait avantage à lui adjoindre et à lui substituer même, des débris végétaux divers ou des terres, marnes, tourbes, etc.

La propriété absorbante des litières pour l'eau a été déterminée par M. Boussingault. Cet agronome a trouvé que pour vingt-quatre heures d'imbibition :

100 kilog. de paille de froment ont retenu.	220^k d'eau.
— paille d'orge...............	285
— paille d'avoine...........	228
— paille de colza...........	200
— feuilles de chênes tombées..	162
— bruyère.................	100
— sable quartzeux...........	25
— marne..................	40
— terre végétale séchée à l'air..	50

(1) L'albumine contient 17,5 °/₀ d'azote.

Ces chiffres démontrent la grande aptitude des pailles à l'imbibition , et permettent de s'expliquer qu'une proportion minime de litière réalise · l'absorption d'une assez grande masse de déjections.

La faculté d'absorption de la litière pour les gaz n'est pas moins remarquable, et si on veut neutraliser immédiatement le dégagement des principes ammoniacaux (sulfhydrate, carbonate), que l'odorat perçoit sur une couche de fumier en fermentation, il suffit d'y répartir une faible couche de paille. Plus la paille est sèche et mieux l'expérience réussit. Pour constater le dégagement de l'ammoniaque des fumiers et l'absence d'émanations obtenue par l'addition de paille sèche, M. le docteur Brame emploie un petit flacon à large ouverture, rempli d'amiante et de pierre ponce imprégnés d'acide acétique cristallisable. Cet *ammonoscope* accuse par des vapeurs blanches fort intenses la déperdition d'ammoniaque la plus légère.

Dans les casernes de cavalerie, on a toujours remarqué que l'odeur disparaît dès qu'on répand de la litière fraîche sur le sol ; le même fait se produit dans les étables de certaines contrées où on laisse le fumier s'accumuler à ce point, que la tête des animaux arrive à toucher les solives du bâtiment. Au concours universel d'agriculture de Paris, en 1860, M. le docteur Brame avait exposé une caisse renfermant 100 kilog. de fumier : ce fumier était recouvert d'une couche de paille sèche de quelques centimètres d'épaisseur, qui suffisait pour empêcher toute émanation, malgré l'élévation de la température.

Les chiffres que je vous ai donnés tout à l'heure, et qui établissent la puissance d'absorption des différentes litières, conduisent à cette conséquence que, pour remplacer 100 kilog. de paille de froment, il faudrait employer :

77 kilog. de paille d'orge.
·96 — paille d'avoine.
110 — paille de colza.
136 — feuilles de chêne.
220 — bruyère.
880 — sable.
550 — marne.
440 — terre végétale sèche.

La tourbe, les ajoncs, les genêts, sont des matières absorbantes dont il y a quelquefois avantage à utiliser les propriétés, et, à l'époque où les animaux recevant une nourriture verte abondante fournissent des déjections très liquides, M. Liazard a souvent eu occasion d'absorber les purins avec facilité, au moyen de tourbe répartie dans les étables ou à la surface des fumiers qu'il arrosait.

Les déjections doivent désormais fixer notre attention. Elles sont formées de bile, de sécrétions intestinales, de matières organiques non digestibles, d'aliments non digérés, le tout étendu d'une assez forte quantité d'eau.

Une vache consommant 7 kilog. 500 de foin, et 16 kilog. de pommes de terre, fournit 28 kilog. 400 d'excréments, ainsi composés :

		Pour 100 parties.
Bile (1), albumine, mucus...	$0^k,575$	2,00
Phosphates et substances minérales diverses............	0,480	1,69
Ligneux, aliments non digérés.	2,945	10,37
Eau........................	24,400	85,94
	28,400	100,00

(1) La bile contient 17,5 °/₀ d'azote.

Et comme la bile, l'albumine et plusieurs principes salins sont à l'état de dissolution; la portion liquide que l'eau peut entraîner forme en résumé près des 96 centièmes de la bouse de vache.

Enfin, il nous faut rechercher la proportion et la richesse des urines qui doivent, avec la litière et les excréments, constituer le fumier complet. La vache que j'ai prise pour exemple, en fournit 7 litres 93 par vingt-quatre heures, soit 8 kilog. 200 dont voici la composition chimique pour 100 parties :

Urée (1).....................	1,85
Bicarbonate de potasse........	1,61
Sels alcalins et terreux.........	4,41'
Eau	92,13
	100,00

Comme la bile, l'albumine, l'urée, sont des matières très facilement décomposables, comme leur azote se transforme en ammoniaque sous les influences diverses que la fermentation du fumier met en jeu, on s'explique que l'échauffement de la masse d'engrais doive donner naissance aux produits principaux dont voici la nomenclature :

Carbonate d'ammoniaque. — Résultant de la décomposition de l'albumine, de la bile, du mucus et de l'urée.

Phosphates.

Sels alcalins.

Bicarbonate de potasse.

Acides bruns. — Résultant de l'altération de la cellulose.

Examinons si les faits corroborent ces conclusions *à priori.*

(1) L'urée renferme 17,5 °/. d'azote.

Voici tout d'abord les proportions relatives de l'eau, de la matière organique. et des principes minéraux contenus dans 100 kilog. de divers fumiers.

	Eau.	SUBSTANCES	
		organiques.	minérales.
	kil	kil	kil
Fumier à demi-consommé de Bechelbronn......	79,3	14,2	6,5
Fumier d'une ferme anglaise.................	65,0	24,7	10,3
Fumier frais du Jardin des Plantes...........	66,8	28,0	5,2
Fumier consommé (beurre noir) d'une ferme des environs de Nancy......................	72,2	16,7	11,1
Fumier de Grignon......................	70,5	19,2	11,4
Fumier à demi-consommé du Liebfrauenberg (1854)........................	83,0	10,8	6,2

Ce qui revient à dire que le fumier représente environ 73 °/₀ d'humidité normale : on calcule même souvent 80 °/₀; lorsqu'une charge en renferme 1,000 kilog., les trois ou quatre chevaux qui la traînent aux champs transportent en réalité 800 kilog. d'humidité. Mais ne nous empressons pas de déplorer ce résultat, avant d'avoir étudié et compris le vrai rôle du fumier dans la fertilisation du sol.

Lorsqu'on dose l'azote du fumier, on a une mesure assez exacte des combinaisons azotées assimilables (ammoniaque, acide azotique), auxquelles cet engrais peut donner naissance — si on admet que l'azote doive être exclusivement transformé en ammoniaque, ce qui est vraisemblable dans le plus grand nombre des cas — on est dès-lors conduit à adopter l'échelle que je mets sous vos yeux.

Ammoniaque
correspondant à
l'azote trouvé.

	Ammoniaque correspondant à l'azote trouvé.
Dans 100 kilog. de fumier de Bechelbronn.	0ᵏ,500
— d'une ferme an- glaise........	0,760
— de Grignon.....	0,870
— du Liebfrauen- berg (1854)..	0,430
— du Jardin des Plantes......	0,600

Si l'on ramène ces fumiers à l'état sec, l'analogie de composition est plus facile à saisir, et l'on obtient :

	Azote assimilable.	Equivalant à ammoniaque.	Acide phosphorique.
Dans 100 kilog. de fumier de Bechelbronn..........	2,00	2,40	1,00
— d'une ferme anglaise.	1,80	2,19	2,23
— de Grignon........	2,45	2,97	2,00
— du Liebfrauenberg..	2,06	2,50	1,57
— du Jardin des Plantes.	1,60	1,94	0,79

Anticipant sur ce que j'aurai à vous dire bientôt au sujet du rôle du fumier dans le sol, je dois vous mettre en garde contre l'opinion qui tendrait à vous faire considérer les doses d'azote et d'acide phosphorique, comme les seuls moyens d'appréciation de la puissance fertilisante du fumier.

Mais poursuivons l'examen de la composition chimique de l'engrais d'étable.

Les déjections de cheval, de mouton, de porc, diffèrent sensiblement des excréments de vache ; les fumiers qu'elles produisent se ressentent de cette différence.

Les chiffres suivants, obtenus par M. Girardin, vous permettront d'apprécier la nature de ces diverses matières :

	Excréments			
	de vache.	de cheval.	de mouton.	de porc.
Eau...........	79,724	78,360	68,710	75,000
Matières organiques.....	16,046	19,100	23,160	20,150
Matières minérales......	4,230	2,540	8,130	4,850
	100,000	100,000	100,000	100,000

La proportion relative de la substance organique et des matières minérales explique pourquoi le fumier de vache, par exemple, est d'un effet moins rapide mais plus durable que ceux de cheval, de mouton et de porc. Du reste, le fumier *normal* employé par l'agriculture est d'une nature mixte, et celui que M. Boussingault a choisi comme type, provenait de trente chevaux, trente bêtes bovines et quinze à vingt porcs; à un état moyen de décomposition, il renfermait :

Année 1837-38..............	Eau	79,6
	Matière sèche.	20,4
Année 1838-39..............	Eau.........	77,8
	Matière sèche.	22,2
Année 1839-40..............	Eau.........	80,4
	Matière sèche.	19,6
Ce qui fournit pour la moyenne..	Eau.........	80,4
	Matière sèche.	19,6

L'analyse complète d'un tel fumier a donné :

		Fumier humide.	Fumier sec.
	Eau...............	79,300	
Matières organiques.	Carbone.........	7.400	35,800
	Hydrogène......	0,900	4,200
	Oxygène........	5,300	25,800
	Azote...........	0,400	2,000
Matières minérales.	Acide carbonique.	0,134	0,644
	Acide phosphorique...........	0,201	0,966
	Acide sulfurique.	0,127	0,612
	Chlore...........	0,040	0,193
	Silice, argile et sable.........	4,449	21,381
	Chaux...........	0,576	2,769
	Magnésie.......	0,241	1,159
	Oxyde de fer, alumine.........	0,409	1,964
	Potasse et soude.	0,523	2,512
		100,000	100,000

Dans le fumier *fait* de Grignon, M. Soubeiran avait trouvé :

Eau....................................	69,40
Matières organiques.....................	19,20
Sels alcalins...........................	0,87
Carbonates de chaux et de magnésie.......	1,75
Sulfate de chaux.......................	1,31
Phosphate ammoniaco-magnésien.........	1,13
Autres phosphates et principalement phosphate de chaux......................	0,47
Matières terreuses.....................	5,87
	100,00

Ce fumier renfermait 1,34 d'azote °/₀. Cet azote était ainsi réparti :

Azote des sels ammoniacaux solubles........ 0,11
   — du phosphate ammoniaco-magnésien... 0,06
   — de la matière organique............. 1,17

Voici enfin une analyse de Bracounot, effectuée sur un fumier consommé, habituellement désigné sous le nom de beurre noir :

Eau....................................	72,20
Matières organiques et sels solubles (particulièrement des sels de potasse)...........	1,50
Sels insolubles, sable, etc...............	10,27
Paille convertie en tourbe................	12,40
Matière tourbeuse très divisée analogue à la précédente........................	3,63
	100,00

En résumé, le fumier nous représente une matière dérivée de la végétation, et contenant dès-lors tous les principes nécessaires à une végétation nouvelle. L'état physique du fumier, les phénomènes chimiques qui motivent et accompagnent sa fermentation, rendent certaine l'assimilation régulière de ses principes actifs. Le sol enfin est ameubli de la manière la plus heureuse, et amené à un état très favorable à l'absorption et à la conservation des principes atmosphériques fécondants, en raison de ses propriétés acquises sous l'influence d'un fumier convenablement préparé.

Pour en terminer avec ces questions de chiffres, j'appellerai votre attention sur le poids du mètre cube de

fumier et sur les moyens de calculer *à priori*, l'importance de sa production.

Divers auteurs adoptent :

Pour le fumier *fait* de bœuf................ 700 kilog.
Pour le même fumier *frais*............... 580
Pour le fumier *fait* de cheval............. 465
Pour le fumier *fait* du bétail............. 700 à 750
Pour le même fumier fortement tassé..... 820

M. Heuzé fait observer avec raison, que le degré d'humidité des fumiers ainsi que leur tassement plus ou moins
considérable dans les fosses ou sur les plates-formes,
exercent une grande influence sur le poids du mètre
cube.

D'après le résultat de différentes pesées, M. Boussingault
admet comme poids moyen du mètre cube de fumier
normal :

Pour le fumier sorti depuis peu des étables,
mais bien tassé............................ (A) 700^k
Pour le fumier à demi consommé et très
humide tassé en fosse...................... (B) 800
Pour le fumier très consommé, humide et
fortement comprimé........................ (C) 900
Pour le fumier frais très *pailleux*, à la sortie
des étables................................ 300 à 400

Or, en supposant trois zones à peu près égales des
fumiers A, B, C, entassées dans une fosse, le poids
moyen du mètre cube de ce fumier arrivé à l'état où on le
transporte sur les champs, sera en place, de 800 kilog.

Les méthodes d'évaluation du fumier relativement à la
litière et aux aliments employés, ont été l'objet de nom-

breuses recherches. Depuis longtemps, les praticiens qui se sont donné la peine d'observer avec quelque soin , ont constaté que pendant une année :

Un cheval pouvait donner...........	10,200 kilog.
Un bœuf de travail.................	9,400
Un bœuf à l'engrais................	25,300
Une vache en stabulation...........	11,400
Une bête à laine...................	550
Une bête porcine..................	1,100

Bien des circonstances, telles que la mauvaise disposition des étables et la perte des urines , puis aussi le séjour plus ou moins prolongé des animaux au dehors des bâtiments, la nature des aliments, influent sur le rendement des fumiers. M. Heuzé rapporte (1) qu'à Grignon , en 1838, les bœufs de trait qui ont travaillé en moyenne six heures cinquante-neuf minutes pendant trois cents jours, n'ont produit que 10,100 kilog. de fumier , tandis que dans l'année 1837, où chaque tête n'a travaillé que quatre heures cinquante et une minutes, la production du fumier s'est élevée à 12,300 kilog. par chaque bœuf.

Ces résultats obtenus à la suite de longues expériences , peuvent vous guider pour l'appréciation du fumier que donneront les animaux d'une ferme; mais la science agricole exige davantage : elle cherche le *comment*, sinon le *pourquoi* des choses., et demande au raisonnement plutôt qu'à l'empirisme un guide pour ses opérations.

Meyer, Thaer, Koppe, de Thunen, de Vulfen, Block, Dombasle, Kreissig, Gœritz, Schwertz, Burger, et dans ces derniers temps MM. Dupeyrat, Heuzé, ont cherché un coëfficient propre à déterminer le fumier en fonction de la

(1) Matières fertilisantes , pag. 443.

litière et de la nourriture. Je me bornerai à vous décrire la méthode de M. Heuzé, qui est aussi simple dans son principe que dans ses applications ; elle est basée sur les expériences faites vers 1842, à Grand-Jouan, et consiste dans l'opération suivante : *réduire la nourriture et la litière, de quelque nature qu'elles soient, à l'état de siccité, et multiplier le résultat par l'un des chiffres que voici :*

Multiplicateur pour les chevaux............ = 1,30
     —   les bœufs de travail...... = 1,50
     —   les vaches .... = 2,30
     —   les porcs.............. = 2,50
     —   les bêtes à laine........ = 1,20

                       Chiffre moyen...... = 1,80

Il est nécessaire de bien s'entendre sur ce qu'on doit appeler aliment sec. Ainsi, le foin ordinaire n'est pas complètement privé d'eau : il en renferme 15 % qu'il faut déduire du poids brut de cette nourriture avant d'effectuer l'opération. Voici, du reste, pour faciliter le calcul, les proportions d'humidité contenues dans les principales substances alimentaires et dans les litières :

Fourrages.	Humidité %.	Parties sèches %.
Foin à l'état de siccité commerciale..	15	85
Fourrages verts...................	75	25
Pommes de terre..................	75	25
Rutabaga	90	10
Betteraves.......................	85	15
Carottes	87	13
Topinambours	78	22
Panais...........................	85	15
Navets...........................	90	10

Fourrages.	Humidité °/₀.	Parties sèches °/₀
Feuilles de choux , navets , etc......	90	10
Résidus de betteraves...............	70	30
Résidus de pommes de terre........	75	25
Fèves de marais....................	16	84
Tourteaux de lin et de colza.........	10	90
Vesces............................	15	85
Son..............................	25	75
Avoine	13	87
Sarrasin (graine)..................	12	88
Litières.		
Paille de céréales..................	10	90
Paille de sarrasin..................	15	85
Sciure de bois....................	25	75
Feuilles mortes....................	25	75

Voici l'application de ces chiffres. Je prendrai pour
exemple une vache suisse ne sortant pas de l'étable, et
recevant par année :

		Soit en matière sèche.
2,745 kilog. de pommes de terre ou 2,745 $\times$ 25		686^k
5,140 — de trèfle vert...... 5,140 $\times$ 25		1,285
1,800 — de betteraves...... 1,800 $\times$ 15		270
180 — paille hachée...... 180 $\times$ 90		162
2,364 — foin............ 2,364 $\times$ 85		2,009
90 — tourteaux de colza. 90 $\times$ 90		81
912 — paille litière....... 912 $\times$ 90		820
		5,313

Si je multiplie 5,313, chiffre des matières sèches, par

le coëfficient 2,30 qui se rapporte aux vaches, j'obtiens
12,219 kilog., soit environ 15 mètres cubes de fumier.

En désignant par a l'aliment ou la litière, par a' la matière sèche réelle qui y correspond, et par C le multiplicateur
en rapport avec la nature de l'animal, on a pour le poids
du fumier : $x = (a \times a') \times C$.

Un bœuf consommant 100 kilog. de foin, 250 kilog de
pommes de terre et 250 kilog de paille — litière comprise
— fournira donc

	Matière	Pommes	Matière		Matière
Foin.	sèche.	de terré.	sèche.	Paille.	sèche.

$$(100 \times 85 + 250 \times 25 + 250 \times 90) \times 1,5 = 558,750$$
$$\text{de fumier.}$$

Ces principes généraux admis, nous allons désormais
passer en revue les moyens ordinairement adoptés pour
produire, conserver et employer le fumier; chemin faisant, nous rechercherons la raison d'être de ces moyens.

Le fumier, vous ai-je dit au commencement de cette
leçon, c'est la litière imprégnée d'excréments, mais cette
litière ne sera pas toujours et nécessairement de la paille ;
le bon sens indique, en effet, que si la paille est rare, il
sera quelquefois convenable de la réserver pour l'alimentation ; et de lui substituer des substances absorbantes, ou
mieux encore, des substances à la fois absorbantes et fertilisantes. Les fanes de pommes de terre, les pailles de colza
et de sarrasin, si riches en alcalis et en acide phosphorique,
ne sauraient être dédaignées, et c'est un crime de lèse-agri-
culture que de les brûler comme on le fait quelquefois en
Bretagne. Des terres et des tourbes sèches, de la tannée,
de la sciure de bois, des feuilles et débris végétaux divers,
peuvent être dans telle ou telle circonstance employés avec
grand profit. En pareil cas, on convertit directement la

paille de céréales en lait, viande, laine, etc., en même temps qu'on utilise à l'état de litière des substances dont la valeur agricole est trop souvent méconnue.

Une pratique éclairée doit nécessairement tendre à concentrer avec soin dans le fumier toutes les excrétions des animaux, et à paralyser les influences qui pourraient en gazéifier les principes utiles. Pour arriver à ce résultat, les méthodes sont variables selon les lieux et le plus ou moins d'instruction des agriculteurs.

On peut tout d'abord supprimer la paille litière, et l'employer pour l'alimentation du bétail ; elle sera remplacée dans ce cas, en raison des convenances spéciales de l'exploitation, tantôt par de la terre sèche, tantôt par de la tourbe, ou des fanes et débris végétaux divers. C'est une pratique adoptée aujourd'hui par un grand nombre d'agriculteurs éminents. On ne saurait nier que l'emploi des litières terreuses ou tourbeuses ne soit avantageuse lorsque l'on dispose de peu de fourrage et que l'on a d'ailleurs à sa disposition un espace convenable pour la conservation de la terre sèche. Dans certaines parties de la Loire-Inférieure, on peut se procurer des terres tourbeuses à bas prix : il suffirait d'en faire une couche de 10 à 15 centimètres de hauteur, d'y jeter de temps à autre un peu de phosphate fossile, et de ramener la masse en tas dans un coin de l'étable lorsque les excréments l'auraient imprégnée, pour constituer un excellent compost. Ce que je vous dis pour la tourbe s'applique aux terres elles-mêmes, et M. Malingié affirmait, que lorsque la litière terreuse est bien entretenue, les bestiaux la préfèrent à la paille. Je dois ajouter que le système mixte peut être suivi pour essai, et qu'il vous serait souvent facile d'assainir vos étables et d'augmenter vos engrais, en plaçant des terres, sables et tourbes sous les litières ordinaires. Quoi qu'il en

soit, il est fort délicat de louer ou de blâmer une méthode, sans avoir égard aux cas spéciaux dans lesquels
elle est appliquée: il en est ainsi, du reste, de beaucoup de
procédés analogues; avant de les condamner, il faut se
rendre compte des chiffres qui s'y rattachent.

Pour économiser la paille litière et supprimer les frais de
transport et de conservation des terres absorbantes, il y a
un autre moyen que je vous signalerai d'une manière
succincte. Dans certains cantons de la Suisse, le sol de
l'étable est en bois et incliné vers une fosse où l'on balaie
les urines et les déjections, puis on lave le plancher.
Si on emploie de la paille, on la purge des excréments
et de l'urine par un lavage, et on la fait sécher pour
l'employer de nouveau. On calcule que le liquide de la fosse
représente quotidiennement un hectolitre par tête de bétail,
lorsqu'on mélange deux volumes d'eau à un volume de
déjections. Cet engrais encombrant est connu sous le
nom de *lizier*; c'est, en somme, un mélange de bouse et
d'urine.

Voici le plan d'une étable construite dans le nord de la
France, pour l'application du système suisse et la séparation du *lizier*. Le bâtiment est en maçonnerie, et le sol en
grès.

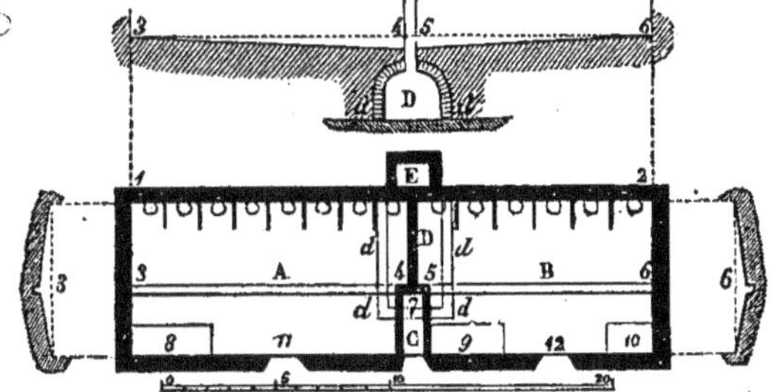

A. — Etable à vaches.

B. — Ecurie aux chevaux.

C. — Latrines.

7. — Lanterne de siége sur les latrines.

D. — Cloison de séparation.

d , d , d, d. — Citerne.

E. — Partie de la citerne dans laquelle on puise l'engrais à l'aide d'une pompe pour en remplir les tonneaux d'arrosement.

3, 4, 5, 6. — Coulisses en bois de chêne placées dans les pavés derrière les animaux, avec pente vers la citerne.

8. — Loge pour les veaux.

9. — Huche pour la nourriture des chevaux.

10. — Lit des charretiers.

11, 12. — Entrée et couloirs.

Je vous citerai également pour mémoire, la possibilité de conserver le fumier dans l'étable même où il a été produit. Ce moyen est en usage, bien que d'une manière très grossière, dans certaines parties du Limousin, où on creuse l'étable de 0^m,50 au-dessous du sol, et où on accumule la litière formée d'ajoncs et de paille, jusqu'à ce que l'animal touche aux solives du bâtiment. M. Decrombecque a amélioré cette pratique, en rendant le ratelier mobile à l'aide de montants à chevilles, puis en additionnant la paille de terre absorbante. M. le docteur Brame a étudié avec soin ce procédé de fabrication de *litière-fumier* (1), et il l'a appliqué de concert avec M. Minangoin, dans les étables de la colonie de Mettray. Ici encore les crèches sont mobiles, le sol de l'étable est à 0^m,80 au-dessous du sol extérieur, et il est recouvert d'une couche de terre ou

______

(1) *La litière-fumier,* par M. le docteur Brame. Tours, imprimerie Ladevèze, 1860.

marne sèche de 0^m,10 à 0^m,20. La litière consiste en couches alternatives de paille ou d'ajonc, et de terre ou de marne. Le piétinement des animaux rend la masse homogène, et la déperdition de l'ammoniaque est insensible *à la condition que la paille ou l'ajonc recouvre toujours la terre ou la marne; et soit renouvelée tous les jours.*

La méthode d'accumulation du fumier dans les étables a pu donner des résultats satisfaisants, lorsqu'elle était appliquée par des agriculteurs soigneux et intelligents; mais je doute fort qu'elle se propage, et j'ajouterai qu'elle ne m'apparaît que comme un pis-aller. La haute température des étables, où le fumier se tasse, et les émanations qui s'y concentrent, sont autant de causes de maladies pour les animaux. Je ne saurais admettre d'ailleurs, que l'existence d'un animal dans un air chargé de particules organiques, soit sans inconvénients graves. La propreté est une condition hygiénique aussi favorable au bétail qu'à l'homme, et M. le baron de Morogues n'a pu arrêter quelquefois la mortalité de ses bestiaux, qu'en faisant rehausser le sol des étables, et prenant toutes les précautions convenables pour y entretenir la pureté de l'air.

On comprend facilement que toute méthode basée sur la conservation du fumier dans l'étable, nécessite des constructions dispendieuses, un bon système de ventilation, et enfin l'emploi d'une grande proportion de litière. Ces conditions semblent remplies dans les étables belges décrites par Schwertz (1), et où, selon cet agriculteur, on peut recueillir et conserver une quantité de fumier beaucoup plus forte que dans les étables ordinaires. Voici, Messieurs, comment Mathieu de Dombasle (2) apprécie ces étables.

(1) *Agriculture Belge.*
(2) *Annales de Roville.*

« C'est une chose à peine croyable, dit-il', que la différence qui résulte de la disposition des étables pour la quantité de fumier qu'on obtient. Dans la Belgique, les cultivateurs calculent que chaque vache nourrie à l'étable produit, dans l'année, cinquante à soixante voitures de fumier conduites par un cheval (c'est-à-dire 32,500 à 39,000 kilog.). Cette quantité était tellement disproportionnée à ce qu'on obtient partout ailleurs, et à ce que j'avais obtenu moi-même jusque-là, qu'à mon arrivée à Roville j'ai fait disposer, afin de vérifier ce fait important, deux étables à la manière belge, l'une pour douze bœufs à l'engrais et l'autre pour douze vaches. Cette disposition consiste à pratiquer en avant des bêtes un passage pour leur donner la nourriture, et derrière elles un espace large et un peu enfoncé, dans lequel se rendent toutes les urines et où l'on jette tous les jours le fumier qu'on enlève sous les bêtes... L'expérience m'a démontré qu'il n'y a rien d'exagéré dans la quantité de fumier qu'on peut obtenir dans les étables disposées ainsi, *lorsqu'on peut donner au bétail une grande abondance de litière*. Si je suis resté au-dessous de cette quantité, je l'attribue uniquement à ce que le sol de mes étables n'étant pas cimenté, il se perd nécessairement une partie des urines par des infiltrations. Au reste, la quantité de fumier que j'ai recueillie dans les étables disposées de cette manière a été constamment presque double de celle que me donnait le même nombre de bêtes recevant la même nourriture, et placées dans une autre étable construite à la manière ordinaire, de sorte que le fumier s'y évacuait tous les deux jours; le fumier était aussi plus gras et de bien-meilleure qualité dans la première.

» Douze vaches laitières, recevant des résidus de distillerie et du regain, donnent constamment dans l'étable belge

sept voitures de fumier par semaine, c'est-à-dire une voiture
de fumier (650 kil.) pour douze journées d'une bête, ou un
peu plus de trente voitures pour l'année. Je ferai remarquer que les vaches dont je parle ici sont de race du
pays et par conséquent beaucoup plus petites que les
vaches de Belgique. J'évalue la ration journalière des
miennes à vingt livres de foin.

» Les douze bœufs, d'une taille qui permet de les assimiler
aux vaches de la Belgique, donnent, en moyenne, neuf
voitures de fumier par semaine, ou, pour l'année, trente-
neuf voitures par tête. Ces bœufs reçoivent par jour et par
tête, dix livres de foin ou de regain, sept à huit livres
de tourteaux d'huile, et environ un hectolitre de résidu de
distillation de pommes de terre, en tout équivalant à
trente-cinq ou quarante livres de foin. »

Les figures 1 et 2 dessinées sur le tableau, représentent
les dispositions d'une étable où les fumiers séjournent.

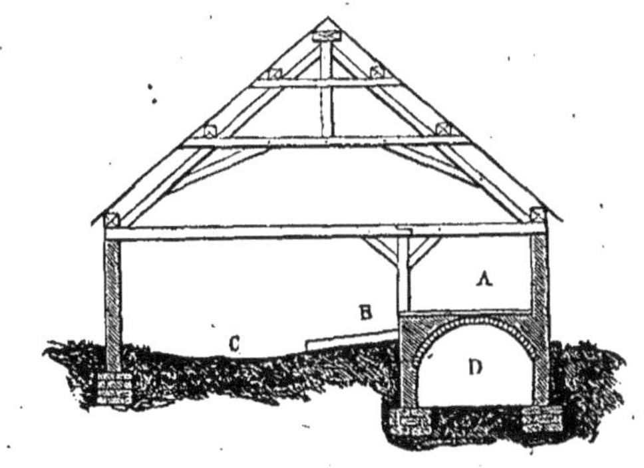

Fig. 1. Coupe transversale de l'étable selon la ligne x, y
de la fig. 2.

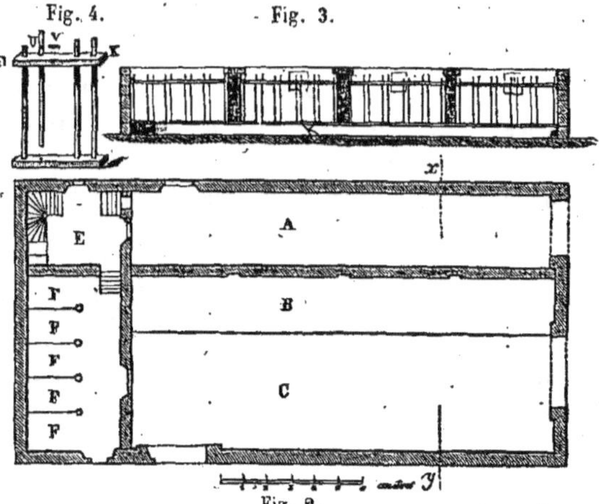

Fig. 2. Plan de l'étable.

Fig. 3. Vue de face des montants auxquels on attache les bêtes et du trottoir.

Fig. 4. Vue des montants sur une plus grande échelle. On aperçoit dans cette figure, la cheville v qui entre dans le trou u, et qui sert à fixer le montant dans sa place, lorsque cette cheville se trouve au-dessous de la traverse i, k (1).

Fig. 2. — A. Trottoir planchéié ou cimenté, sur lequel on dépose, près des bêtes, le fourrage ou les baquets contenant des aliments liquides.

B. Emplacement du bétail.

C. Emplacement un peu creux dans lequel le fumier reste déposé.

D. Galerie voûtée pour conserver les racines.

E. Vestibule et escaliers destinés à desservir les galeries voûtées et la partie supérieure de l'étable.

FF. Loge pour les veaux.

(1) Les mêmes lettres indiquent les mêmes objets dans toutes les figures.

Il ne faudrait pas donner aux récits de Schwertz et de
Mathieu de Dombasle une portée plus grande que de raison
et croire, en définitive, que la proportion de fumier obtenue
d'un animal peut devenir une affaire pure et simple d'ar-
·chitecture rurale. N'oubliez pas, Messieurs, que les déjections de l'animal nourri à l'étable, représentent une somme
de matière que la qualité et la quantité des fourrages font
seules varier ; à cette somme de matières, si l'on peut
ajouter abondamment et incorporer énergiquement de la
paille litière, la masse totale du fumier sera augmentée :
toutefois, il est facile de comprendre qu'on arriverait
à une augmentation analogue, en s'attachant à mélanger
des pailles ou des litières végétales diverses dans un
tas de fumier quelconque où la fermentation serait bien
conduite.

Qu'est-ce donc qu'un tas de fumier bien fait ? Je vais
vous le dire, bien qu'on l'ait développé des milliers de fois,
et qu'on le ressasse chaque jour. A ce sujet, l'auteur de
l'article *Engrais* dans le *Dictionnaire de chimie industrielle*
de M. Barreswil, fait observer « que les auteurs
déclament contre les pratiques généralement suivies, et
que, sauf de rares exceptions, les agriculteurs persévèrent
dans leurs pratiques (1). » Cela est dû, ajoute-t-il plus
loin, « à ce que la plupart *des écrivains ne cultivent pas,* et
que la plupart des cultivateurs ne lisent pas. » La première
partie de la phrase est difficilement soutenable, et l'on peut
affirmer hautement que les autorités les plus élevées de
la pratique agricole sont d'accord sur les méthodes générales
de fabrication du fumier. Ce n'est pas par ignorance de la
pratique que les auteurs conseillent aux fermiers de supprimer les cloaques de leurs cours ; ce n'est pas sous

----

(1) *Dictionnaire de chimie industrielle,* art. *engrais,* tome II, pag. 302.

l'empire de théories nuageuses qu'ils signalent aux agriculteurs d'une région les bonnes habitudes qui sont en honneur dans une région voisine. Je sais bien que, pour ma part, tant que j'aurai sous les yeux le gaspillage des engrais et l'accumulation des substances fétides autour des habitations ; tant que les tas de fumier qui doivent être la richesse des fermes, ne seront que des témoignages d'apathie et d'ignorance, je ne croirai pas ma tâche remplie, et dussé-je tomber dans les redites, j'insisterai périodiquement sur ce sujet, en répétant avec le vieux Caton : *Sterquilinium magnum stude ut habeas* (1).

On peut conserver le fumier sur une plate-forme ou dans une fosse. Admettons la première hypothèse.

L'ardeur dévorante du soleil, la perméabilité et la vicieuse inclinaison du sol, l'exposition à des courants d'eau de toit ou de ruisseau, sont autant de conditions fâcheuses qu'il faut éviter avec soin.

La fermentation qui s'accomplit dans le fumier doit être favorisée par une humidité constante ; le purin qui s'écoule est précieux, car il renferme, à l'état soluble, des principes très énergiques, et un agriculteur soigneux doit veiller avec le plus grand soin à ce qu'il ne s'en perde pas une

---

(1) Combien d'étables à bœufs ou à vaches qui sont encore dans la Bretagne, le Poitou, la Sologne, etc., de véritables cloaques dans lesquels on ne peut éviter d'enfoncer jusqu'à la cheville ? Combien de ces bâtiments où, les animaux vivent couchés dans la fange, où leur entassement produit une chaleur qui fatigue les animaux, et les oblige à se tenir toujours couchés ; où le vrai cultivateur éprouve, à la vue d'un tel spectacle, un sentiment de dégoût et de tristesse ! Proposez à un cultivateur de ces contrées de changer ces conditions, il vous sourira, et, avec la naïveté qui le caractérise, il vous répondra qu'un tel système n'est pas la coutume de la contrée qu'il habite. Espérons que ces déplorables idées ne tarderont pas à disparaitre.

G. Heuzé. (*Matières fertilisantes*, pag. 462.)

seule goutte. Rassemblé dans une citerne ou dans une simple cavité, il doit être ramené par une pompe sur le tas de fumier ; et ne croyez pas, Messieurs, qu'il s'agisse ici d'appareils dispendieux et compliqués ; voici, en effet, un modèle de pompe rustique légèrement soulevée au-dessus de la fosse à purin, afin que vous en aperceviez la partie inférieure. M. Schattenmann a voulu prouver, à

l'occasion du concours régional de Colmar, qu'avec un simple tronc d'arbre et un piston garni de cuir muni d'une soupape à clapet — le tout coûtant environ 50 fr. — on peut obtenir (à 30 coups de piston par minute), 30×3 litres

ou 90 litres de purin qu'on déverse sur le tas dè fumier,
à l'avantage de sa qualité et de sa quantité.

A Grignon, où les fumiers sont traités avec le plus grand
soin , on emploie une pompe imaginée par M. de Valcour,
et dont voici la disposition :

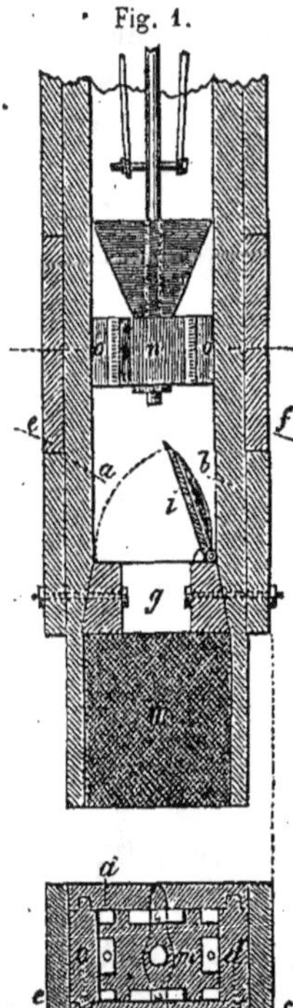

Fig. 1.

Fig. 2.

Dans un corps de pompe en bois,
formé de quatre planches a, b, c, d,
embouvetées et bien clouées, main-
tenues d'ailleurs par des traverses e,
f, en bois bitúmé, joue un piston m,
composé à sa partie inférieure d'un
cube de bois entaillé sur les côtés de
larges rainures $o\ o$, de manière que
son plan superficiel, vu à vol d'oiseau,
présente la forme indiquée , fig. 2.
Sur ce cube est fixé un entonnoir
carré , en cuir , dont les bords s'appliquent à frottement contre les parois du tuyau de la pompe. A la
partie inférieure du corps de pompe
est une soupape dormante g et à
clapet i.

Le mécanisme de cette pompe est
simple et facile à comprendre. Lorsque
le piston monte, il y a aspiration ,
le clapet se soulève, et l'espace entre
le clapet et le piston se remplit; en
descendant, le piston pèse sur la
colonne d'eau, la soupape se ferme ,
l'eau monte par les ouvertures des rainures, passe entre
les bords du cornet de cuir — qui cèdent à sa pression —
et les parois de la pompe; arrivé au bas de sa course,
le piston se trouve chargé de la colonne d'eau, dont le

poids fait joindre les bords du cornet contre les parois de la pompe. Cette colonne peut être aiusi remontée avec le piston.

Il faut avoir le soin de laisser les planches les plus larges a, b, dépasser la soupape inférieure de 18 à 21 centimètres; on fait à chacune de ces planches une large entaille, et on recouvre les quatre ouvertures par un treillage n à mailles fines en fil de fer — ou plutôt de cuivre — qui retient les ordures et les graviers, et les empêche d'être aspirés par la pompe.

Avec un piston ayant 108 millimètres de diamètre, ce qui suffit généralement, on élève 103 litres d'eau, en une minute, à la hauteur de 9 mètres 74 centimètres.

Dans son excellent petit livre sur ce sujet, M. Girardin cite la manière dont Schwertz disposait ses fumiers à l'Institut agricole d'Hoheinheim. Le sol rendu imperméable était de niveau avec le terrain de la cour. Le tas de fumier était séparé en deux parties b, b, par une fosse a : les pentes étaient calculées pour que l'écoulement du purin eût lieu dans la direction de cette fosse.

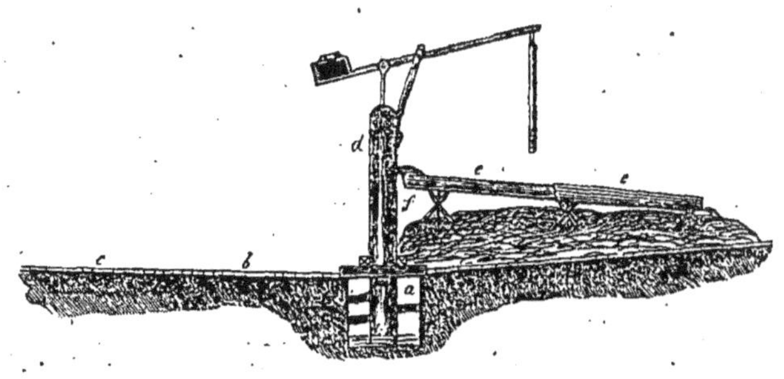

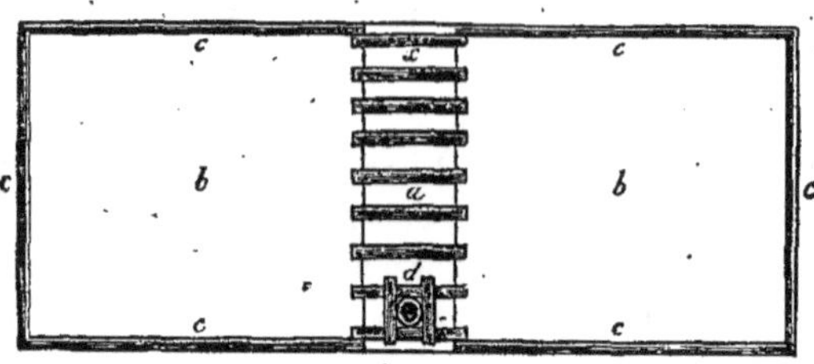

Pour plus de sécurité, une rigole imperméable *c*, *c*, *c*, *c*, recevait le purin qui pouvait s'écouler des surfaces extérieures et le ramenait au centre. Vous comprenez déjà, Messieurs, le but d'une telle disposition, et si j'ajoute que dans la fosse *a*, on peut conduire les urines des étables et des écuries, puis que sur elle et au côté opposé à la pompe, c'est-à-dire en *d*, on dispose des latrines, vous entrevoyez l'accumulation possible de toutes les matières fertilisantes que la ferme peut produire.

On ne réfléchit pas assez à l'énorme pouvoir dissolvant d'une masse de fumier, maintenue en fermentation régulière sous l'influence d'un arrosage de purin bien régulier. J'entends souvent se plaindre de ce que tel noir d'os, — offert d'ailleurs à très bas prix, — est dépourvu de substances organiques; on l'achèterait volontiers *s'il était plus chaud;* tel phosphate fossile tenterait bien aussi, mais on craint qu'il ne soit pas suffisamment soluble; c'est encore un détritus animal ou végétal que l'on néglige, parce qu'il semble d'une cohésion, d'une insolubilité trop difficiles à vaincre. Eh bien, Messieurs, soyez persuadés que, stratifiées dans un tas de fumier bien aménagé, toutes ces matières seraient rapidement transformées, et que la masse d'engrais en serait notablement augmentée (1). Laissez, Messieurs, laissez les ignorants propager que le fumier ne saurait être amélioré : c'est la pire des hérésies; et d'ailleurs, demandez à ceux qui professent une telle doctrine, de vouloir bien préciser la nature de ce fumier plus que parfait, auquel ils font allusion. Je doute qu'ils puissent vous répondre.

A Tréguel, M. Liazard a organisé de la manière suivante la production et le traitement des fumiers :

La place où ils sont déposés est un parallélogramme de 9 mètres de largeur sur 13 mètres de longueur. Cet espace est entouré de murs de 1 mètre 66 centimètres de hauteur. Le terrain est bien pavé et disposé en pente vers le centre, où se trouve un petit réservoir recevant l'égoût des fumiers et les urines de toutes les étables. Ce petit réservoir communique en dehors des murs, avec un autre beaucoup plus grand, bien couvert et bien clos, sur lequel se trouvent les lieux d'aisances des domestiques et des ouvriers. Une pompe placée dans ce bassin rend facile l'arrosage par le purin.

Tous les jours les écuries sont curées et la litière est

______

(1) « Le hasard voulut que, récemment, un Anglais, en vidant son écurie, remarquât dans le fumier une substance pulvérulente blanche, qu'il reconnut, après examen, pour être des os, sans pouvoir toutefois s'expliquer par le secours de quel agent ils pouvaient s'être transformés dans cet état. Après beaucoup de vaines réflexions, il lui vint en idée que ce devait être uniquement le fumier de cheval qui avait produit ce résultat. Pour s'en assurer, il fit faire dans son verger un tas composé d'os de cuisine frais et de fumier de cheval, et il recueillit ainsi, dans le cours de l'année, une quantité notable de substances d'os, qui parut finement pulvérisée quand, au printemps, on la transporta dans les champs. Les os employés étaient tout frais, mais on peut s'attendre à ce que les os vieux se laissent également dissoudre par le fumier de cheval, lorsque ce fumier est mélangé frais avec les os. »

Journal d'agriculture pratique. Juillet 1857, pag. 82.

portée dans la fosse. L'étable aux vaches est vidée de
même tous les trois ou quatre jours seulement, et celle
des bœufs, tous les quinze jours dans l'hiver et tous les
huit jours à l'époque où abondent les fourrages verts. Les
loges à porcs sont nettoyées tous les deux jours. La bergerie reste souvent trois semaines sans être curée; mais
chaque fois que cette opération se fait, on a le soin de
faire répandre sur le sol, avant de remettre de nouvelle
litière, deux ou trois hectolitres de suie ou d'argile sèche
et de plâtre ; ces matières empêchent le dégagement de
l'ammoniaque et absorbent parfaitement tous les liquides.

Le fumier, au sortir des étables, est immédiatement
porté sur le tas et recouvert d'une légère couche de tourbe
quand il y en a, d'argile et de plâtre, à son défaut. On
arrose largement avec le purin enrichi de matières fécales
et de tourteau. Ce fumier devient onctueux, dense et parfaitement homogène.

Lorsque M. Liazard n'a pas assez de fumier pour une
culture à laquelle il est nécessaire d'en donner, il fait
sortir de la fosse tout l'engrais qui y est entassé ; il prend
de jeunes ajoncs, des feuilles, des fougères ramassées dans
les bois, les litières des cours, et il stratifie le tout
avec le fumier d'étable ; il y ajoute par couche quelques hectolitres de tourteau, puis de l'argile et du
plâtre ; il arrose avec le purin, et dans l'espace de dix à
douze jours, l'engrais est parfaitement bon à être employé.
La fermentation s'y développe si bien, qu'un tas de fumier
de ce genre a pu absorber plus de 40 hectolitres de purin
dans l'espace de huit jours.

En 1857, M. Liazard voulut savoir à combien revien-
drait le mètre cube d'un fumier artificiel ne contenant
presque pas de fumier d'étable : il mélangea à des brous-

sailles, de la lande, 38 mètres cubes seulement de fumier sortant des étables et y ajouta :

		fr.	c.	fr.	c.
4 hectolitres poudre d'os, à.....		10	»	40	»
20 — tourteau d'arachide, à		10	»	200	»
18 — cendre de varech, à..		»	60	10	80
25 — urine, à............		»	75	18	75
12 — matières fécales, à...		1	25	15	»
Frais pour ramasser les broussailles, transports, arrosements...................				165	»
	TOTAL...... fr.			449	55

Il obtint 242 mètres cubes d'excellent fumier. En retranchant les 38 mètres de fumier d'étable qui y avaient été mêlés, il reste 204 mètres de fumier artificiel représentant la somme de 449 fr. 55 c., ce qui porte le mètre cube à 2 fr. 20 c.

« On pourrait certainement, dit avec raison M. Abadie (1), faire avec beaucoup moins de frais, du fumier bien meilleur que celui qui se voit chez la plupart de nos cultivateurs, qui laissent couler leurs purins dans les rues, font fermenter leurs engrais sans discernement et croient avoir fait un excellent fumier quand ils y ont mélangé la moitié et quelquefois davantage de lande bien sèche, qui arrête la fermentation et dessèche le tas. »

Au lieu de placer notre tas de fumier sur un espace imperméable de niveau avec le sol, supposons que nous ayons trouvé plus convenable de l'enterrer quelque peu,

____

(1) *Le domaine de Tréguel*, par M. Abadie, vétérinaire, page 20.

et nous aurons constitué ce qu'on appelle la *fosse à fumier*.

Réduite à sa plus simple expression, la fosse à fumier est une cavité rectangulaire dont le fond, légèrement incliné vers l'un des petits côtés, est rendu imperméable par une bonne couche de béton. Au milieu du petit côté vers lequel a lieu la pente, on peut établir la fosse à purin, les latrines et la pompe d'arrosage ; telle est la disposition adoptée à Grignon par M. G. Heuzé. Quelquefois le fond de la fosse représente un tronc de pyramide, de telle sorte que tous les liquides se réunissent en son milieu : c'est ce qui a lieu chez M. Dargent, à Yvetot (Seine-Inférieure). Vous avez sous les yeux la disposition réalisée par cet agriculteur.

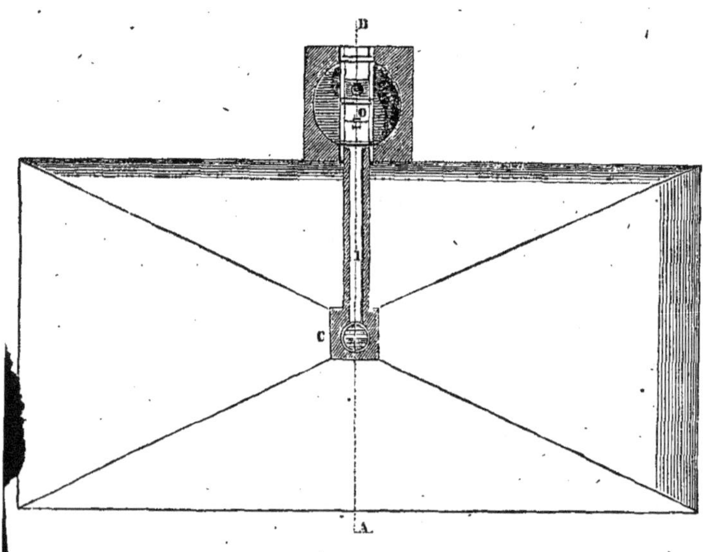

Plan de la fosse à fumier.

Coupe suivant la ligne A B.

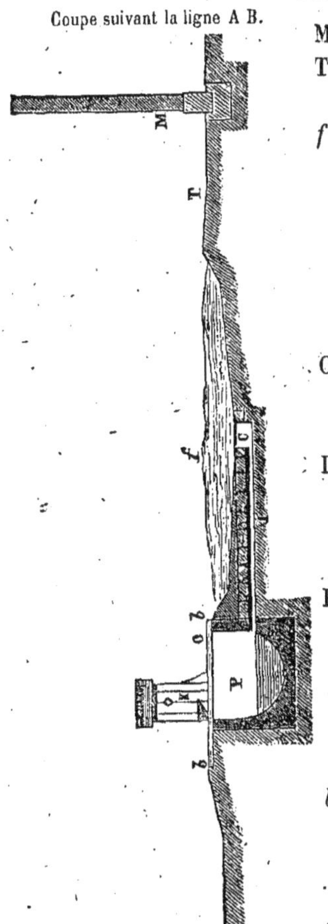

M Mur des écuries.

T Trottoir de 4ᵐ de largeur longeant les écuries.

f Tas de fumier placé dans la fosse pavée sur un fond d'argile battue, et qui présente une pente modérée des bords jusque vers le centre, où la profondeur est de 0ᵐ,75.

C Grille en fer recouvrant l'orifice d'un caniveau conduisant à la fosse à purin.

I Caniveau ayant pour section un carré de 0ᵐ,90 de côté, recouvert de grosses pierres assemblées au mortier.

P Fosse à purin de 2ᵐ,40 de largeur et de longueur et de 2ᵐ de profondeur, terminée en fond de chaudière et entourée d'une couche de béton.

bb Deux poutres de 0ᵐ,10 d'épaisseur, destinées à soutenir les lieux d'aisances des domestiques de la ferme.

K Lieux d'aisances placés immédiatement au-dessus de la fosse à purin.

O Petite trappe destinée à introduire le corps de la pompe à purin.

Cette fosse à fumier a 20 mètres de longueur sur 10 mètres de largeur.

M. Boussingault a décrit (1), dans une de ses leçons du Conservatoire des Arts et Métiers, les dispositions très détaillées de la fosse à fumier qu'il a installée à Boussin- gault'shof, près Merkwiller. Cette fosse, analogue à celle de Grignon, est traversée en son milieu par une chaussée destinée aux voitures. La superficie de cette fosse est de 77 mètres carrés, sa capacité de 70 mètres cubes, et lorsque la hauteur du fumier est de 2 mètres, le volume total du fumier s'élève à 147 mètres cubes.

On se plaint quelquefois de l'abondance des pluies, du lavage des fumiers, et, par suite, de l'écoulement du purin dans les cours des fermes. On évitera facilement ces incon- vénients en calculant le cube d'eau qui tombe pendant la période de temps où la conservation du fumier a lieu, et en donnant à la purinière une capacité qui soit en rapport avec les chiffres fournis par l'udomètre. Comme exemple de cette sage prévoyance, je vous signalerai la fosse de M. Boussingault et les chiffres qui ont trait à son installation.

D'après les observations udométriques de Strasbourg, il tombe à Merkwiller :

En novembre, environ	5,5 de pluie.
Décembre	4,3 —
Janvier	3,6 —
Février	2,8 —
	16,2

Soit 132 litres par mètre carré. Or, la surface de la fosse étant de 77 mètres carrés, elle doit recevoir, dans les

(1) *La fosse à fumier,* 1858, pag. 58 et suiv.

quatre mois, 12 à 13 mètres cubes d'eau ; on a donc donné
à la purinière une capacité de 14 mètres cubes, et l'expérience a démontré que cette dimension était suffisante. Je
n'insiste pas, Messieurs, sur ces chiffres dont vous pouvez
facilement multiplier les applications selon les localités.

Quelques praticiens agitent beaucoup depuis quelque temps
la question de savoir s'il faut couvrir les tas de fumier ou les
conserver à l'air libre. Les avis sont partagés. On ne peut se
dissimuler, toutefois, que les constructions sont coûteuses,
facilement altérables par les émanations chaudes, humides
et alcalines qui se dégagent du fumier, et qu'en résumé
on a jusqu'à ce jour — à Grignon, par exemple — fait
d'excellents fumiers sans couverture. Il est vrai que les
Romains recouvraient quelquefois leurs fumiers avec des
branchages pour les préserver de l'action dévorante du
soleil , mais dans nos contrées, cette pratique est rarement
nécessaire ; toutefois, l'emploi du gazon en couvertures, les
plantations d'ormes à proximité de la fosse ou du tas de
fumier, peuvent avoir des avantages.

Le purin que l'on fait servir à l'arrosage du tas
de fumier y entretient une fermentation favorable à la
solubilité des principes fécondants de la masse. Comme il
est riche en carbonate d'ammoniaque, on a conseillé d'y
ajouter un peu de sulfate de fer (couperose verte) et d'agiter avec un bâton jusqu'à ce que la réaction ne soit plus
alcaline. M. Schattenmann et un grand nombre d'agriculteurs suisses et français se sont parfaitement trouvés de
cet emploi d'un sulfate soluble qui fixe les gaz ammoniacaux
à l'état de sulfate d'ammoniaque relativement fixe. M. Schattenmann conseille de dissoudre 5 kilogrammes de sulfate
de fer dans 5 litres d'eau, et de faire servir cette solution
pour l'arrosage de 2,000 kilogrammes de fumier. Le

plâtre, l'acide sulfurique étendu, produisent un résultat analogue.

On a combattu cette méthode en invoquant la transformation possible du bicarbonate de potasse en sulfate moins fertilisant. Je crois , avec M. Malaguti , que ce reproche est peu fondé, et en voici la raison :

Le sulfate de fer agit incontestablement sur les gaz ammoniacaux volatils (carbonate, sulfhydrate) plutôt que sur le bicarbonate de potasse. Dans la masse du fumier, en effet, les combinaisons volatiles *vont à la couperose,* et la pratique l'a démontré (1), puisque les émanations alcalines sont rapidement annihilées en pareil cas (2). Remarquez bien, d'ailleurs, qu'en présence de matières organiques humides, il n'y a pas, à proprement parler, de sulfates longtemps fixes ; et, soit dans la fosse, soit dans le sol, les sulfates alcalins et terreux subissant une énergique réduction, se transforment bientôt en sulfures, puis en carbonates : nos terres dérivent d'ailleurs de roches silicatées où la potasse est loin de faire défaut. Il n'y a donc pas d'inconvénient, lorsqu'on veut modérer une fermentation trop rapide et neutraliser le dégagement de l'ammoniaque, à

(1) M. Schattenmann, qui a à sa disposition le fumier de 200 chevaux, répand sur le fumier du sulfate de fer dissous, ou de l'acide sulfurique faible, ou du plâtre en poudre, afin de convertir en sulfate l'ammoniaque qui se développe et qui se volatilise facilement à une température peu élevée. Il obtient par ces moyens simples et peu dispendieux, en deux ou trois mois, un engrais parfaitement fait, aussi gras et aussi pâteux que le fumier de vaches et de bœufs, et d'une grande énergie qui se manifeste par les productions remarquables qu'il obtient sur les champs et sur les prés pendant nombre d'années. (GIRARDIN. *Des fumiers considérés comme engrais,* pag. 112.)

(2) L'emploi de l'*ammonoscope,* dont j'ai parlé plus haut, permet de constater ce fait.

ajouter un peu de couperose aux fumiers, alors surtout que ces derniers sont additionnés de matières fécales.

Encore un mot sur ce point: Faites une bouillie un peu claire de phosphates fossiles et d'acide sulfurique ; laissez la matière en repos pendant 24 heures, puis délayez dans l'eau, de manière à former avec un litre de bouillie vingt litres de liquide, vous aurez ainsi un mélange de phosphate acide et de sulfate de chaux, qui, ajouté en proportion convenable à des purins trop ammoniacaux, neutralisera les gaz volatils, et formera, avec l'ammoniaque et les alcalis, des phosphates très assimilables.

Comme je vous l'ai dit tout-à-l'heure, ces méthodes auxiliaires sont opportunes dans des circonstances spéciales, telles que l'abondance de matières azotées en cours de décomposition ; mais, lorsqu'il s'agit de fumier normal, il est rare que l'emploi des réactifs soit nécessaire.

Si j'ajoute à ces conseils celui de ne pas donner aux tas de fumier une hauteur de plus de deux mètres, afin d'éviter un tassement qui nuirait à la régularité de la fermentation; si, en dernier lieu, j'appelle votre attention sur les avantages d'une division de la masse générale en masses partielles, par degré d'ancienneté, j'aurai résumé les indications les plus importantes qu'un bon agriculteur doit s'attacher à mettre en pratique:

Ou je me trompe fort, Messieurs, ou ces considérations sommaires sur la fabrication du fumier ont éveillé chez vous des idées de relation entre l'engrais obtenu et le bétail développé. L'animal reçoit, sous forme d'aliment, la matière de l'engrais, et s'en approprie une portion qu'il nous rendra sous forme de viande, laine ou lait; il n'est qu'un instrument de trituration et d'appropriation en quelque sorte physique : pourquoi ne s'en passerait-on pas dans certaines exploitations, et ne remplacerait-on pas le fumier par l'aliment lui-même en l'enfouissant comme engrais.

Cette hypothèse a dû nécessairement se présenter à votre esprit ; et il y a longtemps déjà que Gioberti de Turin, sous l'influence de la même pensée, avait posé en principe qu'en enfouissant les récoltes vertes on pouvait se passer de bétail. Cette opinion est complètement erronée ; mais je conteste le droit de la traiter trop sévèrement à ceux qui font de l'appréciation du fumier une simple question de dosage d'azote et d'acide phosphorique.

Il y a certainement des circonstances dans lesquelles l'engrais nécessaire à la végétation provient *directement* d'une végétation antérieure, nous en avons la preuve en sylviculture. Une plantation de pins, effectuée dans les dunes de nos côtes, donne lieu à l'accumulation de débris foliacés qui, peu à peu, forment une couche d'humus, et l'eau des pluies aidant, les mêmes pins assimilent bientôt sous un état plus favorable à leur prompte croissance les matériaux qu'ils avaient extraits du sol et de l'atmosphère, puis abandonnés sur le terrain environnant. Mais, dans l'agriculture proprement dite, c'est-à-dire dans l'industrie, dans le commerce des productions de la terre, peut-on s'en tenir à l'imitation de ces phénomènes, et devons-nous assister calmes et patients à ces lentes évolutions de la grande nature pour laquelle le temps n'est rien ? Cela, Messieurs, ne doit pas faire question pour nous.

Dans certaines contrées du Midi, il y a quelquefois avantage à enfouir des récoltes comme engrais ; mais les cas où ce moyen est économique ne sont ni aussi fréquents ni aussi simples — au point de vue financier — qu'on pourrait se le figurer tout d'abord.

En Bretagne, l'exemple le plus significatif de l'emploi des engrais verts, est certainement l'application du goëmon à la culture; mais cette pratique rentre dans un ordre de faits particuliers, dont j'aurai à vous dire quelques mots, en vous entretenant des richesses de la mer et du large emprunt que l'agriculture de l'avenir est appelée à leur faire (1).

Lorsqu'on dit — en se plaçant au point de vue purement chimique, et en appréciant le fumier à l'aide d'une balance — que le bétail n'est pas un créateur, mais bien un consommateur d'engrais, on dit vrai. Mais, comme en toute chose la *lettre* tue, il importe de rechercher le véritable *esprit* de cette proposition.

Etablissons tout d'abord, avec M. Boussingault, le rapport pratique de l'aliment au fumier — déduction faite par conséquent de la viande obtenue et des pertes par la respiration — nous aurons :

Fourrages consommés.	Fourrage sec.	Azote contenu dans le fourrage.
Foin et regain	1837	26,20
Trèfle	562	9,55
Avoine	153	2,91
Pommes de terre	5,5	1,18
Son	71	0,10
Betteraves	4,5	1,37
Pois	80	0,17
Paille, litière et aliments fixes	422	1,27
	3,135	42,75

(1) M. Moll a annoncé récemment *(Bulletin des séances de la Société Impériale et Centrale d'Agriculture*, 1863, n° 6) qu'il croit avoir résolu, au moyen des fumures vertes, l'important problème de l'emploi des vidanges comme agent de fertilisation.

	Produits obtenus.	Poids. Quintaux.	Azote. Quintaux.
Etable....	Poids vivant produit......	135,4	4,93
	Perte par exhalation (1)...	»	4,51
	Lait.......................	282,4	1,54
Ecurie....	Perte par exhalation......	»	0,92
	Perte par absence des chevaux...................	»	1,92
Porcherie .	Poids vivant produit.......	21,3	0,78
	Perte par exhalation.......	»	0,27
	Azote distrait du fumier.......		14,87

Entre l'azote employé à l'état de fourrage et de litière, puis l'azote distrait, il y a une différence de 27,88, que l'on doit retrouver dans le fumier.

Or, ces 27,88 correspondent à 6,638 quintaux de fumier, que l'agriculture retrouve, en effet, dans la fosse aux engrais. Telle est la balance qu'établissent de concert l'expérience et la théorie.

Ainsi, *perte par exhalation*, c'est-à-dire perte sèche, *transformation en viande, lait, laine*, telles sont les causes de diminution de l'azote, lorsqu'on suit l'aliment depuis son

(1) M. Barral a établi (*Statique chimique des êtres organisés*), qu'un mouton exhale en 24 heures, environ 6 grammes d'azote, soit du quart au tiers de l'azote de ses aliments. M. Reiset est arrivé aux mêmes résultats.

M. Barral conclut de ses expériences qu'il faut, en 24 heures, 48 grammes *d'azote aliment* par 100 kilog. de poids vivant, et que le quart — soit 12 grammes — est exhalé dans l'atmosphère. En d'autres termes, une tête de gros bétail, en pleine production de viande, lait et travail, consomme par année environ 6,000 kilog. de foin, et l'azote exhalé est celui qui serait contenu dans 1,500 kilog. de cet aliment.

entrée dans l'étable jusqu'au tas de fumier. L'animal est-il jeune ? est-il soumis à l'engraissement ? fournit-il du lait.? Dans ces circonstances, le fumier reçoit le minimum d'azote et d'acide phosphorique des fourrages. L'animal est-il, au contraire, à la *ration d'entretien* : il a chaque jour le même poids, à la même heure, et le fourrage consommé fournit le maximum de fumier, cela devait être.

Il ne m'appartient pas d'aborder ici l'examen des questions complexes, dans lesquelles on suppute les avantages relatifs à la production du fumier, de la laine, de la viande ou du lait. Cette tâche incombe au professeur d'Economie rurale ; je me bornerai à constater que la ferme perd peu à peu de son capital, si les cultures fourragères ne font pas entrer continuellement l'azote atmosphérique dans son exploitation, et si en même temps certains engrais industriels ne compensent pas les déficit en matières minérales, que la vente des grains, des pailles, de la viande et des os finit par occasionner dans un sol de nature ordinaire (1).

Tout le monde est d'accord sur ce point que les animaux ne créent pas littéralement d'engrais ; mais certains agronomes vont trop loin lorsque, se plaçant à un point de vue exclusivement chimique, ils méconnaissent la valeur agricole bien réelle que l'azote fourrage acquiert en passant dans l'organisme de l'animal et dans la fosse au fumier. Il faut avoir bien mal étudié la physiologie végétale, il faut surtout avoir bien légèrement observé les faits, pour méconnaître l'énorme différence qui existe entre un kilogramme d'*azote fourrage* et un kilogramme d'*azote*

---

(1) J'ai démontré précédemment que dans une terre exceptionnellement riche, la question se réduit, pendant longtemps du moins, à une question de travail, ayant pour effet l'utilisation des forces naturelles.

excrément. Comme engrais, l'un est fort inférieur à l'autre ; et s'il est vrai qu'en pratique le temps est de l'argent, on peut dire que fort souvent le fumier à dose, relativement inférieure, produira plus que l'aliment total dont il dérive.

Prétendre remplacer 100 kilogrammes de fumier par une quantité d'engrais vert fournissant le même nombre de kilogrammes d'azote et d'acide phosphorique, ramener, en un mot, une question physiologique à la simplicité d'un problème de mathématique, c'est méconnaître, comme je vous l'ai dit bien des fois, la nature essentiellement complexe des phénomènes agricoles. Je ne saurais mieux vous rendre ma pensée sur ce point qu'en vous disant : on a raison de nier que le bétail puisse créer de l'azote ou du phosphore, mais on n'a pas tout à fait tort lorsqu'on dit qu'il crée de l'engrais, si par *engrais* on veut désigner tout à la fois et l'*existence* de la matière utile et l'*arrangement moléculaire* qui la rend assimilable.

Par la même raison, le fumier, à composition chimique égale, pourra posséder un pouvoir fertilisant variable, et il n'est pas étonnant que tant d'avis différents aient été successivement émis sur la meilleure manière de l'employer. En France, on est assez généralement d'accord sur ce point, qu'il faut employer de préférence le fumier à un état de fermentation peu avancée. Les Anglais, au contraire, le retournent et activent sa décomposition avant de l'utiliser pour les pommes de terre et les turneps (1). Il

(1) « Pour les pommes de terre, dans un sol qui leur convient, on doit toujours faire fermenter le fumier en retournant le tas avant de l'employer. On le retourne environ quinze jours avant le moment où on veut le répandre..... Pour les turneps, on retourne les tas de fumier deux fois ; la fermentation peut difficilement aller trop loin, *car l'expérience a appris que plus la fermentation a été rapide et forte, plus le fumier convient aux*

convient d'apprécier les lieux et les besoins de la culture avant de se prononcer sur ces divergences.

Dans les pays où le sol est riche en phosphates assimilables, l'azote des fumiers a une grande valeur, et on doit éviter avec soin qu'une fermentation trop active ne facilite le dégagement des gaz ammoniacaux. Dans les régions granitiques, il ne faut pas oublier que cette même fermentation rend les phosphates du fumier plus assimilables, et qu'il peut y avoir avantage à l'utiliser, dût-elle causer la déperdition d'une certaine quantité d'ammoniaque. Donc, si vous cultivez un sol bien amendé par le noir ou les phosphates, je vous dirai : employez des fumiers peu fermentés. Opérez-vous sur des défrichements de Bretagne, je vous dirai : stratifiez des phosphates fossiles, des cendres d'os, des os en poudre, etc., dans vos fumiers, et ne redoutez pas une fermentation qui rendra ces principes solubles. Ici encore la vérité n'est ni dans les exagérations, ni dans ces doctrines absolues qui séduisent les esprits paresseux et qui semblent dispenser de toute observation.

Un habile observateur, M. Voelker, a examiné avec soin la composition du fumier exposé à l'air pendant une année, et il a reconnu entre autres faits :

turneps, comme le savent tous les fermiers qui cultivent. Lorsque la fermentation est passée, le fumier a l'apparence *d'un savon mou ;* on l'enlève par mottes avec la fourche, et l'on pourrait presque le couper à la pelle.

» *Beaucoup de fermiers conservent leur fumier pendant toute une année, parce que ce vieux fumier gras est indispensable pour la culture des turneps.* »

Stephens. The book of the farm.

Il n'est pas inutile de faire observer, à l'occasion de ces lignes, que la culture du turneps, qui semble réclamer l'emploi de fumier gras, est en même temps l'une de celle où les phosphates solubles donnent les résultats les moins contestables.

A. B.

1° Que dans le fumier frais l'azote se trouve principalement à l'état de combinaisons insolubles;

2° Que les phosphates à l'état soluble existent dans le purin en notable proportion;

3° Que le fumier décomposé est plus riche en azote, en matières organiques et en sels minéraux solubles que le fumier frais, à poids égal (1);

4° Que pendant la fermentation le phosphate de chaux devient plus soluble que dans le fumier frais;

5° Que la perte résultant de l'exposition du fumier à l'air libre *ne résulte pas tant du dégagement de l'ammoniaque en nature que de la disparition des sels ammoniacaux, des matières organiques azotées solubles et des sels minéraux qui sont entraînés par les pluies;*

6° Que le fumier décomposé souffre plus que le fumier frais de l'action des pluies (lorsque l'eau de lavage n'est pas recueillie dans la purinière).

Ces conclusions sont, vous devez le reconnaître, en accord parfait avec les préceptes que j'ai formulés il y a quelques instants, et ils vous prouvent que ce n'est pas seulement parce qu'il renferme tant d'azote et tant de phosphates que le fumier est le type des bons engrais. La richesse du fumier en humus soluble, sa texture si favorable à l'ameublissement du sol, sa faculté de lente décomposition, sont extrêmement favorables, et, dans une terre maigre saturée d'azote et d'acide phosphorique sous forme d'os pulvérisés, il suffit d'introduire du fumier pour augmenter de beaucoup les produits.

(1) Il ne peut être question ici, bien entendu, que d'un fumier dont la fermentation a été bien conduite, et dans lequel, selon M. Voelker, « la perte d'azote et de substances salines minérales ait été à peu près insignifiante. »

La valeur commerciale du fumier ne peut donc être établie qu'en tenant compte de ses diverses conditions d'activité, et j'ajouterai que *si cet engrais offre tout à la fois un aspect physique satisfaisant et une richesse normale en azote, on peut être certain qu'il est riche en humus soluble.*

Mais cette leçon est déjà longue, et je me suis laissé entraîner par l'importance extrême du sujet. Permettez-moi cependant d'ajouter en terminant qu'il ne faudrait pas toujours calculer la valeur agricole de l'azote et de l'acide phosphorique des engrais industriels d'après celle que ces mêmes principes semblent avoir dans le fumier. Non-seulement, en effet, l'azote trouvé par ces analyses dans le fumier appartient en partie à des litières plus lentement décomposables que les déjections, mais, de plus, cet azote n'est pas économiquement transportable.

DIX-HUITIÈME LEÇON.

———

Composition des excréments. — Gaspillage de forces vives dans les grandes villes. — Emploi des matières de vidanges dans le nord de la France. — Fabrication et composition chimique de la poudrette. — Procédés de désinfection et de condensation des matières fécales. — Application des eaux vannes à l'agriculture. — Emploi de la chaux pour la solidification des excréments.

Messieurs ,

De l'étude des fumiers à celle des matières de vidange, il n'y a qu'un pas ; aussi un agronome a-t-il cru pouvoir dire que les villes sont des étables d'hommes.

Faisant allusion à l'usage des excréments humains comme engrais dans les Flandres, le marquis de Turbilly écrivait en 1762 (1) : « Les cultivateurs de la châtellenie de Lille en Flandre reconnaissent des propriétés dans une autre espèce d'engrais *que la politesse empêche de nommer :* ils l'ont mis en commerce; le roy y perçoit de droit, et il ne se transporte pas loin sans acquit à caution. » Je serai, Messieurs, moins timoré que le marquis de Turbilly; j'appellerai aujourd'hui votre attention sur la nature des excréments humains, et j'essaierai de vous démontrer qu'un

(1) Mémoire adressé à la Société économique de Berne.

tel sujet est digne de la plus sérieuse attention des agriculteurs, des édiles et des économistes.

D'après la moyenne des chiffres obtenus par Sauvage pour le midi de la France, par Robinson et Kiel pour l'Ecosse, et par Gorter pour la Hollande, l'homme adulte consommant 2 kilogrammes 382 d'aliments émettrait en moyenne :

7,2 °/₀ sous forme de *fèces* (excréments solides).
42,0 °/₀ sous forme d'urine.
50,8 °/₀ par exhalation pulmonaire et cutanée.

En consommant les $2^k,382$ d'aliments, l'homme fournirait donc en moyenne $0^g,171$ de fèces et $1,000$ d'urine. M. Barral a trouvé, de son côté, $1^k,272$ d'urine (1) et $0^k,107$ de fèces, soit 1^k379 grammes de déjections totales. J'adopterai ces chiffres en vous faisant observer, toutefois, que le régime alimentaire, l'âge et l'état de santé, peuvent faire varier, dans des limites assez larges, la quantité et la nature chimique des déjections.

La composition moyenne des excréments solides et de l'urine peut être ainsi représentée :

	Fèces.	Urine.
Eau......................	77,00	95,24
Matières organiques....	19,00	3,49
Matières minérales.....	4,00	1,27
	100,00	100,00
Azote...................	0,40 (2)	0,84 (3)

(1) Quarante-huit expériences faites par M. Lecanu ont fourni une moyenne de 1,268 grammes, chiffre presque identique à celui de M. Barral.
(2) Tableau inséré dans l'Economie rurale de Boussingault.
(3) Moyenne de sept expériences mentionnées par M. Boussingault.

Il résulte de ces chiffres que dans les déjections mixtes des 24 heures un homme fournirait :

Par ses urines...... 10^g,68 d'azote (1).

Par ses excréments. 0^g,42 —

Total....... 11,10 ou 4^k,062 par année contenus dans 500 kilog. de déjections, soit 0,81 %.

Beaucoup d'ouvrages spéciaux élèvent à 3 % la proportion d'azote des excréments mixtes de l'homme. Ce chiffre est exagéré, et nous risquons d'autant moins en l'abaissant, que dans la pratique la fermentation des substances de cette nature cause toujours une déperdition assez notable de combinaisons azotées volatiles.

Quoi qu'il en soit, il demeure établi qu'un homme fournit 500 kilog. de déjections solides et liquides par année, d'où il résulte que dans une ville comme Nantes on devrait, à la rigueur, recueillir avec le plus grand soin une quantité d'engrais qui serait environ de :

8,250,000^k provenant de 33,000 jeunes individus ne produisant que 250 kilog. par année.

33,500,000^k provenant de 67,000 adultes.

41,750,000 kilog. sont donc produits; et si l'on admet

(*Economie rurale*, tom. I, pag. 796.) Dans ces expériences, les urines d'enfants figurent à la vérité pour une assez forte proportion, mais l'abaissement de richesse en azote qui en résulte est compensé, parce que l'urine n'ayant pas fermenté n'a éprouvé aucune perte. Ce qui prouve que, pour le fabricant ou le consommateur d'engrais, ce chiffre de 0,84 d'azote pour cent d'urine est à peu près normal, c'est qu'en opérant sur l'urine des pissoirs publics de Paris, MM. Boussingault et Payen ont obtenu 0,72 d'azote.

Dans leur tableau des valeurs comparées des engrais, MM. Boussingault et Payen ont reproduit, d'après Berzélius, le chiffre de 1,45 comme exprimant la richesse en azote de l'urine normale. Je préfère adopter la détermination citée plus haut.

(1) M. Lecanu a trouvé 12 grammes.

les pertes par infiltrations et autres causes analogues, l'emploi comme poudrette et comme élément propre à animaliser les tourbes de nos chantiers d'engrais, on arrive à reconnaître qu'à Nantes il se perd, à peu de choses près, tous les ans, trente millions de kilog. de matière fertilisante. Cette source de richesse est jetée dans les égouts, elle va se répandre dans le fleuve (1) qui la porte à la mer, et vous pouvez désormais apprécier la haute utilité d'un ensemble de mesures administratives qui, supprimant les communications des fosses d'aisances avec les égouts, mettra fin à un gaspillage des plus déplorables.

En résumé, les excréments de l'homme représentent sous forme d'engrais les deux tiers environ de l'azote alimentaire et tous les matériaux fixes qui s'y trouvaient sous forme de froment, viande, etc.; c'est donc un crime de lèse humanité que de les laisser perdre.

Les Chinois, qui sont en partie Boudhistes, ne mangent pas de bœuf; aussi ne trouve-t-on pas chez eux toutes ces pratiques en honneur dans notre agriculture, et qui ont pour effet de combiner la culture des plantes fourragères

---

(1) J'ai démontré (Comptes rendus des travaux du Conseil de Salubrité de Nantes, — 1859) que les eaux de l'Erdre, retenues dans la ville par un barrage, et où se rendent les matières fécales et les urines de quartiers populeux, contenaient quelquefois une telle proportion de substance putride, qu'un échantillon, prélevé à 1^m,62 de profondeur, avait une densité de 1,0010, fournissait 49$^{mill.g}$ d'ammoniaque par litre et 1^g,08 de résidu solide; ce résidu était une véritable poudrette à 2,57 d'azote °/₀! *Dans le même lieu,* l'échantillon prélevé *à la surface* de l'Erdre avait une densité de 1,0004, l'ammoniaque dégagée s'élevait à 4$^{mill.g}$80, le résidu d'évaporation à 0^{g}347. Le mémoire que j'ai publié à ce sujet contient les courbes de l'infection pendant les années 1858 et 1859. La confirmation de ces résultats a été obtenue d'une manière éclatante pendant l'été de 1861. A cette époque, la construction des quais de l'Erdre a motivé le desséchement de son lit, ,et 3,200 mètres cubes de vases riches en débris pailleux et substances

avec l'élevage des bestiaux et la production des fumiers. Et cependant le froment rend parfois, en Chine, jusqu'à cent vingt fois sa semence, et on considère comme une récolte moyenne celle qui rapporte quinze fois la semence. Tout le succès de l'agriculteur chinois réside dans le soin méticuleux avec lequel il fait retourner au sol les déjections humaines.

Fortune raconte (1) que, dans toute maison chinoise, on voit dans des endroits fort apparents des cuvettes en terre ou

végétales diverses ont été mis à nu, sur une longueur de 100 mètres environ. A 1,642^k le mètre cube, cette vase représentait donc 5,254,400^k, renfermant en moyenne pour cent de matière sèche, et d'après trois analyses que j'ai effectuées :

Matières organiques	20.8
Résidu siliceux	73.0
Sels terreux et alcalins	5.5
Perte	0.7
	100.0

Azote = 0,0092, soit près de 1 °/₀.

Acide phosphorique = 0,007, correspondant à 1,5 de phosphate de chaux des os.

En admettant le prix minimum de 1 fr. 50 c. pour le kilogramme d'azote, et celui de 0 fr. 15 c. pour le kilogramme de phosphate de chaux, et en négligeant les substances organiques et alcalines, on voit que les 100 kilogrammes de vase sèche de l'Erdre avaient une valeur minima de 1 fr. 72 c.

Ces vases renfermaient, à cette époque, 35 °/₀ d'eau; leur poids réel était donc ramené de 5,254,400^k à 3,415,360^k, contenant :

Azote, 34,153^k, à 1 fr. 50 c.	51.229^f,50
Phosphate des os, 51,179^k, à 0 fr. 15 c.	7.676^f,85
Total	58.906^f,35

Ce véritable fumier, riche en détritus d'abattoir, n'a pas trouvé acheteur à 1 fr. le mètre cube. On a dû l'employer pour faire des remblais!

(1) *The tea districts, of china and India*, t. 1, pag. 221.

des citernes murées avec tout le soin possible, dont on considère le produit avec un intérêt marqué. Tout Chinois regarderait comme impoli l'hôte qui quitterait son domicile sans lui laisser le tribut auquel il a droit en retour de son hospitalité. Ce tribut est évalué a deux *Teu* par jour pour un ménage de cinq personnes : cette mesure représente 20 hectolitres au prix de 14 fr. l'hectolitre. Les excréments sont convertis en tourteaux ou briquettes que l'on expédie facilement et qu'on délaie dans l'eau au moment de les employer. Toutes ces pratiques contrastent d'une manière bien éloquénte avec l'insouciance dont les neuf dixièmes de nos villes européennes offrent le triste exemple.

Ce n'est pas, il faut le reconnaître, que de saines et fécondes traditions ne soient quelquefois appliquées ; à Grenoble, par exemple, on ne perd pas un litre de matière de vidange.

La production annuelle dans les fosses de cette ville est de 15,000 mètres cubes.

Les fermiers viennent chércher les matières et les paient aux propriétaires des fosses sur le pied de 3 fr. à 3 fr. 50 le mètre cube.

Les frais de vidange, de voirie et de transport sont à la charge des cultivateurs.

La population de la ville de Grenoble étant de 30,000 individus en nombre rond, il en résulte que la production de matière fécale est d'un demi mètre cube par tête.

Si toutes les matières fécales étaient aussi bien utilisées dans toute la France, la production, pour une population de 36,000,000 d'individus, serait de 18,000,000 de mètres cubes. Cette masse d'engrais couvrirait une surface annuelle de 222,200 hectares.

D'après M. Gueymard (1), on emploie à Grenoble 81 mètres cubes pour fumer 1 hectare. Cette fumure dure quatre ans et produit un chanvre, un blé géant, un trèfle et un blé fin. C'est l'équivalent de 40 hectolitres de blé au moins. Les 40 hectolitres, à 75 kilog. l'un, donneraient donc 3,000 kilog. pour 81 mètres de matières fécales. Or, 81 mètres cubes sont produits par 162 personnes. Donc la production en blé serait de 18^k,5 par an; soit la nourriture de trente-sept jours.

Il manque en France, en moyenne, du blé pour huit jours. Si nous prenions l'année la plus défavorable, celle de 1832, où il fallut recourir au sol étranger pour dix-neuf jours vingt-trois, on voit qu'en utilisant toutes les matières fécales nous aurions toujours une surabondance de blé.

Si on admettait seulement un boni de 20 °/₀ sur les engrais produits en France, nous pourrions exporter 900,000,000 kilog. de blé par an, ayant une valeur de 234,000,000 fr.

Avec le trop modeste chiffre de 10 °/₀, nous pourrions livrer aux nations étrangères 378,000,000 kilog. de blé valant 98,280,000 fr.

Or, en moyenne, nous importons en France 144,000,000 kilog. de blé, qui coûtent à la nation française 47,520,000 francs.

Il est donc bien vrai de dire que les questions d'engrais si modestes en apparence qu'on les dédaigne quelquefois, touchent aux intérêts les plus graves de la société.

Dans le nord de la France, l'emploi de l'*engrais flamand* est populaire ; on désigne cet engrais sous les noms de *courte-graisse, vidange, gadoue, tonneaux.* Lorsqu'il est

______

(1) Société Impériale et Centrale d'agriculture, juin 1862.

rètiré des latrines où l'on n'a pas jeté d'eau, il possède une densité de 1031 , et contient par litre, d'après M. Girardin (1) :

Eau...............................	980^g,37
Matières organiques................	26,59
Ammoniaque	7,63
Potasse...........................	2,14
Acide phosphorique...............	3,43
Chlore, acides sulfurique, carbonique et sulfhydrique; alumine, chaux, soude et magnésie...............	5,77
Silice et oxyde de fer...............	5,07
	1031^g,00

L'azote contenu dans un litre de cet engrais est ainsi réparti :

Azote des sels ammoniacaux...........	6^g,293
Azote de la matière organique.........	2,870
Total......	9^g,163

Remarquez bien, Messieurs, que cette matière normale de vidange , *sans addition d'eau,* constitue un type qu'on peut considérer comme exceptionnel. *Or , il renferme* 0,88 % *d'azote seulement,* et non .3 % comme l'admettent quelques auteurs.

L'engrais flamand , à l'état où il se vend généralement aux cultivateurs des environs de Lille , ne possède guère qu'une densité de 1007 ou 1014 (soit un à deux degrés à l'aréomètre de Baumé), et ne contient que 0,19 % d'azote.

(1) *Archives de l'agriculture du nord de la France.* Lille , 1860

Vous voyez ici quelle peut être l'influence de la dilution par l'eau et avec quelle facilité les entrepreneurs de vidange se trompent lorsqu'ils supputent les opérations industrielles, en ne prenant pour base d'appréciation que des données purement physiologiques.

A Nantes, les matières sont d'autant plus étendues d'eau que l'usage déplorable des *toucs* (1), autorise l'apport d'énormes quantités d'eaux ménagères dans les lieux d'aisances. Toute entreprise de vidange devra tenir compte de ces habitudes.

Il ne faudrait pas croire que le *nec plus ultra* du progrès consistât dans l'élimination des urines et la conservation exclusive des excréments solides. N'oublions pas que ces urines représentent l'excrétion azotée la plus abondante, et en voici la démonstration toute industrielle.

En 1853, on a obtenu, à Bondy:

En poudrette....................	363,577 fr.
En sels ammoniacaux des liquides..	438,109
	801,686 fr.

Dans la même année, on avait jeté au ruisseau environ 87,864 mètres cubes de liquides, ou 221,000 fr. La valeur totale des liquides pouvait donc être de 659,000 fr. en nombres ronds. Ces chiffres motivent les remarquables études faites depuis quelques années, sous le patronage de l'édilité parisienne, en vue d'utiliser les liquides d'égoût ou même les matières totales, en les appliquant tels quels à la culture (2).

---

(1) Egoûts communiquant avec le fleuve.

(2) On consultera avec profit à cet égard, le *Traité des engrais liquides*, de M. Barral, les *Annales de Vaujours*, par MM. Moll et Mille, le *Rapport au Préfet de la Seine, sur les irrigations du Milanais*, de M. Mille, et l'*Engrais humain*, de M. Maxime Paulet.

Comme conclusion sur ce point, je vous mettrai en garde contre l'emploi trop exclusif *d'appareils diviseurs* ou *séparateurs,* qui ne conserveraient que la substance solide des excréments.

Dans beaucoup de petites localités, les matières fécales sont jetées comme sans valeur. Je ne saurais trop vous recommander de les recueillir, lorsque vous pourrez le faire économiquement. Il y a quelques années, un savant agronome, M. Reiset (1), avait remarqué qu'à Dieppe on conduisait les vidanges à la mer; il organisa un service de tonneaux qui lui permit de les apporter chez lui à raison de 1 fr. 50 le mètre cube. Or, selon M. Reiset, elles renfermaient 1,10 % d'azote; il en répandait jusqu'à 50 mètres cubes par hectare, et il obtint bientôt jusqu'à 102,000 kilog. de betteraves et 46 hectol. de colza. Un tel exemple eut des imitateurs, et au bout de quelques années, le mètre cube de vidange s'élevait à Dieppe de 12 à 15 fr.

Je vous ai déjà montré comment on pouvait incorporer les matières fécales dans le fumier. J'ajouterai aujourd'hui qu'il y a quelquefois avantage à faire servir immédiatement à l'arrosage ces matières convenablement étendues d'eau.

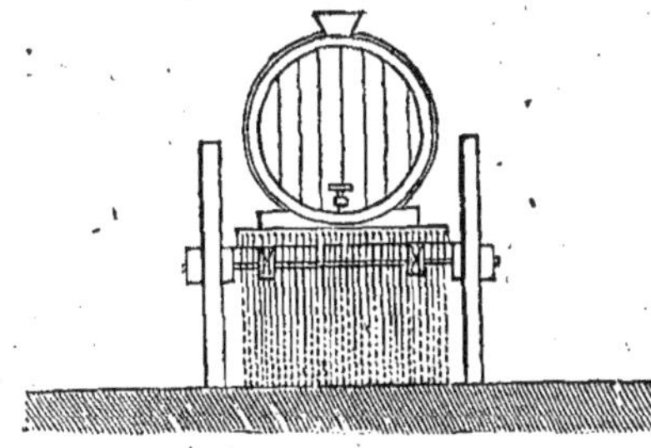

Un tonneau placé dans une charrette ordinaire ou mieux encore monté de la manière suivante, permet de réaliser cette opération populaire, dans le nord de la France

(1) *Recherches pratiques et expérimentales sur l'agronomie*, 1863, pag. 8.

et en Belgique. Une barrique montée, que l'on roule à

bras, permet encore de transporter l'engrais dans une citerne où on l'étend de sept à huit fois son volume d'eau; puis, à l'aide d'une pelle en bois, de 1^m,50 de longueur, qu'on nomme *escope*, on puise et on répartit la substance fertilisante qui retombe sous forme de pluie; les cultivateurs flamands exécutent, dit-on, cette opération avec une remarquable dextérité.

On peut encore, si l'arrosage ne doit avoir lieu que sur une petite étendue de terrain, ou entre des lignes de végétaux, opérer à l'aide d'un baril portatif, maintenu par de fortes bretelles sur le dos d'un ouvrier. La figure que je mets sous vos yeux, en dit plus que toutes les descriptions orales.

Ce que de tels engrais ont de répugnant pour l'odorat, peut être masqué par des méthodes assez nombreuses : je me bornerai à vous signaler l'emploi de la couperose commune (sulfate de fer), qui forme avec le sulfhydrate d'ammoniaque, du sulfate d'ammoniaque fixe et du sulfure de fer qui n'a pas d'odeur. 2 à 3 kilog. de couperose en dissolution suffisent à la désinfection de 1 hectolitre de matière fécale (1).

(1) Le *Bulletin de la Société d'encouragement*, n° dè mai 1847, renferme un rapport de M. A. Chevalier, sur la désinfection des matières fécales. A ce

On a cru pendant longtemps et on a mainte et mainte
fois publié que l'emploi des matières fécales nuisait au goût
des fourrages, et par suite à la valeur du lait, des
fromages et du beurre. Comme réponse à cette assertion,
je vous citerai la fumure des vignes, des orangers et des
violettes de Nice, à l'aide de cet engrais, puis celle des
choux-fleurs du Rosendal, près de Dunkerque. J'ajouterai
qu'aux environs de Paris, MM. Moll et Mille ont résolu
cette question de la manière la plus nette à l'avantage
de l'engrais de vidange, et que le lait obtenu par ces
expérimentateurs a été trouvé parfait, non-seulement par
M. Hervé Mangon, au laboratoire de l'école des ponts et
chaussées, mais encore aux hôpitaux de la Salpêtrière et
la Riboissière, où pendant dix jours on l'a expérimenté (1).
« Pour moi, dit M. Corenwinder, je puis affirmer que mes
asperges, fumées avec de la gadoue, ne le cèdent en rien
pour la finesse et le goût, à celles qu'on achète à
grand prix chez les premiers restaurateurs du Palais-
Royal (2). »

Il ne faudrait pas, Messieurs, donner à mes paroles une
portée plus grande que de raison, et considérer l'engrais
humain comme propre à dispenser de toute autre matière
fertilisante. C'est, à coup-sûr, un utile auxiliaire, mais ce

travail est annexé un extrait de l'intéressant ouvrage manuscrit de M. Ernest
Vincent, intitulé : *Recherches historiques sur la construction des fosses
d'aisances et l'emploi des matières fécales*, et dans lequel l'auteur a donné
dans un tableau chronologique, utile à consulter, tous les procédés de désinfection publiés depuis 1762.

(1) *Application des vidanges à la culture*, 1857, pag. 16.

(2) *Considérations sur l'emploi de l'engrais flamand*. Journal d'agriculture
pratique, 1860, 20 août.

n'est pas un élément de production qui — surtout dans les sols compacts et non calcaires — puisse remplacer le fumier. Une terre argileuse serait promptement engorgée et les végétaux y pourriraient, si une division assez énergique du sol n'intervenait en pareil cas. La verse se manifesterait bientôt d'ailleurs dans nos froments et nos blés noirs, si des engrais riches en phosphates n'agissaient en même temps que les matières fécales. Quoiqu'on puisse objecter à cet égard, nos campagnes environnantes ont été si souvent le théâtre de démonstrations de ces faits, que je me borne à vous les rappeler.

Je vous mettrai également en garde contre l'application de l'engrais liquide à la fumure de plantes *en pleine végétation*. Il est utile, en effet, qu'avant de réagir sur le végétal, la matière fécale ait été en partie transformée dans le sol (1), et, si on méconnaît cette loi, on remarque que, même dans les terres les plus favorables à cette pratique, l'emploi de l'engrais flamand fait taller les froments outre-mesure, *et donne des tiges au détriment du grain* (2). Excellent pour la culture maraîchère et les plantes fourragères, l'engrais humain *liquide* ne sera pas aussi convenable pour les froments et les blés noirs ; en pareil cas, la matière fécale devra surtout servir à la confection de composts, de poudrettes et à l'amélioration des fumiers.

(1) L'avantage de cette transformation se remarque également dans la formation des composts.

(2) *Rapport sur l'emploi de l'engrais flamand*, par une commission prise dans le comice agricole de Lille. Rapporteur, M. Corenwinder.

Je vous ai cité, il y a quelques instants, une analyse de
M. Girardin, d'où il résulte que les vidanges d'une maison
particulière de Lille renfermaient 95 °/₀ d'eau. On comprend
facilement que l'élimination de cette eau en vue d'enrichir
l'engrais et de le rendre économiquement transportable,
ait été le but incessant poursuivi par les industriels.
Solidifier les vidanges sans évaporation notable de leurs
principes fertilisants, c'est le problème depuis longtemps
poursuivi et dont la réalisation laisse le plus souvent beaucoup à désirer.

Le procédé le plus généralement suivi pour solidifier
les matières fécales est celui qu'emploient les fabricants
de poudrettes. Ce n'est pas, je m'empresse de le dire, un
spécimen bien flatteur de nos connaissances industrielles.

La fabrication de la poudrette consiste dans l'abandon
des excréments mixtes aux influences combinées de l'évaporation par l'air, et de la séparation des matières solides
par ordre de densité. Cette double opération a lieu dans
de vastes bassins en étage communiquant à l'aide de vannes,
et que je ne saurais mieux comparer qu'à d'immenses et
infects marais salants. Les dépôts suffisamment épais sont
étendus sur des terrains en dos d'âne où ils achèvent de
se dessécher. Quelquefois des terres absorbantes permettent d'accélérer cette opération. A Nantes, par exemple, on
emploie souvent la tourbe sèche pour arriver à ce
résultat, et finalement on obtient un engrais assez
pauvre.

Soubeiran a trouvé dans la poudrette de Montfaucon en
1847 :

Eau..?.................... 28

Matières organiques......... 29   contenant 1,18 d'azote.

Sels alcalins................ 4,3   0,24

Carbonate et sulfhydrate
d'ammoniaque............ quantité indéterminée.

Carbonate de chaux....... 3,87

Sulfate de chaux.......... 3,87

Phosphate ammoniaco-ma-
gnésien.............. 6,55   0,36

Phosphates exprimés en phosphate des os........... 3,46

Matières terreuses......... 24,82

—————————   —————————

100,00 contenant 1,78 d'azote.

La proportion d'humidité peut s'élever de 32 à 40 %, et le poids de l'hectolitre varie de 65 à 67 kilog.

La poudrette fabriquée aujourd'hui à Bondy, contient de 1,50 à 2 % d'après M. Meugy, ingénieur des mines et vérificateur des engrais du département de Seine-et-Marne (1).

En 1855, M. le professeur Baudrimont, vérificateur des engrais de la Gironde, trouvait 1,78 % d'azote dans les *poudrettes pures* de Bordeaux, et 1,59 % dans les poudrettes additionnées de matières terreuses. Le résidu siliceux inerte était de 19 % pour la première catégorie, et de 21,5 pour la seconde (2).

A Nantes, la poudrette est fabriquée sur une échelle fort restreinte, les minimes quantités de matières vidangées étant le plus souvent employées à animaliser des tourbes qu'on

____

(1) *Compte rendu de la vérification de quelques engrais*, 1854, pag. 10 et suiv.

(2) *Rapport sur la vérification des engrais*, 1855, pag. 18 et suiv.

destine au mélange avec le noir animal. On vend cet engrais 2 fr. 75 l'hectol. de 75 kilog. Il renferme 20 °/₀ d'eau et contient à l'état sec, d'après mes analyses :

Matières volatiles au rouge............	55,00
Sable siliceux........................	23,00
Alumine, oxyde de fer et phosphate de chaux	7,52
Sels alcalins........................	1,90
Carbonate de chaux et de magnésie. — perte	12,58
	100,00

Azote, 2 °/₀.

En 1842, une commission officielle publiait quelques analyses de la poudrette de Nantes; et sans fournir de chiffres exprimant sa richesse en azote, elle établissait que cet engrais renfermait de 36 à 46 °/₀ de sable siliceux et de 34 à 46 °/₀ de matière organique. A la même époque, le prix de l'hectolitre de la poudrette de Montfaucon était au prix de celle de Nantes, comme 10 fr. 50 est à 3 fr. 50 c.

Dans les régions de landes de notre département on n'emploie guère les poudrettes seules, et les minimes proportions de matières fécales utilisées, le sont sous forme de composts riches en noir animal. Dans les arrondissements riches en prairies naturelles ou voisins de la mer — dans celui de Paimbœuf, par exemple — les poudrettes sont au contraire recherchées. Bordeaux en expédie à Pornic des quantités importantes, dont voici la composition relevée sur mon registre d'analyses :

	Matières organiques.	Sable.	Sels alcalins.	Phosphate de chaux, alumine et oxyde de fer.	Carbonate de chaux et de magnésie	Azote.
N° 1....	55,8	34,5	2,2	6,0	1,7	2,3
2....	52,0	32,0	2,2	8,5	5,3	2,2
3....	51,4	24,0	3,0	11,0	10,6	2,0
4....	54,0	23,0	3,0	12,7	7,3	2,0
5....	52,0	25,0	3,1	4,1	13,8	2,0
6....	46,5	39,5	2,3	2,5	9,2	1,5
7....	48,0	28,8	3,8	9,0	10,4	1,7

Pour résumer la question des poudrettes dans le département de la Loire-Inférieure, je me bornerai à vous dire que, de 1850 à 1860, il en a été vendu à Nantes 80,000 hectolitres représentant une valeur de 220,000 fr., tandis que les poudrettes expédiées de Bordeaux dans l'arrondissement de Paimbœuf par Pornic représentent 686,070 francs pour le même laps de temps.

Il y a, certes, de grandes améliorations à réaliser dans la vidange comme dans l'utilisation de ses produits et l'assainissement de cette opération est digne d'être poursuivie avec sollicitude par les municipalités.

Il importerait que les vidangeurs fussent sérieusement obligés à désinfecter les fosses avant de les vider, ainsi que cela s'exécute à Paris, et je mets sous vos yeux un tableau des différents moyens proposés dans ce but. Je crois établir par les faits résumés dans ce document, que les chimistes ont fourni aux administrations des solutions multiples du problème soumis à leurs recherches.

24

PRINCIPAUX PROCÉDÉS CHIMIQUES

de désinfection , de conservation et de solidification des matières fécales.

DATES.	SUBSTANCES.	AUTEURS.	OBSERVATIONS.
1824	Proto-sulfate de fer impur......	Bréant............	Proposé pour les urines.
1826	Alun......................	Darcet............	Id.
1832	Charbon obtenu par la calcination des matières vaseuses.........	Salmon............	»
1833	Suie	Guibout et Sanson.	»
1837	**Sulfates de chaux , de fer et d'alumine, charbon de bois, huile empyreumatique, goudron , chaux vive..........**	Siret............	Première composition.
	Sulfate de fer, acide sulfurique , charbon, goudron , huile de pétrole, huile empyreumatique.	Id...............	Deuxième composition.
	Sulfate de fer, 100 kil.; sulfate de zinc, 50 kil.; tan, 40 kil.; goudron, 5 kil.; huile, 5 kil......	Id............	Troisième composition.
	Plâtre, 53 kil.; sulfate de fer, 40 kil.; sulfate de zinc, 5 k.; charbon végétal en poudre, 2 kil...................	Id............	Quinze grammes de cette poudre suffisent pour les matières d'une personne.
1843	**Pyrolignite de fer et sulfate de fer...................**	Id............	Le mélange de sulfate et de pyrolignite de fer désinfecte parfaitement.
	Alun , sulfate d'alumine........	Coutaret.........	»
1843	Sulfate d'alumine impur........	Poussier..........	»
1844	**Suie de houille..............**	Bondit..........	»
	Nitrate, et acétate de plomb.....	Raphanel et Ledoyen	»
1846	**Sulfate de fer et savon commun ....**	Paulet..........	On obtient ce résultat en fabriquant la couperose avec l'acide imprégné de corps gras, qui a servi à l'épuration des huiles.
»	**Plâtre cuit et poussier de charbon...................**	Herpin..........	Douze kilogrammes de plâtre cuit et deux kilogrammes de charbon peuvent désinfecter les matières rendues par un individu pendant une année.
»	Algues sèches, 80 kil.; chaux, 20 kil.; matières fécales mixtes, 300 kil...................	Salmon..........	Première recette.
»	Plâtre, 20 kil.; algues, 80 kil.; matières fécales, 300 kil......	Id............	Deuxième recette.
»	Algues, 90 kil.; sulfate de zinc, 10 kil.; matières fécales, 300 kil..	Id............	Troisième recette.
1849	Introduction dans les fosses d'acide sulfurique ou chlorhydrique, puis de silicate de soude....................	De Sussex......	»
1862	**Pralinage par la chaux éteinte avec des eaux vannes.....**	Mosselman.......	»

Parmi ces procédés , il en est qui comportent un mélange difficile à effectuer dans les fosses même; mais, admettez l'emploi prépondérant des fosses mobiles et surtout des appareils diviseurs qui retiennent seulement les excréments solides, et vous reconnaîtrez de suite que des compagnies bien organisées pourront opérer sur des masses désormais minimes le mélange intime de la matière fermentescible, tantôt avec les poudres désinfectantes et absorbantes, tantôt avec la chaux vive, et produire rapidement un engrais, bien plus riche que la poudrette.

Beaucoup d'entre vous auraient le désir d'utiliser des matières de vidanges en les faisant absorber par des tourbes, des poudres charbonneuses, des composts divers, mais le dégoût les éloigne de cette fructueuse opération. C'est le cas ou jamais, Messieurs, d'employer le sulfate de fer dissous, mélangé d'une petite quantité de pyrolignite de fer. Vous convertirez ainsi une masse infecte en substance inodore et facile à incorporer dans des engrais quelconques. En opérant, à Rouen , avec des charbons de tourbe et des sels de fer, M. Robart désinfectait les matières des fosses à raison de 1 fr. 60 par mètre cube ; c'est un prix fort abordable , à coup sûr.

Nous le savons tous, Messieurs , il est difficile dans certaines villes d'avoir des fosses étanches; il faut donc abandonner le système des amas considérables de matières fécales dans les maisons. D'autre part, la vulgarisation des cuvettes dites anglaises augmente chaque jour les quantités d'eau mêlées aux excréments. Cela est si vrai qu'à Paris , en 1800, on n'extrayait que 38,000 mètres cubes de matières pour 547,000 habitants, tandis qu'en 1852 , les extractions ont fourni 337,100 mètres cubes pour 1,053,000 habitants. C'est en voyant cette marée montante que l'on a eu l'idée d'écouler les liquides à l'égoût.

Jusqu'à ce qu'on ait trouvé un moyen pratique de condenser dans des *fosses mobiles* les principes fécondants des urines, il est malheureusement vrai qu'il faudra permettre leur écoulement, et ce sera déjà un immense progrès réalisé que de retenir, de solidifier rapidement et de livrer à l'agriculture *tous* les excréments solides d'un grand centre; mais les préoccupations des économistes et des hommes de science ne doivent pas s'arrêter là.

C'est surtout dans l'urine que se trouve la matière précieuse excrétée par l'homme. Toute diluée qu'elle soit par le mélange de l'eau, elle est encore tellement riche en principes utiles, qu'on doit regretter de la voir conduire aux fleuves dont elle contribue à corrompre les eaux.

M. Rohart a trouvé que les liquides urineux des fosses de Rouen marquaient 3 degrés aréométriques *après filtration* et contenaient 2,58 °/₀ de matières dissoutes. MM. Chevalier, Labarraque et Parent-Duchâtelet avaient trouvé 1,60 °/₀ de substance sèche dans les eaux de cinq fosses mobiles de Paris; enfin, et plus récemment, M. Paulet, analysant l'urine étendue d'eau telle que la fournissent aujourd'hui les fosses parisiennes, en a obtenu sous forme de sels ammoniacaux 2,5 à 3 pour cent de matières sèches, représentant presque 0,5 °/₀ d'azote. Réduits à l'état sec, ces liquides donneraient un résidu plus riche en azote que le guano du Pérou, et c'est là ce qu'on perd!...

On a bien pensé à évaporer les urines à l'aide de la houille ou encore en les faisant couler au grand air sur des fagots disposés en *bâtiments de graduation* (1), mais les émanations qui résultent de l'emploi de ces moyens sont incommodes et s'opposent à leur exécution.

Des idées plus grandes et plus fécondes sont en ce moment soumises aux administrateurs de la Seine. Dans un remarquable travail sur les irrigations du Milanais, auquel j'ai déjà fait allusion dans ce cours, M. l'ingénieur en chef Mille a établi, avec toutes les séductions d'une logique serrée, que les liquides d'égoût d'une grande cité, déjà purifiés par la récolte des fumiers flottants et le dragage des sables, peuvent être amenés à une dilution telle que les arrosages agricoles effectués à leur aide soient extrêmement fructueux. C'est ainsi que l'égoût d'Asnières, où se rendent les eaux ménagères et les liquides désinfectés de la vidange, constitue une source de constante fécondité; c'est une véritable artère chargée de substance vivifiante et qu'il faut mettre en rapport avec les organes à nourrir (2). Je vous ai dit, Messieurs,

(1) Ce procédé est employé dans les mines de l'Est pour concentrer les eaux peu chargées de sel gemme.

(2) Je ne puis résister au désir de mettre sous les yeux du lecteur de ces leçons la description de l'égoût d'Asnières, insérée par M. Mille dans les *Annales de Vaujours*. Ce tableau d'un égoût, tout modeste qu'il se fasse, offre un intérêt auquel un esprit éclairé ne saurait rester insensible.

« Au milieu du mouvement, la France ne pouvait se montrer ni indifférente, ni inactive. Paris, qui la représente et qui doit rester la ville sans rivale, sera probablement la première à prouver qu'il est possible de concilier l'assainissement et la culture.

Paris, que nous aurons vu refaire dans son ensemble, de notre temps, est sillonné souterrainement par un drainage analogue à celui qui souvent s'exécute sous nos yeux à la campagne : le mérite en revient à deux noms appréciés des ingénieurs, MM. Dupuit et Belgrand. Ici les drains, qui bordent les maisons particulières, sont des égoûts ovoïdes de 1,30/2,30, dans lesquels

le beau projet qui consiste à élever les eaux de cet égoût sur les plateaux de la Beauce et de la Brie pour les utiliser au profit d'une agriculture prospère.

Dans beaucoup de grandes villes, cette idée est suscep-

se meut sans peine un ouvrier avec sa brouette. Les collecteurs, posés sous les grandes voies parallèles à la rivière, sont des tuyaux circulaires de 3 mètres de diamètre, contenant un chemin de fer à la voie de 1^m20, et dans le vide des rails un canal de suite pour les eaux. Enfin, l'émissaire qui coupe en raccourci le faîte compris entre la Seine du pont de la Concorde et la Seine du pont d'Asnières, est un tunnel elliptique de 6 mètres de diamètre horizontal, dont la largeur renferme un canal de 3^m60, portant bateau, et des banquettes de 0^m90 pour la circulation à pied. Drains, collecteurs, émissaires, sont construits en ciment : leurs parois lisses et brillantes, leurs profils adoucis, réfléchissent la lumière, propagent le son, et laissent glisser les liquides sans retenir d'ordures. De l'habitation partent les eaux ménagères, les graisses et les débris de cuisine, les liquides désinfectés des fosses d'aisances. De la rue tombent par les bouches d'égoût la boue des chaussées pavées et la fange du macadam des boulevards; enfin, les établissements publics, halles, marchés, abattoirs, casernes, envoient des fumiers, des détritus végétaux, du sang, des urines, parfois des vidanges pures. Cet amas confus, noyé dans l'eau de la distribution, se rend à l'égoût d'Asnières sous forme d'un courant épais et noirâtre, et constitue un flot d'environ 1 mètre cube à la seconde.

Débarrasser Paris, c'était bien ce que voulait l'assainissement de la ville; mais qui garantissait que l'égoût d'Asnières, ainsi chargé, n'allait pas devenir un immense bourbier, impossible à curer, et que son embouchure en Seine ne reproduirait pas la voirie du moyen-âge? On peut dire que le choix heureux du profil a livré à l'exploitation la solution naturelle de ces difficultés.

Curage mécanique. — Occupons-nous de l'émissaire, qui n'a pas moins de 4 kilomètres de longueur, incliné suivant la pente de 0,0005 par mètre, et cherchons d'abord les moyens de nettoyage. Puisqu'un bateau flotte sur le canal, nous pouvons armer l'avant d'une vanne qui embrasse la section mouillée tout entière et qui descende, par une manœuvre d'engrenage, jusqu'à 0,15 d'écartement du radier. Le flot ainsi barré va s'accumuler derrière la vanne; dès qu'il atteint 0,60 de surélévation à l'amont, il chasse, par la lumière laissée vers le fond, un

tible de belles applications; car on peut nous appliquer, à nous autres Français, ce que le coutelier agronome de Londres, M. Mechi, disait en style énergique aux fermiers de son pays :

véritable torrent; les dépôts, les sables et même les pierres, amoncelés à l'aval, sous forme d'une longue dune de 100 mètres de longueur parfois, sont affouillés, roulés, lancés plus loin. Comme le bateau participe de l'impulsion et descend lentement sous la charge de sa retenue, le torrent marche aussi, poussant devant lui la dune, qui fuit pour s'arrêter, mais qui, toujours reprise, finit par arriver en dix jours à l'embouchure. On remonte alors le bateau vers l'amont, en créant de kilomètre en kilomètre des biefs de niveau, au moyen de vannes fixes qui descendent de la voûte et barrent le courant à la manière des écluses.

Dans l'égoût d'Asnières, où l'on circule librement sur des banquettes propres comme une dalle d'escalier, où l'on est éclairé comme dans un atelier de manufacture, où l'on est averti par des signaux transmis à 3,000 mètres de distance, un ouvrier cure le canal rien qu'en manœuvrant une vanne et en laissant descendre son bateau au fil de l'eau. Voilà le travail mécanique que visitent avec étonnement les étrangers pour qui l'édilité est une fonction ou une étude.

Mais si l'infection n'est plus dans l'égoût, elle est en Seine; car le courant d'Asnières, tombant à angle droit sur celui de la rivière, va s'y briser, et dans l'eau morte du confluent se déposeront des vases tourbeuses, espèce de fumier d'écurie formé de paille et de grains d'avoine broyés, de bouchons, de vieux linge, etc., mêlés à des sables et à des graviers noircis. Aux eaux basses d'été, il apparaîtra un delta qui, sous les rayons du soleil, passera par les divers degrés de la fermentation putride, et répandra aux alentours des miasmes de corruption.

Revenons à l'analyse grossière des liquides d'égoût; nous y avons trouvé des graisses, des fumiers, des sables. Ces différentes matières, violemment poussées par le torrent, tendent cependant, non à se mêler, mais à se partager suivant leur ordre de densité : les graisses voyagent à la surface; les fumiers et les matières organiques nagent entre deux eaux; les sables roulent sur le radier.

Faisons de la lévigation, et récoltons chaque produit dans sa couche spéciale.

Déjà, derrière le bateau-vanne s'amassent en grande partie les graisses,

« Voulez-vous savoir, répétait-il aux fermiers dans un
» pamphlet d'une verve originale, ce que valent les eaux
» d'égoût que vous dédaignez? Il y a en Angleterre vingt
» millions de moutons, et vous les considérez à bon droit

qu'on peut écumer, et qu'on livre à la fabrication commune des savons noirs
de potasse.

Les fumiers méritent une attention spéciale.

Supposons une drague plongée à contre-courant entre deux eaux : elle
saisira tout ce qui flotte dans la section droite qu'elle obstrue ; voilà l'idée
qu'on a cherché à appliquer en donnant à la drague une largeur de 3,60,
qui est celle du canal. Le premier appareil, qui n'était qu'une feuille de
tôle percée de trous, n'a presque rien arrêté ; le tamis se bouchait, les
matières glissaient sur le plan incliné et sautaient en déversoir par-dessus.
On observa qu'une simple barre d'entretoise s'était, au contraire, chargée
de paille et d'ordures enroulées. Ce fut le trait de lumière : on construisit
des grilles à barreaux longitudinaux de 0,02, avec écartement à peu près
égal ; la récolte devint réelle et importante ; on allongea le plan incliné jusqu'à
8 mètres, en lui donnant une inclinaison de 0,20 par mètre. Les ouvriers,
armés de griffes, qui peignaient et cardaient les barreaux, arrivèrent alors
à relever de 5 à 6 mètres cubes de débris chaque jour. En quatre mois
d'un service qui n'était encore qu'une expérience, l'égoût livra 500 mètres
cubes, et ces 500 mètres cubes enlevés à l'infection furent aussitôt pris
par la culture. Les pépinières du bois de Boulogne profitèrent d'un engrais
qui, stratifié par couches alternatives avec des marnes et des argiles, constitue
un excellent terreau. Rien n'est actif comme le fumier d'égoût ; il n'a besoin
que d'une exposition de vingt-quatre heures à l'air pour prendre feu, suivant
l'expression des maraîchers.

Quant aux sables qui se traînent sur le fond, on peut les récolter où l'on
veut ; il suffit de descendre une vanne sur le radier ; la dune viendra y
appuyer son sommet, et l'on n'aura qu'à draguer au moyen de la noria à
vapeur que nous voyons fonctionner en Seine : les pièces mécaniques de
l'appareil allaient être montées, quand les crues de décembre ont suspendu
le cours des essais. Y a-t-il un parti agricole à tirer des sables? Cela est
probable ; ils sont fins, noircis de matières organiques comme la terre de
bruyère ; ils pourront devenir un amendement pour les sols calcaires et
argileux.

Parlons d'une dernière précaution relative au gaz. Les eaux d'égoût

» comme le pivot de la culture. Quels cris partiraient de
» tous côtés, s'il s'agissait de jeter à l'eau les déjections
» de vos moutons ? Eh bien ! les déjections de vingt
» millions d'êtres humains représentent, poids pour poids,
» la même somme d'engrais. N'allez pas chercher des
» difficultés où il n'y en a pas. Les machines de Cor-

amènent toujours un dégagement d'hydrogène carboné, qui monte en bulles
nombreuses à la surface. Comme ici une cascade de 0,30 à 0,40 a été
ménagée à la chute en Seine, les eaux divisées abandonnent sur ce point une
part de gaz dissous. On a par suite enveloppé la cascade d'une hotte qui
aboutit à un foyer de coke incandescent ; on aperçoit fort bien la flamme
bleuâtre de l'hydrogène carboné, obligé de se brûler en montant à la cheminée d'appel, au lieu de bouillonner sur le courant qui fuit.

Les eaux d'Asnières sont plus riches que les eaux de la Durance, et on
les dissiperait quand on sait quelle fertilité est née des arrosages par l'eau
trouble sur les bords des canaux d'Arles, de Craponne, des Alpines, et
aujourd'hui de Marseille ! Il semble même que la nature ait ici préparé le
sol pour y appeler l'irrigation et le colmatage. Toutes les presqu'îles de
la Seine, dans ses nombreux détours, sont des alluvions sableuses, perméables, à peu près stériles. Les fonds du bois de Boulogne, de Gennevillers,
du Vésinet, de Saint-Germain, n'ont pas d'autre nature ; les arbres, nourris
par l'atmosphère, tiennent la place des récoltes que la terre ne nourrirait
pas. Qu'on répande les eaux d'égoût sur ces filtres naturels, et l'on jettera
sur eux une couche susceptible de porter toutes les variétés des cultures
épuisantes. La plaine de Gennevillers est un champ dé céréales et de légumes
depuis qu'elle utilise les boues de Paris

Des essais ont montré combien le résultat serait pratique. Un fond de
fortifications, près les sablières de Clichy, a reçu et dévoré une hauteur de
2 mètres en liquide d'égoût : tout a passé dans le sous-sol, et il est resté
un colmatage de 0,015 d'épaisseur. A ce taux, un hectare prendrait 20,000
mètres cubes, et il suffirait de 5 hectares par jour pour consommer les
100,000 mètres cubes de Paris !

L'administration municipale de Paris a commencé son œuvre avec un type
de perfection et d'utilité publique devant les yeux ; elle saura l'achever.
L'eau pure donnée à discrétion au moindre logement, l'eau féconde mise à
portée du moindre champ, sont des espérances que le temps et la volonté
réaliseront. »

» nouailles, qui élèvent 240,000 mètres cubes d'eau par
» jour pour les besoins de la métropole, n'auront pas plus
» de peine à reprendre 240,000 mètres cubes d'engrais
» liquide pour les livrer en irrigations dans la campagne.
» A 0 fr. 10 c. par mètre cube, et l'on sait qu'on peut
» faire du service à ce prix, 1,000 ou 2,000 mètres cubes
» de liquide répandus sur de pauvres terres pour les
» transformer, sur des pâturages pour les engraisser, ne
» coûteront pas cher de fumure. Vous n'ignorez pas que
» la prairie qui porte 1,000 plantes naturellement, en porte
» 1,800 aussitôt qu'elle est arrosée. Il n'est pas plus
» impossible de canaliser la campagne, qu'il ne l'était de
» canaliser les villes ; mais la grosse difficulté, c'est de
» vous convaincre que vous faites mal et que vous agissez
» contre votre intérêt. »

A Nantes, nous avons beaucoup à faire pour ne pas
mériter des reproches analogues. Matières fécales, urines,
presque tout est jeté au fleuve. Faisons donc des vœux
pour que l'usage des fosses mobiles se vulgarise, pour
que la communication des fosses fixes avec la Loire soit
radicalement supprimée, pour qu'une entreprise intelligente installe sous le patronage de l'administration municipale des urinoirs publics où les produits aujourd'hui
perdus soient précieusement recueillis. Faisons des vœux,
enfin, pour que, dans tous les lieux habités de notre
région agricole, les cultivateurs comprennent l'intérêt qu'ils
ont à recueillir les déjections qu'ils méprisent.

Je n'insisterai pas, Messieurs, sur ces considérations
générales : elles nous conduiraient à l'examen du système
préconisé, en 1839, par Chadwick, et qui consiste à répartir
les engrais à l'état liquide et à l'aide d'une canalisation
analogue à celle du gaz ; nous serions ainsi entraînés en
dehors du terrain réservé à mes modestes efforts. Je ne

vous citerai, d'autre part, que d'une manière toute sommaire, les curieuses tentatives de certaines villes anglaises pour précipiter par la chaux les matières solides de leurs eaux d'égoût : à Leicester, ville de 65,000 habitants, on obtenait ainsi des briquettes, contenant à l'état sec, d'après M. Hervé Mangon (1) :

Résidu siliceux	15,05
Alumine, phosphates, oxyde de fer..	9,37
Chaux	51,97
Magnésie	traces.
Azote	1,25
Matières volatiles au rouge	22,36
	100,00

1,000 kilog. de ces briquettes renferment, en un mot, autant d'azote que 2,750 kilog. de fumier ou que $73^k,3$ de guano du Pérou.

En opérant sur l'eau de l'égoût de la rue de Rivoli, M. Hervé Mangon a trouvé que la chaux ne précipite que 30 °/₀ de l'azote dont on recherche la solidification industrielle. Les idées de l'édilité parisienne ont dû nécessairement, en présence d'un tel résultat, adopter une direction nouvelle, et les expériences relatives aux irrigations par les eaux d'égoût très étendues ont acquis un intérêt nouveau.

J'admets, Messieurs, que nous devions subir provisoirement la triste nécessité de perdre la plus grande partie des eaux de vidange; mais je ne saurais concéder un seul

<hr>

(1) *Comptes rendus de l'Académie des sciences,* 1856, 2ᵉ semestre, pag. 964 et suiv.

instant que le traitement des matières solides, réalisable d'une manière si salubre et si simple par les *appareils séparateurs mobiles,* ne soit une impérieuse loi pour les administrations municipales. Je vous ai cité bien des moyens de désinfection et de solidification ; en voici un nouveau dû à un éminent industriel, M. Mosselman, et qui peut trouver son application dans bien des localités : il consiste à traiter les vidanges par la chaux.

Mais la chaux — penserez-vous — par son mélange avec la matière fécale, déterminera un rapide dégagement d'ammoniaque, et l'engrais sera appauvri au point d'être inférieur aux poudrettes elles-mêmes ? Pour répondre à cette objection, il importe de rappeler :

1° Que la chaux, d'après les curieuses expériences de M. Payen, chasse l'azote des combinaisons ammoniacales, mais *engage, au contraire, dans des combinaisons stables* l'azote organisé. Traitez par la chaux du sang frais et du sang putréfié. Dans le premier cas, l'azote du sang sera fixé sous forme de matière peu décomposable ; dans le second, il sera chassé à l'état ammoniacal.

2° Que le procédé auquel je fais allusion ne consiste pas dans un mélange de matière fécale avec la chaux, mais bien dans un enrobage, un pralinage *qui ne comporte le contact des matières que sur une surface réduite* — celle de la périphérie des pralines fécales obtenues.

S'il en était autrement, et si ce procédé consistait à faire *un mélange intime,* voici ce qui arriverait : Comme dans les neuf dixièmes des cas la matière vidangée est en partie fermentée, une forte proportion de son azote se dégagerait à l'état d'ammoniaque. Mais arrivons à la pratique même du pralinage par la chaux.

On emploie :

1 hectol. 25 de chaux grasse pesant.... 112 k.

0 — 62 urines ou eaux vannes pesant
au moins........ 62 k.

2 — 00 matières fécales... 220

} 282

Total............... 394

Les urines sont employées à l'extinction de la chaux, et l'on obtient ainsi une poudre fine dans laquelle M. Hervé Mangon a trouvé :

Humidité.......................... 16,90

Matières organiques (non compris l'a-
zote).......................... 23,25

Azote 1,45 (1)

Acide phosphorique.............. 0,88

Chaux.......................... 38,95

Alcalis.......................... 0,70

Substances diverses non dosées....... 17,87

100,00

C'est avec la farine animalisée que s'opère l'enrobage des excréments solides. L'enveloppe calcaire des pralines obtenues agit tout à la fois comme absorbant énergique et comme substance isolante pour les parties centrales. Une notable portion de l'eau contenue dans l'engrais s'évapore d'ailleurs, ainsi que le prouvent les expériences suivantes.

Avec les 394 kilog. de matières dont je vous ai parlé tout à l'heure, on obtient au maximum 4 hectolitres pesant au plus 80 kilog., soit 320 kilog. Il y a donc eu déjà

(1) Les urines employées étaient fraîches.

évaporation de 74 kilog. Quelques jours après la fabrication, l'hectolitre ne pèse plus que 75, puis 70, puis enfin
60 kilog. Or :

75 kilog. × 4 hect. = 300 k. évaporation = 94 k.
70 — × 4 — = 280 — = 114
65 — × 4 — = 260 — = 134
60 — × 4 — = 240 — = 154

Le transport de l'engrais devient donc moins onéreux
après une dessiccation prolongée. L'analyse de la chaux
animalisée a fourni des chiffres nécessairement très variables, en raison de la nature variable aussi des matières
employées. On peut dire que cette circonstance est le *vice
propre* à la chose :

	Analyse de M. Payen.	Analyse de M. Hervé Mangon.	Analyse de M. Pierre (1).
Eau	37,200	30,45	57,50
Sable siliceux	3,400	indéterminé.	0,78
Acide phosphorique.	**0,817**	**0,51**	**1,34 (2)**
Matières volatiles (non compris l'azote)	20,202	26,65	13,92
Azote	**0,276**	**0,20**	**1,08**
Cendres (3) (non compris l'acide carbonique et l'acide phosphorique)	38,105	42,19	24,08 (4)
	100,000	100,00	100,00

(1) Engrais fabriqué avec des déjections récentes.

(2) Je suis arrivé à ce chiffre, peut-être élevé, en interprétant comme
phosphate des os le principe dénommé *phosphates* dans l'analyse de
M. I. Pierre.

(3) Ces cendres renferment 36,173 de chaux.

(4) L'acide carbonique est compris dans le poids des cendres.

Ces analyses prouvent qu'une notable portion de l'azote
des déjections s'évapore pendant leur conservation , et
l'importance de leur traitement, aussi prompt que possible
à l'aide de la chaux, en ressort avec évidence. Le pralinage par la chaux est donc solidaire de l'installation des
fosses mobiles, et, selon moi, il y aurait grande importance
à traiter dans celles-ci les déjections par un sulfate (de
zinc, d'alumine ou de fer) qui fixerait ainsi les sels ammoniacaux formés. Lorsque la chaux interviendrait ensuite,
elle ne réagirait sur le sulfate ammoniacal qu'à la surface
des pralines, l'intérieur restant intact.

Quoi qu'il en soit de cette idée dont je fais bon marché,
vous voyez, Messieurs, que la chaux vous offre un moyen
de rendre les matières fécales d'un transport commode
et d'un usage peu répugnant. Quant au prix de l'engrais
fabriqué, il changera selon les lieux et la valeur très variable
de la chaux. Les proportions de ses principes constituants
vous permettront de le fixer facilement. Je vous ai dit qu'à
l'aide de 1 hectol. 25 de chaux grasse et de 2 hectol. 62
d'excréments mixtes, vous obtiendriez 4 hectol. d'engrais
praliné. Ces données vous suffisent pour établir votre
calcul.

Je serai sobre de considérations sur les effets de la
chaux animalisée, les essais ne sont pas assez nombreux
jusqu'à ce jour; ils ne sont pas suffisamment classés,
d'ailleurs, selon les variétés géologiques des terrains pour
que des conclusions générales soient possibles. Je me
bornerai à vous dire que là où réussissent les chaulages,
la chaux animalisée sera employée avantageusement, et
que, sous son influence, le sol ne subira pas au même
degré cet épuisement proverbial que l'usage inconsidéré
de la chaux a quelquefois causé.

DIX-NEUVIÈME LEÇON.

Fientes de volailles et de chauves-souris. — Guano naturel. — Son origine et ses gisements. — Sa composition chimique. — Son rôle déduit de cette composition. — Falsifications et moyens de les reconnaître. — Considérations générales sur les engrais mixtes. — Engrais de poissons. — Fécondité de la mer.

Messieurs,

Dans une intéressante étude sur la science des engrais chez les Romains, M. I. Pierre a reproduit les opinions de Varron , de Cassius , de Columelle , de Palladius , sur les déjections des oiseaux et notamment des pigeons. Ces engrais étaient extrêmement recherchés , et la fiente des oiseaux avait une importance énorme en raison de la multiplicité des colombiers et des volières (1). Ces engrais que nous connaissons aujourd'hui sous le nom de *colombine, poulenée , poulaitte* , sont le plus souvent très négligés dans

----

(1) Il n'était pas rare, dans les derniers temps de la république romaine et au commencement de l'empire , de trouver, dans les environs des grandes villes et de Rome surtout, des volières contenant cinq à six mille pigeons ou pareil nombre d'autres oiseaux, tels que grives, merles, cailles, perdrix, etc., dont l'éducation et l'engraissement étaient très lucratifs. Les grives particulièrement rapportaient d'énormes bénéfices à ceux qui pouvaient les fournir hors de leur saison ordinaire aux tables somptueuses des Lucullus de ce temps là , et ils étaient nombreux.

Isidore Pierre. (*Annales agronomiques.*)

nos contrées, et les analyses suivantes vous donneront une idée précise de leur valeur. En 1859, M. Girardin a trouvé dans des fientes de poule recueillies aux environs de Douai :

Sur 100 parties de poulaitte récente :

Eau...............................	81
Matières solides................	19

Dans 100 de la matière desséchée à 110°, il y a :

Matières organiques et sels ammoniacaux...	73,35
Sels alcalins solubles.....................	0,90
Phosphate de chaux (des os)...............	8,10
Autres sels insolubles....................	3,15
Graviers, sable et argile................	14,50
	100,00

L'azote total sur 100 de la matière sèche est de 1,739, ainsi réparti :

Dans les sels ammoniacaux..............	0,139
Dans les matières organiques...........	1,600
	1,739

En opérant comparativement sur de la colombine prise à l'état frais, puis desséchée à 100°, M. Girardin a trouvé dans celle-ci beaucoup plus d'azote, mais moins de phosphates que dans la poulaitte, ainsi qu'on le voit par les nombres suivants :

	Azote sur 100.	Phosphates sur 100.
Poulaitte desséchée à 100°.	1,739	8,10
Colombine. - id.	5,35 (1)	4,43

(1) M. Boussingault a trouvé 9 °/₀ d'azote dans la colombine sèche de Bechelbroon. Les analyses effectuées sur de telles matières, diffèrent souvent à cause du mélange de paille et de plumes qui se trouve dans l'engrais.

Ces engrais sont énergiques et il y a lieu de les employer avec discernement, car ils pourraient brûler les récoltes; on les apprécie dans le Pas-de-Calais, où on les applique à la culture du lin et du tabac. La colombine de 600 à 650 pigeons se vend en moyenne 100 fr. et représente presque la fumure d'un hectare.

« Dans certains pays, dit Bosc, l'on porte toutes les semaines dans les colombiers et dans les poulaillers une couche de terre franche que l'on étend sur le plancher. De cette manière, la fiente des poules ou des pigeons s'incorpore avec la terre, et ce mélange peut rester pendant plusieurs mois sans inconvénient dans le colombier ou le poulailler en hiver.

» Pendant le reste de l'année, on enlève le mélange d'autant plus souvent qu'il fait plus chaud, c'est-à-dire au moins une fois par mois, et même deux lorsqu'on le peut.

» On dépose cet engrais *dans un lieu abrité de la pluie,* mais on l'arrose cependant quelquefois pour favoriser le mélange et le rendre plus intime.

» Dans d'autres endroits, on enlève la colombine de l'habitation de la volaille toutes les semaines, et on la transporte dans une fosse sous un hangar, où on la mêle couche par couche avec de la terre franche, de manière qu'il y ait dix parties de cette dernière contre une de la première, et l'on utilise le mélange au fur et à mesure des besoins (1). » A ces conseils, j'ajouterai que la tourbe pulvérisée constitue un excellent excipient de la colombine. Le colza, les choux, le trèfle, peuvent recevoir avec grand avantage le compost ainsi formé.

En Sardaigne, en Algérie et dans le département du

______

(1) *Nouveau cours complet d'agriculture,* t. ɪv, page 536.

Jura , on a remarqué depuis quelques années des accumulations considérables de fientes de chauves-souris ; qui
ont été analysées à diverses reprises. Opérant sur les dépôts
des grottes de l'Enfer , de Pozzo-Majore , de Borutta, de
Sedini, de Laern (1), M. Barral a constaté que ces
engrais renfermaient de 18 à 29 °/₀ d'humidité, de 6 à 16 °/₀
de phosphate de soude , et de 4,30 à 7,35 °/₀ d'azote.
L'engrais analogue envoyé d'Algérie se rapproche beaucoup
de ces types.

Dans ces derniers temps , j'ai été chargé d'analyser
des fientes de chauves-souris provenant également de
Sardaigne. Cette matière était distincte de celle qu'avait
analysée M. Barral: elle était légère, brune, peu odorante,
extrêmement riche en débris d'insectes et contenait en
moyenne 15,18 d'eau, 69,57 de matières organiques et
15,25 de substances inorganiques. L'azote s'élevait à 8,65 °/₀
et les phosphates alcalino-terreux à 8,40 °/₀.

L'examen des déjections d'oiseaux m'amène à vous parler
du *guano,* ce détritus mixte dans lequel on trouve tout
à la fois des fientes, des plumes, des débris de poissons,
et dont les Incas favorisaient l'incessante production en
défendant sous les peines les plus sévères de tuer les
guanaes , même en dehors des gisements de fientes appelés
huaneras (2).

Sur certains points de la côte du Pérou on exploite le
guano d'oiseau (*guano de pajaro*); sur d'autres, le gisement
d'engrais est surtout constitué par des excréments et des
squelettes de phoques, de marsouins, de loups de mer
(*guano de lobo*). Ces origines spéciales motivent les expli-

---

(1) Provinces de Sassari et d'Alghero. (Sardaigne.)

(2) Boussingault. — *Sur les gisements du guano.* — Annales du Conservatoire, janvier 1861.

cations diverses qui ont été fournies par les navigateurs
sur la nature du guano.

Je ne crois pas devoir vous retracer ici les conditions
curieuses dans lesquelles s'exploite le guano péruvien : M.
Boussingault les a décrites dans un intéressant mémoire que
vous pourrez consulter au besoin ; mais je crois utile de
vous faire connaître l'évaluation des gisements faits en 1844
par M. F. de Rivero, et d'où il résulte qu'à cette époque
les îles Chincha pouvaient fournir environ trente-six millions de tonnes d'engrais ; or, on peut supputer, d'après
les extractions faites depuis cette époque, que, dans une
soixantaine d'années, ces gites seront épuisés. Selon M. de
Rivero, cette prodigieuse accumulation de détritus s'explique par la multitude des *guanaes*, désignés sur les côtes
du Pérou sous les noms de : *piqueros, sarcillos, gaviotas,
alcatraces, pajaros-ninos, patillos,* etc. Si aujourd'hui, dit-il,
malgré la persécution qu'ont soufferte et que souffrent
encore les *guanaes,* on en voit néanmoins des milliards
sur les récifs ou sur les sommets escarpés des îlots,
qu'était-ce avant l'occupation du Pérou par les Européens,
lorsqu'ils étaient, pour ainsi dire, les seuls habitants du
littoral ? Il ajoute que, pour concevoir la formation du
guano des îles Chincha, évalué à 500 millions de
quintaux espagnols, il suffit d'admettre, ce qui n'a rien
d'exagéré, qu'un *guanaes* rend chaque nuit une once
d'excrément, et que toutes les vingt-quatre heures deux
cent soixante-quatre mille de ces oiseaux fonctionnent
dans les *huaneras.* En six mille ans — M. F. de Rivero ne
va pas au-delà par égard pour la date du déluge — le guano
déposé pèserait 361 millions de quintaux, et l'on ne doit
pas oublier qu'aux déjections se sont ajoutées nécessairement les dépouilles des oiseaux. Deux cent soixante-quatre
mille *guanaes* habitant à la fois les îles Chincha est un

nombre que l'on ne répugne aucunement à accepter quand
on a vu se mouvoir ces nuées de volatiles dont, pour
employer l'expression de Ulloa, « on n'aperçoit ni le commencement ni la fin; » qui font naître l'obscurité, et, en
rasant la surface de la mer, empêchent un navire de manœuvrer. Ce nombre peut d'ailleurs subir une sorte de
contrôle. Les *guanaes* ne pêchent que pendant la journée :
la nuit ils se retirent dans les *huaneras ;* dans l'hypothèse
de M. F. de Rivero, les îles Chincha en recevaient
deux cent soixante-quatre mille ; la question est donc de
savoir si la place ne leur manquerait pas. Or, la surface
de ces îles est de 1,450,224 *varas* carrées ; un *guanaes* y
pourrait donc disposer de 5 *varas* 6/10, soit à peu près
4 mètres carrés, sur lesquels il se trouverait parfaitement
à l'aise.

Que le guano, dit à son tour M. Boussingault, appartienne à l'époque actuelle ou qu'il ait été déposé à une
époque antérieure, toujours est-il qu'il représente une
masse énorme de substances organiques ayant appartenu
aux habitants de l'Océan, et comme les déjections dérivent
des aliments, les poissons détruits par les oiseaux pêcheurs
en ont été la matière première ; tous les éléments enfouis
dans les *huaneras* ont incontestablement fait partie de
leur organisme, et il n'est pas impossible d'estimer la
quantité de poisson qui a été consommée.

En négligeant ce qu'un oiseau de mer dissipe pendant
la combustion respiratoire, l'on est autorisé à croire que
la presque totalité de l'azote de la nourriture se retrouve
dans les déjections, et, par conséquent, dans le guano
ammoniacal, qui n'est autre chose que la déjection conservée par l'effet de circonstances particulières. L'albumine,
l'acide urique, ont donné lieu sans doute à une production
d'ammoniaque, ou ont éprouvé d'autres modifications dans

lesquelles se trouve l'azote qui entrait dans les fèces des *guanaes,* et, par conséquent, dans le poisson digéré par ces oiseaux. Un poids donné de guano ammoniacal aura donc pour équivalent un certain poids de poisson dans lequel il entrera la même quantité d'azote.

Le guano du Pérou, quand il vient d'être extrait, renferme en moyenne environ 14 °/₀ d'azote.

Le poisson, à sa sortie de la mer, contient 2,3 d'azote °/₀ (1).

Ainsi, 100 kilogrammes de guano contiendraient l'azote de 600 kilogrammes de poisson de mer, et comme dans les *huaneras,* avant qu'on eût poussé aussi activement leur exploitation, il y avait 378 millions de quintaux métriques de guano, on aurait pour équivalent 2,268,000,000 de quintaux de poisson de mer.

Telle a dû être, selon M. Boussingault, l'énorme quantité de poissons dévorés, dans le cours des siècles, par une suite de générations non interrompues de *guanacs;* et les 53 millions de quintaux d'azote qui s'y trouvaient avaient réellement appartenu à l'atmosphère, car l'azote n'a pas d'autre gisement primitif.

La composition chimique moyenne du *guano péruvien type* est ainsi représentée :

Matières organiques (1) et sels ammoniacaux.	52,52
Phosphate de chaux......................	19,52
Acide phosphorique à l'état soluble.........	3,12
Sels alcalins.............................	7,56
Humidité................................	15,82
Sable siliceux...........................	1,46
	100,00
Azote, 14,29, correspondant à ammoniaque.	17,32

(1) Le poisson entier, non vidé, était desséché à l'étuve, pulvérisé et analysé.

(2) Riches en acide urique et en acide oxalique.

Cette analyse est la moyenne de quinze essais faits, il y a plusièurs années, en Angleterre, par M. Nesbit, et je ne puis mieux vous démontrer la constance du type de guano des îles Chincha qu'en vous citant l'analyse faite par moi, il y a quelques semaines à peine, sur un chargement débarqué à Nantes. Il renfermait :

Matières organiques et sels ammoniacaux...	54,27
Phosphate de chaux......................	22,00
Acide phosphorique à l'état soluble........	1,49
Sels alcalins............................	2,48
Sable siliceux...........................	1,26
Humidité...............................	18,50
	100,00
Azote, 13,56, correspondant à ammoniaque.	16,46

Je vous citerai maintenant des analyses qui se rapportent à des guanos appartenant à la classe des *nitro-guanos,* mais dans lesquels cependant l'azote existe en proportion plus faible que dans le type des îles Chincha.

Guano de Raiatea (île située dans les mers du Sud (1) :

Humidité................................		29,400
Matières organiques comprenant acide urique et sels ammoniacaux....................		38,648
Sels solubles formés principalement de chlorure de sodium.......................		2,501
Sable, gravier ou silice..................		4,430
Phosphate de chaux...........	17,974	25,021
Sels calcaires et magnésiens.....	7,047	
		100,000
Azote par 100 parties guano............		7,272

(1) Analyse de M. Baudrimont.

Guano d'Ichaboe (île à proximité de la côte ouest d'A-frique), analyse faite à l'origine de l'exploitation par M. Nesbit :

Matières organiques, etc..........	41,52
Phosphate de chaux tribasique.....	20,08
Phosphate de magnésie...........	1,83
Phosphate de potasse............	4,71
Potasse	1,05
Soude........................	0,34
Chlorure de sodium.............	1,61
Sulfate de chaux hydraté..........	2,28
Oxyde de fer et alumine..........	0,48
Silice et sable.................	0,44
Matières indéterminées..........	0,16
Eau........................	25,50
	100,00
Azote dosé...................	7,92
Représentant ammoniaque.........	9,60

Dans le guano importé en 1858, on a dosé :

	I	II
Matières organiques...............	17,50	17,49
Phosphate de chaux tribasique......	21,97	20,45
Chaux......................	»	1,06
Magnésie....................	»	2,43
Sels alcalins.................	12,55	3,75
Sulfate de chaux hydraté..........	»	5,17
Carbonate de chaux.............	13,35	»
Oxyde de fer et alumine..........	5,53	traces
Silice et sable................	15,60	33,65
Eau........................	13,50	16,00
	100,00	100,00
Azote dosé...................	2,89	3,07
Représentant ammoniaque........	3,51	3,72

	Guano de Saldanha.
Matières organiques	10,30
Phosphate de chaux tribasique	13,96
Phosphate de magnésie	1,41
Phosphate de fer et alumine	6,17
Sels alcalins	0,90
Oxyde de fer et alumine	1,47
Sulfate de chaux hydraté	7,99
Silice et sable	48,80
Eau	9,00
	100,00
Azote dosé	1,69
Représentant ammoniaque	2,05

Les *guanos du Chili* renferment rarement plus de
5 % d'azote, et leur phosphate s'élève de 45 à 48 %
en moyenne. Dans le *guano de Bolivie* on trouve 3 à 5 %
d'azote et de 45 à 60 % de phosphate de chaux. Enfin,
dans les *guanos de pingouin* et de *shag* (1) recueillis
sur les côtes de Patagonie, M. Malaguti a trouvé :

	Shag.	Pingouin.
Phosphate de chaux mêlé d'un peu de phosphate d'alumine et de magnésie.	32 à 34	35 à 36
Azote	9 à 12	3,25 à 4,35

Dans ces différents engrais, on voit en général les phosphates suivre une progression ascendante lorsque l'azote
diminue. La richesse en azote des principaux types de
nitro-guanos peut être, au surplus, résumée par le tableau
suivant :

(1) Espèces de cormorans.

Origines.	Azote dans 100 parties.	Analystes.
Angamos............	17,20	Nesbit, moyenne de 8 dosages.
Iles Chincha.....	14,30	Nesbit, moyenne de 15 dosages.
Id.........	13,56	Bobierre, moyenne de 20 dosages.
Pérou, sans autre désignation....	13,30	Girardin, moyenne de 15 dosages.
Pérou (*guano blanco*)..........	16,90	Girardin, moyenne de 15 dosages.
Guano d'origine inconnue et vendu sans plomb de la Compagnie péruvienne	12,74	Bobierre, moyenne de 3 dosages.
Bolivie.........	3,70	Nesbit, moyenne de 15 dosages.
Chili...........	5,20	Nesbit, moyenne de 15 dosages.
Patagonie	2,20	Girardin, moyenne de 4 dosages.
Patagonie (îles Falkland)........	1,90	Nesbit, moyenne de 10 dosages.
Ichaboe........	4,00	Nesbit, moyenne de 6 dosages.
Saldanha	1,69	Nesbit, moyenne de 6 dosages.
Guano du Pérou, mélangé et vendu à Nantes sous divers plombs..	8,24	Bobierre, moyenne de 40 dosages.

Ici ne figurent pas les *phospho-guanos* dont je vous ai déjà entretenus, et qui ne sauraient être étudiés au même point de vue que les engrais dont l'action est due tout à la fois à l'ammoniaque et à l'acide phosphorique.

La composition chimique du guano nous indique le rôle qu'il pourra remplir. Évidemment sa richesse en ammoniaque imprimera à la végétation foliacée un énergique et prompt développement. C'est tout à la fois, et l'avantage et l'inconvénient de cet engrais. Dans les régions granitiques et schisteuses , il pourra convenir pour certaines cultures fourragères et hâtives, mais ce serait s'abuser étrangement que de le comparer au noir animal ou aux composts à base osseuse pour favoriser la grenaison d'une manière soutenue. Souvent il poussera à la paille et produira la verse , mais toujours ses résultats seront payés chèrement, et toujours il appauvrira le sol si d'abondantes fumures ne sont pas alternées avec son emploi.

Il y a longtemps que M. Rieffel, à la suite d'expériences comparatives instituées dans les landes de Grand-Jouan, avait émis cette proposition : « A 30 fr. les 100 kilog. le guano est un présent des Grecs, » et l'habile agronome l'établissait en démontrant rigoureusement que malgré le luxe de végétation obtenu par son emploi, le guano est inférieur au noir de raffinerie et bien plus encore au fumier de ferme (1). Ce qui était vrai lorsque le guano valait 30 fr. l'est *à fortiori*, lorsqu'il en coûte 35 ; et les cultivateurs qui font du guano-péruvien autre chose qu'un engrais auxiliaire utile dans des circonstances limitées , se préparent d'inévitables mécomptes. Vous trouverez dans maint ouvrage, Messieurs, une comparaison de la quantité d'azote, d'acide phosphorique, de potasse, etc., du guano avec les mêmes substances considérées dans le fumier. La conclusion est toujours à l'avantage du guano, parce qu'on ne parle ni de la somme dépensée par hectare, ni des phases de la décomposition dans le sol , ni enfin de la durée des engrais examinés.

Le bon sens dit tout d'abord, que le guano ne saurait produire les effets utiles de cet humus soluble , de ces silicates assimilables, de ce véritable drainage du sol, et en

____

(1) *Agriculture de l'Ouest.* — 1844, tome III, pag. 23 et suiv.

un mot de cet ensemble de conditions si favorables que nous offre un bon fumier d'étable. Mais si, pour un instant, nous faisons bon marché de ces faits pour nous occuper uniquement du calcul de l'azote et de l'acide phosphorique, il nous faudra reconnaître que ces principes sont graduellement et utilement cédés à la plante par le fumier, tandis que le guano, après avoir perdu de l'ammoniaque par simple évaporation dès qu'il a été confié au sol, a d'autre part fourni son maximum d'effet dans la période végétative qui a précédé la floraison. C'est souvent un détestable résultat.

M. Eugène Marie a inséré dans le *Journal d'agriculture pratique* (1) un résumé très lucide d'expériences faites en Allemagne par MM. Stockhardt et Rauch, en vue de démontrer les inconvénients justement reprochés au guano. Or, voici des chiffres qui sont significatifs et auxquels on ne contestera pas le caractère pratique.

	Poids de la matière sèche.		
Période de la végétation.	Sans fumure.	Os pulvérisés.	Guano et nitrate de soude.
	kil.	kil.	kil.
Depuis la germination jusqu'à la formation de la tige (46 jours)....................	5,61	5,79	12,85
Depuis la formation de la tige jusqu'après la floraison (20 jours)	12,62	33,66	50,02
Depuis la floraison jusqu'à la maturité (30 jours)........	5,14	20,57	10,75

La différence de solubilité des engrais employés dans

(1) 1859, 5 mai, pag. 391.

cette expérience explique parfaitement les résultats obtenus par M. Stockhardt. Promptement soluble , le guano agit surtout dans les premières phases de la végétation , tandis que les os pulvérisés, dont la dissolution s'opère plus lentement , prolongent et font sentir leurs effets jusqu'à la maturité de la plante. Moins énergique au début et dans la période moyenne que celle du guano, l'action des os est plus marquée à la fin, et elle peut s'exprimer en chiffres par le rapport 5,79 : 12,85 dans le premier cas , et 20,57 : 10,75 dans le second.

Partant de ce premier résultat, M. Stockhardt s'est demandé si, sans recourir à des mélanges d'engrais de solubilité différente, on ne pourrait pas obtenir les mêmes effets au moyen de substances très solubles et promptement actives, en les employant par doses répétées, au lieu de les répandre en une seule fois sur la récolte. Nous n'avons pas sous les yeux les résultats complets de ces essais, qui, commencés en 1852, se sont successivement appliqués au froment d'hiver, au seigle et aux betteraves ; mais voici du moins le résumé des faits observés en 1857 et en 1858 sur deux avoines de printemps fumées avec du guano.

	Poids des gerbes par hectare.	
	1857. kil.	1858. kil.
Sans fumure......................	4,265	1,755
125 kil. de guano au moment de la semaille.......................	4,790	5,080
62^k,50 , ou la moitié avec la semaille, 62^k,50 avant la sortie de la tige.....	7,080	5,700
41^k,66 , ou le tiers au moment de la semaille, 41^k,66 avant la sortie de la tige , 41^k,66 vers la floraison......	8,060	6,775

On obtient donc plus d'effet des engrais solubles en les employant par doses successives qu'en les répandant en une seule fois.

Un agronome bavarois a voulu, de son côté, savoir ce que deviendrait une terre où le guano péruvien apporterait l'azote et l'acide phosphorique, tandis que l'atmosphère et les eaux fourniraient le complément de substances constitutives des récoltes. Il a suivi, mais en homme circonspect, la pratique de certains Saxons ardents, qui auraient volontiers renoncé au fumier pour s'en tenir au guano ; or, voici les conclusions de M. Rauch. Je les signale à votre attention :

1° On ne peut généralement compter avec quelque certitude sur les bons effets du guano et des engrais artificiels qu'autant qu'ils trouvent dans le sol de la *vieille force* résultant d'ancienne fumure ou de débris organiques, tels que des racines de trèfle, etc. ;

2° Sous l'empire d'une sécheresse persistante, non-seulement le guano ne produit pas toute son action, mais il peut même exercer une influence fâcheuse sur la végétation ;

3° Le guano, dissous dans l'eau, agit d'une manière très remarquable sur les plantes qu'on arrose avec cette dissolution, et cette action est d'autant plus intense que, pour une même quantité d'engrais, les arrosages se répètent plus souvent et à petites doses ;

4° Par l'emploi exclusif du guano continué pendant plusieurs années, les terres fortes se tassent et les terres légères perdent de leur cohésion ; sans compter que le guano ne produit pas dans le sein de la terre la chaleur humide qu'y développe la fermentation du fumier d'étable ;

5° Dans l'état actuel de l'agriculture, il est impossible de se passer du fumier d'étable. Les engrais végétaux ou les fumures vertes peuvent seules le remplacer jusqu'à un certain point.

Je ne vous conseillerai donc, Messieurs, d'employer le guano du Pérou, qu'à bon escient et dans les cas exceptionnels que je vous ai déjà indiqués ; vous pourrez encore y avoir recours lorsqu'il s'agira de compléter un engrais trop peu azoté. Le mélange de guano Baker avec du guano péruvien sera en effet pratiqué avec avantage : il importe, toutefois, de remarquer que, sous l'influence de l'eau, et comme l'a parfaitement établi M. Malaguti (1), les sels divers du guano décomposent son phosphate de chaux et en rendent l'acide phosphorique soluble dans le sol. Vous devrez donc, en employant le guano péruvien, vous mettre toujours en garde contre la trop facile évaporation de son ammoniaque et la trop grande solubilité de son acide phosphorique (2). J'ai reconnu par des expériences

(1) Malaguti. — *Action de l'eau sur le guano du Pérou*, Journal d'Agriculture pratique, 1861, 5 décembre, pag. 576.

(2) Selon M. Nesbit (*Conférences sur la Chimie agricole*), les règles pour l'application du guano sont les suivantes :

Le guano doit être employé par un temps humide.

Il ne doit pas être appliqué aux prairies passé le mois d'avril.

Lorsqu'on emploie le guano à la fumure d'une terre arable, il doit être immédiatement mêlé au sol par un hersage ou par un labour.

Le guano ne doit, en aucun cas, être mis en contact direct avec la semence.

Le guano, avant son application, doit être mélangé à cinq ou six fois son poids de cendre de charbon de bois, de houille, ou de tourbe, ou encore de terre légère ou de sable.

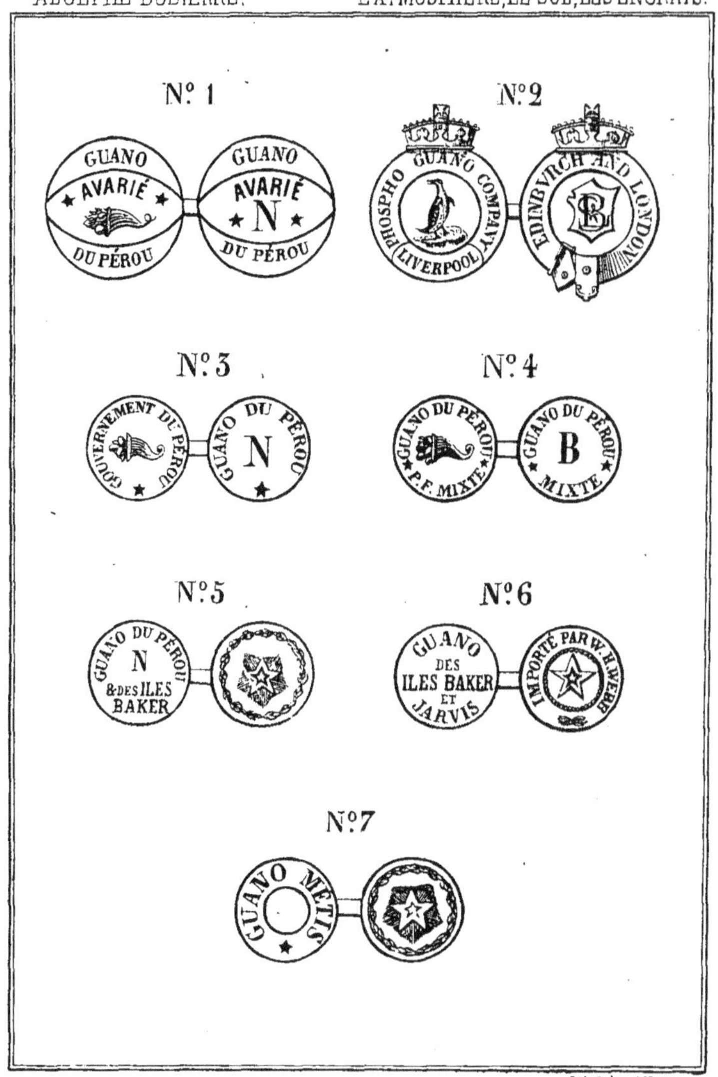
N.° 1
GUANO
AVARIÉ
DU PÉROU
GUANO
AVARIÉ
N
DU PÉROU

N.° 2
PHOSPHO GUANO COMPANY
LIVERPOOL
EDINBVRCH AND LONDON

N.° 3
GOVERNEMENT DU PÉROU
GUANO DU PÉROU
N

N.° 4
GUANO DU PÉROU
P.F. MIXTE
GUANO DU PÉROU
B
MIXTE

N.° 5
GUANO DU PÉROU
N
&DES ILES BAKER

N.° 6
GUANO
DES
ILES BAKER
ET
JARVIS
IMPORTÉ PAR W.H.WEBB

N.° 7
GUANO MÉTIS

rigoureuses, que le mélange de cet engrais avec du noir animal vierge et fin est extrêmement avantageux à ce double point de vue. Le charbon de bois peut, à défaut de noir animal, être employé avec utilité.

Le guano du Pérou a été soumis à des falsifications de toutes sortes ; aussi la Compagnie péruvienne a-t-elle adopté un plomb spécial pour les sacs qu'elle expédie ; en voici l'image (nᵒˢ 3 et 1). Mais ce plomb même est imité avec un art déplorable, et je mets sous vos yeux un un plomb (nᵒ 4) qui porte et la corne d'abondance sur l'une de ses faces et les mots *guano du Pérou* sur l'autre face ; en cherchant bien, toutefois, on trouve le mot *mixte* ajouté à cette dénomination, et la question de droit est, paraît-il, sauvée. Ce sont là de tristes choses.

Savez-vous, Messieurs, à quoi est destiné le plomb (nᵒ 4) dont je vous parle ici ? C'est à la vente facile d'un mélange d'argile jaune, de poudre de guano péruvien, puis enfin de grosses mottes bien intactes destinées à ôter tout soupçon à l'agriculteur. Le guano ainsi fabriqué a l'aspect, l'odeur, les mottes du guano péruvien ; mais si on prend sa poudre, on y trouve, d'après mon analyse :

On ne mêlera jamais le guano avec la chaux.

Avant le mélange, il faut avoir bien soin de réduire le guano en poudre et d'écraser toutes ses parties dures.

Le mélange terminé, il conviendra, pour le rendre bien complet, de le passer au crible ou au tamis.

On le conservera en lieu sec au moins huit jours avant d'en faire usage.

Le mélange indiqué est généralement assez humide pour être répandu à la main. Si, cependant, il se trouvait trop sec, il faudrait ajouter une faible quantité d'eau au moment de l'employer.

L'emploi du guano semé à la volée doit se faire soit avant, soit après la pluie, le plus possible par un temps calme et couvert.

La dose généralement employée varie de 250 à 400 kilog. par hectare.

Sels ammoniacaux et matières organiques...   40
Argile ferrugineuse.........................   10
Phosphates..................................   20
Matières complémentaires....................   22
                                              ———
                                               100

L'azote de ce guano pulvérulent ne s'élevait l'an dernier qu'à 7,92, soit sensiblement 8 °/₀, et le plomb portait *guano du Pérou perfectionné*. Depuis quelque temps, le mot *perfectionné* a été remplacé par le mot *mixte,* mais la corne d'abondance distinctive de la marque péruvienne reste sur l'autre face du plomb d'origine. Or, ce guano falsifié qui se fabrique sur une assez grande échelle à Poitiers, est en réalité vendu aux paysans comme guano pur.

En Angleterre, la marne jaune d'Essex, l'argile et la tuile pilée, sont largement mêlées au guano, et M. Nesbit disait, en 1859, aux auditeurs de ses conférences (1) : « J'ai soumis à l'analyse des centaines d'échantillons de guano, et je dois vous prévenir que si vous achetez cet engrais autre part que chez des négociants d'une probité reconnue, il y a mille à parier contre un que vous serez trompés. » Ce que je vous dirai, moi, c'est que vous ne devez vous fier ni à l'odeur, ni à la couleur, ni à la présence des mottes. Vous devrez examiner attentivement le plomb d'origine et vous faire garantir la composition de l'engrais. Tout est là.

Examinez les dix échantillons pris dans le commerce de Nantes que je fais passer dans l'amphithéâtre : ce sont des mélanges de guano péruvien avec d'autres substances. La teneur en azote varie de 4 à 10 °/₀ ; or, vous voyez que,

____

(1) *Conférences sur la chimie agricole,* page 128.

les caractères extérieurs sont excellents : il convient donc de
ne pas s'y fier. Voici, du reste, les plombs des principaux
guanos du commerce ; il importe de les connaître.

L'analyse chimique du guano est donc indispensable, et
l'*ammonimètre* vous permettra de doser l'azote de cet engrais
avec facilité. Il existe, toutefois, des méthodes très simples
auxquelles vous pourrez avoir recours pour un examen
approximatif :

Brûlez dans un petit creuset de platine, et à l'aide d'une

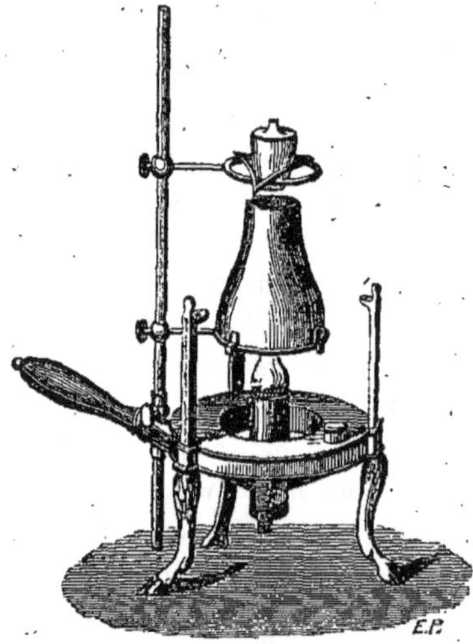

lampe à alcool, un
gramme de guano pé-
ruvien, la cendre de-
vra être d'un blanc
nacré et ne dépassera
pas 2 % si le guano
est pur.

Jetez un peu de
guano pulvérisé sur
une solution saturée
de sel commun, si
l'engrais est falsifié
par des matières lé-
gères, elles flotteront
sur le liquide. Les
tourteaux tamisés, les
déchets de laine seront ainsi mis en évidence.

La présence de matières organiques peut être enfin
reconnue sans avoir recours à l'incinération et par le procédé suivant, dont le premier, M. Nesbit, a conseillé l'emploi.

Ayez, dit-il, une balance sensible, et procurez-vous
une bouteille fermant à l'émeri et pouvant contenir
194 à 195 grammes d'eau ; remplissez-la et essuyez-la

ensuite avec soin. Dans un des plateaux de la balance placez la bouteille, et faites équilibre sur l'autre plateau au moyen d'un corps lourd , comme sable, grenaille de plomb.

Otez ensuite la bouteille, et après avoir versé les deux tiers de l'eau qu'elle contient, placez-y 113 grammes du guano à essayer.

Agitez la bouteille en y versant de l'eau de temps à autre ; laissez reposer le tout quelques minutes et achevez de la remplir de manière à écarter toute l'écume ; bouchez hermétiquement, essuyez la bouteille avec soin, et replacez-la dans le plateau où vous l'aviez mise précédemment.

Ajoutez alors à l'autre plateau 43 grammes.

Si la bouteille est plus lourde, le guano est probablement falsifié.

Ajoutez 5 à 6 grammes au contrepoids, et si la bouteille continue à être plus pesante, le guano est décidément falsifié.

Je mentionnerai enfin que dans le guano péruvien type qui n'a pas été avarié par l'eau de mer, le chiffre exprimant les sels ammoniacaux et la matière organique, divisé par 4 et augmenté de une unité, donne à peu de chose près l'azote de l'engrais. Ainsi, séchez le guano à l'étuve, vous aurez un premier chiffre ; incinérez-le dans le creuset de platine, vous aurez la somme des sels ammoniacaux et de la matière organique ; prenez le quart de cette somme et ajoutez-y une unité, vous aurez l'azote. C'est là un résultat empyrique auquel l'expérience m'a conduit, et qui n'a évidemment de valeur que comme renseignement et pour le cas où le guano n'a pas reçu de substances étrangères. Voici quelques exemples :

Trouvé en matières volatiles au rouge 57,30 $\frac{57,30}{4}$ =14,32

Or,14,32+1=15,32 pour l'azote *calculé*... l'az. *dosé*=15,54

Trouvé en matières volatiles au rouge 51,27 $\frac{51,27}{4}$ =12,81

Or,12,81+1=13,81 pour l'azote *calculé*... l'az. *dosé*=13,54

Trouvé en matières volatiles au rouge 52,52 $\frac{52,52}{4}$ =13,13

Or,13,13+1=14,13 pour l'azote *calculé*... l'az. *dosé*=14,20

Il est bien entendu que les considérations pratiques sur lesquelles je viens d'appeler votre attention sont relatives au guano péruvien type. Quant aux guanos de diverses provenances et notamment aux phospho-guanos qui arrivent plus spécialement à Nantes que partout ailleurs, leur valeur ne peut être déterminée que par une analyse complète, et lorsque cette analyse est effectuée sur des guanos contenant du phosphate d'alumine, ce phosphate devenant difficilement soluble dans les acides après sa calcination, il est nécessaire de confier son dosage à un chimiste de profession.

Jusqu'ici, Messieurs, je vous ai entretenu des principaux engrais mixtes, et en vous parlant des fumiers, j'ai caractérisé leur composition la plus générale. Azote assimilable et phosphates terreux, tels sont les éléments les plus précieux de leur fabrication. Il ne faut pas, toutefois, se dissimuler l'importance extrême de mélanger les principes fortement azotés ou phosphatés avec une certaine proportion de matières organiques. Non-seulement les plantes trouveront dans le compost ainsi fabriqué un aliment en rapport avec leurs besoins, mais l'humus soluble par ses transformations successives aidera puissamment à l'action des phosphates et des silicates auxquels il sera intimement associé. Je vous l'ai dit bien des fois

dans le cours de ces entretiens et je vous le répète à
dessein : ne vous fiez pas à la nature du soin d'apporter
le carbone et l'hydrogène à vos récoltes par l'acide carbonique et l'humidité atmosphérique ? Ne croyez pas, en
un mot, 'qu'une bonne agriculture soit réalisable par la
seule intervention des matières minérales et des principes
atmosphériques; ce serait confondre ce qui est *rigoureusement possible* avec ce qui peut être *avantageusement prati-
cable*. Ne croyez pas, enfin, que l'on puisse *commercialement*
— et il faut bien que l'agriculteur soit commerçant —
remplacer des os et des débris animaux par du phosphate
de chaux et des sels ammoniacaux, du fumier par du
guano péruvien. Scientifiquement, ces substitutions sont
réalisables; mais dans le domaine des faits agricoles et
pour les cultures ordinaires, n'oubliez pas que la meilleure
manière d'utiliser les engrais riches, c'est de les noyer
dans des composts, de telle sorte que l'ensemble des
conditions si heureusement réalisées par les fumiers soit
autant que possible obtenu.

Ce que je dis là, Messieurs, s'applique à une culture
normale, c'est-à-dire indéfiniment prolongée sans épuisement du sol et pratiquée d'ailleurs sur un sol normal
lui-même ; mais toutes les fois que les transports seront
onéreux ou difficiles, que le sol sera dépourvu de calcaire
et chargé de détritus organiques à réaction acide, que
des sels ammoniacaux ou des nitrates pourront être obtenus
à bas prix, il est bien entendu que l'emploi du guano,
du noir animal, des phosphates divers, des sels azotés
employés tels quels, pourront offrir des avantages très
grands. Ce que je me borne à dire, c'est qu'*après avoir
attaqué vigoureusement un domaine par les engrais spéciaux, il faut l'amener peu à peu au régime des engrais
mixtes, et ceux-ci doivent être dilués dans une proportion*

de substances organiques qui les rende autant que possible comparables au fumier. par leurs propriétés chimiques et physiques.

De la solidarité des principes divers contenus dans les composts résultent de précieux avantages. La nitrification s'établit facilement dans les mélanges poreux et renfermant des alcalis ou des bases calcaires et magnésiennes. Toutes les fois, donc, que des tourbes, du tan, des tourteaux, des débris de brasseurs, des genêts, des ajoncs, etc., pourront être économiquement obtenus par vous, ne craignez pas les peines employées à les stratifier avec des matières de vidanges, des débris animaux, des os en poudre, des phosphates fossiles, des calcaires divisés ; arrosez ces masses pour y développer une fermentation régulière, modérez le dégagement des gaz fécondants, tantôt par l'emploi du sulfate de fer dissous, tantôt en jetant du noir animal, du charbon de bois, de tourbe ou de bog-head sur les masses en fermentation, vous constituerez ainsi des engrais mixtes qui maintiendront le sol dans un état permanent de fertilité, et vous serez quelquefois étonnés du bas prix auquel le résultat aura été obtenu.

Les fabricants de guanos artificiels opèrent leurs mélanges par deux méthodes distinctes. Quelquefois ils pulvérisent avec soin du sang, des chairs, des débris azotés divers, et les mélangent à l'état de siccité parfaite avec des cendres d'os, des phosphates fossiles, du noir animal, des os rapés, etc. Le titre de tels engrais est constant par suite de la facilité avec laquelle s'opère le mélange de leurs principes constituants ; les frais de transport sont réduits par l'état de dessiccation de la marchandise ; enfin il n'y a pas déperdition sensible de gaz ammoniacaux, puisque la fermentation ne se développe pas dans la masse.

Les engrais ainsi produits sont facilement transportables aux colonies. Un inconvénient qu'on peut leur reprocher, c'est d'être accessibles à des myriades d'insectes dont les larves, se développant et se transformant, peuvent occasionner la dispersion d'une quantité notable de matière utile.

Dans d'autres circonstances, et notamment lorsque l'engrais fabriqué ne doit pas subir des transports lointains, on incorpore des matières liquides ou pâteuses à des substances absorbantes diverses et on favorise la fermentation tout en fixant par des sels métalliques les gaz ammoniacaux. Toutes choses égales d'ailleurs, un engrais qui a fermenté et dans lequel par conséquent la molécule organisée est devenue humus, ammoniaque, puis acide azotique, phosphorique ou silicique assimilable, donnera de plus prompts résultats qu'un simple mélange de déchets animaux soumis à la pulvérisation. Ici, toutefois, il sera important de ne pas opérer sur des masses trop considérables, car il deviendrait difficile d'éviter les déperditions d'ammoniaque. Dans son usine d'Aubervilliers, M. Rohart soumet à l'action de la vapeur à haute pression des déchets de cuirs, laines, crins, etc., et le liquide obtenu par leur dissolution est versé sur des tourteaux de matières animales mélangés à des débris osseux. Le sang, les liquides animaux divers, sont également employés, et du charbon végétal alterné avec le tout modère le dégagement des gaz ammoniacaux. Au moment des expéditions, les tas attaqués par tranches et dans toute la hauteur fournissent une matière qu'une chaîne à godets emporte dans des engins destinés à la mélanger intimement.

Dans la Loire-Inférieure et dans plusieurs localités de la Bretagne, on peut fabriquer d'excellents composts en prenant 100 hectolitres de tourbe, auxquels on fait absorber 50 à 60 hectolitres de matière fécale désinfectée ; on laisse fermenter ce mélange pendant quinze jours, et on y enfouit les quartiers et les intestins de douze ou quinze animaux — chevaux, bœufs, etc. ; — on abandonne de nouveau à la fermentation en remuant deux ou trois fois et arrosant avec de l'eau légèrement chargée de couperose ; au bout de trois mois, on ajoute des phosphates fossiles, des râpures d'os, des cendres d'os ou du noir animal en proportion variable, et on obtient un excellent engrais fournissant tout à la fois l'humus, l'azote et les phosphates à un état des plus favorables pour la végétation.

Mais parmi les sources inépuisables où l'agriculture est appelée à puiser pour les besoins de l'avenir, je ne sache rien, Messieurs, de plus grandiose que l'immense domaine des mers. Là, en effet, se trouvent avec une abondance infinie les alcalis, le phosphore, l'azote, sous les multiples états par lesquels se manifeste le minéral, le végétal et l'animal. A l'épuisement du sol, la fécondité de la mer peut donc offrir un efficace remède et l'industrie moderne est appelée à réaliser cette grandiose et poétique compensation.

Jusqu'à ce jour, l'homme n'a guère demandé à la mer que le minime tribut des pêches. Tout au plus l'habitant des côtes lui emprunte-t-il quelques vases, quelques calcaires, quelques goëmons, pour fertiliser ses champs; mais quelque intéressant que puisse être ce modeste emprunt au grand réservoir commun, il ne donne qu'une bien misérable idée des incalculables richesses offertes par la providence à une agriculture industrieuse et prévoyante. Déjà, de louables tentatives ont eu lieu pour exploiter à Terre-Neuve les immenses quantités de débris animaux qui proviennent de la pêche de la morue. Ces débris ont la composition suivante :

	Chair de poisson en poudre.	Os de poisson en poudre.	Résidus de morue en poudre.
Matière organique azotée..	77,50	34,20	67,50
Sels solubles................	2,25	1,85	1,50
Phosphate de chaux.......	17,30	53,70	28,75
Silice....................	0,70	1,20	0,40
Carbonate de chaux, de magnésie et phosphate de magnésie..............	2,25	9,05	3,30
	100,00	100,00	100,00
Azote pour 100..........	11,17	3,84	8,73

Ils ont donc une valeur considérable, et M. Demolon avait organisé à Concarneau un établissement où on les utilisait en les cuisant sous une pression de quatre à cinq atmosphères, les soumettant à la presse pour en extraire l'huile et l'humidité, puis faisant agir la râpe sur les tourteaux ainsi obtenus. J'ai trouvé 12 °/₀ d'azote et 15 à 20 °/₀ de phosphates dans l'engrais obtenu par ce moyen. Malheureusement la fabrication organisée à Concarneau a cessé d'exister. Elle sera reprise, je n'en doute pas, dans un grand nombre de localités, car aux déchets des fabriques de conserves de sardines, peuvent s'ajouter sur certaines côtes d'énormes quantités de poissons dont on ne trouve pas le débouché pour l'alimentation.

Il y a des contrées où l'on commence à comprendre le parti qu'on peut tirer des résidus de poissons. A Belle-Isle, ces débris provenant de la sardine et du thon, s'élèvent annuellement à 20 ou 25,000 kilog.; M. Herouard a commencé à les recueillir en 1855 : il les paya d'abord 2 fr., puis 3, et enfin 4 fr. 50 les 100 kilog. Ce chimiste, en se livrant à la fabrication des engrais, a reconnu que la chaux pouvait rendre des services comme agent propre à leur conservation, et il opérait en divisant le poisson, le faisant égoutter sur des claies et le mélangeant intimement avec 15 à 25 parties % de chaux délitée à l'air. Lorsque le poisson est frais, cette opération réussit et il ne se dégage pas sensiblement d'ammoniaque. Toutefois, j'ai examiné des engrais de poisson fabriqués sur la côte de la Vendée à l'aide de la chaux délitée, et souvent j'ai reconnu que l'azote en avait été éliminé en forte proportion. La difficulté d'avoir constamment du poisson frais et de mélanger intimement sa masse avec la chaux, rend, en effet, le succès de cette fabrication incertain. Toutes les fois que l'on pourra recourir économiquement à la cuisson et à la récolte de l'huile, ou à la dessiccation rapide par tout autre moyen, on fera donc bien de le tenter.

En ce moment même, un fabricant d'engrais bien connu par d'utiles publications, M. Rohart, donne un exemple digne d'encouragements, et après avoir utilisé pour la fabrication de riches composts les déchets de poissons (têtes, queues, entrailles, épines dorsales), abandonnées comme sans valeur à Christiansand, il se rend à Lofoden, dans le but de recueillir des débris de pêche qui, sans valeur hier encore, sont destinés à devenir l'objet d'une industrie fructueuse pour les habitants des côtes de Norvége en même temps qu'un aliment nouveau pour nos producteurs de guanos artificiels. 25 à 30,000 pêcheurs, dit M. Rohart (1), montant près de 6,000 embarcations, sont ordinairement employés aux pêcheries de

(1) *Annuaire des Engrais.* — Mars et avril 1863, p. 87.

morue des îles Lofoden. Dans l'espace de trois mois, ils recueillent, en moyenne, de 20 à 25 millions de morue, représentant près de 100 millions de kilogrammes. Le poids seul des débris *secs* provenant de ce travail est de 7 à 8 millions de kilogrammes. Il en est de même au banc de Terre-Neuve et en Islande. Au lieu d'être recueilli et utilisé au profit de la fécondité du sol, tout cela est perdu, rejeté à la mer, quand partout la terre en a tant besoin.

En dehors des saisons de pêche, le pêcheur est souvent inactif et presque toujours malheureux, tandis qu'il serait facile d'améliorer son sort, de lui assurer du travail et de créer de nouvelles ressources à la marine et surtout à l'agriculture, en faisant recueillir les poissons non comestibles, qui ne sont eux-mêmes que des destructeurs de bons poissons, et qui, simplement desséchés à l'air, donnent des richesses variant de 6 à 14 % d'azote et autant de phosphates.

Voici quelques exemples :

Le squale, espèce de chien de mer que l'on pêche le long des côtes de la Manche, est livré par les pêcheurs pour 2 fr. La chair de cet animal est impropre à la consommation, comme celle de tous les individus de la même famille, et particulièrement le requin. On compte aussi parmi les plagiostomes, dont la raie forme le type principal, ceux des genres roussette, lamie, aiguillat et auge, qui sont généralement abondants.

Le scatt, des Norvégiens, la seye, le stenbider, le mourte, le hoquérine, le haubrand, foisonnent dans les mers du Nord, dans lesquelles on rencontre aussi le requin et la baleine, sans parler d'une foule d'autres poissons qui n'ont aucune valeur alimentaire pour les hommes, mais

qui n'en possèdent pas moins une valeur agricole importante.

Les eaux courantes, quel qu'en soit le volume, dépouillent
perpétuellement la terre des sels solubles qu'elle renferme
pour les porter à l'océan. Ce que deviennent ces principes
de vie, la science le suppute, et elle appelle de tous ses
vœux le jour où l'industrie venant en aide à l'agriculture
s'attachera à la récolte des produits marins, et reportera
dans nos champs un principe de vitalité qui s'en était
échappé.

VINGTIÈME LEÇON.

Utilité de la restitution des cendres aux terrains. — Nature chimique des cendres. — Méthode pour leur essai approximatif. — Leur rôle agricole. — Cendres de tourbes. — Cendres de varech. — Charrées. — Leur composition. — Fraudes dont elles sont l'objet. — Méthode d'essai. — Leur action agricole. — Elles agissent plus énergiquement que les cendres vives. — Charrées de varech. — Cendres de marais.— Chaux et calcaires divers. .

MESSIEURS,

Que la science agite et discute les questions relatives à l'assimilation de l'azote par les végétaux, qu'elle recherche les conditions dans lesquelles l'atmosphère peut intervenir comme un véritable engrais, cela se comprend ; mais lorsqu'il s'agit des matières minérales indispensables aux récoltes, il n'y a pas de discussion possible et tout le monde reconnaît la nécessité des pratiques qui ont pour but la restitution au sol des cendres des végétaux.

Ce que je vous ai dit des différences de composition des cendres , selon les terrains , et selon les espèces végétales, vous permet de comprendre que les cendres agissent avec plus ou moins d'énergie sur les cultures, selon leur origine et leur composition. Pour nous , les plus riches en phosphates seront les meilleures ; et sans nier l'utilité de la silice soluble des alcalis et de la chaux qu'elles renferment, nous devrons reconnaître en observant les faits que la cendre privée de ses matériaux solubles est, à poids égal, plus précieuse que la *cendre vive*.

MM. Malaguti et Durocher, dans un long et utile travail que je vous ai déjà cité, ont prouvé que l'analyse des cendres n'a d'intérêt que si elle est effectuée sur une plante sauvage et interprétée en tenant compte du sol où a eu lieu son développement. Ce qu'il est surtout important de connaître pour vous, c'est la nature *alcaline, terreuse, phosphatée* ou *siliceuse* de la cendre. M. Malaguti conseille d'effectuer cette recherche en opérant comme il suit (1).

Si la cendre ainsi traitée a perdu la moitié de son poids, on en conclura qu'elle appartient à la classe des cendres alcalines.

Il est vrai que tout ce qu'une cendre abandonne à l'eau n'est pas du carbonate de soude ou du carbonate de potasse ; il est vrai qu'elle peut renfermer du sulfate de potasse, du chlorure de sodium ou de potassium, et même, quoique rarement, des silicates alcalins, et du phosphate de potasse ; mais les carbonates alcalins et le carbonate de potasse surtout constituent la plus grande partie des principes solubles.

En considérant donc comme des carbonates alcalins les principes solubles d'une cendre, l'agriculteur est certain d'arriver à des conclusions suffisamment exactes dans la pratique.

La richesse en alcalis une fois déterminée, on introduira le résidu de cette même cendre dans une fiole, on ajoutera de l'acide chlorhydrique étendu de la moitié de son poids d'eau, et l'on fera bouillir pendant 15 à 20 minutes ;

______

(1). *Chimie appliquée à l'agriculture*, tom. I, pag. 340.

on versera ensuite le mélange dans une capsule de porcelaine, on y ajoutera 3 à 4 grammes de sel ammoniac (muriate óu chlorhydrate d'ammoniaque), et puis on évaporera à siccité à la température de l'eau bouillante; on transportera la capsule sur un fourneau, pour la chauffer graduellement à feu nu, jusqu'à ce que, malgré l'intensité de la chaleur, il n'y ait plus de fumées ni de vapeurs acides. On laissera refroidir là capsule, on répandra de l'eau sur son contenu, et enfin on versera le mélange sur un filtre double: dès que les lavages seront terminés, on desséchera le filtre et on le pèsera par le procédé ordinaire.

La diminution de poids éprouvée par le premier résidu représentera le principe terreux, qui se compose ordinairement de carbonate de chaux; la magnésie n'y manque presque jamais, mais le carbonate de chaux y domine.

La perte en poids éprouvée par 10 grammes de cendre, à la suite de l'action successive de l'eau et de l'acide chlorhydrique, représente donc la quantité des principes alcalins et terreux. Maintenant nous n'avons qu'à faire digérer avec de l'acide chlorhydrique étendu le résidu de ce premier traitement, et la nouvelle perte représentera la quantité des phosphates. Il est évident que le poids de ce résidu définitif sera le poids de la silice.

Soit de la cendre de pommes de terre. Dix grammes, après avoir été traités par l'eau, sont devenus 4^g,8. La perte éprouvée par ce traitement est égale à 55 °/₀. Cet essai indique déjà que la cendre de la pomme de terre est très alcaline, et que, par conséquent, elle appartient à la 1re classe. Cependant on veut se faire une idée de la nature des principes qui dominent le plus après les alcalis. On traite les 4^g,8 par de l'acide chlorhydrique; on ajoute à la dissolution un peu de sel ammoniac, et

on dessèche le mélange au bain-marie; on le chauffe
ensuite très fortement, et on le reprend par l'eau. Les
4^g,8 deviennent 1^g,8. Cela indique, par conséquent, que
pour 55 de principes alcalins, il y a 30 de principes terreux.
Cependant on veut savoir si, dans ce qui reste, il y a
des phosphates : à cet effet, on le fait digérer dans de
l'acide chlorhydrique étendu, et on s'aperçoit que 8
décig. seulement se dissolvent : d'où il résulte que la
cendre de pommes de terre ne renferme que 10 °/₀ de
silice.

En somme, 10 grammes de cendre de pommes de terre
ont donné 55 °/₀ de sels solubles, 30 °/₀ de principes
terreux, 10 °/₀ de silice et 5 °/₀ de phosphates. On en
conclut que cette cendre est très alcaline et appartient
à la 1re classe; on en conclut, en outre, qu'elle est
moyennement terreuse, peu siliceuse et très peu phosphatée.

Les cendres agissent admirablement sur les sols acides
qu'elles neutralisent au grand profit de la végétation, elles
favorisent en général la nitrification, désagrégent les
silicates et rendent la silice soluble, enfin elles apportent au sol des matériaux facilement assimilables et en
particulier des phosphates de chaux et de magnésie. Sous
leur influence, on voit rapidement disparaître les mauvaises
herbes. Il est convenable de les employer à petites doses
réitérées; la proportion nécessaire est extrêmement variable
selon les terrains : tantôt elle est de 25 et tantôt de 50
hectol. par hectare.

Les cendres de tourbe sont riches en sulfates (1), elles

____

(1) « Le citoyen Daguin nous a indiqué les ressources que peuvent procurer
au besoin les grandes et nombreuses tourbières des départements de la
Vendée et de la Loire-Inférieure. Ces tourbes, par leur simple incinération,

font merveille sur les prairies artificielles et notamment sur le trèfle. Elles ne contiennent pas sensiblement de phos- phates, parce que les phénomènes de décomposition qui ont marqué la transformation des végétaux en tourbe, ont causé la dissolution de ces sels et leur entraînement par les eaux. On les emploie à la dose de 50 hectol. par hectare. Cet engrais donnera donc de meilleurs résultats s'il est additionné de phosphates, ou mieux alterné avec, des fumures normales.

Les *cendres de varech,* qu'il ne faut pas confondre avec ce qu'on appelle *cendres de Noirmoutier,* sont peu employées telles quelles. L'incinération des plantes marines se fait le plus souvent en vue de l'extraction de l'iode et des sels de potasse; quelquefois cependant le varech est brûlé dans des fosses, pour les besoins agricoles; d'autres fois — à Jersey, par exemple — il est utilisé comme combustible dans les habi- tations; le résidu de la combustion agit sur les prairies, en détruisant les mauvaises herbes. Les analyses suivantes donnent une idée de ce que peuvent être les cendres, mais il ne faut pas oublier qu'elles sont généralement mélangées à une notable quantité de sable grossier.

fournissent une telle quantité de sulfate de soude, qu'il y a des tourbières, comme celles de Montoir, au-dessous de Nantes, dont les cendres, suivant les endroits où on les prend, rendent le quart de leur poids de ce sel. C'est ce qu'il a consigné dans la description qu'il fait de son procédé au directoire des brevets d'invention, en 1791. En 1792, il fabriqua par la lessive de ces cendres 100,000 kilog. de sulfate de soude, et il nous écrit qu'en faisant ramasser toutes les cendres de ce pays et des environs, on pour- rait aisément fabriquer 250,000 kilog. de ce sel par an. Cette ressource est grande et n'est nullement à négliger. »

(Description des divers procédés pour extraire la soude du sel marin. Imprimée par ordre du Comité de salut public, an III.)

	Fucus digitatus.	Fucus vesiculosus.	Fucus nodosus.	Fucus serratus.
Potasse	20,66	13,01	9,13	3,98
Soude	7,65	9,54	14,53	18,67
Chaux	10,94	8,36	11,60	14,41
Magnésie	6,86	6,12	9,91	10,29
Peroxyde de fer	0,57	0,28	0,26	0,30
Chlorure de sodium	26,18	21,45	18,28	16,56
Iodure id	3,34	0,32	0,49	1,18
Acide sulfurique	12,23	24,06	24,20	18,59
— phosphorique	2,36	1,16	1,38	3,89
Silice	1,44	1,15	1,09	0,38
Acide carbonique	8,10	1,20	3,74	7,97
Charbon	0,53	13,89	6,65	3,15
	100,86	100,54	101,06	99,37 (1)

Généralement, les produits minéraux des varechs ne sont livrés à l'agriculture que privés de leurs sels solubles par les fabricants d'iode. Cela m'amène à vous parler des charrées ou cendres lessivées, qui sont, dans l'ouest, l'objet d'un important commerce.

Vous avez souvent remarqué, Messieurs, aux abords des bateaux de blanchisseuses, des petits monticules de matière grise et dure, à la surface desquels se forme une efflorescence blanche : c'est de la *charrée* ou *cendre lessivée,* dépouillée en très grande partie de ses sels alcalins et dont notre agriculture recherche avidement les propriétés fertilisantes. Saintes, La Rochelle, Rochefort, les îles de Ré et d'Oleron, nous en expédient par navires. Nous en recevons également par la Loire, de la Charité, Nemours, Gien,

(1) Godechens. — *Analyse de varechs de la côte occidentale de l'Ecosse.*

Orléans et Tours. J'ai calculé que, de 1850 à 1860, 400,000 hectolitres de cet engrais, représentant 900,000 fr., avaient été expédiés à Nantes pour les besoins de l'agriculture locale.

Les charrées pures et récentes exhalent naturellement et surtout pendant leur dessiccation à la chaleur, l'odeur savonneuse prononcée des lessives, que développe encore mieux l'action sur elles de l'eau bouillante. Elles sont fines sous les doigts, contiennent peu de sable et laissent à peine apercevoir quelques débris de charbon; leur saveur est fraîche, alcaline et elles verdissent le sirop de violettes; alors elles sont plastiques, grasses au toucher, et après leur dessiccation à l'air libre, elles restent en *mottes*, état qu'elles devraient toujours conserver, car la pulvérisation en favorise la falsification.

Voici la composition d'une belle charrée, recueillie près d'un bateau de blanchisseuses :

Matières organiques et charbon..............	9,80
Sels alcalins............................	1,05
Silice en partie soluble...................	13,60
Phosphate de chaux mélangé d'alumine et d'oxyde de fer.......................	27,30
Carbonate de chaux....................	47,10
Perte et matières complémentaires......	1,15
	100,00

Mais ce type est exceptionnel, et on peut adopter comme base d'appréciation les chiffres analytiques suivants :

	Charrée de Nantes.	Charrée de La Rochelle.	Charrée de la Flotte.
Charbon et matières orga- niques	8,15	6,00	2,90
Sels alcalins	1,20	2,00	3,40
Silice en partie soluble	30,00	42,70	50,20
Phosphate de chaux mélan- gé d'alumine et d'oxyde de fer	12,00	12,35	10,90
Carbonate de chaux	46,65	34,80	26,60
Matières complémentaires.	2,00	2,15	6,00
	100,00	100,00	100,00

Dans les charrées *marchandes* de Pont-Rousseau, il y a généralement de 20 à 25 °/₀ de résidu siliceux ; M. Mahier, habile pharmacien de Château-Gontier, en opérant sur des charrées *types* de cette localité, a trouvé :

	1ʳᵉ année.	2ᵉ année.
Charbon, matières organiques	10	12
Sels alcalins	2	2
Sels solubles dans l'acide chlorhy- drique (phosphate (1) et carbonate de chaux)	75	74
Résidu siliceux	13	12
	100	100 (2)

En opérant sur une charrée de Caen, M. I. Pierre a obtenu :

(1) Mélangé d'alumine et d'oxyde de fer.
(2) L'*Ouest*. — Février 1863, pag. 236.

Charbon............................ 5,70
Sels alcalins...................... 2,20
Sable.............................. 31,80
Carbonate de chaux................. 39,20
Oxyde de fer, alumine et phosphate de
    chaux......................... 16,90
Carbonate de magnésie et perte....... 4,20
                           100,00

Et si vous me demandez, Messieurs, d'où provient cette
grande différence entre la belle charrée type recueillie à
Nantes ou à Château-Gontier et celle dont le commerce
nous fournit souvent les mauvais échantillons, je vous
répondrai en mettant sous vos yeux cette poudre grise de
tufau de Saumur, trop souvent mélangée aux charrées, et
qui renferme :

Matières organiques — sels solubles... 2,20
Carbonate de chaux................. 24,80
Oxyde de fer et alumine............ 10,05
Résidu siliceux.................... 58,12
Matières complémentaires........... 4,83
                           100,00

La falsification est grossière ; cependant elle est fréquente,
et bien souvent j'ai vu des propriétaires regretter, mais
trop tard, d'avoir acheté, sans garantie d'analyse, des
charrées ainsi mélangées.

L'essai des charrées peut se faire avec rapidité, en
suivant la méthode conseillée par M. Malaguti pour les
cendres vives. Il faudra, toutefois, par une combustion

spéciale, pratiquer le dosage du charbon et de la substance organique.

Employées à la dose de 30 à 50 hectolitres par hectare, les charrées donnent de bons résultats dans les terrains non calcaires et dans les défrichements. Le froment, le blé noir, le seigle, venus sur cet engrais, n'ont pas l'inconvénient de fournir trop de paille. Dans les prairies, on remarque que l'action des charrées est bonne et persiste longtemps, mais dans le plus grand nombre des cas, on a constaté que cet engrais procure d'excellents effets lorsqu'il est mélangé avec le fumier. « Dans l'est de la France, dit Puvis, le fumier employé seul fait venir de belle paille; mais cette paille a peu de consistance, verse souvent et donne peu de grains : avec les cendres lessivées, la paille est plus forte, se soutient mieux, et le grain est plus gros. » Ces faits ont été mainte et mainte fois constatés dans nos régions de l'ouest.

Remarquez bien, Messieurs, qu'en raison de leur composition, les charrées doivent agir, non-seulement en fournissant le calcaire et les phosphates à la végétation, mais aussi en devenant le siége d'une abondante nitrification. C'est en effet le propre des matières basiques divisées que de favoriser la transformation en acide nitrique de l'azote des substances organiques. De là, l'excellent effet des fumiers mélangés aux charrées.

Un habile cultivateur disait, il y a quelque temps : « Il est reconnu qu'en Dombes, les cendres lessivées ont plus d'efficacité que les cendres vives (1). » Dans son mémoire sur le noir animal, lu à l'Académie le 9 février 1852, M. de Romanet le dit au sujet de ses défrichements de bruyères du centre de la France. Selon cet

____

(1) *Annuaire des Engrais.* — Mars et avril 1863, pag. 109.

agriculteur, 1 mètre cube de charrée produirait le même
effet que 2 mètres cubes de cendres neuves. Dans ses
propriétés voisines de Châteaubriant (Loire-Inférieure),
M. le comte de Bois-Péan a plusieurs fois constaté le
même fait, en employant comparativement des cendres
de belle qualité et des charrées produites dans les conditions les plus normales; j'ajouterai, enfin, qu'à ma connaissance, ce fait se remarque dans tous les sols à réaction acide, tels que les bruyères, les landes chargées
de matière organique, les terrains tourbeux, etc. Depuis
longtemps, Puvis avait signalé la préférence des agriculteurs pour les cendres qui ont été privées de leurs
sels solubles (1). « Le raisonnement, ajoute-t-il, n'ap-
puierait pas ce fait. » Je crois, Messieurs, que le raisonnement permet au contraire d'interpréter avec rigueur
cette apparente anomalie.

Tantôt les charrées agissent par leur carbonate alcalino-
calcaire, tantôt elles fertilisent par leur phosphate. Or,
certaines terres acides, récemment défrichées, dissolvent
ces phosphates avec une remarquable rapidité. Il vous sera
facile de vous en convaincre en faisant bouillir ces terres
avec de l'eau, filtrant la décoction et la mettant en contact
avec du phosphate de chaux. 500 grammes de terre tour-
beuse ont été traités par 500 grammes d'eau, la décoction a été ramenée par évaporation au volume de 2
décilitres, je l'ai mise pendant 10 jours en contact avec
2 grammes de phosphate de chaux des os; elle en a
dissous 0^g,375, soit 18,7 %.

Vous savez, d'autre part, que les substances calcaires,
telles que la marne et la chaux vive, empêchent l'action
des phosphates pendant plusieurs années, ce qui s'ex-

(1) *Traité des Amendements,* 3ᵉ édition, pag. 281.

plique par l'état de neutralité où ces engrais ont mis le sol.

Enfin, votre expérience vous a appris que les noirs des sucreries, qui renferment jusqu'à 25 °/₀ de carbonate de chaux, sont inférieurs dans leurs effets aux noirs de raffinerie, et que généralement on les améliore en les pulvérisant et les faisant entrer dans les composts riches en substances organiques.

Ces faits conduisent à une proposition unique, qui est la suivante : *toutes les fois qu'on détruira, par l'emploi de bases calcaires ou alcalines, la propriété acide d'un sol tourbeux ou récemment défriché, on diminuera l'aptitude dissolvante de ce sol pour les phosphates.* Or, la potasse des cendres joue ici le rôle des carbonates terreux, et la rapidité de son action neutralisante est en raison directe de sa solubilité.

A cette proposition dont j'ai établi l'exactitude par des expériences de laboratoire (1), opposerez-vous le peu d'importance que peut avoir la potasse, puisque le carbonate de chaux, à la dose de 40 °/₀ au moins, existe en tout état de cause dans les cendres lessivées et n'empêche pas l'assimilation des phosphates? Je répondrai, Messieurs, que la potasse agit instantanément, tandis que le carbonate de chaux ne fait sentir que lentement son action ; j'ajouterai que le phosphate de chaux est ici sous un état tel, que sa dissolution dans le sol est d'ailleurs facile. J'avoue que dans le phénomène qui s'accomplit en cette circonstance il y a bien un côté mystérieux ; mais les faits et les expériences de laboratoire sont d'accord pour établir l'action nuisible de l'alcali trop abondant. Acceptons donc cette conclusion, au nom d'un principe, qui, en

____

(1) *Thèses pour le doctorat*, pag. 107.

agriculture, domine tous les systèmes : *experientia rerum magistra.*

On appelle *charrées de goëmons* les résidus de la lixiviation des cendres, traitées dans les fabriques d'iode et de brôme. Ces résidus sont assez variables dans leur composition qui, en moyenne, peut être exprimée comme il suit :

Eau..	28,50
Charbon...................................	6,25
Sel marin.................................	0,25
Sulfate de chaux..........................	4,23
Carbonate de chaux........................	21,15
Phosphates................................	traces.
Alumine, oxyde de fer.....................	10,25
Résidu siliceux insoluble.................	28,60
Perte.....................................	0,77
	100,00

Cet engrais peut être favorable aux prairies et propre à la confection des composts, dans lesquels il favorise la nitrification ; il apporte d'ailleurs du calcaire aux sols qui en sont dépourvus ; mais sa forte proportion de matières inertes — eau, charbon, résidu siliceux — rend son transport difficile, aussi son emploi sera-t-il toujours limité aux localités très voisines de son lieu de production.

Je dois enfin vous entretenir de l'engrais particulièrement employé dans le marais de la Vendée sous le nom de *cendres*, et qui donne de très bons résultats dans les riches terrains d'alluvion dont je vous ai cité naguère la composition chimique. Sa production offre un intérêt d'autant plus grand, qu'elle semble en contradiction flagrante avec les traditions généralement adoptées par les agronomes.

Les cendres de marais sont le résidu de l'incinération du fumier des étables.

Pour rendre le fumier propre à être brûlé au foyer de la ferme et de la chaumière, on en forme des espèces de gâteaux que l'on appelle *bouses*, et que l'on fait sécher au soleil pendant toute la belle saison ; pour cela on les expose sur une prairie spécialement consacrée à cet usage

Dans les fermes, $\frac{1}{8}$ environ du tas de fumier est réduit en bouses par les domestiques ; le reste appartient aux moissonneurs. Mais comme c'est là, avec les pailles de fèves, l'unique chauffage de la plus grande partie de ce pays, il est d'usage que chaque ferme ait un certain nombre de familles pauvres auxquelles elle vient en aide et qu'elle fait admettre au partage avec les moissonneurs. Ceux-ci et leurs copartageants sont chargés de se diviser le fumier et de le disposer convenablement dans les lieux destinés à faire sécher les bouses. Ces dispositions prises, les différentes parts sont tirées au sort, et chacun procède, quand ses occupations le lui permettent, à la manipulation de celle qui lui est échue.

La fabrication des bouses dure depuis les premiers jours de mai jusque vers la fin de juillet. La part de chacun peut exiger environ trois ou quatre journées d'homme.

Le procédé de fabrication des bouses est le même partout. Chaque part de fumier étant disposée en tas sur le bord d'un fossé ou d'une rigole qui lui amène de l'eau, on fait, sur l'un de ses côtés, une petite chaussée demi-circulaire de 30 centimètres de hauteur environ. L'intérieur de cette petite chaussée constitue une espèce de cuve, que l'on nomme *maic*, et dans laquelle on jette du

fumier avec de l'eau en quantité suffisante ; les hommes
le foulent avec les pieds en ramenant de temps en temps
à la surface les parties inférieures, jusqu'à ce que toute
la masse ait acquis une consistance et une homogénéité
convenables ; alors on transporte sur le pré cette espèce
de pâte, et on la divise en gâteaux circulaires ayant
environ 40 ou 50 centimètres de diamètre sur 8 ou 10
d'épaisseur. Ce sont les bouses.

C'est par ce procédé, dont j'emprunte la description à
M. Hurtaud (1), savant pharmacien de la Vendée, que
l'on obtient le produit destiné au chauffage des habitations du marais vendéen, la cendre de foyer de cette
région agricole est amoncelée dans la cour et reste
exposée à l'action de la pluie. Quatorze analyses, effectuées
par M. Hurtaud, lui assignent la composition moyenne
suivante :

Chaux	6,98
Potasse et soude	3,83
Magnésie	1,93
Oxyde de fer	4,27
Chlore	1,63
Acide silicique	7,30
Acide phosphorique	4,54
Acide carbonique	3,90
Acide sulfurique	1,75
Matières organiques	4,52
Sable	59,35
	100,00

Employés à haute dose dans les riches alluvions du

(1) *Essai sur les cendres de marais*, pag. 16.

marais vendéen, ces engrais suffisent à y entretenir la fertilité. La chaux et les alcalis des cendres, en présence de sols riches en humus, déterminent la production facile des nitrates, et le résultat exceptionnel, constaté dans cette région, s'explique par les circonstances non moins exceptionnelles dans lesquelles il est obtenu. Il ne faudrait donc pas appliquer au premier domaine venu, la méthode de culture par les cendres de fumier qui réussit dans les alluvions riches en matières organiques du marais vendéen.

Ce qu'on appelle improprement, à Pornic, *cendres* ou *cendres de Noirmoutier*, est un mélange dans lequel entrent des cendres de varechs, des varechs, des coquillages, des vases de mer et quelquefois des débris de poissons et du fumier, le tout est arrosé d'eau de mer, mélangé, transporté à dos d'âne au lieu d'embarquement et expédié à Pornic ou sur la côte vendéenne. Cet engrais renferme le plus souvent des quantités énormes de sable, aussi l'emploie-t-on quelquefois à la dose énorme de 60 à 100 hectol. par hectare.

Il me reste à vous parler, Messieurs, de l'introduction de la chaux dans le sol. Comme vous le savez, elle se fait par différents moyens et, selon les ressources de la région, observée, vous voyez l'agriculteur employer tantôt la chaux vive, tantôt la marne, souvent enfin ces nombreux calcaires facilement assimilables que nous offrent les côtes et parmi lesquels je vous citerai particulièrement la *tangue*, le *mearl*, les *sables coquilliers*. Sur l'utilité du principe calcaire dans le sol, j'ai peu de mots à vous dire : vous savez en effet que la chaux entre comme élément nécessaire dans les récoltes. Or, lorsqu'on réfléchit que sur des terrains granitiques et schisteux une récolte d'avoine de 35 hectol. appauvrit un hectare de 22 kilogr. de chaux, et que cet

— 614 —

emprunt s'élève à 16 kilogr, pour le seigle et à 28 kilogr.
pour le froment, on comprend tout à la fois ce que
réalise l'intervention de l'engrais en général et l'usage de
la chaux en particulier.

Si l'utilité du principe calcaire se présente avec une
évidence qui dispense de longs développements, il n'en est
pas de même des méthodes qui régissent les pratiques
généralement connues sous les noms de *chaulage, marnage,
falunage, amendement par les sables calcaires, etc.*; sur ces
différents points aussi bien que sur les gisements calcaires,
des travaux spéciaux ont été rédigés avec une incontès-
table autorité, par MM. Puvis (1), Isidore Pierre (2),
Boussingault (3), Jamet (4), Hoslin (5), Bortier (6),
enfin, dans ces derniers temps, M. Besnou, pharmacien,
major de la marine, a publié (7) une longue série
d'analyses qui éclairent d'une manière toute spéciale la
composition des divers produits sous-marins utilisables par
l'agriculture. A ceux de vous qui désireraient étudier avec
soin ces sujets, j'indique donc les sources où ils puise-
ront avec profit, me réservant ici de jeter un coup-d'œil

(1) *Traité des amendements*, 3ᵉ édition.

(2) *Annales agronomiques*, tome ɪ, mai 1851.

(3) *Annales du Conservatoire impérial des Arts et Métiers*, nº 6. —
Septembre 1861.

(4) *Emploi de la chaux dans la Mayenne (Agricult. de l'Ouest)*, tome ɪᴠ,
pag. 245.

(5) *Mémoire sur quelques calcaires de la Basse-Bretagne (Annales agronomiques)*.

(6) *Des coquilles marines employées pour l'amendement des terres*,
1853, imp. de Firmin-Didot.

(7) *Compte rendu du congrès de Cherbourg*, 1861, 2ᵉ vol., pag. 542. —
Considérations sommaires sur les sables coquilliers et les tangues, extrait
de l'*Annuaire agricole de la Société d'agricult. de Cherbourg*, 1857.

général sur les grands faits relatifs à l'emploi de la chaux
et des engrais analogues.

La chaux agit certes en apportant à nos sols un principe nécessaire aux récoltes ; mais si son effet était borné
à cet apport de matière utile, on pourrait se demander pourquoi dans bien des circonstances, il ne serait pas avantageux
d'employer les calcaires tels quels. L'expérience prouve
qu'on n'arriverait pas aux mêmes résultats et vous allez en
comprendre la raison.

Non-seulement la chaux fournit un aliment aux plantes,
mais par son alcalinité, par sa réaction sur les matières
organiques, elle leur en prépare qui n'eussent été sans
elle que lentement assimilables. C'est ainsi que, par sa portion
caustique, elle désagrége les silicates — mettant ainsi de la
potasse en liberté — elle neutralise les principes acides,
transforme les substances organisées en humus soluble,
décompose les matières azotées fixes et provoque un dégagement d'ammoniaque sous l'influence duquel la végétation
est singulièrement activée. En ce qui concerne la
portion de chaux non alcaline, on comprend que l'acide
carbonique du sol la transforme facilement en bicarbonate
bientôt entraîné par les eaux dans l'organisme végétal.
Faut-il ajouter qu'un sol imprégné de carbonate de chaux
est facilement accessible aux phénomènes de nitrification
sur l'importance desquels vous êtes désormais fixés ? A
tous les points de vue, vous le voyez, Messieurs, l'action
de la chaux mérite de fixer la plus sérieuse attention des
agriculteurs. Souvent un gisement calcaire a été une véritable mine d'or.

La *pierre à chaux* ou *calcaire* est facilement reconnais-
sable par la propriété qu'elle possède de donner avec
les acides une vive effervescence due au dégagement de
son acide carbonique ; aussi, vous conseillerai-je d'avoir

recours à cette méthode bien simple lorsque vous voudrez
essayer un calcaire. Vous pulvériserez l'échantillon et en
pèserez 5 grammes, que vous placerez dans une bouteille; vous ajouterez 100 grammes d'eau de pluie et
verserez *peu à peu* de l'acide chlorhydrique pur, en ayant
soin de laisser tomber l'effervescence après chaque addition
du réactif. Lorsque l'introduction de l'acide chlorhydrique
ne déterminera plus de dégagement d'acide carbonique,
vous laisserez reposer pendant une heure, puis vous jet-

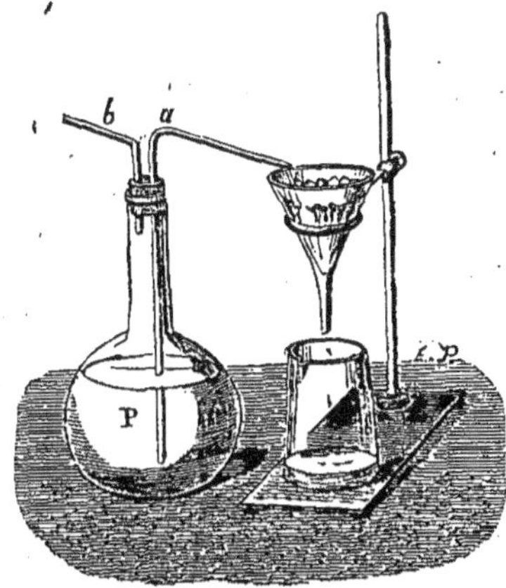

terez le tout sur un
petit filtre et laverez
à l'eau de pluie jus-
qu'à ce que l'eau de
lavage ne soit plus
acide. Les liquides fil-
trés renfermeront la
chaux à l'état de chlo-
rure de calcium (1),
et le filtre retiendra
le sable ou l'argile. On
desséchera ce filtre à
la chaleur de l'eau
bouillante ou dans l'é-

tuve, on pèsera son contenu, et par différence on aura
le carbonate de chaux. Si l'on dispose d'un fourneau à
moufle, on contrôlera cet essai en prenant un gramme du
calcaire et le chauffant au rouge vif, pendant une demi-
heure, dans un petit creuset. Comme le carbonate de
chaux pur est formé de 44 d'acide carbonique et de 56
de chaux, la perte éprouvée pendant la calcination devra
correspondre exactement à la proportion de carbonate de

(1) Plus la magnésie, si le calcaire était magnésien.

chaux trouvée par la voie humide. S'il y avait différence
bien constatée, c'est que le calcaire serait magnésien,
auquel cas il conviendrait d'en faire faire un essai spécial
par un chimiste. J'emprunte à mon registre de laboratoire les chiffres relatifs à l'essai de deux calcaires de
Bergon (Loiré-Inférieure). Ce calcaire renfermait :

Variété jaune.

Sable quartzeux et argile ferrugineuse...   19
Carbonate de chaux....................   50
Carbonate de magnésie................   29
Perte................................   2
                                      ————
                                       100

Variété grise.

Sable quartzeux et argile.............   1,9
Carbonate de chaux.................. 58,2
Carbonate de magnésie............... 36,9
Perte...............................   3,0
                                      ————
                                      100,0

Voici la chaux obtenue par la cuisson de ce dernier
échantillon : elle est grise, se délite lentement et foisonne
très peu. L'agriculture ne saurait employer une telle
chaux; il est reconnu, en effet, que les chaux magnésiennes donnent de mauvais résultats, ce qui semble tenir aux
propriétés de la magnésie caustique, car certains sols où
le *carbonate de magnésie* existe à dose notable sont cependant très fertiles.

Quoi qu'il en soit, vous voyez, Messieurs, qu'il y a grande importance à essayer un calcaire, et souvent la calcination pure et simple au rouge vif démontrera suffisamment sa pureté. Je vous présente, en effet, un sable calcaire jaunâtre employé en Touraine pour l'amendement physique et la modification chimique du sol; eh bien ! si vous le traitez par l'acide chlorhydrique, vous obtiendrez :

Sable ferrugineux insoluble............... 38

Matières solubles considérées comme car-
    bonate de chaux...................... 62

                                            100

La calcination au rouge vif, effectuée pendant une demi-heure, sur un gramme, donne une perte de 28 centigrammes, correspondant par le calcul à 63 % de carbonate de chaux. L'opération est donc contrôlée par ce moyen.

Mais je reviens à la chaux et à son action sur le sol.

Les agriculteurs ne sont pas d'accord sur les différentes manières d'employer la chaux ; les uns préconisent son mélange avec le fumier avant l'enfouissage dans la terre, et ils se croient surtout autorisés à agir ainsi depuis qu'on a constaté dans le laboratoire l'innocuité de la chaux en présence des substances azotées *qui n'ont pas subi un commencement de décomposition*. Je crains, Messieurs, que ce fait théorique, sur lequel j'ai déjà appelé votre attention, ne trouve pas ici d'application bien sérieuse; et autant je vous exhorterai à faire des *tombes* par le mélange de la chaux vive avec des vases de fossés et des débris végétaux divers, autant je vous détournerai de mélanger une matière aussi précieuse que le fumier avec un corps, propre entre tous, à en rendre les principes azotés très rapidement volatils.

Dans l'arrondissement de Château-Gontier, dit M. Jamet (1), « les fumiers sont mis dans les tombes avant ou après la chaux; le premier mode occasionne une plus grande perte, sans contredit, mais ils n'en sont pas moins détestables l'un et l'autre. On ne saurait trop s'élever contre une coutume aussi barbare. »

Et plus loin : « Le résidu, de couleur brune, offre l'aspect de la tourbe humide; il est onctueux au toucher : il y a des gens qui l'estiment beaucoup en cet état ; ils prétendent qu'il est plus *gras,* c'est-à-dire plus fertilisant. Mais il faut avoir bien peu l'habitude de l'observation des faits, pour n'être pas convaincu, par la pratique, de la fausseté de cette opinion : en horticulture, par exemple, où les expériences sont si souvent renouvelées, je ne conçois pas l'erreur à ce sujet. »

Après avoir constaté que souvent les mélanges de chaux et de fumier s'enflamment au bout de 24 heures de contact, M. Jamet ajoute avec raison : « Il serait beaucoup plus avantageux de répandre simultanément le terreau calcaire et le fumier, et de les enfouir, par un labour, avec la semence ; la décomposition et les diverses combinaisons ammoniacales se feraient dans le sol même, au profit des plantes qui y végètent. »

» Je faisais autrefois, je l'avoue, ce que je blâme aujourd'hui ; mais l'étude et surtout la pratique m'ont

____

(1) *Agriculture de l'Ouest,* vol. 4, pag. 257.

démontré que j'étais dans l'erreur : je suis parvenu à convaincre, à l'aide d'expériences comparatives, des hommes incapables de comprendre *à priori* le vice de cette méthode.

» Je n'aurais pas traité ce sujet, si je n'avais la conviction profonde que les *composts* de chaux et de fumier sont nuisibles aux intérêts des cultivateurs ; je désire vivement qu'ils cessent d'en faire usage. »

Je n'ajouterai rien à ce judicieux conseil; mais j'appellerai votre attention sur l'abus qu'on a fait de la chaux lorsqu'on a supposé que son emploi pouvait suppléer aux fumures normales. C'est la plus dangereuse des hérésies.

Non-seulement la chaux ne dispense pas des fumures, mais plus elle accélère la décomposition des substances organiques en réserve dans le sol, et plus elle nécessite l'entretien du fonds destiné à subvenir aux besoins de l'avenir.

C'est donc à la condition de rendre à la terre des engrais mixtes en quantité suffisante et de lui consacrer une partie des richesses obtenues par les premiers chaulages, que l'on pourra admettre, avec Puvis, la proposition suivante, alors seulement exacte : « *Avec des soins et des engrais proportionnés aux produits, la fécondité du sol se soutiendra.* » Mais concéder à cet auteur, si riche d'ailleurs en documents utiles, que les sols chaulés ont besoin de moins de fumier que les autres et que ce fumier s'y consomme relativement moins vite (1), me paraît au moins fort difficile. La balance et les réactifs ont un langage qui, dans ce cas, est en concordance parfaite avec l'expérience

____

(1) *Traité des Amendements*, pag. 223.

agricole, et qui conduit à la conclusion suivante : *c'est en augmentant le bétail qu'on peut maintenir la fécondité d'un sol chaulé.*

Malgré ces divergences, on s'accorde sur ce point, que la production de la chaux à bas prix est un bienfait pour l'agriculture ; or, l'on s'est trop longtemps endormi dans cette croyance que la Bretagne était presque absolument dépourvue de calcaire. La carte géologique de la Loire-Inférieure, récemment publiée par M. Cailliaud, prouve que plusieurs gisements calcaires importants sont exploitables avec avantage. A Pornic, on fait une chaux d'assez belle qualité avec des calcaires sous-marins, extraits à marée basse à quelques kilomètres du rivage. M. Hoslin établissait, dès 1851, que 100 gisements calcaires — soit 40 dans les Côtes-du-Nord, 45 dans le Finistère et 15 dans le Morbihan — existent dans cette région. Sur ce nombre, une quarantaine sont formés de sables coquilliers, dont la proportion de sable quartzeux rendrait l'exploitation difficile ; mais une soixantaine pourraient fournir les éléments d'une chaux convenable pour les besoins agricoles, et ils se décomposent en : calcaire silurien 13, calcaire tertiaire moyen 1, millipores 19, coquilles ou débris 27. Le développement des voies de communication multipliera progressivement les lieux de consommation accessibles à ces matières ; mais en tout état de cause, et comme l'ont démontré M. Hoslin et M. Bortier, il y aurait souvent avantage à transformer sur place les sables calcaires en chaux et à imiter les Hollandais, qui ont construit entre Harlem et Amsterdam plus de cinquante fours à chaux alimentés par les coquillages du littoral.

En Hollande, on se sert d'un four circulaire où l'on superpose des couches de tourbe et de calcaire coquillier. En Bretagne, il serait plus avantageux d'avoir recours au

four dont je vous soumets la coupe longitudinale et que
M. Bortier emploie avec avantage en Belgique.

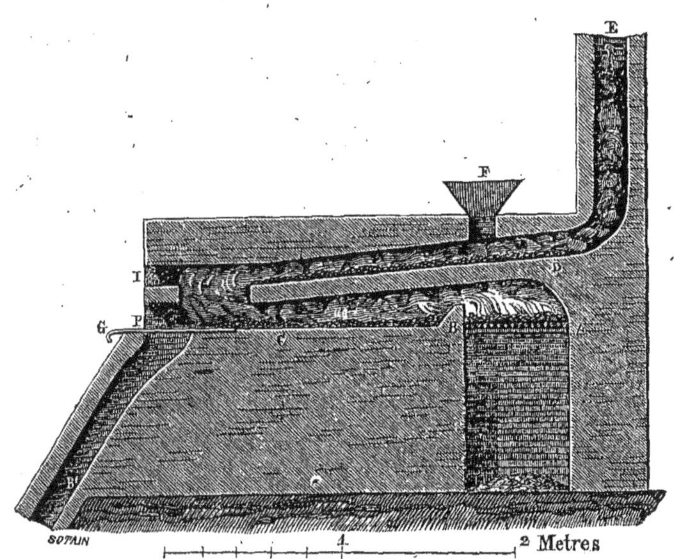

En A se trouve le foyer sur la grille duquel on place
le combutisble; la flamme passe au-dessus de l'autel B, et
lèche les coquilles placées sur les deux soles C et D, avant
de s'échapper par la cheminée E. On jette les coquilles par
la trémie F, sur la sole supérieure D, légèrement inclinée ;
après quelques minutes, à l'aide d'un ringard qu'on introduit par la porte I, on fait tomber les coquilles déjà
effritées sur la sole C, ou on les repousse en les étendant jusqu'à l'autel B. Pour faire ce travail, on introduit
le ringard par la seconde porte P. Au bout de quelques
autres minutes, on ouvre, à l'aide d'un crochet G, un
registre qui ferme un canal descendant B', et l'on fait

tomber par fournées successives la charge composée d'un demi hectolitre dans la cave placée au-dessous du canal B'.

Un four ainsi construit produit par jour 100 hectol. de chaux légèrement calcinée au prix de 50 centimes par hectolitre, et sur bien des points du littoral, son application serait précieuse.

Marne, falun, tangue, sables calcaires, toutes ces substances qui agissent par leur carbonate de chaux, doivent être recherchées avec sollicitude et employées à haute dose dans les sols non calcaires. Souvent, la stratification de quelques-unes d'entre elles dans les engrais mixtes ou leur emploi comme litière aura pour effet de rendre le principe calcaire plus assimilable en même temps que la nitrification du sol sera facilitée. Si l'agriculteur des terrains primitifs qui dédaigne souvent des engrais minéraux très précieux méditait sur les grandes lois auxquelles est subordonnée la production des êtres organisés, il constaterait l'état de diffusion extrême des molécules phosphorées et calcaires noyées dans l'immensité des mers; il admirerait l'incessante activité avec laquelle des myriades d'animaux et de végétaux marins aspirent, condensent et organisent ces molécules; il comprendrait enfin qu'il ne faut pas se borner à chercher dans les profondeurs du sol les engrais minéraux nécessaires aux besoins d'une population croissante. La vapeur aidant, la mer est à nos pieds, elle nous offre d'incalculables trésors : azote, phosphore, alcalis et chaux, toutes les matières précieuses y abondent; ayons donc l'énergie nécessaire à l'accomplissement du grand œuvre moderne et puisons à larges mains dans ce grand *dépôt de vie* que la providence nous a libéralement ouvert. Ne semble-t-il pas d'ailleurs qu'en accumulant sur les rivages une partie de ses richesses minérales, l'océan lui-même nous invite à le conquérir ? J'appelle sur ce sujet vos plus sérieuses méditations.

Et maintenant, Messieurs, que nous touchons au moment de la séparation, je ne saurais trop vous remercier de l'attention soutenue que vous m'avez prêtée. Qu'il me soit permis d'emporter avec son souvenir l'espérance de vous retrouver dans cette enceinte, pour y reprendre l'étude de ces belles questions agricoles étroitement solidaires des grands intérêts du pays, et que la sollicitude incessante du Gouvernement s'attache avec tant d'énergie à mettre en honneur et à vulgariser.

ERRATA.

Page 60, colonne indiquant la proportion d'ammoniaque
par litre :
2ᵉ ligne, au lieu de : 1,00016, lisez : 0,00016.

Page 91, ligne 6, au lieu de : *entraînées,* lisez : *entraînés.*

Page 140, ligne 21, au lieu de : *Elle vous dira enfin,* lisez :
elle vous dira.

Page 240, ligne 13, au lieu de : 1850, lisez : 1860.

Page 454, ligne 11, au lieu de : *il ne saurait donc désormais
exister,* lisez : *il ne saurait donc exister.*

Page 473, ligne 15, au lieu de : *on introduit la carafe,*
lisez : *on place la carafe.*

Même page, ligne 17, au lieu de : *l'acide — a fait élever,*
lisez : *l'acide a fait élever.*

Même page, ligne 24, au lieu de : *on introduit,* lisez : *on met.*

Page 493, dans la note du bas de la page, au lieu de :
17,5 °/₀ *d'azote,* lisez : 15,6 °/₀ *d'azote.*

Page 495, dans la note du bas de la page, au lieu de :
17,5 °/₀ *d'azote,* lisez : 4,7 °/₀ *d'azote.*

Page 496, dans la note du bas de la page, au lieu de :
17,5 °/₀ *d'azote,* lisez : 46,6 °/₀ *d'azote.*

TABLE ALPHABÉTIQUE

DES MATIÈRES.

Page.

A

Acide phosphorique contenu dans
le sol.................. 186
— dans les excréments...... 192
— dans les animaux......... 190
— carbonique. Son rôle dans
la végétation.......... 33
— azotique contenu dans les
eaux................. 62
Acidité du sol. Cause de dissolution des phosphates....... 261
Aération du sol............. 27
Agriculture épuisante......... 148
Air. Sa pesanteur............. 7
Alun employé pour clarifier les
eaux................. 84
Aliments. Leur rapport avec le
fumier.................... 531
Amendements............... 165
Ammoniaque contenue dans l'eau. 56
Ammonimètre 481
Ammonoscope 494
Analyses d'engrais. — Manière
de les formuler........ 444
— leur utilité............. 416
— limite de leurs applications.. 203
— précautions à prendre pour
les effectuer.......... 419
— des engrais azotés........ 472
Apatite. Sa composition chimique.................... 403
Arrosage par les matières fécales.................... 546

Page.

Arsenic contenu dans les en-
grais 234
Atmosphère. Sa composition... 25
Azote. 29
— Sa transformation en acide
azotique 451
— Ses combinaisons assimila-
bles................... 446
— Son rôle dans la nutrition
végétale.............. 37
— Sa présence dans les organes
des plantes............ 30
— Dans les terrains......... 146
— Son dosage.............. 474
— Sa valeur est variable selon
ses états............... 205
— Contenu dans les guanos... 579
Azotate de potasse contenu
dans les guanos............ 300

B

Baromètre 8
Bestiaux. Sont des consom-
mateurs d'engrais.......... 454
Bourres de poils............. 462
Bouses..................... 611
Brèches osseuses............. 318
Brouillards. Leur composition... 59

C

Calcaire. Ses gisements en
Bretagne 621

Page.

Carbone. Son assimilation par
    les plantes................ 32
Casse-os.................. 222
Cavernes à ossements........ 318
Cendres des végétaux. — Leur
    composition...... 156
— Leur action sur le sol..... 601
— Leur essai agricole 599
— vives 598
—. lessivées............... 603
— d'os 218
— de tourbe............... 601
— de varech............... 602
— de pommes de terre...... 600
— de Noirmoutier........... 613
Chair. Son emploi comme en-
    grais................... 459
Charrée.................. 603
— Sa composition.......... 605
— Ses origines............ 605
— Son emploi............. 607
— agit mieux que la cendre
    vive 607
— de goëmon.............. 610
Chaulage. — Nuit à l'action du
    noir................... 262
— Sa théorie.............. 615
Chaux. —Employée pour conser-
    ver le poisson........ 595
— utilisée dans la vidange.... 565
— mélangée aux eaux d'égoût. 564
— obtenue des sables calcaires. 621
— employée avec le fumier.. 619
Cheveux.................. 462
Chiffons de laine............. 463
— Leur désagrégation........ 464
Chinois. Leurs pratiques agri-
    coles................... 540
Citernes. Leur construction.... 86
Colombine.................. 569
Coprolithes................ 327
Coquins 347
Courte graisse.............. 543
Cuir. Rognures............. 462
Cultivateurs.—Leur insouciance. 418
— Effets de leur ignorance... 279
Crottes du diable............ 347

D

Défrichements. — (Influence du
    noir animal sur les)..... 163-264
Déjections de l'homme........ 538
— perdues 560
— des bestiaux............ 495

Page.

Désinfection des matières fé-
    cales................... 553

E

Eaux. —Leur essai chimique.. 77
— de rivière 70-79
— de la Seine............. 54
— de la Loire............. 55
— d'égoût............ 176-558
— crues .. ..-83-69
— de source............. 70
— croupies.............. 75
— de puits artésiens......... 80
— de puits............... 70
— ammoniacales des usines à
    gaz................... 453
Ecobuage défavorable à l'ac-
    tion du noir............. 263
Engrais. — Classification...... 177
— verts 529
— dits artificiels........... 162
— liquides 563
— mixtes 486-589
— distincts selon les terrains. 199
— sulfo-phospho-azotés...... 397
— à bon marché........... 279
— Leur définition.......... 165
— Statistique de leurs ana-
    lyses.................. 276
— Leur vente au volume..... 281
— Expériences sur leur action. 235
— flamand 543
— de sang................ 455
— de poissons............. 594
Epidémies 42
Espagne. Son commerce avec
    la France................ 414
Etat hygrométrique 22

F

Falsification du noir d'Amster-
    dam 252
— du noir de Bordeaux....... 248
Falunage.................. 614
Fanons de baleine............ 462
Fiente d'oiseaux............. 569
— de chauve-souris......... 571
Fosse à fumier.............. 523
Fossilisation................ 315
Fraudes sur les engrais. En-
    couragées par le silence
    de la législation........ 286
— leur double origine....... 274

Page.

Fumier. — Calcul de sa production................. 504
— Son poids spécifique...... 502
— Sa production en fonction du
bétail 503
— Sa composition.......... 497
— Opinions des anciens sur son
importance............ 488
— Sa richesse en acide phosphorique.............. 190
— Son action comme dissolvant. 519
— Sa conservation dans l'étable. 510
— consommé 533
— frais 534
— mélangé à la chaux....... 619
Fumure énergique. Ses avantages 171

G

Gadoue................. 543
Gaz dissous dans l'eau........ 54
Guano phosphatique 299
— des îles Gallapagos....... 300
— de Bolivie.............. 299
— des îles Baker et Jarvis... 301
— artificiel............... 591
— Utilité de son mélange.... 313
— du Pérou.............. 572
— Sa formation............ 573
— Sa composition.......... 575
— Conséquences financières de
son emploi............ 580
— Phases de la végétation pendant lesquelles il agit.. 581
— Inconvénients de son emploi................. 583
— Comment on doit l'em-
ployer................ 584
— Action de l'eau sur ses
principes 584
— conservé par l'action des
charbons poreux...... 585
— Plombs sous lesquels on le
vend................ 585
— perfectionné............ 586
— mixte................. 586
— de Raiatea............. 576
— d'Ichaboe.............. 577
— de Saldanha............ 578
— du Chili............... 578
— de pingouin............ 578
— de shag 578
— de Patagonie........... 579
— d'Angamos............. 579

Page.

Guano — Son essai commercial. 587
Graines. Leur richesse en acide
phosphorique............ 182

H

Hauteur des eaux pluviales..... 48
Hydrotimétrie............... 81
Hygiène des habitations rurales. 40
Hygromètre 20
Hygroscope 20

I

Îles à ossements.............. 319

J

Jachère.................. 36

L

Labours profonds............ 122
Laine. — Sa richesse en azote.. 467
— Employée comme engrais.. 463
Lévigation. Son rôle dans l'a-
nalyse des engrais......... 197
Limon................. 72
Liquéfaction des cornes et des
cuirs................. 466
Liquides acides des fabriques de
gélatine 238
Litières. Leur composition..... 493
— fumier................. 509
Lizier 508

M

Marcites 176
Marnage.................. 614
Matières minérales. — Conden-
sées par les plantes.... 126
— contenues dans l'eau de
pluie................ 64
— fertilisantes gaspillées..... 545
— solubles du sol.......... 67
— fécales. Leur emploi à
Grenoble 543
— Leur composition........ 544
— Leur désinfection.. 554
— vertes des plantes........ 34
Mearl 613
Mer. — Sa fécondité......... 593
— Sa conquête............ 623
Miasmes. Leur nature........ 38

Page.

N

Nitrification 591
Noir de raffinerie. Sa production................... 245
— animal. — Explication de
  ses effets............. 258
— Son prix n'est pas proportionné à sa richesse en
  phosphate............. 201
— Son choix est subordonné à
  la nature du sol....... 257
— Son analyse............. 420
— fin neuf. Sa composition... 244
— de Nantes.............. 247
— de Bordeaux............ 248
— de Marseille............ 251
— de Hambourg........... 252
— d'Amsterdam........... 252
— d'Amsterdam. Circonstance
  de sa production....... 254
— de Russie.............. 251
— d'Allemagne............ 249
— du nord de la France..... 250
— des fabriques de gélatine.. 255
— vierge fin.............. 256
— en grains neufs. Sa composition 244

O

Os. — Leur composition...... 214
— torréfiés................ 223
— employés dans la culture du
  navet 228
— de bœuf................ 244
— de poissons............. 594
— Machines pour les broyer.. 220
— fossiles. Leur composition.. 324
Ossements fossiles............ 322
Oxygène. Son rôle dans le
  sol.................... 27–133

P

Pêche. Utilisation de ses débris................... 595
Phosphate de chaux. — Sa composition............... 211
— Sa solubilité......... 259–368
— contenu réellement dans
  certains engrais........ 283
— de fer. Sa présence dans
  les phosphates fossiles... 356
— fossiles. Prix d'extraction .. 346

Page.

Phosphates fossiles.—Leur action
  sur les végétaux 377
— Leur emploi dans les défri-
  chements 383
— Leurs gisements.......... 333
— Leur solubilité.......... 364
— Leur répartition en France.. 341
— Leur nature 344
— Leur composition chimique. 354
— Leur modification par l'acide
  carbonique 363
— Leur purification........ 395
— Importance de leur état phy-
  sique................. 195
Phosphore. — Sa localisation
  dans les plantes....... 184
— Ses migrations.......... 180
— Sa mobilité............. 370
Phospho-guano 223
Phosphorite 400
— Sa composition.... 413
— Avenir de son exploitation.. 409
Pierres calcaires.............. 615
— Leur essai.............. 616
Plantes. Choisissent leurs élé-
  ments minéraux........ 151
Plomb. Ses dangers pour la
  conservation des eaux...... 87
Plumes 462
Pluviomètre 46
Pluvioscope à cadran.......... 53
Poils 462
Pompe à purin........... 516–517
Poulaitte................... 569
Poulenée 569
Poudrette. — Sa composition... 550
— Sa valeur.............. 552
— Importance de sa vente.... 553
Pralines de matière fécale..... 566
Purin. Fixation de son azote... 526

R

Récoltes vertes. Leur emploi
  comme engrais.......... 529
Repasseurs de noirs......... 252
Résidus de morue........... 594
— osseux de la production de
  la gélatine............ 238
Roches primitives. Leur composition............... 105

S

Sable coquillier............. 613

Page.

Sable calcaire............... 614
— Sa cuisson.............. 621
Sabots de cheval............. 462
Salpêtre contenu dans les terres. 470
— Son action comme engrais. 447
Sang. Son emploi comme engrais.................... 455
Sarrasin. Ce qu'il emprunte au sol.................... 158
Sels ammoniacaux. — Employés comme engrais........ 449
— Leur richesse en azote.... 452
Séparateur des matières fécales. 546
Sol. — Sa constitution géologique 178
— des landes, pierre de touche des engrais........... 166
— actif................... 110
— vierge.................. 110
Solution. Influence de cette force sur l'action des engrais. 135
Sous-sol.................... 110
— Son influence 124
Substances protéiques........ 31
— enlevées au sol.......... 157
Sulfate d'ammoniaque employé comme engrais........ 452
— de fer employé dans la confection des fumiers..... 527
Superphosphate de chaux...... 225
— Théorie de son action..... 227
— Analyse de ses variétés commerciales............. 230
— Son analyse............. 437
— Son emploi dans la culture de l'orge............. 229

T

Tangue..................... 613

Page.

Température moyenne........ 18
Temps. Apprécié à l'aide du baromètre 9
Terrains. — Classification...... 115
Terres. — Caractères généraux d'une bonne terre....... 115
— Leur analyse physique.... 93
— Leur analyse chimique.... 130
— Leurs propriétés absorbantes 101–142
— Leur densité............ 100
— Leurs caractères botaniques.................. 122
— de marais 118
— franches.............. 120
Théorie appliquée à l'agriculture..................... 6
Thermomètre. Son emploi..... 14
Tombes 618
Tonneaux................... 543
Tontisse de drap............ 462
Toucs...................... 545
Tourbe. — Mélangée au noir animal 277
— Excipient d'engrais mixtes. 593
Tourteaux de matières animales. 460

U

Udomètre.................... 47
Ulmate d'ammoniaque........ 468
Urines. — Leur composition.... 496
— Leur richesse en matière solide................ 557

V

Vapeur. — Employée pour désagréger les laines.......... 466
Vases des cours d'eau........ 540

Nantes, Imp. Vᵉ C. Mellinet, place du Pilori, 5.